蒸压加气混凝土砌块生产

陶有生　王柏彰　著

中国建材工业出版社

图书在版编目（CIP）数据

蒸压加气混凝土砌块生产/陶有生，王柏彰著.
—北京：中国建材工业出版社，2018.11
ISBN 978-7-5160-2324-2 （2023.10 重印）

Ⅰ. ①蒸… Ⅱ. ①陶… ②王… Ⅲ. ①蒸压-加气混
凝土砌块-生产工艺 Ⅳ. ①TU522.3

中国版本图书馆 CIP 数据核字（2018）第 155341 号

内 容 简 介

目前市场上关于蒸压加气混凝土正式出版的书籍不多，还没有一本系统介绍蒸压加气混凝土砌块生产工艺的书。

本书从理论到实践、从技术到装备、从工艺到生产、从原材料到产品、从产品性能到用途进行了全面阐述，对国内外蒸压加气混凝土的发展历程、生产工艺和装备制造的特点和发展水平进行了全面、细致、深入的介绍。

本书可供蒸压加气混凝土行业从业人员、研究工作者、设备制造厂商、高等院校师生、各类培训组织、各级产品检测和标准制定机构、建筑建材研究设计单位、开发商及各级管理部门等参考借鉴，亦可作企业人员培训教材。

蒸压加气混凝土砌块生产

陶有生 王柏彰 著

出版发行 中国建材工业出版社
地 址：北京市海淀区三里河路 11 号
邮 编：100831
经 销：全国各地新华书店
印 刷：北京天恒嘉业印刷有限公司
开 本：787mm×1092mm 1/16
印 张：32.25
字 数：800 千字
版 次：2018 年 11 月第 1 版
印 次：2023 年 10 月第 3 次
定 价：298.00 元

作 者 简 介

　　陶有生，教授级高级工程师，西安建筑科技大学客座教授；1962 年毕业于东南大学（原南京工学院）土木工程系；毕业后就职于建筑工程部所属建筑科学研究院，从事蒸压加气混凝土的研究；1965 年参加北京加气混凝土厂的引进建设和生产管理；1981 年转至建筑材料工业部，从事蒸压加气混凝土及蒸压灰砂砖工业体系的规划建设和行业管理，发起并参与了中国加气混凝土协会的组建，先后担任该协会的秘书长、副会长等职；1985 年调至国家建筑材料工业局，曾任科学技术司副司长、科技教育委员会常委、中国硅酸盐学会常委、房屋建筑材料委员会理事长。

　　任职期间，参与并组织制定建筑材料工业及其各门类、各专业的发展规划，产业政策，技术装备政策、法规，组织实施重大科技计划，组建国家重点实验室、各类工程中心，进行工业性实验基地建设，推动产、学、研联合，科技成果鉴定、评奖、推广，知识产权保护和无形资产评估等。

　　撰写并发表了《中国水泥、混凝土工业——现状与问题》《绿色和节能建筑材料制造》《新型建筑材料发展概况》《我国房屋建筑材料的发展目标和方向》《新型墙体材料发展方向及市场前景》《建筑节能与墙体材料》《墙体材料与工业废弃物利用》《从人口、资源、环境看墙体材料革新的紧迫性》《我国黏土砖工业改造的任务与方向》《关于进一步扩大、提高粉煤灰利用水平的思考》《积极发展节能建筑材料、进一步推动建筑节能》《对中国建筑砌块发展的几点思考》《中国人造轻骨料的发展与建议》《中国加气混凝土发展报告》《中国加气混凝土的发展与进步》《关于发展和推广透水路面砖的看法》《建筑垃圾及其利用的看法》《论建筑板材》等多篇文章，曾获科技进步二、三等奖和三项实用新型专利。

作 者 简 介

王柏彰，1945 年出生，籍贯为浙江绍兴。

1962 年考入北京工业大学化工系硅酸盐专业学习，本科毕业，获得学士学位。

1968.7—1970.7，大学生山西解放军部队农场锻炼。

1970.7—1980.4，就职于北京加气混凝土厂技术科、实验室。

此阶段，从事国外引进工艺技术的消化吸收、科研改进；从事企业生产技术管理、产品质量改进、新产品研发、科研课题攻关、员工培训。期间，为国内翻版建设的四五家重点企业提供工艺配方、设计依据，完成其"水泥-石灰-砂""水泥-石灰-尾矿""水泥-石灰-粉煤灰"等不同品种配方试验并培训其骨干成员。

为提高产品质量、扩大原辅料来源、降低成本，陆续完成了铝粉脱脂剂、气泡稳定剂、坯体硬化剂、板材生产添加剂等科研课题，部分完成了中试及生产性试验，基本用于实际生产中，其中铝粉脱脂剂课题得到北京建材局科技大会表彰。

在质量管理岗位上推行全面质量管理理念，坚持 QC 方法，取得了较好成绩，使企业成为北京建材局标杆企业。

1980.4—2000.3，就职于北京新型墙体公司、北京建材局、北京建材工业总公司、北京建材集团、北京金隅集团。

期间，先后从事能源管理、热平衡测定、节能技改、技措；从事北京地区自"七五"至"十五"的建材行业规划编制以及每个年度的《技术引进、技术改造实施计划》；从事多行业百余家企业的技术引进、技术改造项目管理工作；直接参与四十余个新建、改造项目的立项、审批和实施工作。

历任设备能源科、规划处、技术改造处处员、副处长、处长。

1995.7—2010.10，兼职、专职北京硅酸盐学会秘书长。

从事硅酸盐行业各专业学术研讨交流、企业技术指导、科学普及等活动。

2010.10 至今，专职北京建材行业联合会质量标准部部长。

从事行业质量、标准、体系认证、品牌等服务管理工作。

前　　言

早在 20 世纪 30 年代，蒸压加气混凝土就已进入中国，并在上海多幢标志性建筑中得到应用。后因战乱而中断使用，直至 20 世纪 60 年代方才得以恢复。从 20 世纪 80 年代开始，蒸压加气混凝土工业在中国日趋成熟，21 世纪进入发展的快车道。

蒸压加气混凝土以其轻质保温、隔热防火、省材利废、节能减排、品种多样、功能齐全、性能可靠、品质优良的特点，特别适合于高层框架的外墙围护和内墙隔断，因而受到普遍欢迎，被广泛应用于工业、民用、住宅及各类公用建筑的建设。蒸压加气混凝土的应用范围之广、数量之大、效果之好，使其成为我国新型墙体材料的重要品种和主导产品，并为墙体材料革新、墙体材料产品结构调整、工业固体废弃物利用和环境保护作出了重大贡献。

随着蒸压加气混凝土的发展，我国相应建立起了完整的蒸压加气混凝土工业体系。我国不仅生产了几千套蒸压加气混凝土现代化工艺装备，而且大量出口到国外，推动了世界各地蒸压加气混凝土产业的发展。

本人自大学毕业后即步入蒸压加气混凝土行业，至今已从业 56 年，未曾离开和中断，一直从事蒸压加气混凝土的基础研究、工艺装备研发、工业性试验、工厂建设、产品性能和应用技术研究，也涉及标准、应用技术规程编制，产品应用推广以及人才培训教育等，在蒸压加气混凝土生产用铝粉、生石灰、高炉水淬矿渣、钢筋防锈涂层、蒸压加气混凝土坯体成型及坯体蒸压膨胀调节材料、切割机方面，进行了专门研究并有独创建树。

本人多次参与国外蒸压加气混凝土工艺、装备技术的引进，消化吸收和集成再创新，参与了我国蒸压加气混凝土工业体系的建设和中国加气混凝土协会的发起、组建、运作。正是经历了中国蒸压加气混凝土工业的建立、成长、发展的全过程，本人受益匪浅，探索和谙熟众多关键技术，积累了极为丰富的生产实践经验和组织建设经验。

本人将遇到的、学过的、做过的、掌握的相关知识、技术和心得归纳总结，汇成此书，将其献给中国蒸压加气混凝土事业，献给社会。它就像自己的孩子一样，经历了点点滴滴、精心呵护的一个漫长过程；从无到有，从小到大，从无知到有用于社会，最后一定是要报效国家，要回馈我们伟大民族的。即便尚有不足和遗漏，还可继续努力。正如长江后浪推前浪、人才一辈接一辈的自然规律一样，相信今后中国的蒸压加气混凝土事业会更加兴盛、强壮。

  此书撰写过程中，在文字录入、图表制作、章节版面编排、内容校对等方面得到了陶宁硕士、辛塞波博士、陶嘉硕士、张正新高级工程师的大力帮助，在此对他们的辛勤付出表示衷心感谢，同时向支持本书出版的朋友一并表示衷心感谢！

陶有生

2018 年 8 月

目　　录

第1章 绪 论

蒸压加气混凝土是一种轻质、多孔的建筑材料。它是在水泥、石灰、砂或粉煤灰等材料的混合料浆中加入与其密度相适应的发泡材料，经成型硬化和高温蒸汽养护而得的混凝土，也是混凝土家族的轻质混凝土中多孔混凝土的一种。它的特点是可改变其体积密度来实现所需的性能，也可根据所需要的性能来选择合适的密度，通过蒸压养护使加气混凝土在较短时间内获得必要的物理力学性能和长期稳定性。它具有密度小、保温效果好、有一定强度和可加工等优点。

1.1 蒸压加气混凝土概述

1.1.1 蒸压灰砂砖的发展

蒸压加气混凝土是在蒸压灰砂砖生产技术基础上发展起来的。

1855 年，冯德博士将石灰、砂用饱和蒸汽养护获得了硅酸盐反应。

1877 年，ZERNIKOW 博士将石灰、砂浆混合物放在蒸压釜中进行蒸压养护后挤出或压制成型砖块。

1880 年，威廉·米歇尔博士将成型后的石灰砂砖块放入高压蒸汽中养护生产灰砂砖，并申请了专利。

1894 年，纽明斯特的一个工厂采用米歇尔工艺，用转盘式压机工业化生产了砖块。

1898 年，建立了世界上第一个蒸压灰砂砖厂。

1955 年，ATLAS 杠杆式压砖机用于蒸压灰砂砖砖坯成型。

1965 年，液压压砖机用于蒸压灰砂砖成型。

1.1.2 蒸压加气混凝土的发明

有关加气混凝土的专利是在 1890 年被提出的。瑞典采用了两种方法生产加气混凝土：①把预制好的泡沫加入混凝土中；②把可以产生泡沫的材料事先与混凝土材料混合，再用空气强力混合形成泡沫混凝土。这两种方法在德国、英国、美国都被用过。

1889 年，捷克人 Hofman 用盐酸和碳酸钠反应产生气体制造加气混凝土，并申请了制造带空气的水泥砂浆和石膏料浆的专利，实用技术在 1900 年才展开。

1914 年，美国人 J. W. Aylsworth 和 F. A. Duer 发明了在水泥中掺入铝粉生产加气混凝土的方法，并申请取得专利〔另一说法为将石灰、水和金属粉（0.1%～0.5% 的铝粉或 2%～3% 的锌粉）一起反应释放出氢气使混合料膨胀〕。

1922 年，瑞典采用脱模蒸压养护方法以油母页岩烧制的石灰混合料为原料生产加气混凝土。

1923 年，瑞典人 J. A. Eriksson 经长期研究和大量试验，在瑞典斯德哥尔摩高等技术学校首次成功地用油母页岩与石灰、铝粉在蒸汽养护下制造出了蒸压加气混凝土，掌握了相应技术，并于 1924 年申请取得专利。同年，瑞典人 Grane 在瑞典 Skoude 研究所教授的指导下，以磨细油母页岩与水硬石灰为原料，以铝粉为发气剂，用木模浇注发气成型，自然养护生产出了加气混凝土。

1924 年，瑞典的 Skoude Gasbttoh A. B 和 Yxhult TS STENHUGGERI A. B 两公司将 J. A. Eriksson 的方法实用化，形成了至今仍在使用的蒸压加气混凝土基本制造方法。

1928 年，卡尔奥古斯特·卡莱尔购买了加气混凝土生产许可证，并于 1929 年在一个叫西克瓦特村庄的废弃采石场建成以石灰、砂为原料的第一座蒸压加气混凝土厂，开始进入工业化生产蒸压加气混凝土阶段，并以其发源地的地名 "Yxhult" 词头的 "Y" 和瑞典混凝土一词 "Betong" 的词尾组合而成 "Ytong"。上述两个公司将加气混凝土商品名定为 "Ytong"，并以此为商标和公司名称。1940 年 "Ytong" 注册了商标。

1.1.3　加气混凝土的名称

加气混凝土在不同时期、不同地域有不同的称呼。曾先后被称为蜂窝混凝土（Zellbeton）、轻质混凝土（Leichtbeton）、多孔混凝土（Zellenbeton）或气体混凝土（Gasbeton），在法国被称为 "be′ton cellulaire"，在荷兰被称为 "Cellen beton"，在讲英语的国家则被称为 "Autoclaved Aerated Concrete"（简称 AAC）及 "Autoclaved Light Concrete"（简称 ALC）。

1.2　蒸压加气混凝土工艺技术及装备在国外的发展

蒸压加气混凝土生产技术源于欧洲，也发展于欧洲。欧洲对蒸压加气混凝土技术、装备开发作出了极大贡献，大大推动了全世界蒸压加气混凝土产品的生产和应用。

多年来，随着蒸压加气混凝土的发展，在技术及装备上形成了瑞典的 "Ytong" 工艺、"Siporex" 工艺、"Durox" 工艺，德国的 "Hebel" 工艺、"Wehrhahn" 工艺，波兰的 "Unipol" 工艺，罗马尼亚的 "Rombca" 工艺。以此为基础建立了相应的专门从事蒸压加气混凝土工艺、技术、装备研发的公司，制造和销售蒸压加气混凝土技术和装备，承接蒸压加气混凝土工厂建设工程，提供技术咨询服务等，大大促进了蒸压加气混凝土制品在全世界的发展。

1.2.1　主要制造方法及产地

蒸压加气混凝土的主要制造方法及产地见表 1-1。

表 1-1　蒸压加气混凝土的主要制造方法及产地

年份	主要制造方法	产地
1923 年	Durox	瑞典
1928 年	Celcom	丹麦
1929 年	Ytong	瑞典
1934 年	Siporex	瑞典
1930～1945 年	Modification of above	苏联

年份	主要制造方法	产地
1943 年	Hebel	德国
1951 年	Thermalite	英国
1952 年	Silicatiti	苏联
1971 年	Unipol	波兰
1981 年	Wehrhahn	德国
1984 年	Rombca	罗马尼亚

1.2.2 主要公司

1. Durox 公司

Durox 公司是瑞典最早的一个加气混凝土公司。1923 年瑞典人葛兰恩（Grane）先生在 Shoude 研究所的教授指导下，以火山灰质煅烧沥青板岩（油母页岩）和水硬性石灰为主要原材料，以铝粉为发气剂，用木模浇注发气成型，自然养护生产加气混凝土砌块，于 1924 年用其建造了瑞典第一栋加气混凝土房屋，第二年采用蒸汽养护。1929 年开始生产配筋屋面板。1932 年采用蒸压釜在 Skövob 建设了第一座蒸压加气混凝土工厂，成为瑞典唯一的 Durox 加气混凝土工厂，形成 Durox 工艺。到 20 世纪 50 年代，生产规模达到 10 万 m³。以法语拼音"Durox"为商品名，意思为"坚硬岩石"。

第二次世界大战后，瑞典 Durox 工艺开始进入国际市场，形成国际专利，成为瑞典三个国际专利之一，而且是三个专利中最早用铝粉作为发气剂生产蒸压加气混凝土的专利；并在瑞典歇夫德和卢森堡设立了 Durox 国际公司（Durox International A.B）负责销售专利技术和机器。先后在法国（1955~1957 年建了 3 个工厂）、美国（1956、1958 年建了 2 个工厂）、挪威（1957 年建了 1 个工厂）、英国（1961 年建了 3 个工厂）、荷兰（1954 年建了 1 个工厂）、日本（建了 1 个工厂）、韩国（建了 1 个工厂）、丹麦、罗马尼亚、捷克、德国采用 Durox 工艺建厂。

20 世纪 70 年代，瑞典 Durox 公司进行了重大改组，由 Charles Bergling and Co-AB 公司、Interbuild Consulting AB 公司、Century Investment Co. S. A 公司组成 B. I. C 联合公司，经营称为"Duripor"的专利技术，由 NETAB 负责加气混凝土成套设备制造。

20 世纪 70 年代末，瑞典 Durox 公司将专利出售给荷兰 Calsilox 公司，形成 Calsilox-Durox 专利。在国际上并存着两个 Durox 专利，不过新专利与 Durox 专利所采用的生产工艺完全一致，没有区别。

20 世纪 80 年代，B. I. C 联合公司向南美、东南亚发展，在阿根廷布宜诺斯艾利斯用 CP-Ⅰ型技术建设了一个小型加气混凝土厂，又用 CP-Ⅱ型技术建设了新工厂，还在智利、委内瑞拉、巴拉圭、印尼、斯里兰卡等国筹建加气混凝土厂。

1987 年 W. Van. Boggelen 和 Klebaver 合作成为 Durox Gas beton 的工厂建造者，2002 年 W. Van. Boggelen 创立 Airerete Ewrope 公司继承并进一步发展 Durox 工艺及装备技术。

瑞典 Durox 工艺使用的原材料比较广，石英砂、砂子、粉煤灰、高炉矿渣及其他火山灰质原材料都可用来生产加气混凝土。其工艺分干法和湿法两种。干法是将砂子、石灰和水泥按配合比配料后加入球磨机混合干磨成混合料，作为一个组分加入到搅拌机。干法工艺物料均匀性好，制品抗压强度比湿法工艺高10%，但是干法工艺设备能耗也高。

瑞典Durox工艺切割机的特点是：切割用的养护托架构造特殊，钢丝通过托坯钢条进行纵切；生产时从切割直至入釜养护成产品的过程，坯体都不离开托坯钢条。

2. Ytong公司

1929年Ytong在瑞典建立，总部最早设在瑞典西部Skövde。1940年公司在德国慕尼黑注册，1951年在德国建立第一家生产工厂，1982年总部由瑞典迁往联邦德国慕尼黑。为了不断地改进、完善和发展Ytong加气混凝土产品、生产工艺技术、装备及建筑应用技术，开拓国际市场，Ytong集团公司建有Ytong研究发展中心、建筑设计施工培训中心、Ytong国际公司等机构，以增加Ytong集团公司在世界加气混凝土市场中的竞争能力。

Ytong研究发展中心位于德国慕尼黑附近舒本豪森的最大Ytong加气混凝土生产厂内，有35位研究试验人员，由化学、工艺、产品物理力学实验室，建筑砌体及板材实验室，各种类型产品室外耐候性试验和观测四部分组成，还配备有激光颗粒分析仪、X射线衍射分析仪、电子显微镜、差热分析仪、粉磨浇注成型设备、电加热蒸压釜及蒸压过程中测定仪器等，可对原料进行物理性能测定、组成的化学分析检验，对原材料组成配方、蒸压养护制度与产品性能及其内部矿物组成水化产物之间的关系进行研究，为新建厂确定原料配方、生产工艺参数，对已生产的工厂出现的问题进行分析并提出解决问题的方法；开展新原料、新产品、新用途的研究开发，承担新建工厂的生产调试。

Ytong培训中心位于德国慕尼黑附近的舒本豪森，其主要职能为培训许可证工厂人员或土木工程师、建筑师，使其掌握正确使用Ytong加气混凝土制品建造各类建筑物的理论和实践知识、建筑施工工艺、施工方法及相应的配套材料。

Ytong国际公司是一个工程公司，属于Ytong集团公司的一个分支机构，其主要业务是开拓国际工程市场，承包国外加气混凝土工厂建设，提供工程设计，委托制造供应Ytong加气混凝土生产设备，指导生产线安装调试和产品应用。Ytong国际公司设计部从事Ytong加气混凝土工艺研究，Ytong专用设备研制开发，承担生产线工艺设计，指导生产线建设，具有很强的专业设备开发研制能力。

2002年，Haniel集团收购了Ytong公司和Hebel公司，于2003年将Ytong公司和Hebel公司重组成Xella公司，其业务重新转向了建材市场，关闭了Ytong和Hebel的国际项目部门，不再对外承接蒸压加气混凝土生产建设工程，又于2008年卖给PAI Partners和Goldman Sachs Capital Partners金融投资集团。重组后，Ytong试验研究中心与Hebel试验研究中心合并迁建于柏林。

Ytong工艺技术在世界30多个国家建有70多个工厂（至2010年），具有1000万 m³的生产能力，在德国曾有8家工厂。Ytong工艺模式及技术设备几十年来一直坚守并保持其原有模式和特点，没有什么大的发展和变化，仅在1992年吸收了其他国家厂商的技术，将"铡刀式"横向（垂直）切割改为垂直切割，缩短了切割钢丝长度，并研发了原料计量和搅拌融为一体的计量搅拌机，在配方组合上将石灰-砂转为石灰-水泥-砂。其产品以砌块为主，板材为辅。

3. Siporex公司

Siporex生产工艺是由依瓦尔埃克隆德工程师和连卡尔特斐尔逊教授共同开发的。1934

年，在瑞典 Skövde 成立了第一个以水泥为胶结料的蒸压加气混凝土工厂。总部设在瑞典首都斯德哥尔摩并建有一个功能齐全的试验中心。1978 年，Siporex 公司总部从斯德哥尔摩迁至马尔默，试验中心也随迁过来。试验中心构成如下：

（1）技术发展中心（40 人）

① 化学部

② 建筑技术部

③ 表面处理部

④ 机械加工、木工

⑤ 办公室

（2）化学技术部（13～15 人）

① 原材料、成品化学分析、化学物理实验室

② 小型配料

③ 扩大试验

④ X 射线分析

⑤ 防腐试验、碳化试验、盐析试验

⑥ 科学研究

（3）建筑技术部（20 人）

① 建筑应用

② 产品性能实验室、收缩试验室、潮湿试验室、饰面实验室、粘结耐久实验室、加筋构件基本性能实验室

（4）表面处理（1 名工程师）

（5）机械加工、木工，制作专用试验仪器及设备（4 人，其中 1 名工程师，3 名工人）

研究成果立即应用到工艺和机械设计中，设计成果很快用到工厂的改造和新建中，研究人员也是设计人员。在八十年中，Siporex 公司先后成功研发出三类切割机组。

第一类研发始于 1952 年，第一套切割机组用于瑞典 Skelleftehamn 工厂，有三种衍生型，全世界使用这类切割机组的企业有 31 个。

第二类 Ikalis-Bernon 切割机组，共制造使用 8 套。第一套用于芬兰 Siporex 工厂，第二套在法国南部的 Siporex 工厂，第三套在韩国，第四套在日本旭化成株式会社，1997 年南京旭建新型建材股份有限公司向 Siporex 公司采购了一套。

第三类 Prometheus 切割机组在瑞典马尔默 Dalby 工厂试验后销售到位于挪威 Hokksand 的原 Ytong 工厂，于 1984 年投产，后又销售一套用于澳大利亚工厂。1994～1995 年间该切割机组迁到马来西亚芙蓉地区，现由金和泰公司使用。

Siporex 公司对蒸压加气混凝土产品应用技术有全面、深入、独到的研究，在各加气混凝土专业公司中具有最高水平。

20 世纪 60 年代，Siporex 工艺技术在瑞典达尔贝、耶特堡、塞特利耶、耶夫勒、赛莱夫特哈姆共建有 5 个工厂，采用 6m×1.5m×0.5m 的钢模成型（目前仅剩一个工厂）。到 1993 年，在 21 个国家共建有 40 家工厂，产品中砌块和板材各占一半。

1991～1992 年，Ytong 公司收购兼并了 Durox 公司，1994 年又收购了位于瑞典马尔默附近原属于 Siporex 公司的 Dalby 工厂，另三个 Siporex AB 公司的工厂包括德国的工厂卖给

了 Hebel AB，至此 Siporex 公司仅是一个工程公司了。

4. Hebel 公司

1943 年，约瑟夫·Hebel 在联邦德国慕尼黑建设了第一个 Emmering 蒸压加气混凝土工厂，并以"Hebel"作为产品商标和公司名。在慕尼黑建有实力很强的"设计研究中心"。该公司在德国有 10 个"Hebel"工艺工厂，每个工厂生产能力为 30 万 m^3，在 22 个国家建有近百个"Hebel"工艺工厂。Hebel 以生产板材为主。

Hebel 公司是单纯生产蒸压加气混凝土产品的公司，为了向外出售 Hebel 工艺设备加入了沙士基塔集团，其设备由沙士基塔集团下属公司制造。2002 年，Hebel 公司像 Ytong 公司一样被哈尼尔公司收购重组于 Xella 公司名下。

5. Wehrhahn 公司

Wehrhahn 公司是 20 世纪 70 年代进入加气混凝土行业机械制造的，在蒸压加气混凝土设备供货商中属于后来者。1981 年，其设备在伊朗建设了第一个蒸压加气混凝土工厂，至 2006 年已出售 67 套不同规模、不同技术、不同配备的蒸压加气混凝土生产线。该公司的特点是学习集成不同工艺技术和装备从而形成其自有技术。

6. 波兰加气混凝土研究中心

波兰于 1948 年开始从瑞典引进 Siporex 和 Ytong 工艺技术及装备发展蒸压加气混凝土生产，1950 年按照"Siporex"工艺采用 6m×1.5m×0.24m 的木模生产 24cm×24cm×49cm 的加气混凝土砌块。在波兰建工、建材部组织领导下，由中央混凝土工艺研究和发展中心（简称 CEBET）进行消化吸收，于 1971 年研发成功 KRG 型切割机，形成"Unipol"的蒸压加气混凝土工艺用于国内建设。波兰建有 27 个蒸压加气混凝土工厂，并由波兰外贸公司所属 CEBET 负责向国外出口"Unipol"工艺，已向 13 个国家出口了 36 个工厂。中央混凝土工艺研究和发展中心位于华沙郊区的联合预制厂附近，有 450 名员工，分普通混凝土、加气混凝土、机械化和自动化、经济组织四个专业。每个专业有技术人员 60 人，除实验室外，还有混凝土和加气混凝土半工业试验车间及机械修理车间。中心的任务：①协调全国混凝土专业科学研究；②制定标准；③对原材料、新工艺、新设备进行研究、试验和试制。新设备由中心机修车间加工。中心研究了浇注成型 1.3m 高坯体的技术，生产宽 1.2m 的板材。

7. 罗马尼亚林业建材部设计研究院

罗马尼亚 1962 年从波兰引进 3 个蒸压加气混凝土生产工厂，1968 年从联邦德国引进了 Hebel 工艺，1973 年建成第一条生产线。1970 年再从瑞典引进 Ytong 工艺，于 1972 年建成并投产。罗马尼亚林业建材部设计研究院在此基础上消化仿制德国 Hebel 工艺形成"Rombca"工艺建成 3 个工厂，共有 10 个加气混凝土厂向国外出口。

8. Gasbeton far H＋H 公司

Gasbeton far H＋H 公司 1937 年成立于丹麦，在盎司坦建成了第一家蒸压加气混凝土工厂（由蒸压灰砂砖厂改造），使用 Stema 机械制造公司制造的加气混凝土设备，以 Celcom 为其专利名及产品商标。Celcom 工艺在丹麦及其他国家建有一批工厂见表 1-2。1955 年英国 H＋H Celcom 公司开始使用粉煤灰生产加气混凝土。至 2012 年 Gasbeton far H＋H 公司在欧洲建有 14～15 个工厂。

表 1-2 Celcom 工艺工厂

国家	工厂数（个）	产能（万 m³）
丹麦	2（共 4 条生产线）	48
英国	4	100
前南斯拉夫	1	30
印度尼西亚	1	6

Gasbeton far H＋H 公司是在欧洲影响较大、实力较强、历史较久、长期从事蒸压加气混凝土技术开发和设备制造的供应商，曾对多种类型的蒸压加气混凝土工艺和设备进行过开发，可提供多种类型的蒸压加气混凝土装备。

近 20 年来，Dorstener、Hass、Hetten 等公司纷纷加入蒸压加气混凝土技术装备供应商行列。这些公司均以 Ytong 工艺的技术和装备为基础，进行制造和销售，有的稍加改进，有的基本复制。

2002 年，Masa-Henke 公司收购和接管了 Dorstener 公司成为蒸压加气混凝土设备供货商之一。该公司开发建设了世界上第一条年产 60 万 m³ 的蒸压加气混凝土生产线。

蒸压加气混凝土设备供货商和工程公司因欧洲经济发展滞缓、房地产萎缩，一直处于破产保护重组之中。2013 年，德国新注册成立了 Top-Werk Gmbh 公司，通过股权转让方式完全获得和绝对控股多家专业从事混凝土制品专业设备制造的供应商，其中包括 Hass 和 Masa-Henke 公司。

综合比较上述公司，Siporex 公司不仅历史悠久，而且业务领域全面。从基础理论研究、试验原材料选择、配方研究制订、坯体制作、钢筋防锈及板材生产、工艺参数确定，到生产过程控制、产品性能研究与试验方法制订和相应仪器的研制，产品应用研究与施工方法和施工机具研发、工艺过程设计、专业设备研发与制造等各项功能齐全。特别值得一提的是，该公司有极强的创新意识和创新能力、服务意识和服务能力，可为一个项目提供全流程服务，一直到达标、达产验收。几十年来 Siporex 公司研制开发成功三种工艺和三类形式功能截然不同的切割技术和切割机组，而且全都投入生产线建设，用于各类产品生产；还有性能最可靠的水泥-酪素-胶乳钢筋防锈涂料、各类板材的配筋技术和全套产品应用技术，都具有显著的特色。

1.3 蒸压加气混凝土国内外发展概况

1.3.1 概况

自 1929 年在瑞典建成世界上第一个加气混凝土厂后，1929～1935 年，北欧诸国成为加气混凝土的摇篮，但并没有得到很快的发展。1940 年前，工业化生产尚有重重困难，生产设备费用、产品价格高，竞争不过砖和混凝土砌块。之后八十多年，蒸压加气混凝土在世界各地得到了快速发展，出现过三个明显的发展时期。

（1）第二次世界大战后的战后恢复时期，由于技术装备的快速改进，开发了高度机械化批量生产系统，加上加气混凝土材料的优秀特性及具备了价格的竞争力等，在当时的建筑材料中取得了竞争优势，因而在全球快速发展。1960 年，全球蒸压加气混凝土产量超过 1000 万 m^3/年，1970 年达到 2000 万 m^3/年。

（2）1973 年世界能源危机之后，1980 年达 3000 万 m^3/年。

（3）世界冷战结束，新兴经济体兴起。到 2010 年世界上已建有蒸压加气混凝土工厂近 300 家，总生产能力达 6000 万 m^2（不包括中国）。

1.3.2 蒸压加气混凝土在欧洲的发展

1. 欧洲是蒸压加气混凝土的发源地

欧盟曾有蒸压加气混凝土工厂 189 家，总产能占欧洲蒸压加气混凝土总产能的 62.4%；欧盟外 11 个国家共有蒸压加气混凝土工厂 76 家，产能占欧洲蒸压加气混凝土总生产能力的 38%。蒸压加气混凝土厂在西欧各国的分布见表 1-3。

表 1-3 西欧各国蒸压加气混凝土厂分布

国家	工厂数	技术来源						产量（$10^3 m^3$）			
		Ytong	Hebel	Siporex	Durox	H+H	其他	总量	不加筋	加筋	%
德国	31	10	13	—	1	—	7	5770	5030	740	13
英国	12	3	1	1	3	4	—	2500	2500	—	—
法国	7	1	1	2	3	—	—	600	500	100	17
荷兰	3	—	—	—	3	—	—	370	270	100	27
比利时	2	1	—	1	—	—	—	350	250	100	29
丹麦	2	—	—	—	—	2	—	100	90	10	10
意大利	3	—	1	2	—	—	—	350	340	10	3
葡萄牙	1	1	—	—	—	—	—	40	40	—	—
西班牙	1	—	—	—	—	—	1	40	20	20	50
瑞典	2	1	—	1	—	—	—	150	40	110	73
奥地利	1	1	—	—	—	—	—	150	140	10	7
芬兰	1	—	—	1	—	—	—	60	30	30	50
挪威	2	—	—	1	1	—	—	20	10	10	50
瑞士	1	—	—	1	—	—	—	20	20	—	—
希腊	1	—	—	—	—	—	1	—	—	—	—
总计	70	18	16	10	11	6	9	10520	9280	1240	12

注：本材料为十年前情况。

2. 德国

德国于 1943 年在 Fürstenfeld bruck 建成了埃默林加气混凝土工厂，1945 年开发了钢丝切割新工艺，曾建有 37 个蒸压加气混凝土工厂，年产 450 万 m^3 蒸压加气混凝土砌块及 400 万 m^2 配筋板材。建立有联邦加气混凝土协会，当时有 105 个基本会员。至 2010 年仍有 31 家蒸压加气混凝土厂，总生产能力 5770m^3。近十年来，不少工厂关闭或迁移至东欧。

3. 英国

英国是蒸压加气混凝土产量较大的国家之一，有五个公司生产加气混凝土，见表 1-4。

表 1-4　英国加气混凝土工厂

公司名称	技术类型	建厂个数	建厂地点
Thermalite Ytong Ltd.	Ytong	10	—
Purfleet 工厂	Ytong	1	伦敦
Costain 混凝土公司	Siporex	2	—
Durox Building Units Ltd.	Durox	3	—
Celcom 公司	Celcom	4	—

英国从 1949 年就开始生产加气混凝土，除生产砌块外，还生产配筋楼板和屋面板。后由于加气混凝土板在技术和经济方面竞争不过预应力空心楼板而未能推广。

建在电厂附近的 Alloa 工厂采用水泥-粉煤灰-砂配料，在伦敦东部泰晤士河口的 Celcom 工厂采用水泥-粉煤灰及水泥-石灰-粉煤灰配料生产。

4. 波兰

波兰是发展加气混凝土生产和应用较多的国家，以粉煤灰为主要原材料，可采用砂子。1974 年蒸压加气混凝土年生产量达到 450 万 m³。20 世纪 90 年代中期以后，随着波兰经济复苏，蒸压加气混凝土进入了新一轮发展，21 世纪生产规模进一步增长。2007 年生产规模达到 555 万 m³。2009 年蒸压加气混凝土产量达 440 万 m³，蒸压加气混凝土用量占墙体材料总用量的 41% 左右。最多时，波兰有 32 条加气混凝土生产线，并向 10 多个国家出口了 30 多条生产线的工艺技术和装备。波兰分别用水泥-石灰-砂和水泥-石灰-粉煤灰两种配料生产蒸压加气混凝土，产品正在向低密度方向发展。

5. 俄罗斯

俄罗斯继承了苏联的传统，继续发展加气混凝土生产。苏联从 1930 年就开始研究、应用多孔混凝土。1950 年左右蒸压加气混凝土进入苏联，至 1989 年苏联解体之前，多孔混凝土生产能力已达 1000 多万立方米，成为世界第一，但生产技术装备相对落后。苏联解体后加气混凝土行业进入调整期，新生产技术、工艺进入俄罗斯，至 1995 年引进了 Hebel、Ytong、Wehrhahn 等先进工艺及装备。目前在俄罗斯有 52 个加气混凝土厂，另有 21 个在新建中。

6. 东欧蒸压加气混凝土工厂分布

东欧蒸压加气混凝土工厂分布见表 1-5。

表 1-5　东欧蒸压加气混凝土工厂分布

国家	工厂数	Ytong	Hebel	Siporex	Durox	H+H	Unipol	其他	年生产能力（10^3 m³）
波兰	26	—	—	3	1	—	22	—	4800
CSFR	13	2	—	1	4	—	6	—	2900
罗马尼亚	7	1	3	—	—	—	—	3	1200
Serbia	3	1	—	1	—	1	—	—	600
匈牙利	2	2	—	—	—	—	—	—	900

续表

国家	工厂数	Ytong	Hebel	Siporex	Durox	H+H	Unipol	其他	年生产能力（$10^3 m^3$）
保加利亚	1	1	—	—	—	—	—	—	200
克罗地亚	1	1	—	—	—	—	—	—	200
斯洛文尼亚	1	1	—	—	—	—	—	—	200
总计	54	9	3	5	5	1	28	3	11000

1.3.3 蒸压加气混凝土在北美洲的发展

蒸压加气混凝土进入北美洲较晚。1993 年 Hebel 和 Ytong 分别进入美国，目前已有 70 万 m^3 生产能力。Hebel、Ytong 公司在美国南部地区的佛罗里达、佐治亚、亚利桑那、新墨西哥、德克萨斯等州建有生产厂，分别生产低密度等级加气混凝土（抗压强度 2MPa 以上）用作承重填充墙，中密度等级加气混凝土（抗压强度 4MPa 以上）用于建造六层以下建筑，高密度等级加气混凝土（抗压强度 6MPa 以上）用于隔声墙。目前约 75% 的产品用于低层商业和工业建筑，25% 的产品用于民用建筑，如宾馆、学校、图书馆、仓库和生产厂房等。

美国已成立混凝土协会加气混凝土分会（ACI Committee 523）。

1.3.4 蒸压加气混凝土在澳洲的发展

在澳大利亚有过两个加气混凝土厂，一个为 Hebel 工艺技术，一个是瑞典 Siporex 工艺第三类技术。近年来也从中国进口部分蒸压加气混凝土板材，作为木结构的外围护墙。

1.3.5 蒸压加气混凝土工厂在炎热地区的分布

蒸压加气混凝土工厂在炎热地区的分布见表 1-6。

表 1-6 炎热地区蒸压加气混凝土工厂的分布

国家或地区	工厂数	生产技术来源	建设地点
伊朗	—	Ytong、中国	德黑兰
菲律宾	—	Ytong	马尼拉
土耳其	—	Ytong	伊斯坦布尔
墨西哥	2	Ytong	伊达尔戈
伊拉克	—	Ytong	巴格达
南非	—	Hebel	约翰内斯堡
刚果	—	Siporex	利奥波德维尔
古巴	2	Siporex	哈瓦那
委内瑞拉	—	Siporex	加拉加斯
阿尔及利亚	2	Siporex	—

国家或地区	工厂数	生产技术来源	建设地点
沙特阿拉伯	—	Siporex	—
印度	4	Ytong、Siporex、Unipol	马德拉斯、普纳
象牙海岸	—	Siporex	—
埃及	3	Ytong	开罗
巴西	2	Hebel、Siporex	—
阿根廷	1	Siporex	—
越南	—	中国	—
印度尼西亚	—	中国	—
新加坡	—	Ytong	—
中国香港	—	Ytong	—

经济危机及住宅建设量的下降、建筑业低迷，给欧洲蒸压加气混凝土行业带来严重冲击，西欧及波罗的海国家受到的影响更为严重，产量迅速下降，工厂纷纷关闭或迁出。东欧、俄罗斯及独联体国家在变革以来，经济发展较快，加气混凝土发展情况良好，建设了不少新工厂，势头很好。

由于地域、资源、气候、人文、风俗习惯、历史进程、发展阶段的不同，蒸压加气混凝土在世界各地发展并不均衡。以中国为代表的发展中国家及新兴经济体，如东南亚国家、中亚、西亚国家、独联体国家、俄罗斯、东欧各国发展迅猛，进入 21 世纪以来更加如此。南北美洲、澳洲、非洲也在发展之中。

1.3.6　蒸压加气混凝土在亚洲的发展

亚洲蒸压加气混凝土生产从 20 世纪 60 年代开始，主要分布在中国、日本、韩国三个国家。近二十年来，印度尼西亚、哈萨克斯坦、越南、伊朗、印度等发展中国家有较快发展。

1. 日本

日本蒸压加气混凝土工业从 1957 年（昭和 32 年）开始，引进了 Ytong、Siporex、Silicatiti 等技术。1963 年（昭和 38 年）Siporex、Silicatiti（后来变为 Hebel）、Ytong 三种技术相继投入工业化生产。1965 年（昭和 40 年）又引进了 Hebel。十年后即 1972 年（昭和 47 年），Durox 也在日本工业化生产，至此日本拥有了世界上具有代表性的所有制造技术，至 1993 年建成蒸压加气混凝土工厂达十多家，其中 Ytong 工厂 3 个、Siporex 工厂 6 个、Durox 工厂 2 个、Hebel 工厂 5 个，生产量达到 500 万 m^3/年。其中 Hebel 工艺 150 万 m^3/年，Siporex 工艺 137 万 m^3/年，Ytong 工艺 60 万 m^3/年，Durox 工艺 20 万 m^3/年；1990 年 Hebel 工艺增加至 180 万 m^3/年；1991 年 Durox 工艺增加至 40 万 m^3/年；1993 年 Siporex 工艺发展到 180 万 m^3/年。

日本蒸压加气混凝土工厂见表 1-7。

表 1-7 日本蒸压加气混凝土工厂

公司	引进工艺	引进年代	工厂名	所在地	产能（万 m³）
旭化成株式会社	苏联平模	1963	松户工厂	千叶县	20
水泥株式会社	Ytong	1964	大阪工厂	千叶县	20
伊通株式会社		1971	第一工厂	千叶县	20
—		1982	九州工厂	福冈县	26
—	Siporex	—		北海道	7
—		—		神奈川	20
—		—		栃木	20
—		—		兵库	20
旭硝子株式会社		1964		爱知县	20
住友矿山株式会社		1963	横滨工厂	—	20
旭化成株式会社	Hebel	1968	松户工厂	千叶县	22
		1970	穗积工厂	岐阜县	30
		1973	境工厂	茨城县	20
		1974	白老工厂	北海道	18
		1974	岩国工厂	山口县	20
小野田 ALC 株式会社	Durox	1971	名古屋工厂	旭市	20
		—	关东工厂	—	20

1980～1989 年，日本蒸压加气混凝土年产量见表 1-8。

表 1-8 1980～1989 年日本蒸压加气混凝土年产量

年度	1980	1981	1982	1983	1984	1985	1986	1987	1988	1989
生产量（万 m³）	193.8	196.7	208.8	236.0	268.3	286.3	295.2	338.2	377.8	407.0

从表 1-8 中看出，在 1980～1989 年期间日本蒸压加气混凝土产量逐年增长。

自 1989 年各工艺在日本蒸压加气混凝土市场的占有率分别为：Hebel 占 36.9%，Siporex 占 24.8%，Ytong 占 20.1%，Durox 占 18.2%。

蒸压加气混凝土遍布于日本各地，但主要集中在关东、关西和中部三个地区，几乎占有 80%。

蒸压加气混凝土在日本的应用不同于欧洲。日本根据自己的国情对加气混凝土制品应用有不少发展和创新，形成了自身的特点，以板材为主，主要用作外墙，占 72%～76%，内墙仅占 6%～9%。在日本钢结构建筑体系中，53%～56% 的外墙采用蒸压加气混凝土墙板。以住宅建筑使用最多，工业厂房、办公建筑、酒店等占 31%～33%。为节约资源以及受日本传统木结构建筑体系等影响，日本加气混凝土制品以厚度为 10cm 的薄型板材占主流，并通过磨、铣、削加工或在表面粘附一层花岗石、大理石、瓷砖等使其具有各种艺术装饰效果。

日本为蒸压加气混凝土板材应用技术的发展作出了巨大贡献。近年来，日本蒸压加气混凝土生产工厂减少、生产逐步萎缩、产量降低，但应用量没有太多减少，不足部分从国外购入，其中一部分产品来源于中国。

2. 韩国

韩国从 20 世纪 80 年代开始发展蒸压加气混凝土，共建了 8 个工厂，其中 7 个为引进技术和装备建设，1 个复制 Hebel 工艺技术、1 个 Durox 工艺、1 个 Ytong 工艺（1993 年建成投产）、1 个 Hebel 工艺、4 个 Wehrhahn 工艺。

蒸压加气混凝土生产在韩国也在萎缩中，工厂纷纷停产、关闭或出卖，至 2012 年仅存 2～3 家。

3. 亚洲蒸压加气混凝土工厂分布

亚洲蒸压加气混凝土工厂分布见表 1-9。

表 1-9　亚洲蒸压加气混凝土工厂分布

国家或地区	工厂数	技术来源						
		Ytong	Hebel	Siporex	Durox	H+H	Unipol	其他
日本	17	3	5	6	2	—	—	1
韩国	4	1	1	1	1	—	—	—
印度	4	1	—	1	—	—	1	1
伊拉克	3	—	—	2	—	—	—	—
伊朗	3	—	—	1	—	—	1	—
土耳其	3	2	1	—	—	—	—	—
印度尼西亚	2	—	—	—	—	2	—	—
泰国	2	—	1	—	—	—	—	1
马来西亚	4	—	1	1	1	—	—	—
以色列	3	2	—	—	—	—	—	1
科威特	2	—	1	—	1	—	—	—
沙特	1	—	—	1	—	—	—	—
合计	48	10	10	13	5	2	3	5

注：21 世纪以来亚洲许多国家蒸压加气混凝土产品生产有了更大的发展。到目前为止已远不止表中所列的数量，特别是中国向这些国家出口了很多生产线未列在其中。

1.3.7　蒸压加气混凝土在中国的发展

1. 早期发展

蒸压加气混凝土在中国生产并不晚，几乎与瑞典同步。早在 1930 年，一个犹太人曾在上海平凉桥边建设了一条小型加气混凝土生产线。采用石灰-砂做原料生产蒸压加气混凝土，干密度 820kg/m³，产品尺寸 610mm×310mm×155mm、610mm×310mm×105mm。其产品用于上海开埠初期建设的高层建筑隔墙、框架结构填充墙。所建建筑见表 1-10。

表 1-10　20 世纪 30 年代上海应用蒸压加气混凝土的建筑

建筑名称	建造年度	建筑层数	建设地址
中国银行	1931	17	中山东一路
锦江饭店	1931	13	茂名南路 59 号
河滨大厦	1931	11	北苏州路 400 号
福州大厦	1931	18	江西中路 170 号
国际饭店	—	24	南京西路
上海大厦	1932	20	北苏州路 20 号
国毛六厂	—	单层	

　　由于高层建筑数量不多，加上"九一八"事变日本侵华使中国进入战乱时期，中国第一个蒸压加气混凝土厂于 1934 年停产，一直到新中国成立，未能再有任何发展。

2. 近期发展

　　1）新中国成立后百废待兴，开展了大规模恢复性建设与发展。在苏联的大力援助下，曾引入了泡沫混凝土的生产技术，于 20 世纪 50 年代初期在北京进行了泡沫水泥的研制，曾制作砌块和板材用于屋面保温隔热。1958 年建筑工程部建筑科学研究院研制成功密度为 800～1200kg/m³、抗压强度为 50～70kg/cm² 的蒸汽养护石灰-砂加气混凝土，以及密度为 700～800 kg/m³、抗压强度为 50～60kg/cm² 的蒸汽养护石灰-粉煤灰加气混凝土。并于 1959 年将两种蒸汽养护加气混凝土屋面板用于两幢实验性悬索结构屋面板上，见图 1-1。

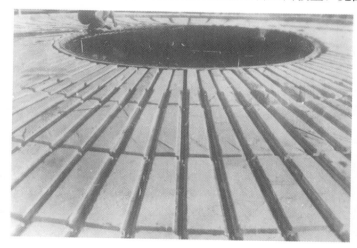

图 1-1　两种蒸汽养护加气混凝土屋面板用于两幢实验性悬索结构屋面板上

　　2）1960 年前后，中国建筑科学研究院建筑材料研究室原室主任沈文瑜随建筑工程部考察团考察了古巴 Siporex 加气混凝土工厂。回国后在中国建筑科学研究院建筑材料研究室组建了加气混凝土研究组，并根据当年中国科学技术发展十年规划草案中利用工业废料生产新型建筑材料及发展轻质结构材料的两个项目要求，于 1962 年在建筑工程部和北京市科委的组织领导下，组成了由北京市建筑设计院、北京市建筑材料工业局建筑材料研究所、北京市矽酸盐制品厂及建筑工程部建筑科学研究院建筑材料研究室共同参加的加气混凝土试制协作组，开展密度为 600～700kg/m³、抗压强度为 50kg/cm² 的蒸压水泥-砂、水泥-石灰-砂、水泥-石灰-粉煤灰加气混凝土配方、材料及构件性能研究，并于 1963 年在北京市矽酸盐制品厂建设了一条工业性试验线，采用搅拌罐直径为 2m 的移动式搅拌机，平模和组立模浇注，形成年生产 4000m³ 的能力。试生产了 400 多立方米的 420cm×60cm×（10～20）cm 和 420cm×80cm×（10～20）cm 内外墙板，用于北京人民大学院内、北京市建筑设计院、中国对外联络委员 1～3 层试验性建筑墙体，为蒸压加气混凝土在中国的发展打下了良好的基础。

3）为了进一步发展中国蒸压加气混凝土，建筑工程部向国家计划委员会申请，于 1964 年 11 月 17 日经时任国务院总理、国家计委主任李先念批准，在 1965 年 8 月 10 日与瑞典 Siporex 公司签订了引进从球磨机、配料计量一直到成品加工的全套设备和专利生产技术。于 1967 年在北京建成我国第一家蒸压加气混凝土厂——北京加气混凝土厂，使我国蒸压加气混凝土进入工业化生产时代。随后在建筑材料工业部（即后来的国家建筑材料工业总局）的组织和推动下，进行了中国蒸压加气混凝土工业体系和产品应用体系的建设。

4）为了更好、更全面、更进一步发展中国蒸压加气混凝土，广泛开展了对外技术交流。从 1974 年到 1985 年十多年间，组织了十多次来华技术座谈，出国参观考察和实习。

（1）对外技术交流与考察

① 1974 年 11 月 13 日，中国"加气混凝土、纸面石膏板、水泥及混凝土制品"考察组赴波兰考察。

② 1975 年 3 月 5 日—17 日，日本旭化成工业公司来华进行"加气混凝土"技术交流。

③ 1975 年 10 月 28 日—11 月 2 日，由中国国际贸易促进委员会安排，与来华的瑞典出口理事会代表团中"伊通公司"代表进行座谈。

④ 1978 年，瑞典 Siporex 公司来华回访座谈 2 次。

⑤ 1978 年 9 月 8 日—11 日，北京日本工业展期间与日本进行了技术座谈，介绍日本海波尔加气混凝土。

⑥ 1979 年，瑞典 Siporex 公司派人来华进行技术交流。

⑦ 1979 年 6 月 17 日—7 月 5 日，日本旭化成化学工业公司加气混凝土考察组来华进行了技术座谈。

⑧ 联合国工业发展署专家葛莱恩于 1980 年赴哈尔滨工业加工厂进行技术指导。

⑨ 1981 年 11 月，建材部加气混凝土设计组赴罗马尼亚进行了加气混凝土技术考察。

⑩ 1982 年 11 月 2 日—5 日，应中国国际贸易促进委员会之邀，在北京就"化学石膏"和"加气混凝土"进行了技术交流。

⑪ 1983 年，德国 Wehrhahn 公司到北京加气混凝土土工厂进行技术交流。

⑫ 中国新型建筑材料公司和杭州新型建筑材料研究发展中心根据联合国 UNIU/UNDP 安排，于 1985 年赴联邦德国伊通、瑞典进行技术培训（一个多月）。

⑬ 1985 年，德国 Wehrhahn 公司赴南京国际建筑建材展进行技术交流。

通过上述交流使国内对国外蒸压加气混凝土发展现状、生产技术、装备水平、产品应用以及专利状况有了比较全面、深入的了解，为中国加气混凝土发展提供了很多有益的信息和决策帮助。

（2）出国实习培训

为了掌握蒸压加气混凝土生产、应用技术，每个引进项目都组织人员赴技术输出国工厂、试验中心实习培训，学习、掌握生产、管理及产品应用技术，为工厂建设、生产运行维护培养人才。

5）引进了一批专利技术和先进工艺、装备，投资建设了一批样板示范工程

（1）近五十多年引进的蒸压加气混凝土成套生产技术和装备

近五十多年我国引进的蒸压加气混凝土生产技术与装备见表1-11。

表 1-11　我国引进的蒸压加气混凝土技术与装备

序号	引进工艺	引进年度	建设工厂名称	工厂所在城市	备注
1	Siporex	1965	北京加气混凝土厂	北京	13.5 万 m²
2	Unipol	1979	北京西郊烟灰制品厂	北京	15 万 m³
3		1983	杭州加气混凝土厂	杭州	15 万 m³
4		1983	齐齐哈尔建材厂	齐齐哈尔	15 万 m³
5	Celcom	1985	南通硅酸盐制品厂	南通	7.5 万 m³
6	Hebel（Rombca 制造）	1985	天津加气混凝土厂	天津	24 万 m³
7		1988	哈尔滨工业加工厂	哈尔滨	15 万 m³
8		1985	上海吴泾硅酸盐制品厂	上海	10 万 m³
9	Wehrhahn（Ⅰ）	1996	南京建通建材厂	南京	7 万 m³
10	Ytong（Ⅰ）	1990	北京加气混凝土厂改建	北京	18 万 m³
11	Ytong（Ⅱ）	1995	上海伊通公司（一线）	上海	20 万 m³
12	Siporex（Ⅱ）	1997	南京旭建新型建筑材料股份有限公司	南京	20 万 m³
13	Wehrhahn（Ⅱ）	2003	山东东营营海	东营	20 万 m³
14	Ytong（Ⅱ）	2004	上海伊通公司（二线）	上海	20 万 m³
15	Wehrhahn（Ⅲ）	2006	杭州开元新型墙体材料有限公司	杭州	40 万 m³
16	Wehrhahn（Ⅲ）	2007	天津天筑建材有限公司	天津	40 万 m³
17	Ytong（Ⅱ）	2007	凯莱长兴伊通有限公司	杭州	40 万 m³
18	Ytong（Ⅱ）	2009	凯莱建筑材料（天津）有限公司	天津	40 万 m³
19	Wehrhahn（Ⅳ）	2010	天津天筑建材有限公司	天津	60 万 m³
20		2011	天津天筑建材有限公司	天津	60 万 m³
21	Ytong（BPI 公司制造）	2001	常州加气混凝土厂	常州	10 万 m³
22	Ytong（Ⅱ）（Hetten 仿）	2003	爱舍（上海）新型建材有限公司	上海	20 万 m³
23		2004	爱舍（天津）新型建材有限公司	天津	20 万 m³
24	Ytong（Ⅱ）（Masa）	2014	豪门新型环保建筑材料有限公司	德州	30 万～40 万 m³
25	Ytong（Ⅱ）（Masa）	—	江西古景建材有限公司	九江	30 万～40 万 m³
26	Wehrhahn（Ⅴ）	2016	江苏宝鹏建筑工业化材料有限公司	常州溧阳	40 万 m³
27	Wehrhahn	2018	京能电力涿州科技环保有限公司	涿州	60 万 m³
28	Durox（Aircrete）	2018	贵阳长泰源节能建材股份有限公司	贵阳	30 万 m³

（2）蒸压釜设计制造技术引进

常州锅炉厂从德国舒尔茨公司购买了蒸压釜设计、制造、检验技术。

为了借鉴国外先进技术与成熟经验，发展我国蒸压加气混凝土工业，除苏联研发的工艺及技术没有引进外，世界上其他所有工艺（专利）技术和装备都在不同阶段被引进了，这对促进和加速中国蒸压加气混凝土的发展起到了重大作用。

6）引进消化

国内对蒸压加气混凝土配合比、材料性能有较深的研究，消化工作主要集中在装备上。

① 1970 年，根据阿尔巴尼亚政府要求，中阿签订了中国援助阿尔巴尼亚建设年产 10 万 m³ 加气混凝土生产线的合同，在北京加气混凝土厂组织了有辽宁工业建筑设计院参加的筹备组对引进的 Siporex 工艺技术、设备进行了测绘复制，于 1980 年在北京市矽酸盐制品厂建成一条年产 10 万 m³ 的蒸压水泥-石灰-砂加气混凝土生产线。

② 1984 年，国家建筑材料工业局常州加气混凝土技术开发中心对天津加气混凝土厂引进的 Rombca、Hebel 工艺 6m 切割机进行了测绘，但未投入制造。后由辽宁工业建筑设计院根据引进技术设计了 3.9m 的 Hebel 型切割机，交由陕西省玻璃纤维机械厂制造，第一台于 1988 年 10 月在内蒙古乌兰浩特投入使用，销售近 20 台。

③ 1994 年，国家建筑材料工业局常州加气混凝土技术开发中心对从德国引进的 Celcom 工艺 Stema 二手设备进行了测绘，并交常州天元工程机械有限公司仿制销售了 12 条生产线。

④ 1996 年，国家建筑材料工业局常州加气混凝土技术开发中心对北京加气混凝土厂 1990 年引进的德国 Dorstener 公司仿 Ytong 工艺 6m 切割机进行了消化、简化设计，交原常州天元工程机械有限公司制造。

⑤ 2005 年和 2007 年，武汉新新铭丰公司通过对山东东营营海加气混凝土厂从韩国引进的德国 Wehrhahn 公司研发制造的 Wehrhahn Ⅱ 工艺二手设备进行了测绘，学习其工艺思想，制造了其中部分设备（如吊车、吊具、掰分机等）用于新的加气混凝土工厂的建设。

⑥ 2009 年 9 月，常州天元工程机械有限公司与德国 Hetten 公司建立 Hetten（常州）机械制造有限公司，由 Hetten 提供仿 Ytong 图纸、交天元制造，建设了上海爱舍加气混凝土厂。

7）自主研发

① 1964 年，上海建筑科学研究院研究制造了下插杆式切割机，只制造了一台样机，没有得到推广。

② 1971 年，北京加气混凝土工厂进行了气垫悬浮坯体切割试制试验。

③ 1972 年，北京加气混凝土工厂研制了真空吸运坯体栅格床切割机，用于该厂工业性试验线。

④ 1974 年，辽宁工业建筑设计院在哈尔滨工业加工厂现场采用边设计、边加工制造、边安装、边施工的方式，研制成功 6M-10A 地面翻转式切割机，用于哈尔滨工业加工厂年产 10 万 m³ 的蒸压加气混凝土生产线建设，该机成为当年中国加气混凝土行业的主力机型。

⑤ 1976 年，北京加气混凝土厂与北京建筑材料研究所合作研制成功石灰乳化沥青-酚醛树脂-水泥钢筋防锈材料。

⑥ 1976 年，根据国外信息，由北京加气混凝土厂和沈阳橡胶厂共同研制成功的球磨机橡胶衬里技术，获得 1978 年全国科学技术大会奖。该技术已普遍用于中国加气混凝土生产。

⑦ 1978 年，上海杨浦煤渣砖厂研制了 LQJ 预铺钢丝卷切式切割机，用于本厂生产并销售 6 台。

⑧ 1982 年，北京加气混凝土厂陶有生与济南向阳化工厂共同研制成功加气混凝土用 W-201A 型油剂水溶性铝粉膏，1987 年通过技术鉴定，获山东省科学技术进步三等奖。

⑨ 1983 年，北京建材设计所与常州建材设备厂合作研发成功 3.9m 真空吸运预铺钢丝提拉卷切式切割机。当年通过技术鉴定，1986 年荣获建筑材料科学技术成果三等奖，共销售 39 台。

⑩ 2002 年，常州锅炉有限公司研制成功改进型地面翻转切割机，2004 年通过中国加气混凝土协会鉴定。

⑪ 2009 年，浙江瑞安市瑞港起重设备厂研制成功空翻去底皮工艺和切割坯体编组吊车翻转去底部边皮装置。

⑫ 开展了大量蒸压水泥-石灰-砂、水泥-石灰-粉煤灰、水泥-石灰-含硅尾矿加气混凝土的配方、生产工艺、产品性能及其应用的研究。

⑬ 进行了蒸压加气混凝土板材配筋技术、钢筋防锈技术和材料、板材性能和应用技术研究。

经过五十多年的引进、消化吸收和自主创新，建立了具有中国特色和自主知识产权的、完整的蒸压加气混凝土工业及技术体系，为中国蒸压加气混凝土的大发展和出口世界奠定了坚实基础。

8）成套装备出口

目前，国内已有多家蒸压加气混凝土设备供应商将蒸压加气混凝土成套设备和生产技术出口俄罗斯、蒙古、哈萨克斯坦、印度尼西亚、印度、越南、阿联酋、沙特、伊朗、阿尔巴尼亚、吉尔吉斯斯坦、白俄罗斯、马来西亚等多个国家，特别是发展中国家。

9）建立了蒸压加气混凝土产品标准体系及建筑应用体系

① 1980 年，国家建筑材料工业局颁布了标准《蒸压加混凝土试验方法》JC 265—275，1989 年、1997 年分别修订为《加气混凝土性能试验方法　总则》GB 11969—1989 和《加气混凝土性能试验方法　总则》GB/T 11969—1997，2008 年再次修订为《蒸压加气混凝土性能试验方法》GB/T 11969—2008。

② 1982 年，国家建筑材料工业局颁布了标准《蒸压加气混凝土砌块》JC 351，1989 年进行了修订，2006 年再次修订为 GB 11968—2006 版本。

③ 1983 年，国家建筑材料工业局颁布了标准《蒸压加气混凝土板》JC 351，1995 年修订为标准《蒸压加气混凝土板》GB 15762—1995，2008 年做了两次修订。

④ 1984 年，颁布了《蒸压加气混凝土应用技术规程》JGJ 17—1984，后修订为《蒸压加气混凝土建筑应用技术规程》JGJ/T 17—2008。

⑤ 1986 年，国家建筑材料工业局颁布了标准《硅酸盐建筑制品用石灰》JC/T 409、《硅酸盐建筑制品用砂》JC/T 622。

⑥ 1987 年，颁布了《加气混凝土砌块建筑构造》87 SJI 39 建筑试用图集，2003 年修订为《蒸压加气混凝土砌块建筑构造》03 JI 04。

⑦ 1990 年，国家建筑材料工业局颁布了《硅酸盐建筑制品蒸压釜安全生产规程》。

⑧ 1991 年，国家建筑材料工业局颁布了《硅酸盐制品用粉煤灰》JC/T 409—1991 和《加气混凝土用铝粉膏》JC/T 407—1991，分别于 2008 年和 2016 年进行了修订。

⑨ 1999 年，颁布了标准《蒸压加气混凝土板钢筋涂层防锈性能试验方法》JC/T 855—

1999 标准。

⑩ 2003 年，颁布了标准《蒸压加气混凝土切割机》JC/T 921—2003，于 2014 年进行了修订。

10) 1983 年，由国家科委、经委批准，经国家建筑材料工业局组织，建立了国家建筑材料工业局常州加气混凝土技术开发中心，并建设了加气混凝土工业性试验基地。

3. 蒸压加气混凝土生产的发展

中国蒸压加气混凝土制品生产的发展大体经历了三个阶段。

（1）开创阶段（1958—1982 年）

这一阶段从 1958 年实验室研究、工业性试验开始，到 1965 年引进消化，直至 1974 年中国地翻式切割机研制成功。

这一阶段在国内进行了大量的基础研究，学习、消化吸收国外引进的先进技术，建设了一批规模在 $3 \sim 5 m^3$ 的小型蒸压加气混凝土厂，如沈阳苏家屯加气厂、四平加气厂、齐齐哈尔铁路局加气厂等。与此同时进行了装备及产品应用等技术开发和准备。

（2）推广阶段（1983—1995 年）

6m 地面翻转切割机研制成功后，原建筑材料工业部下达计划由陕西玻璃纤维机械厂制造 16 台，并投资建设了哈尔滨、长春、沈阳、鞍山、天津、郑州、武汉、西安、兰州、邯郸、乌鲁木齐、合肥、上海年产 10 万 m^3 的蒸压加气混凝土厂，这些工厂都配有板材生产工序和车间。

在此带动下，各种类型的切割机纷纷研制，各地 10 万 m^3 以下的小规模工厂相继建设，形成了一个发展热潮。20 世纪 90 年代全国建设的不同规模的生产线 200 多条，形成生产能力 1500 万 m^3。

（3）大发展时期（1996—2014 年）

自邓小平同志南行以后，改革开放进入了一个新时期，国民经济建设速度加快，各项投资加大，中国经济进入了快车道。各地大规模建筑展开，房地产业发展加速，建筑结构体系发生很大变化，大中城市向高层发展。加上墙体材料改革，限制烧结实心黏土砖发展和建筑节能政策推出，对填充及保温墙体材料的要求急剧增加，为蒸压加气混凝土发展提供了很大的市场，拉动了蒸压加气混凝土在中国的发展。近年来国内建筑业结构调整，发展装配式建筑又为蒸压加气混凝土板材的发展提供了千载难逢的绝佳市场机遇。

迄今为止，我国先后建成不同规模、不同水平的生产线 3000 条左右，形成生产能力在 3 亿 m^3 以上。如对现有生产线进行适当技术改造，其生产能力可达到 4 亿～5 亿 m^3。这些生产线遍布在全国各省市自治区，使我国成为世界上加气混凝土生产线和生产企业最多，生产规模最大，应用领域、应用面最广，普及程度最高的国家。其生产规模及企业数已远远超过全世界所有加气混凝土厂总和。

4. 蒸压加气混凝土工艺技术发展

在学习国外先进经验和总结国内生产实践基础上，我国结合国情成功研发出两种工艺技术。

1）地面翻转工艺

地面翻转工艺技术在本书中已经有详细的诠释和介绍，在此不再重复。

2）茂源工艺

茂源工艺由常州茂源科技有限公司成功研发，是具有中国特色的蒸压加气混凝土生产新工艺。

该工艺于2004年开始构思，以不用掰分机及相应的掰分工序为开发主要目标，2008年开发成功，在国内建成投产的第一条生产线至今运行良好。

茂源工艺的技术特点为：

（1）保持坯体用吊车翻转90°脱模，进行侧立切割，但坯体切割后用地面翻转台将已切坯体回翻，放在一块整底板上进行蒸压养护，见图1-2。

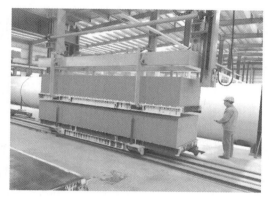

图1-2 整底板蒸压养护

（2）选择φ2m的蒸压釜对坯体进行蒸压养护有三大好处，见图1-3。

① φ2.0m×38m蒸压釜的填充系数可达43.42％，比大于φ2m的蒸压釜填充系数都高（φ2.6m×38m蒸压釜填充系数仅38.5％），高压蒸汽消耗相对减少，可节省一部分成本。

② 在相同蒸压养护制度下，生产相同产量的蒸压加气混凝土产品与大直径釜相比尽管需要配置较多的小釜，但投资基本相同或相近。而釜的数量多，方便倒汽操作，可以实现依次有规律的倒汽，利于提高蒸汽利用率，进一步节约蒸汽能源，对降低生产成本有明显效果。

③ 可以用釜前摆渡车将已切好的坯体轮流地送进其中的一台釜，对其进行蒸压养护前的保温，可省去坯体在蒸压养护前的编组保温过程以及编组保温静停所需构筑物。产品出釜也是用摆渡车一模一模拉出，节省了厂房、场地等投资，见图1-4。

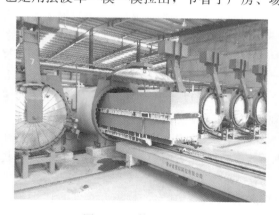

图1-3 坯体进釜保温

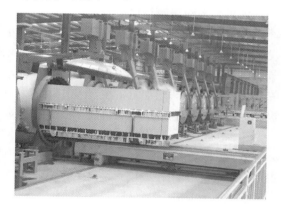

图1-4 产品出釜

（3）为了实现43.42％的填充系数，研发了坯体由侧立蒸压养护翻转为平置养护专用的蒸压养护底板和相配套的带固定支杆的蒸压养护小车，并取得发明专利。

（4）模具长侧板不再随坯体釜蒸压养护，也不在地面翻转台处清理其上所粘的底部废料，而是带着底部底料送至另一工位刷洗清理，重新与模板组合备用，见图1-5。

（5）改变了传统配料搅拌浇注的设计理念。将配料计量系统、搅拌浇注装置安装在面积仅 60 多平方米、高 3.2m 的平台上，整个系统总高度 7m 左右，不超过厂房屋面高度，极其简约，便于设备安装维修，节省投资，见图 1-6。

图 1-5　长侧板清理

图 1-6　配料计量搅拌系统

（6）使用 W-201C 铝粉膏作为该工艺配套的发气剂，在设于地面的搅拌罐中对 W-201C 铝粉膏进行分散悬浮，使用管道泵送至配料平台上的搅拌驻罐中备用。

（7）研发成功与本工艺配套的砌块专用包装系统，见图 1-7。

(a)

(b)

图 1-7　包装系统

用 1.2m×1.2m 的托板对 1.2 m×1.2 m×1.8m 的砌块垛进行塑料薄膜缠绕包装。与现行的通用 1.2m×1.2m 的砌块垛相比，可以节约 1/3 的托板和 1/3 的叉车运输工作量。

（8）通过科学认真的管理，该工艺产品的总合格率可以长期稳定在 99.5%，包括从料浆浇注开始直至产品运至工地的整个过程。

截至 2017 年年底，该工艺已在国内新建改建生产线 30 条，在国外新建生产线 11 条。

第2章 蒸压加气混凝土

2.1 蒸压加气混凝土的结构

蒸压加气混凝土是由硅酸钙水化物、空气、水以及未反应的原料所组成的多孔、多相、非均质复合材料。其性能取决于制品中气泡壁材料的物理力学性能、气泡孔结构以及气泡壁材料与气泡孔体积比。在气泡壁材料的物理力学性能不变的情况下，两者比例不同的制品的干密度不一样，气孔结构和制品的物理力学性能也随之变化。

2.1.1 蒸压加气混凝土的孔结构

蒸压加气混凝土的孔结构见图 2-1 和图 2-2。

图 2-1 干密度为 $500kg/m^3$ 的蒸压加气混凝土的孔结构

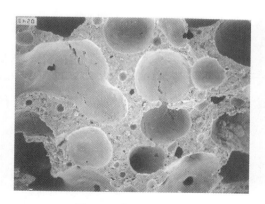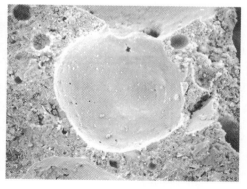

图 2-2 蒸压加气混凝土气孔放大 32 倍（左图）、90 倍（右图）的图像

蒸压加气混凝土中的孔大体可以分为三类。

（1）气泡（又称大孔）

蒸压加气混凝土有 45％～50％的孔是可用肉眼观察到的球形气泡。它是由铝粉在料浆中反应放出氢气所形成。数量巨大，尺寸大小不一，从 0.1～3mm，大量在 0.2～2mm 之间，平均孔径约 1mm。其中大型气泡>2mm，中型气泡为 0.5～2mm，小型气泡<0.5mm，其峰值在 0.5mm。部分气孔壁可连通。气泡孔径分布见表 2-1 和图 2-3。

表 2-1　气泡孔径分布

编号	孔径分布（％）					总孔隙率（％）
	≤0.5mm	0.5～1.0mm	1.0～1.5mm	1.5～2mm	>2mm	
1	16.2	47.1	32.8	3.3	0.6	75.2
2	19.9	49.0	25.6	5.5	无	75.4
3	6.7	13.6	31.6	27.2	20.8	76.6
4	14.1	36.0	33.7	8.4	7.8	77.4

注：此表为部分密度为 500kg/cm³ 的蒸压加气混凝土产品的孔径分布；蒸压加气混凝土中的气泡一般不直接相连，但可以通过孔壁上的毛细孔而连通。

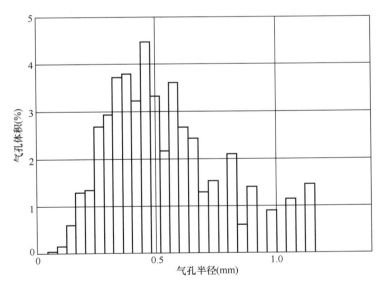

图 2-3　显微画像解析法测定的气孔径分布

在剩余的 50％～55％的孔壁中存在 200～1000Å 的毛细孔和更小的微孔、超微孔。

（2）毛细孔

毛细孔为未水化的游离水蒸发后留下的孔。存在于气泡壁中，孔的半径在 5nm 至几十微米之间，形状很不规则，多半是细长型。毛细孔体积占整个孔壁体积的 30％，其孔径分布见图 2-4。

（3）凝胶孔

凝胶孔为水化产物本身的孔或水化产物之间的孔。存在于水化硅酸盐产物中，其微孔孔

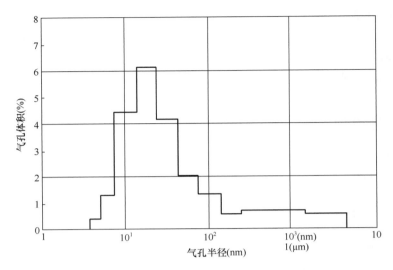

图 2-4　水银压入法测定的毛细孔孔径分布

径在 1～5nm 之间，超微孔孔径＜1nm，孔体积很小，占整个气泡壁体积的 1‰以下，见图 2-5。

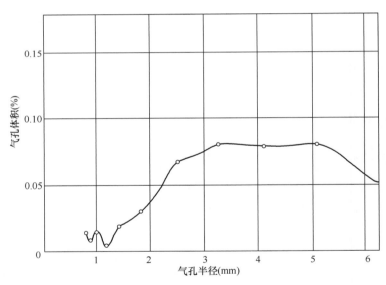

图 2-5　氮气吸附法测定的微细、超微细孔孔径分布

上述三类孔的孔径、孔型、孔分布、孔数量不同，成孔机理不同，它们对材料性能的影响也不同。

2.1.2　气泡壁材料结构

蒸压加气混凝土气泡壁材料由三部分组成。

（1）实体材料

蒸压加气混凝土气泡壁的实体部分是由水泥、石灰、砂或粉煤灰加水在高温、高压下反应形成的。在气泡壁中除反应生成的各种水化硅酸盐凝胶和结晶体外，还存留许多未反应完的砂、粉煤灰、水泥等颗粒。这些颗粒由水化硅酸钙、凝胶和结晶体粘结、包裹着，见图 2-6～图 2-10。

图 2-6　蒸压加气混凝土气泡壁的
微观结构（放大 430 倍）

图 2-7　蒸压加气混凝土气泡壁的
微观结构（放大 700 倍）

图 2-8　蒸压加气混凝土气泡内壁上的
板状托勃莫来石（放大 2000 倍）

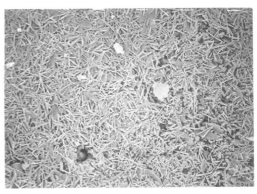

图 2-9　蒸压加气混凝土气泡内壁上的
针状托勃莫来石（放大 2000 倍）

从图 2-6 中可以看到在气泡壁上所生长的水化硅酸钙结晶体。

从图 2-7 中可以看到放大 700 倍的蒸压加气混凝土气泡壁的微观结构。

从图 2-8 看出为板状托勃莫来石结晶。

从图 2-9 看出为针状托勃莫来石结晶。

从图 2-10 看出放大 2000 倍的气泡壁结构。

从图 2-7 及图 2-10 中可以看到未完全反应的各种颗粒及包围在它们周围的水化硅酸钙结晶体及凝胶。

气泡壁组成的 X 射线分析图见图 2-11。

图 2-10　蒸压加气混凝土气泡壁结构图
（放大 2000 倍的气泡壁材料结构图）

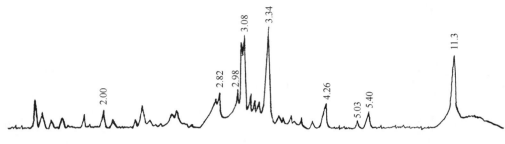

图 2-11 气泡壁组成的 X 射线分析图

（2）毛细孔

毛细孔是原材料-水系统中没有被水化产物填充的原有的充水空间。水泥-石灰-粉煤灰蒸压加气混凝土的毛细孔平均半径在 200nm 左右，水泥-石灰-砂和水泥-矿渣-砂蒸压加气混凝土的毛细孔平均半径在 300～500nm 之间。毛细孔具有抽吸作用。

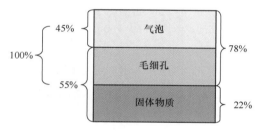

图 2-12 蒸压加气混凝土孔隙构造

对于密度为 500kg/m³ 的蒸压加气混凝土制品而言，其固体物质、毛细孔和气泡之间的比例见图 2-12。

（3）凝胶孔、过渡孔

① 凝胶孔

凝胶孔是水化硅酸盐胶体中水分蒸发所留下的孔。

② 过渡孔

在上述两类孔中间有一个从水化产物孔到毛细孔之间的过渡孔，其尺寸波动较大。

③ 蒸压加气混凝土制品各类孔的分布见表 2-2。

表 2-2 蒸压加气混凝土制品各类孔的分布

气孔种类	孔的尺寸（nm）	在蒸压加气混凝土中的比例（%）	在孔壁中的比例（%）
气泡	2000～500	45	56
毛细孔	500～50	10	13
微孔、超微孔	50～1	25	30

密度为 500kg/m³ 的蒸压加气混凝土的气孔率达 0.8，比表面积为 20m²/g。

2.2 蒸压加气混凝土结构与其性能的关系

决定蒸压加气混凝土物性的因素有两个：（1）气泡的形状、大小及分布；（2）气泡壁的厚度及物性。

2.2.1 蒸压加气混凝土孔结构对其强度的影响

材料的理论强度要比其实际强度高出 3～4 个数量级。由于材料本身的不均匀，存在缺陷、微裂缝、孔隙等，使材料实际强度远远低于理论强度，蒸压加气混凝土有很大孔隙率，其孔结构对它的性能有很大影响。

1. 孔隙率与抗压强度关系

（1）水泥-矿渣-砂净浆硬化体和蒸压加气混凝土的孔隙率与抗压强度的关系

水泥-矿渣-砂净浆硬化体和蒸压加气混凝土孔隙率与抗压强度的关系见表 2-3 和图 2-13。

表 2-3　水泥-矿渣-砂净浆硬化体和蒸压加气混凝土孔隙率与抗压强度的关系

试样编号	密度 ($10^3 kg/m^3$)	相对密度	总孔体积 (%)	毛细孔体积 (%)	气孔体积 (%)	实体体积 (%)	抗压强度 (kg/cm^2)
A_0^1	1.42	2.50	43.3	43.3	0	56.7	589
A_0^2	1.37	2.51	45.6	45.6	0	54.4	508
A_0^3	1.24	2.51	50.4	50.4	0	49.6	415
A_0^4	1.20	2.52	52.2	52.2	0	47.8	361
A_0^5	1.12	2.50	55.2	55.2	0	44.8	313
A_0^6	1.00	2.51	60.1	60.1	0	39.9	213
A_0^7	0.95	2.51	62.2	62.2	0	37.8	189
A^1	1.17	2.52	53.3	47.6	5.7	46.7	296
A^2	1.07	2.51	57.4	43.3	14.1	42.6	231
A^3	1.02	2.52	59.4	41.3	18.1	40.6	197
A^4	0.97	2.50	61.3	39.4	21.9	38.7	169
A^5	0.83	2.49	67.0	33.5	33.5	33.0	110
A^6	0.80	2.50	68.0	32.3	35.7	32.0	90.6
A^7	0.77	2.52	69.5	31.1	38.4	30.5	84.4
A^8	0.76	2.55	70.4	30.6	39.8	29.6	77.9
A^9	0.64	2.55	75.1	25.8	49.3	24.9	43.9

注：1. 水泥 18%，矿渣 32%，砂 50%。

2. 蒸压养护制度：养护压力 8kg/cm²，升温 1h，恒温 8h，降温 1h。

3. 有下脚指数"0"表示不含气泡的净浆硬化体，无下脚指数"0"的为发气浆体。

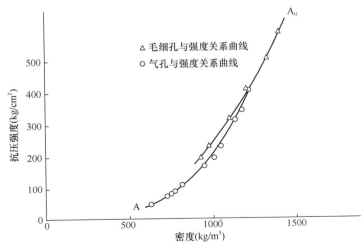

图 2-13　水泥-矿渣-砂净浆硬化体和蒸压加气混凝土孔隙率与抗压强度的关系

（2）水泥-石灰-砂净浆硬化体和蒸压加气混凝土孔隙率与抗压强度的关系

水泥-石灰-砂净浆硬化体和蒸压加气混凝土孔隙率与抗压强度的关系见表2-4和图2-14。

表 2-4　水泥-石灰-砂净浆硬化体和蒸压加气混凝土孔隙率与抗压强度的关系

试样编号	密度（10^3 kg/m³）	相对密度	总孔体积（%）	毛细孔体积（%）	气孔体积（%）	实体体积（%）	抗压强度（kg/cm²）
B_0^1	1.33	2.64	49.7	49.7	0	50.3	440
B_0^2	1.26	2.58	51.1	51.1	0	48.9	407
* B_0^3	1.15	2.51	54.3	54.3	0	45.7	303
B_0^4	1.00	2.58	61.2	61.2	0	38.8	225
B_0^5	0.92	2.58	64.4	64.4	0	35.6	182
B^1	0.90	2.58	65.0	42.6	22.4	35.0	158
B^2	0.88	2.59	66.0	41.5	24.5	34.0	149
B^3	0.81	2.60	68.7	38.4	30.3	31.3	105
B^4	0.72	2.62	72.6	33.9	38.7	27.4	89.7
B^5	0.62	2.63	76.3	29.3	47.0	23.7	51.8
B^6	0.56	2.63	78.8	26.3	52.5	21.2	37.2
B^7	0.54	2.64	79.5	25.4	54.1	20.5	30.3

注：1. 水泥 10%，石灰 25%，砂 65%。

2. 蒸压养护制度：养护压力 8kg/cm²，升温 1h，恒温 8h，降温 1h。

3. 有下脚指数"0"表示不含气泡的净浆硬化体，无下脚指数"0"的为发气浆体。

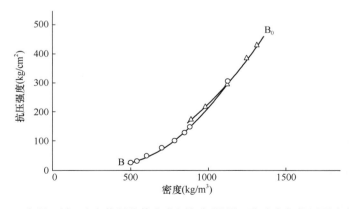

图 2-14　水泥-石灰-砂净浆硬化体和蒸压加气混凝土孔隙率与抗压强度的关系

（3）水泥-石灰-粉煤灰净浆硬化体和蒸压加气混凝土孔隙率与抗压强度的关系

水泥-石灰-粉煤灰净浆硬化体和蒸压加气混凝土孔隙率与抗压强度的关系见表 2-5 和图

2-15。

表 2-5 水泥-石灰-粉煤灰净浆硬化体和蒸压加气混凝土孔隙率与抗压强度的关系

试样编号	密度 （10^3 kg/m³）	相对密度	总孔体积 （%）	毛细孔体积 （%）	气孔体积 （%）	实体体积 （%）	抗压强度 （kg/cm²）
C_0^1	1.18	2.23	47.1	47.1	0	52.9	458
C_0^2	1.13	2.22	49.1	49.1	0	50.9	426
* C_0^3	1.07	2.24	52.2	52.2	0	47.8	380
C_0^4	1.01	2.23	54.7	54.7	0	45.3	346
C_0^5	0.95	2.30	58.7	58.7	0	41.3	315
C_0^6	0.93	2.24	58.4	58.4	0	41.6	310
C_0^7	0.91	2.25	59.6	59.6	0	40.4	301
C_0^8	0.80	2.26	64.6	64.6	0	35.4	216
C_0^9	0.69	2.28	69.7	69.7	0	30.3	135
C^1	0.82	2.35	65.1	49.2	15.9	34.9	200
C^2	0.73	2.35	68.9	43.8	25.1	31.1	127
C^3	0.65	2.35	72.3	39.0	33.3	27.7	98.3
C^4	0.63	2.37	73.4	37.8	35.6	26.6	72.3
C^5	0.55	2.35	76.6	33.8	42.8	23.4	66.3
C^6	0.53	2.39	77.8	31.8	46.0	22.2	48.3
C^7	0.47	2.37	80.2	28.4	51.8	19.8	36.5
C^8	0.42	2.39	82.4	25.6	56.8	17.6	24.5
C^9	0.41	2.38	82.8	24.6	58.2	17.2	14.9
C^{10}	0.37	2.38	84.5	22.2	62.3	15.5	16.5
C^{11}	0.34	2.39	85.8	20.4	65.4	14.2	9.5
C^{12}	0.31	2.39	87.0	19.2	67.8	13.0	9.3

注：1. 水泥 10%，石灰 20%，粉煤灰 70%。

2. 蒸压养护制度：养护压力 8kg/cm²，升温 1h，恒温 8h，降温 1h。

3. 有下脚指数"0"表示不含气泡的净浆硬化体，无下脚指数"0"的为发气浆体。

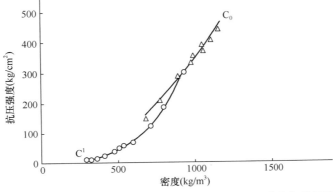

图 2-15 水泥-石灰-粉煤灰净浆硬化体和蒸压加气混凝土孔隙率与抗压强度的关系

由于气泡及孔隙的存在，孔占据了蒸压加气混凝土很大体积，改变了制品的密实度，因而对蒸压加气混凝土性能产生很大影响，特别是强度、收缩值和抗冻性等。随着孔隙率的增加，抗压强度下降。蒸压加气混凝土的孔隙率可用式（2-1）表示：

$$P = 1 - \frac{d_{\mathrm{k}}}{d} \tag{2-1}$$

式中　P ——蒸压加气混凝土的孔隙率；

　　　d_{k} ——蒸压加气混凝土的密度；

　　　d ——不加气的蒸压加气混凝土净浆的相对密度。

蒸压加气混凝土的孔隙率和抗压强度之间存在着线性关系，见图 2-16。

从表 2-3、表 2-4、表 2-5 和图 2-13、图 2-14、图 2-15 可以看出，气泡孔和毛细孔对蒸压加气混凝土的强度均有很大影响，但两者影响程度不一样，气泡孔比毛细孔影响大。

气泡孔和毛细孔与蒸压加气混凝土抗压强度的关系可用经修正的 Baeshin 公式表示，见式（2-2）：

$$R = R_0 \left(\frac{d_1}{d}\right)^{n'} \left(\frac{d_{\mathrm{k}}}{d_1}\right)^{n} \tag{2-2}$$

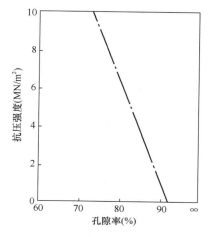

图 2-16　孔隙率与抗压强度的关系

式中　R——蒸压加气混凝土的抗压强度；

　　　R_0——未经加气（即不含气泡孔）的净浆抗压强度；

　　　d——未经加气净浆的真密度；

　　　d_{k}——蒸压加气混凝土的密度；

　　　d_1——未经加气（即不含气泡孔）的净浆密度；

　　　n'——毛细孔的强度影响指数；

　　　n——气泡孔的强度影响指数。

n、n' 的平均值及 R_0 可从表 2-3、表 2-4、表 2-5 中计算和统计，列于表 2-6。

表 2-6　R_0、n、n' 的平均值

	水泥-矿渣-砂	水泥-石灰-砂	水泥-石灰-粉煤灰
R_0（kg/cm²）	2600	2100	1600
n	3.6	3.0	3.2
n'	2.6	2.4	1.9

式（2-2）可以改写为：

$$R = R_0 \left(\frac{d_{\mathrm{k}}^n}{d_1^{n'}}\right) \cdot \left(\frac{1}{d_1^{n-n'}}\right) \tag{2-3}$$

从式（2-3）可以看出，在相同密度下，在原材料及工艺不变时，$R_0 \dfrac{d_k^n}{d_1^{n'}}$ 是一个常数。因此未经发气的净浆密度（d_1）越小，即毛细孔量越多，蒸压加气混凝土强度越高；而 $n-n'$ 的差值越大，效果越明显。当 d_1 小到等于 d_k 时（此时全是毛细孔），强度最高；反之，d_1 越大，强度越低。当 d_1 大到等于 d（即全是气泡孔）时，强度最低。即在同样密度下，增加毛细孔率和减少气泡孔率是提高蒸压加气混凝土抗压强度的一个有效途径，而增加毛细孔率的有效方法是提高水料比。

2. 气泡孔尺寸及孔径分布对蒸压加气混凝土抗压强度的影响

气泡孔尺寸及孔径分布对蒸压加气混凝土抗压强度的影响见表 2-7。

表 2-7　气泡孔孔径分布和抗压强度的关系

编号	孔径分布					孔隙率 (%)	抗压强度 (kg/cm²)
	≤0.5mm (%)	0.5～1mm (%)	1～1.5mm (%)	1.5～2mm (%)	>2mm (%)		
1	16.2	47.1	32.8	3.3	0.6	75.2	40.9
2	19.9	49.0	25.6	5.5	无	75.4	37.8
3	6.7	13.6	31.6	27.2	20.8	76.6	24.8
4	14.1	36.0	33.7	8.4	7.8	77.4	23.6

从表 2-7 可以看出，气泡大小、分布不同，对气泡壁材料的物性有较大影响，最理想的气泡分布为球形紧密堆集。孔径 0.5～1mm 的气孔含量较高，孔径大于 2mm 的气泡孔含量较低，抗压强度较高，达到 37.8～40.9kg/cm²。相反，孔径 0.5～1mm 的气孔含量较低，而孔径大于 2mm 的气孔含量较高，抗压强度偏低，仅 23.6～28.8kg/cm²。

由此可见，在蒸压加气混凝土生产中，由铝粉发气形成的气泡孔孔径小，而且分布均匀，具有整体抵抗外力荷载的能力，故强度值较高。相反，孔径大、分布又不均匀，在外力作用下，容易引起压力集中，导致制品孔壁结构破坏，而使强度降低。

对于密度为 700kg/m³ 的水泥-石灰-粉煤灰蒸压加气混凝土而言，其未加气净浆硬化体孔隙率（属毛细孔率）为 36.3%，对应抗压强度为 411kg/cm²；加气以后孔隙率增加到 66.4%，其对应抗压强度仅为 54.1kg/cm²。

对密度为 500kg/m³ 的水泥-矿渣-砂蒸压加气混凝土，其未加气净浆硬化体孔隙率为 29.0%，对应抗压强度达 388kg/cm²；加气后孔隙率增加 48.1%，达到 77.1%，对应抗压强度为 40kg/cm²，抗压强度降低接近 90%。可见孔隙率，尤其是气泡孔率，对抗压强度影响相当巨大。

蒸压加气混凝土未加气的净浆硬化体的理论抗压强度与其实际抗压强度的关系可由图示加以推测，见图 2-17。

在现实生活中，相对密度为 2.3 的普通混凝土的最高强度可达 1000kg/cm²。按此理论

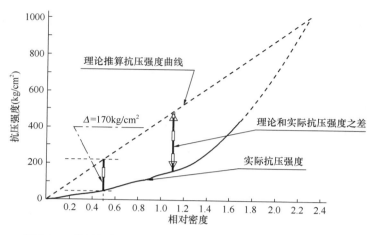

图 2-17　蒸压加气混凝土理论抗压强度与实际抗压强度的关系

推测，相对密度为 0.5 的混凝土硬化体应具有 200kg/cm² 的抗压强度。由于具有多孔结构，现实中的蒸压加气混凝土的抗压强度仅有 30～40kg/cm²，是比较低的。

2.2.2　蒸压加气混凝土孔结构对其收缩性能的影响

在一定温度和湿度条件下任何多孔材料都有一个平衡含水率。材料的平衡含水率（自由水或物理水）取决于材料的孔结构和环境温度、湿度。材料含水率（吸附水和凝聚水）的变化将引起材料的体积变化。

1. 蒸压加气混凝土平衡含水率及平衡干缩值与相对湿度的关系

蒸压加气混凝土平衡含水率及平衡干缩值与相对湿度的关系见图 2-18～图 2-20。

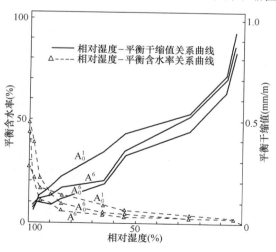

图 2-18　蒸压水泥-矿渣-砂加气混凝土平衡含水率及平衡干缩值与相对湿度的关系

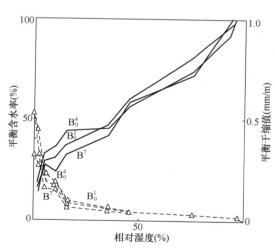

图 2-19　蒸压水泥-石灰-砂加气混凝土平衡含水率及平衡干缩值与相对湿度的关系

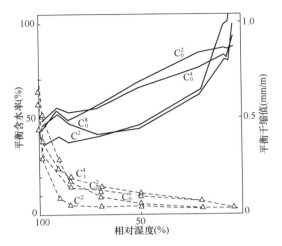

图 2-20　蒸压水泥-石灰-粉煤灰加气混凝土平衡含
水率及平衡干缩值与相对湿度的关系

2. 蒸压加气混凝土平衡干缩值与百分含水率的关系

蒸压加气混凝土平衡干缩值与百分含水率的关系见图 2-21～图 2-23。

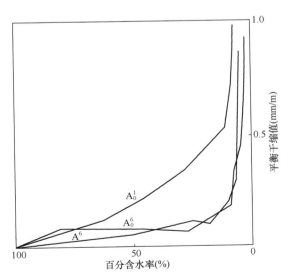

图 2-21　蒸压水泥-矿渣-砂加气混凝土
平衡干缩值与百分含水率的关系

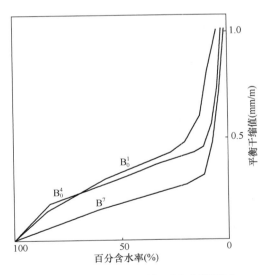

图 2-22　蒸压水泥-石灰-砂加气混凝土
平衡干缩值与百分含水率的关系

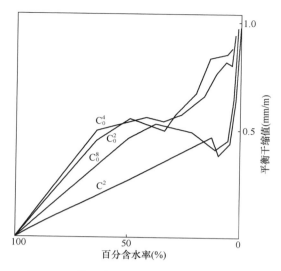

图 2-23 蒸压水泥-石灰-粉煤灰加气混凝土
平衡干缩值与百分含水率的关系

3. 平衡含水率的计算

多孔材料的平衡含水率可以根据材料的孔分布曲线图 2-24，通过式（2-4）和式（2-5）计算出来。

通常水在低于饱和湿度的环境中将蒸发。水分蒸发引起吸附水变化，导致多孔材料干缩。吸附水层的平均厚度是环境相对湿度的函数，在毛细孔中可由 Halsey 公式计算，见式（2-4）：

$$b = \frac{-3.48}{\lg RH} \cdot \frac{1}{3} \text{Å} \qquad (2\text{-}4)$$

式中 b——吸附水层平均厚度；

RH——环境相对湿度；

Å——孔尺寸单位；

3.48——常数。

另根据 Kelvin 公式判定，在任何相对湿度下，只有半径大于 r 的孔中水才蒸发，如孔为圆粒型，r 可写成：

$$r = \frac{-4.56}{\lg RH} \cdot \text{Å} \qquad (2\text{-}5)$$

因此，在任何相对湿度下，只有大于临界半径 r_c（$r_c = r + b$）的孔才蒸发。r_c 的计算见式（2-6）：

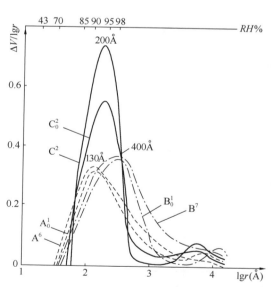

图 2-24 蒸压加气混凝土
毛细孔孔径分布曲线

V—材料单位质量的含孔体积；$\lg r$—孔半径的对数

$$r_c = -\frac{4.56}{\lg RH} - \frac{3.48}{\lg RH} \cdot \frac{1}{3} \text{Å} \qquad (2\text{-}6)$$

4. 蒸压加气混凝土的干缩

水分迁移引起干燥收缩这一过程十分复杂。材料中水分迁移是部分通过毛细孔和部分通过扩散进行的。在一般含水量时，水分迁移主要靠扩散，水量增大时主要靠毛细孔进行，在含水量为 40％时，几乎全部靠毛细孔迁移。影响迁移的因素有孔结构、孔尺寸、热传导、温度、蒸压压力和制品表面空气流动的情况。

1）导致多孔材料干缩的因素

根据表面现象理论，引起多孔材料干缩大体有三个因素：

① 由于毛细孔中的水不饱满而引起毛细管张力。此张力只发生在失水孔中，当孔中充满水或失水完毕，此张力消除。

② 由于孔壁的吸附水层失水而变薄，使材料孔壁的表面能增加而引起收缩。

③ 由于胶孔水（或层间水）的丧失而引起收缩。

2）蒸压加气混凝土的干缩

蒸压加气混凝土的干缩是毛细孔含量的函数。

（1）在三个不同相对湿度阶段的干缩

① 在相对湿度 100％～43％阶段的干缩

在相对湿度 100％～43％阶段的干缩，其收缩主要是由毛细管张力所引起，根据公式（2-6）相对湿度为 43％时，大于 20Å 的孔将逐步失水。从图 2-18～图 2-20 可以看出，相对湿度为 43％时平衡含水率应在 3％～4％，而这时胶体孔水约占 1％，由公式（2-4）计算出的吸附水约占 0.9％～1.7％。这两部分水之和不能超过 3％。这说明此时还有一部分毛细管水尚未丧失，胶体孔水是不会完全失去的，这进一步说明此时的收缩主要是由毛细孔失水引起的。

② 在相对湿度 43％～4％阶段的干缩

在相对湿度 43％～4％阶段的干缩主要是吸附水层变薄所引起的。从图 2-18～图 2-20 看到，这阶段的失水量为 1.5％～2.5％。按计算，这阶段丧失的吸附水应是 0.3％～0.7％，因此，仍有 1.2％～1.8％的毛细孔水丧失。这时已经失水的毛细孔继续失水，不会增加毛细孔张力。所以这期间的干缩主要是吸附水层变薄引起的。其收缩值大约与相对湿度 100％～43％区间的干缩值相当。

③ 从相对湿度 4％到绝干区间的干缩

从相对湿度 4％到绝干区间的失水按图 2-18～图 2-20 看约为 2％，这正好等于此区间按计算所得丧失的吸附水 0.6％～1％与胶体孔水 1％之和，而胶体孔水的丧失将引起很大张力。因此，可将此区间的干缩看成主要是胶体孔水（或层间水）的丧失所引起的。其干缩值约为相对湿度从 100％～43％区间干缩值的 4 倍。

（2）三种蒸压加气混凝土的失水干燥

三种蒸压加气混凝土的孔结构不同，在同一相对湿度区间内失水孔量不同，因而在失水过程中干缩行为也不同。

① 蒸压水泥-石灰-粉煤灰加气混凝土的干缩

蒸压水泥-石灰-粉煤灰加气混凝土的孔在 200Å 左右有一个很集中的峰值。当相对湿度从 100％到 98％时，失水的孔迅速增加，同时失水的孔量很大，因此干缩值迅速增加，出现一个"台阶"，见图 2-23。当相对湿度逐步降到 90％时，失水的孔径逐步进入峰值位置，同时失水的孔量虽有增加，但由于同时又有许多孔失水完毕，减轻了毛细孔张力，所以干缩值增加不多。当相对湿度降至85%时，失水的孔迅速减少，失水完毕的孔将大大多于失水的孔，大量的毛细孔张力将解除。此时干缩值随水分的丧失反而减小，即出现所谓干涨。相对湿度继续降低，则由于吸附水层变薄和孔径更小的孔失水，又会引起收缩。

②蒸压水泥-矿渣-砂加气混凝土的干缩

从图2-21可看出，水泥-矿渣-砂加气混凝土的孔分布较分散。由于孔分布的连续性和失水的连续性，同时失水的孔量较少，不出现"台阶"，也看不到"干涨"。

③蒸压水泥-石灰-砂加气混凝土的干缩

水泥-石灰-砂加气混凝土的干缩特性介于水泥-矿渣-砂和水泥-石灰-粉煤灰加气混凝土之间。

由此可以得出结论：蒸压加气混凝土在相对湿度100%～43%区间（阶段）的干缩特性主要取决于毛细孔的结构。首先是孔分布集中程度，其次是孔峰的位置，而与毛细孔总量关系不大。

（3）气泡孔对蒸压加气混凝土干缩的影响

气泡孔对蒸压加气混凝土的干缩有一定影响。一般而言，由于蒸压加气混凝土净浆硬化体失水较蒸压加气混凝土难，失水的孔量比蒸压加气混凝土多，因而净浆硬化体干缩值比蒸压加气混凝土大。

蒸压加气混凝土由于有相当一部分大孔已经失水完毕，这部分空间对小孔的蒸发有利，所以失水较易，故干缩值较小。

三种蒸压加气混凝土在相对湿度43%的平衡含水率在3%～4%之间，相当于它在大气中的常年含水率。因此，只要在施工时适当控制其含水率，它的实际干缩值可在0.1～0.2mm/m之间，见图2-18～图2-20。至于相对湿度小于43%的干缩值虽然很大，但在一般大气条件下是不可能达到的，所以不影响使用。

2.2.3 蒸压加气混凝土孔结构对其抗冻性的影响

水冻结体积增加9%，硬化后的混凝土中存在水，水冻结后产生很大的膨胀压应力，使混凝土遭到破坏。

1. 蒸压加气混凝土的抗冻性

蒸压加气混凝土的抗冻性优于普通混凝土，因为蒸压加气混凝土中有大量的空气泡，当蒸压加气混凝土中可冻水量和所含气泡数量达到平衡时，水在冻结时所产生的巨大压力就会基本消失。蒸压加气混凝土冻害与含水率有关系。

2. 试验研究和应用实践结果

只有在长时间负温度下，蒸压加气混凝土中含水达到或超过60%时才产生冻害。蒸压加气混凝土出厂时的质量含水率一般在30%～35%以下，在使用时一般也不会高于此含水率。在某种程度上可以说蒸压加气混凝土是一种可抗冻的材料。在那些容易受潮的部位，如外窗台、雨罩、盥洗室、屋檐外墙等处，如处理不好，才会使含水率很高，当内外温差很大时，才产生局部冻融，冻融出现较大胀缩应力，会导致分层剥落破坏。但这些部位如在建筑构造处理上采取相应防潮、防水措施，完全可以防止冻融破坏。

2.2.4 蒸压加气混凝土气泡壁材料性能对其抗压强度的影响

蒸压加气混凝土气泡壁材料是由CaO与SiO_2反应生成的水化硅酸钙、未反应完的原料颗粒及毛细孔和胶体孔所组成。水化硅酸钙凝胶连接包裹着未反应的原料颗粒，使其成为一个整体，形成具有一定抗压强度的气泡壁，使蒸压加气混凝土具有强度。

1. 气泡壁水化产物的类型

经 X 射线、差热分析及电子显微镜扫描分析，蒸压加气混凝土气泡壁材料的水化产物是托勃莫来石和 C-S-H（I）以一定比例组成的混合物，两者紧密联系在一起。可将两者看成各种不同结晶度的一组材料的两个最终组分。如果材料中含有铝及硫的物质还会产生硫铝酸钙产物水石榴子石。

2. 水化产物结构对蒸压加气混凝土抗压强度的影响

（1）水化产物结晶度对蒸压加气混凝土抗压强度的影响

结晶度对蒸压加气混凝土的抗压强度有决定性的影响。

蒸压加气混凝土密度大致相同（500kg/m³）、水化硅酸钙总量大致相同（50％～60％）时结晶度对蒸压加气混凝土抗压强度的影响见图 2-25。

从图 2-25 可以看出，结晶度有一最佳值，在此最佳值抗压强度最高；在此最佳值之前，强度随结晶度提高而增加。

（2）水化硅酸钙总量对蒸压加气混凝土抗压强度的影响

当水化硅酸钙总量在 39％～79％之间，水化硅酸钙总量的变化会影响其抗压强度。

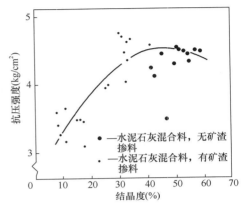

图 2-25　结晶度与抗压强度的关系
（水化硅酸钙总量 50％～60％，
密度 500kg/m³）

2.2.5　水化产物结构对蒸压加气混凝土收缩的影响

1. 水化产物结晶度对蒸压加气混凝土的收缩有决定性影响

蒸压水泥-石灰-砂加气混凝土气泡壁材料中水化硅酸钙结晶度对其收缩的影响见图 2-26。

从图 2-26 看出，蒸压加气混凝土的收缩随水化硅酸钙结晶度增加而降低。

2. 水化硅酸钙总量对蒸压加气混凝土收缩的影响

当水化硅酸钙总量在 38％～79％范围内，蒸压加气混凝土收缩不受水化硅酸钙总量影响。

3. 结晶度及水化硅酸钙总量的综合影响

结晶度及水化硅酸钙总量的综合影响可用式（2-7）表示：

$$R = 0.386C + 0.0831T - 0.00087T^2 + 0.39$$

$$(2-7)$$

式中　R——蒸压加气混凝土的抗压强度；

　　　C——水化硅酸钙总量；

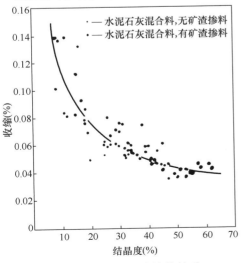

图 2-26　结晶度与收缩的关系

T——结晶度。

欲降低蒸压加气混凝土的收缩，需提高水化生成物（托勃莫来石）的结晶度。对于气泡壁材料的物性，仅仅考虑水化生成物的结晶度和量还不够。蒸压加气混凝土的气泡壁材料是加气混凝土料浆硬化体，类似于普通混凝土结构。其中有未反应的硅石颗粒或其他固体颗粒、毛细孔、胶孔和水。各类固体颗粒由很薄的水化产物界面膜连接着，其膜的厚度对颗粒的连接强度有一定影响。如膜太厚，使固体颗粒间距拉大，此时不管结晶度如何，都会给抗压强度和其他特性带来不利影响。

与固体不同，相对于气泡壁厚度而言，其厚度均匀性越好越有利。气泡壁均一性提高能减小其弱点，阻止应力局部集中，达到提高性能的效果。

4. 水化硅酸钙结晶度与比表面积的关系

水化硅酸钙结晶度与比表面积的关系见图 2-27。

图 2-27 表明，结晶度小的水化硅酸钙比结晶度良好的有更大的比表面积。

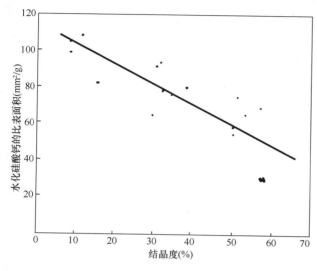

图 2-27 水化硅酸钙的比表面积与结晶度的关系

从上述结果看出，蒸压加气混凝土的结构（孔结构及气泡壁结构）对其性能影响巨大。所以在生产中一定要控制和调节好其发生气膨胀过程及蒸压养护过程，使其有良好的孔结构和水化硅酸钙产物。

2.3 蒸压加气混凝土制品种类

蒸压加气混凝土制品种类较多，有砌块、板材、门窗过梁等，见图 2-28。

2.3.1 砌块

蒸压加气混凝土砌块主要分为普通砌块、保温砌块和复合砌块三种。

（1）普通砌块见图 2-29。

普通砌块主要用于砌筑多层建筑的内外墙体、框架建筑的内隔墙和外墙填充。其密度一般为 400、500、600、700kg/m³，相应抗压强度为 2.0、2.5～3.0、4.0～4.5、5.0kg/cm²，砌块尺寸为 600mm×（75～300）mm×（300～75）mm。

（2）保温砌块见图 2-30。

保温砌块主要用于混凝土剪力墙外墙、车库上或下顶部和梁、柱外保温、既有建筑外墙的保温节能改造。其 λ＝0.041kcal/m·h·℃，密度为 100～115kg/m³，抗压强度为 0.35MPa。

（3）复合砌块见图 2-31。

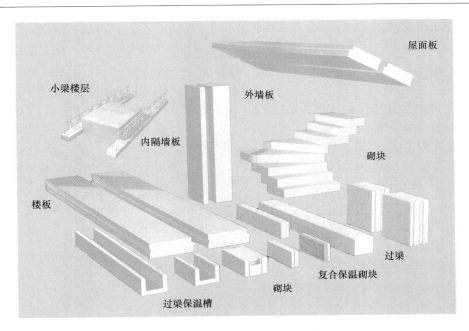

图 2-28　蒸压加气混凝土制品

 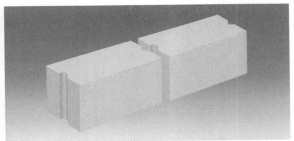

图 2-29　普通砌块

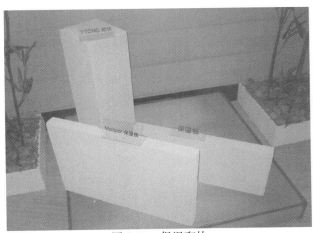 

图 2-30　保温砌块　　　　　　　　　图 2-31　复合保温砌块

复合砌块由不同密度、尺寸的蒸压加气混凝土砌块与岩棉、发泡或挤塑聚苯乙烯板、发泡聚氨酯板复合而成，用于既有建筑节能改造，混凝土剪力墙外墙保温，梁、柱外保温。

2.3.2 配筋板材

配筋板材主要有屋面板、楼板、墙板、花纹装饰板和拼装墙板五种。

（1）屋面板见图2-32。

屋面板是能承受一定静、动荷载的配筋受弯构件，产品规格可在（1800～6000）mm×600mm×（150～250）mm之间变化，可用于多层砖混结构建筑屋面、框架建筑屋面和工业厂房屋面。

（2）楼板见图2-33。

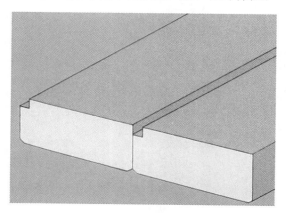

图2-32 屋面板

蒸压加气混凝土楼板是配筋受弯构件，用于楼层地面。其长度同房间开间大小，厚度在100～250mm之间，可用于砖混结构建筑、框架建筑的楼层地面。

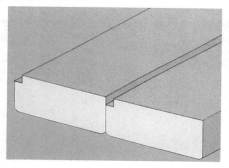
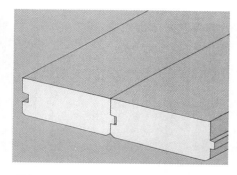

图2-33 楼板

（3）墙板

墙板有垂直外墙板、内隔墙板和水平外墙板三种。

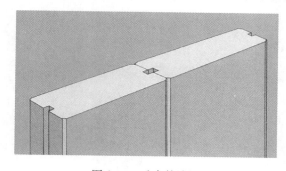

图2-34 垂直外墙板

① 垂直外墙板见图2-34。

垂直外墙板主要用于框架建筑外墙。其长度取决于建筑层高，一般在2500～4000mm之间；板的厚度取决于建筑保温的要求，在100～300mm之间。

② 内隔墙板见图2-35。

内隔墙板主要用于建筑物内部房间的隔断，它一般安装在楼板与楼板、梁与楼板、梁与梁之间。其长度为一个层高，厚度在75～200mm之间。

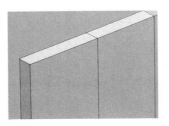

图 2-35　内隔墙板

③ 水平外墙板见图 2-36。

水平外墙板属于配筋受弯构件，使用时要承受风荷载。其长度取决于柱距；厚度取决于柱距及建筑对保温性能的要求，一般可在 100～300mm 之间变动。

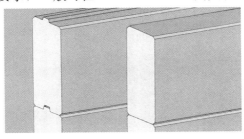

图 2-36　水平外墙板

（4）花纹装饰板见图 2-37。

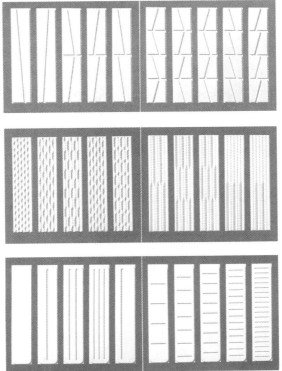

图 2-37　花纹装饰板

花纹装饰板主要用于建筑外墙装饰，花纹和颜色可变并可组合，板宽为 600mm，板长为一个建筑层高，板厚根据建筑保温要求而定。

（5）拼装墙板见图 2-38。

图 2-38　拼装墙板

蒸压加气混凝土板宽度尺寸偏小，仅为 600mm。其吊装频次高，影响吊车使用效率。为适应建筑装配化的需要，在工厂按建筑施工需要组装成大板。一般一个开间一块板，板高同建筑层高，板厚由建筑节能需要决定，可在工厂同时安装好门窗框。

2.3.3　门窗过梁

门窗过梁主要有以下两种：

（1）配筋加气混凝土过梁见图 2-28。

为承受门、窗洞口上部墙体的质量，在门窗洞口上要设置过梁。为了与蒸压加气混凝土墙体有相同保温性能，必须生产供应蒸压加气混凝土配筋门窗过梁。

（2）蒸压加气混凝土复合过梁保温槽件见图 2-28。

当一个地区外墙仅需要达到一定的保温要求，又不是太高，而纯混凝土过梁又不能达到该要求时，可先做出一个蒸压加气混凝土槽件，在槽内放钢筋构架，再在其中浇注普通混凝土，作为门窗过梁。

2.3.4　配筋转角件及饰件

（1）配筋转角件见图 2-39。

在做花纹装饰外墙面时，需要各种转角及装饰零件与之配套。

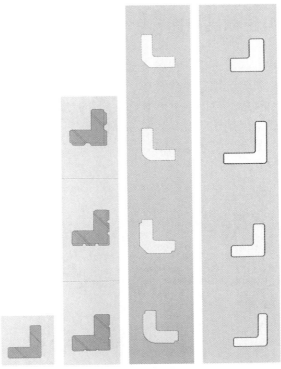

图 2-39　配筋转角件

（2）装饰件见图 2-40。

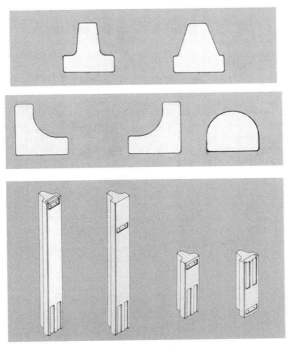

图 2-40　装饰件

2.4 蒸压加气混凝土制品用途

蒸压加气混凝土砌块和板材可以建造各类建筑，主要用于工业厂房、仓库、办公楼、商店、医院、学校、剧场、机场、地铁、体育场、公寓、别墅、住宅等多层、高层及超高层建筑的外围护墙、内隔墙、楼层、屋面、外墙装饰、门窗过梁等部位。

蒸压加气混凝土砌块可以用于建筑物的以下部位：

（1）低层蒸压加气混凝土别墅建筑见图 2-41。

图 2-41 低层蒸压加气混凝土别墅建筑

（2）多层蒸压加气混凝土建筑见图 2-42。

（a）   （b）

图 2-42 多层蒸压加气混凝土建筑
（a）墙体和屋面为蒸压加气混凝土制品建造的多层宿舍；
（b）全部用蒸压加气混凝土制品建造的多层宿舍

（3）各类框架结构保温外围护墙和内隔墙见图 2-43。

图 2-43　各类框架结构保温外围护墙和内隔墙

（4）各类建筑保温外墙。

① 外墙外保温见图 2-44、图 2-45。

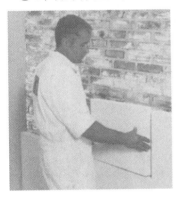

图 2-44　既有建筑砖墙外保温　　　　　　图 2-45　蒸压加气混凝土
外墙外保温

② 外墙内保温见图 2-46。

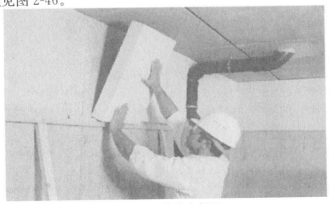

图 2-46　外墙内保温

（5）屋面、地下室、车库顶部内保温见图 2-47。

（6）钢结构梁、柱外保温见图 2-48。

图 2-47　屋面、地下室、车库顶部内保温　　　　　图 2-48　钢结构梁、柱外保温

（7）全加气混凝土制品建筑见图 2-49。

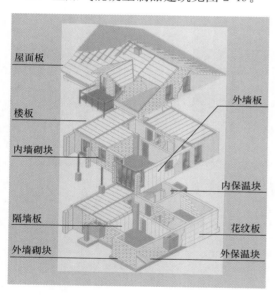 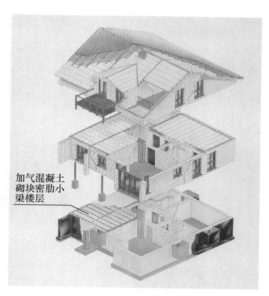

屋面板

外墙板

楼板

内墙砌块

内保温块

隔墙板

花纹板

外墙砌块

外保温块

加气混凝土砌块密肋小梁楼层

图 2-49　全加气混凝土制品建筑

2.5　蒸压加气混凝土砌块的物理-力学性能

蒸压加气混凝土砌块的物理-力学性能决定着它的使用功能、使用场合、使用部位以及应用前景和在应用中应注意的问题。

蒸压加气混凝土砌块的物理-力学性能取决于所采用的原材料品种、质量、生产配方、成型技术、孔结构、蒸压养护和制品密度、含水状况等。

1. 蒸压加气混凝土砌块的密度

（1）目前生产技术水平可生产干密度为 $100\sim800kg/m^3$ 的蒸压加气混凝土砌块，大体可分为三类：

① 保温隔热砌块

干密度为 $100\sim300kg/m^3$。

② 保温兼承重砌块

干密度为 $400\sim600kg/m^3$，可做自承重围护墙、内墙隔断和三层建筑墙体承重。

③ 承重砌块

干密度为 $700\sim800kg/m^3$，可用于 $4\sim6$ 层建筑墙体承重。

（2）干密度为 $500kg/m^3$ 的砌块在 600mm 高度不同部位的密度见表 2-8。

表 2-8　干密度为 $500kg/m^3$ 的砌块在 600mm 高度不同部位的密度 （kg/m^3）

干燥状态	上	中	下
绝干	520	530	540
气干	550	580	580

（3）干密度为 $500kg/m^3$ 的制品不同含水率时的密度见表 2-9。

表 2-9　干密度为 $500kg/m^3$ 的制品不同含水率时的密度

干燥状态	密度（kg/m^3）	体积含水率（％）
绝干	480	0
气干	530	3.7
饱水	$820\sim870$	33.5

2. 蒸压加气混凝土砌块的强度

（1）抗压强度

蒸压加气混凝土砌块的抗压强度在很大程度上取决于砌块的密度。

① 蒸压加气混凝土砌块的抗压强度与密度的关系见表 2-10。

表 2-10　蒸压加气混凝土砌块的抗压强度与密度的关系

砌块密度（kg/m^3）	100	200	300	400	500	600	700
抗压强度（kg/cm^2）	0.35	0.7	$1.2\sim3$	$2\sim3$	$3\sim4$	$4\sim5$	$5\sim6$

注：1. 表中抗压强度为含水 $10\%\pm2\%$ 时数值。

　　2. 表中密度为绝干状态。

② 干密度为 $500kg/m^3$ 的蒸压加气混凝土砌块的抗压强度与其含水率的关系见图 2-50。

从图中可以看出，蒸压加气混凝土砌块的抗压强度随其含水率的增加而降低。蒸压加气混凝土砌块出釜时的含水率一般在 $35\%\sim40\%$ 之间。此时的抗压强度是绝干时的 60％左右。但含水率超过 40％时，抗压强度降低不明显。

③ 不同部位试件的抗压强度与其含水率的关系见表 2-11。

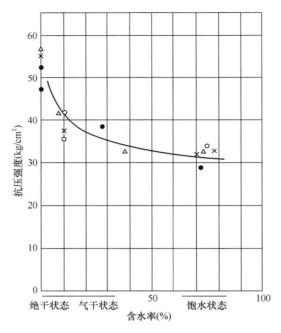

图 2-50　干密度为 500kg/m³ 的蒸压加气
混凝土砌块的抗压强度与其含水率的关系

表 2-11　不同部位试件的抗压强度与其含水率的关系

试件取样位置	含水状态	绝干	气干	饱水
上部	试验时的密度（kg/m³）	—	550	—
	体积含水率（%）	—	3.8	—
	抗压强度（kg/cm²）	—	35.2	—
中部	试验时的密度（kg/m³）	530	580	870
	体积含水率（%）	—	3.7	33.5
	抗压强度（kg/cm²）	52.7	43.7	36.3
下部	试验时的密度（kg/m³）	—	580	—
	体积含水率（%）	—	4.1	—
	抗压强度（kg/cm²）	—	42.8	—

（2）抗拉强度

干密度为 500kg/m³ 的蒸压加气混凝土砌块的抗拉强度见表 2-12。

表 2-12　干密度为 500kg/m³ 的蒸压加气混凝土砌块的抗拉强度

试验状态	含水状态	试验时的密度（kg/m³）	体积含水率（%）	抗拉强度（kg/cm²）
纯抗拉	气干	580	4.0	7.3
劈裂	气干	570	3.8	6.7

（3）弯曲强度

干密度为 $500kg/m^3$ 的蒸压加气混凝土砌块的弯曲强度见表 2-13。

表 2-13 干密度为 $500kg/m^3$ 的蒸压加气混凝土砌块的弯曲强度

试验方法	含水状态	试验时的密度（kg/m^3）	体积含水率（%）	抗弯强度（kg/cm^2）
三等分点荷载法	气干	570	4.2	11.4

（4）剪切强度

干密度为 $500kg/m^3$ 的蒸压加气混凝土砌块的剪切强度见表 2-14。

表 2-14 干密度为 $500kg/m^3$ 的蒸压加气混凝土砌块的剪切强度

试验方法	含水状态	试验时的密度（kg/m^3）	体积含水率（%）	抗剪强度（kg/cm^2）
两面剪切法	气干	580	4.0	8.6

（5）局部强度

① 压陷强度见表 2-15。

表 2-15 压陷强度测定表

测定项目	加压板	A	B	C	D	E	F	G
屈服时	应力（kg/cm^2）	77.5	81.8	79.0	76.1	63.7*	29.4	35.0
	压陷（cm）	0.45	0.56	0.75	0.76	12.5	2.65	1.34

注：1. 上表值是三个试件的平均值。

    2. 试件的试验密度为 $0.58g/cm^3$。

    3. ＊表示压陷 12.5cm 时的应力。

    4. 相同含水状态的抗压强度（标准加压法）为 $45.5kg/cm^2$。

② 钉挂抗拔力

蒸压加气混凝土的钉挂抗拔力及抗剪力见表 2-16。

表 2-16 蒸压加气混凝土的钉挂抗拔力及抗剪力

形状及尺寸	材质	抗拔力（kg）	抗剪力（kg）
螺钉 $\phi4.5$ $L=30mm$	尼龙	55	109
螺钉 $\phi5.8$ $L=40mm$	尼龙	124	172
螺钉 $\phi8$ $L=50mm$	尼龙	197	296
螺钉 $\phi6$ $L=55mm$	尼龙	274	422

续表

形状及尺寸	材质	抗拔力（kg）	抗剪力（kg）
L=50mm	铝	41	114
L=75mm	铝	57	190
钉头 ϕ5.0　*L*=70mm	铝	53	321
钉头 ϕ9.0　*L*=50mm	塑料	141	236
螺钉 ϕ9.6　*L*=70mm	金属	275	539
螺钉 ϕ8.0　*L*=50mm	金属	159	197
螺钉 ϕ9.6　*L*=60mm	金属	197	340

③ 钉挂力见图 2-51。

图 2-51　钉挂力

3. 蒸压加气混凝土砌块的弹塑性

（1）弹性模量

干密度为 $500kg/m^3$ 的蒸压加气混凝土砌块的弹性模量见表 2-17。

表 2-17　干密度为 $500kg/m^3$ 的蒸压加气混凝土砌块的弹性模量

弹性模量（$10^4 kg/cm^2$）		最大变形（10^{-4}）	
压缩	拉伸（$1/2^{F_c}$）	压缩	拉伸
1.77	1.93	26.9	3.77

（2）泊松比

干密度为 $500kg/m^3$ 的蒸压加气混凝土砌块的泊松比见表 2-18。

表 2-18　干密度为 500kg/m³ 的蒸压加气混凝土砌块的泊松比

单位应力/抗压	0.2	0.4	0.6	0.8
泊松系数	6.3	5.7	5.6	5.6

注：泊松系数 = $\dfrac{纵向变形}{横向变形}$。

（3）徐变（蠕变）

干密度为 500kg/m³ 的蒸压加气混凝土砌块的徐变见图 2-52。

75d 荷载的试件徐变变形为 3.5×10^{-4}，与弹性变形（12.1×10^{-4}）之比（徐变系数）约为 0.3。

蠕变受材料的应力、含水率、周围温度及相对湿度诸因素的影响。温度和湿度增加，蠕变也随之增加，这种蠕变参数称之为"吸收蠕变"。

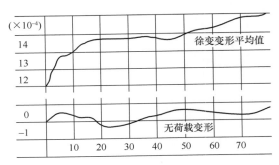

图 2-52　干密度为 500kg/m³ 的蒸压加气混凝土砌块的徐变

$$蠕变因数 = \frac{0.8 \sim 1.2\ 的蠕变变形}{瞬间变形}$$

注：密度为 500kg/m³ 的蒸压加气混凝土。

当蒸压加气混凝土砌块应力为其强度的 50％ 以下时，它的蠕变与使用应力成正比。

4. 蒸压加气混凝土砌块各项性能与水的关系

（1）整体吸水率

干密度为 500kg/m³ 的蒸压加气混凝土砌块的整体吸水率见图 2-53-1 和图 2-53-2。

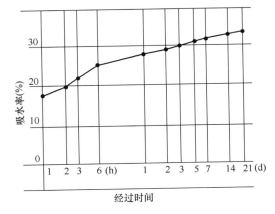

图 2-53-1　干密度为 500kg/m³ 的蒸压加气混凝土砌块的整体吸水率

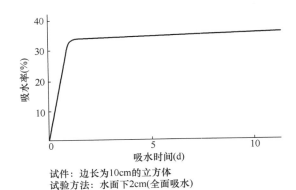

试件：边长为 10cm 的立方体
试验方法：水面下 2cm（全面吸水）

图 2-53-2　干密度为 500kg/m³ 的蒸压加气混凝土砌块的整体吸水率

从图中看出，干密度为 500kg/m³ 的蒸压加气混凝土砌块最大整体吸水率为 33％（体积）。

（2）单端吸水率

干密度为 500kg/m³ 的蒸压加气混凝土砌块的单端吸水率见图 2-54-1 和图 2-54-2。

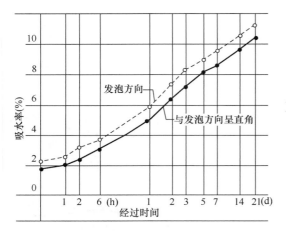

图 2-54-1　干密度为 500kg/m³ 的蒸压加气
混凝土砌块的单端吸水率

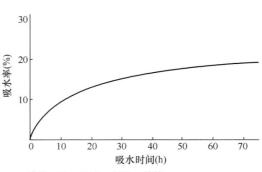

试件：10cm×10cm×20cm柱体
试验：下部3cm浸泡水中(部分吸水)

图 2-54-2　干密度为 500kg/m³ 的蒸压加气
混凝土砌块的单端吸水率

从图中看出，干密度为 500kg/m³ 的蒸压加气混凝土砌块的最大单端吸水率为 10%。

（3）渗水量及渗水范围

干密度为 500kg/m³ 的蒸压加气混凝土制品的渗水深度见表 2-19、图 2-55。

表 2-19　干密度为 **500kg/m³** 的蒸压加气混凝土制品的渗水深度

时间（h）		1	3	6	24	28
渗水量（g）		18	17	48	119	183
渗透范围	b（cm）	1.2	1.4	2.0	2.7	3.4
	h（cm）	2.0	2.5	3.3	4.8	5.8

注：渗水量＝试验后质量－试验前质量。

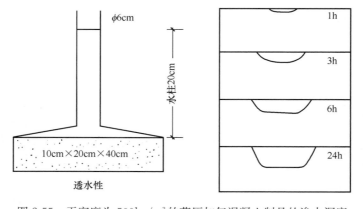

图 2-55　干密度为 500kg/m³ 的蒸压加气混凝土制品的渗水深度

（4）吸湿率

干密度为 500kg/m³ 的蒸压加气混凝土砌块的吸湿率见图 2-56。

蒸压加气混凝土砌块在大气中放置 21 周，其吸湿率从 0 仅增加到 6%，吸湿速度从第 10 周开始大大减慢。

（5）在大气中含水率的变化

干密度为 500kg/m³ 的蒸压加气混凝土砌块在大气中含水率的变化见图 2-57。

（6）在不同相对湿度条件下的平衡含水率

干密度为 500kg/m³ 的蒸压加气混凝土砌块在不同相对湿度环境中的平衡含水率见图 2-58。

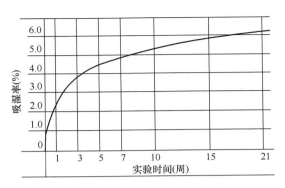

图 2-56　干密度为 500kg/m³ 的蒸压加气混凝土砌块的吸湿率

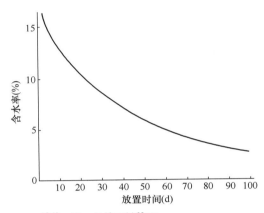

试件：10cm×40cm×60cm
干燥条件：20℃，RH50%～60%

图 2-57　干密度为 500kg/m³ 的蒸压加气混凝土砌块在大气中含水率的变化

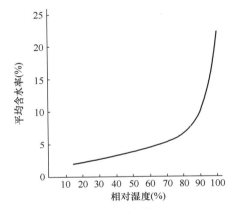

试件：边长为10cm的立方体
RH：100%,80%,66%,44%,10%

图 2-58　干密度为 500kg/m³ 的蒸压加气混凝土砌块在不同相对湿度环境中的平衡含水率

（7）渗湿阻力

干密度为 500kg/m³ 的蒸压加气混凝土砌块的渗湿阻力见表 2-20。

表 2-20　干密度为 500kg/m³ 的蒸压加气混凝土砌块的渗湿阻力　　　（m·h·mmHg/g）

试件　　　　　　　　湿度（%）	43.7	64.7	84.5（标准）	88.0
不处理	70	73	40	37
用树脂系赖氨酸处理（外部）	(2,602)	(1,765)	(965)	(843)
用树脂系赖氨酸处理（内部）	(693)	(666)	(324)	(296)

注："渗湿"试验是由海波尔研究会在东京大学进行的。

（8）膨胀和收缩

干密度为 500kg/m³ 的蒸压加气混凝土砌块的吸湿膨胀和干燥收缩率见图 2-59-1～图 2-59-3。

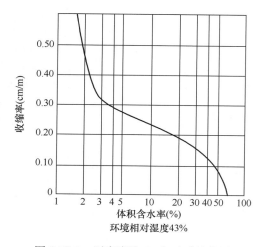

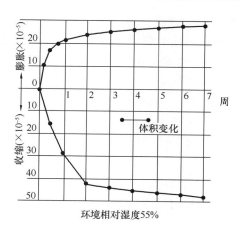

图 2-59-1　干密度为 500kg/m³ 的蒸压
加气混凝土砌块的吸湿膨胀和干燥收缩率

图 2-59-2　干密度为 500kg/m³ 的蒸压
加气混凝土砌块的吸湿膨胀和干燥收缩率

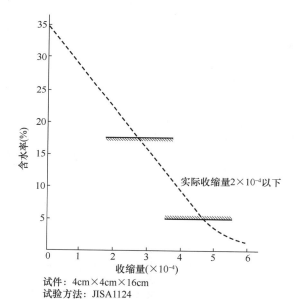

试件：4cm×4cm×16cm
试验方法：JISA1124

图 2-59-3　干密度为 500kg/m³ 的蒸压
加气混凝土砌块的吸湿膨胀和干燥收缩率

（9）透湿率

0.023g/m·h·mmHg。

5. 蒸压加气混凝土砌块的热工性能

（1）导热系数（热传导率）

① 不同密度蒸压加气混凝土砌块绝干时的导热系数 λ。

原材料种类、砌块密度、孔结构、含水率、温度等都是影响蒸压加气混凝土砌块热工性能的因素，其中含水率对其热工性能影响最大。

不同密度砌块绝干状态的导热系数见表 2-21。

表 2-21　不同密度砌块绝干状态的导热系数

绝干密度（kg/m³）		100	200	300	400	500	600	700	800
导热系数 [W/(m·K)]	绝干	0.045	0.074~0.088	0.08~0.07	0.07~0.09	0.09~0.11	0.11~0.14	0.13~0.16	0.13~0.20
	气干	—	—	—	—	0.13	—	—	—

②含水率对不同原材料制作的绝干密度为 500kg/m³ 的蒸压加气混凝土砌块导热系数的影响见图 2-60。

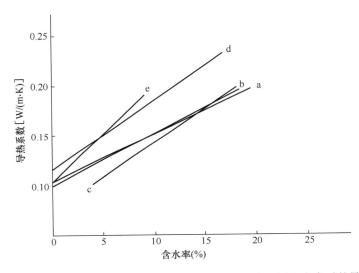

图2-60　绝干密度为 500kg/m³ 的蒸压加气混凝土砌块在不同含水率时的导热系数
a—蒸压石灰-页岩加气混凝土；b—蒸压水泥-矿渣-砂加气混凝土；c—蒸压水泥-砂加气混凝土；d—蒸压水泥-石灰-砂加气混凝土；e—蒸压水泥-石灰-粉煤灰加气混凝土

③温度对导热系数的影响见式(2-8)。

$$\lambda = 0.095 + 0.00183Q \tag{2-8}$$

式中　Q——温度。

（2）导温系数

蒸压加气混凝土砌块的导温系数见表 2-22。

表 2-22　蒸压加气混凝土砌块的导温系数

	由振幅比求得的	由相位比求得的
导温系数 a(m²/h)	0.0008	0.0007
	平均 0.00075	
密度 ρ（kg/m³）	540	
导热系数 λ_{20} [kcal/(m·h·℃)]	0.10	
比热 $C=\lambda/a\rho$ [kcal/(kg·℃)]	0.25	

（3）温度扩散率

干密度为 $500kg/m^3$ 的蒸压加气混凝土砌块的温度扩散率为 $0.00075m^2/h$。

（4）比热

干密度为 $500kg/m^3$ 的蒸压加气混凝土砌块的比热为 $0.25kcal/(kg \cdot ℃)$。

（5）热膨胀率

干密度为 $500kg/m^3$ 的蒸压加气混凝土砌块的热膨胀率为 $7×10^{-6}$，$400℃$ 时为 $-12×10^{-3}$，见图 2-61。

（6）结露（防雾）

建筑物室内表面是否产生结露与墙体的总传热系数 K 值有关，墙体的传热系数与下列各因素有关：

$λ$——材料的导热系数；

t_i——室内温度；

t_o——室外温度；

t_d——室内空气露点温度；

a_i——室内外墙内表面的导温系数。

室内不产生结露对墙体传热系数的要求见图 2-62。

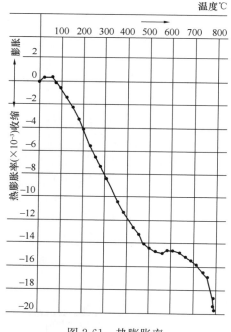

图 2-61 热膨胀率

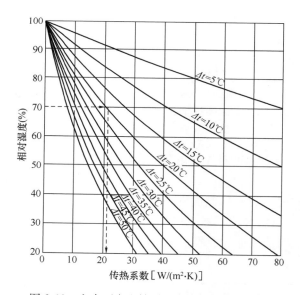

图 2-62 室内不产生结露要求墙体的传热系数

室温 $20℃$，室内外温差在 $5～50℃$ 时，室内不结露的 K 值。例如：当室内相对湿度在 70%、室内外温差在 $20℃$ 时，要达到室内不结露，外墙值为 2.1 左右。

用厚度为 $100mm$ 的蒸压加气混凝土做外墙板，其 K 值达到 1.05，因此不会产生结露。

（7）冻融

干密度为 $500kg/m^3$ 的蒸压加气混凝土砌块在气干、饱湿、饱水状态下冻融不同循环次数的相对动弹性系数百分数见图 2-63。

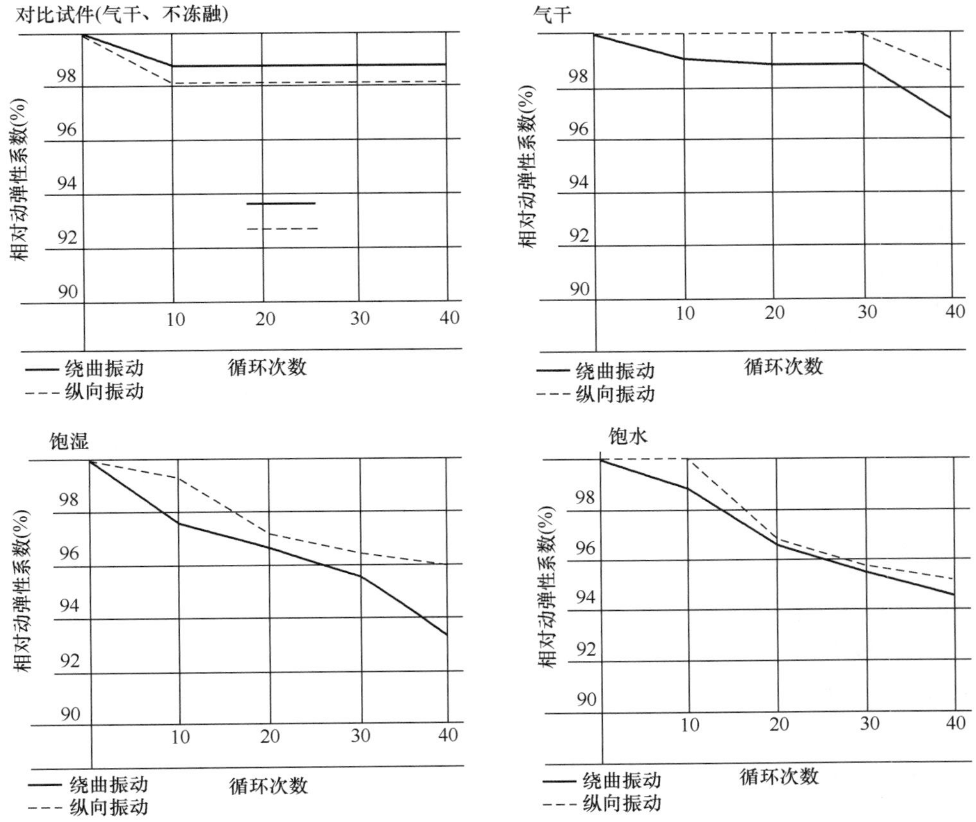

对比试件(气干、不冻融)

气干

饱湿

饱水

图 2-63　冻融

6. 耐火性

（1）急剧加热时的抗压强度

干密度为 $500kg/m^3$ 的蒸压加气混凝土砌块急剧加热时的抗压强度见表 2-23 和图 2-64。

表 2-23　干密度为 $500kg/m^3$ 的蒸压加气混凝土砌块急剧加热时的抗压强度

加热温度（℃）		20	100	200	300	400	500	600
密度 （kg/m³）	加热前	600	590	580	590	590	580	580
	加热后	460	540	530	520	510	500	490
抗压强度（kg/cm²）		42.4	50.7	50.2	59.7	61.1	60.8	63.9

随着温度上升，蒸压加气混凝土砌块的抗压强度有所提高。当温度升到 300～500℃ 时，抗压强度达到最高值，但当温度升到 500℃ 以后，抗压强度急剧下降。

（2）急剧加热时的体积收缩

干密度为 $500kg/m^3$ 的蒸压加气混凝土砌块在急剧加热时的体积收缩见图 2-65。

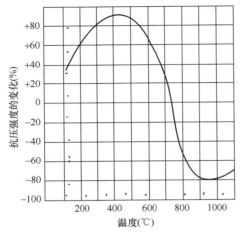

图 2-64　干密度为 500kg/m³ 的蒸压
加气混凝土砌块急剧加热时的抗压强度

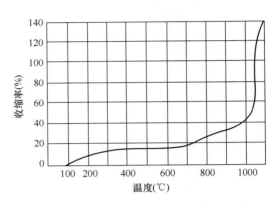

图 2-65　干密度为 500kg/m³ 的蒸压
加气混凝土砌块在急剧加热时的体积收缩

从图 2-65 看出，随着温度的升高，收缩率缓慢增加。当温度达到 800℃以后，收缩速度稍许加快；当温度超过 1000℃时，急速收缩。

（3）耐火极限

蒸压加气混凝土砌块的耐火极限见表 2-24。

表 2-24　蒸压加气混凝土砌块的耐火极限

水泥-石灰-砂（500kg/m³）		水泥-石灰-粉煤灰（600kg/m³）	
砌块墙厚度（mm）	耐火时间（min）	砌块墙厚度（mm）	耐火时间（min）
75	150	—	—
100	225	100	360
150	345	—	—
200	480	200	780

7. 隔声性能

隔声性能见表 2-25。

表 2-25　隔声性能

厚度（mm）	密度（500kg/m³）		密度［600/700（kg/m³）］	
	未粉刷的外墙	做砂浆粉刷的外墙	未粉刷的外墙	做砂浆粉刷的外墙
(75)	(33)	(37)	(34)	(38)
100	35	39	36	40
125	38	42	39	43
150	41	45	42	46
175	43	47	44	48
200	44	48	45	49
250	46	50	47	51
300	47	51	48	52
365	49	53	50	54

8. 透气性

蒸压加气混凝土的透气率见表 2-26。

表 2-26 蒸压加气混凝土的透气率

试件取样位置	方向	干密度（kg/m³）	透气率（cm³/s²）
上部	平行	510	$2.07×10^7$
	垂直	510	$3.96×10^7$
中部	平行	0.52	$1.77×10^7$
	垂直	0.52	$2.65×10^7$
下部	平行	0.53	$0.55×10^7$
	垂直	0.53	$1.24×10^7$

9. 耐化学腐蚀性

蒸压加气混凝土在不同化学侵蚀环境中浸泡后的抗压强度见图 2-66。

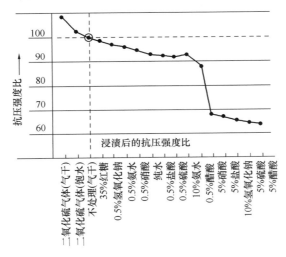

图 2-66 蒸压加气混凝土在不同化学侵蚀环境中浸泡后的抗压强度

图 2-66 表明，蒸压加气混凝土在不同化学药品溶液中浸泡后，抗压强度有不同程度的下降，但在二氧化硫气体中都略有上升。

蒸压加气混凝土在不同化学药品溶液中浸泡后的外观变化见表 2-27。

表 2-27 蒸压加气混凝土在不同化学药品溶液中浸泡后的外观变化

化学药品名称	外观观察
硫酸 5%	浸渍中：由第三天起可见各棱产生线状裂缝 干燥后：表面变脆发白
硫酸 0.5%	浸渍中：由第三天起可见表面变软 干燥后：表面发白
盐酸 5%	浸渍后：由第一天即可变成茶褐色，表面变脆 干燥后：表面生成裂缝、变脆

化学药品名称	外观观察
盐酸 0.5％	几乎没有变化
硝酸 5％	浸渍中：第一天起即可见变成茶褐色，表面变脆 干燥后：表面生成裂缝、变脆
硝酸 0.5％	几乎没有变化
醋酸 5％	浸渍中：第一天即可见变成茶褐色，表面变软 干燥后：表面生成裂缝
红糖 35％	几乎没有变化
二氧化硫气体（气干试件）	几乎没有变化
二氧化硫气体（饱水试件）	二氧化硫气体一流动，海波尔表面变黄

注：不变者不记。

10. 蒸压加气混凝土砌块的抗核素能力

使射线能量减少一半时所需砌块的厚度见表 2-29。

表 2-29　使射线能量减少一半时所需砌块的厚度

放射源		蒸压加气混凝土砌块厚度（mm）	铅的厚度（mm）
$^{60}C_o$		250	10
$^{137}C_s$		160	5.5
X 射线	180kV（峰值）	20	0.06
	140kV（峰值）	13	0.05
	100kV（峰值）	7	0.03

注：上述试验结果是东京都同位素研究所得出的。

第3章　蒸压加气混凝土的原材料

按各种原材料在蒸压加气混凝土生产过程中的基本功能和所起的作用，可以将它们分为三大类：基本组成材料、发气材料和调节材料。

（1）基本组成材料

蒸压加气混凝土的基本组成材料有硅质材料和钙质材料两类。

（2）发气材料

能通过反应产生气体的材料可分为以下几类：

$$
\text{发气材料}\begin{cases}
\text{金属发气材料}\begin{cases}
\text{纯金属制品}\begin{cases}\text{喷雾铝粉、镁粉、锌}\\\text{磨细铝粉}\end{cases}\\
\text{合金制品}\begin{cases}\text{铝合金粉}\\\text{硅铁合金粉}\end{cases}
\end{cases}\\
\text{非金属发气材料}\begin{cases}
\text{液体——过氧化氢}\\
\text{固体}\begin{cases}\text{碳化钙}\\\text{碳酸钠加盐酸}\end{cases}
\end{cases}
\end{cases}
$$

在蒸压加气混凝土工业生产中，正式得到应用的仅有铝粉。

（3）调节材料

生产过程中的调节材料可分为以下几类：

$$
\text{生产过程中的调节材料}\begin{cases}
\text{料浆碱度及铝粉发气调节材料}\\
\text{料浆水化、坯体硬化调节材料}\\
\text{膨胀料浆气泡稳定材料}
\end{cases}
$$

3.1　钙质材料

生产蒸压加气混凝土的钙质材料是主要为蒸压水化反应生成水化硅酸钙提供 CaO 的材料。蒸压加气混凝土生产中常用的钙质材料有水泥、生石灰和水淬炼铁高炉矿渣。

3.1.1　水泥

水泥是使用广泛的水硬性材料，可在水中水化、凝结、硬化。

水泥是由石灰石、黏土、铁粉经磨细配料，在 1300～1500℃温度下煅烧成熟料，经冷料再加入少量石膏磨细而成的以硅酸钙为主要成分的材料。

1. 水泥的品种

在磨细熟料过程中加入不同种类和数量的混合材，可以制成性能和用途不同的水泥品种。根据我国水泥标准，按掺加入的混合材种类和数量不同，主要分为六种，即硅酸盐水泥、普通硅酸盐水泥、矿渣硅酸盐水泥、火山灰质硅酸盐水泥、粉煤灰硅酸盐水泥和复合硅酸盐水泥。

其中，不掺加任何混合材的水泥称为硅酸盐水泥。硅酸盐水泥分为 42.5、42.5R、52.5、52.5R、62.5、62.5R 六个强度等级。

在水泥中掺加不高于15％的活性混合材或不高于10％的非活性混合材的水泥称为普通硅酸盐水泥。普通硅酸盐水泥分42.5、42.5R、52.5、52.5R四个强度等级。

混合材掺加量超过15％时，就以掺加的混合材品种命名。掺加15％以上矿渣的水泥称为矿渣水泥。矿渣水泥中矿渣掺加量最高达70％，其他依此类推。

除了硅酸盐水泥外，根据用途不同，水泥品种中还有高铝水泥、硫铝酸盐水泥、大堤水泥、低热水泥、油井水泥、白水泥等特种水泥。

硅酸盐水泥、高铝水泥、高炉矿渣水泥在兰金图中的区域见图3-1。

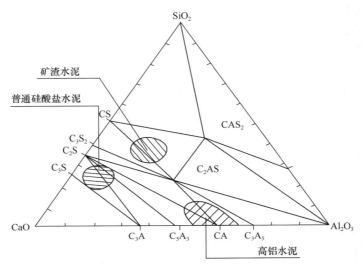

图 3-1　$CaO-Al_2O_3-SiO_2$ 系统中心水泥区

蒸压加气混凝土所用水泥为硅酸盐水泥。

2. 水泥的化学成分

硅酸盐水泥的化学成分主要是氧化钙、二氧化硅、三氧化二铝、氧化铁、氧化镁、氧化钠、氧化钾、三氧化硫等。不同品种的水泥，上述各成分的百分含量不同，其性能也不相同。

硅酸盐水泥的化学成分见表3-1、表3-2。

表 3-1　三种标准硅酸盐水泥的化学成分

化学成分（％）	I	II	III
CaO	64.0	67.2	62.8
SiO_2	20.7	21.8	19.2
Al_2O_3	4.2	3.5	6.7
Fe_2O_3	2.8	2.7	3.4
MgO	3.8	1.3	1.4
K_2O	0.7	0.1	1.4
Na_2O	0.2	0.1	0.1
SO_3	2.8	2.1	3.1
Cl^-	—	—	—
CrO	—	—	—
TiO	—	—	—
f-CaO	0.9	1.2	2.5
总计	100.1	99.7	100.0

表 3-2　三种成分硅酸盐水泥的化学成分

化学成分（％）	快硬水泥	标准水泥	低热水泥
CaO	67.0	63.5	64.7
SiO_2	20.7	20.1	24.2
Al_2O_3	4.7	5.8	3.8
Fe_2O_3	2.3	3.3	2.9
MgO	2.0	2.6	2.0
K_2O	0.1	0.9	0.1
Na_2O	0.2	0.5	0.2
SO_3	1.9	1.5	1.5
Cl^-	—	—	—
CrO	—	—	—
TiO	—	—	—
f-CaO	—	—	—
烧失量	0.9	1.4	0.6
总计	99.8	99.6	100.0

当水泥中掺有不同品种、不同数量的混合材时，水泥化学成分变化较大。

3. 水泥熟料矿物组成

硅酸盐水泥熟料的矿物组成有：

硅酸三钙	$3CaO \cdot SiO_2$	简写为 C_3S
硅酸二钙	$2CaO \cdot SiO_2$	简写为 C_2S
铝酸三钙	$3CaO \cdot Al_2O_3$	简写为 C_3A
铁铝酸四钙	$4CaO \cdot Al_2O_3 \cdot Fe_2O_3$	简写为 C_4AF

三种硅酸盐水泥熟料的矿物组成见表 3-3。

表 3-3　三种硅酸盐水泥熟料的矿物组成

水泥种类 熟料矿物（％）	快硬水泥	标准水泥	低热水泥
C_3S	76	57	46
C_2S	2	15	34
C_3A	9	10	5
C_4AF	7	10	9

水泥熟料的矿物成分在某种程度上还取决于熟料的冷却速度。从表 3-2、表 3-3 看出，尽管熟料化学成分相近，但其矿物组成却差别很大，分别形成了快硬水泥、标准水泥和低热水泥，具有不同的化学性能和使用领域。

在平衡状态下不同的水泥区示于图 3-2。

4. 水泥磨细度

水泥熟料是烧结颗粒体，不能直接使用，需要经磨细到一定细度方能使用。硅酸盐水泥

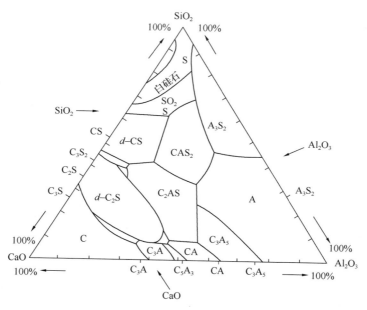

图 3-2　CaO-Al$_2$O$_3$-SiO$_2$ 系统

的磨细度在 2500～3500cm^2/g 之间，通常在 2800～3200cm^2/g 之间。

5. 硅酸盐水泥的水化

硅酸盐水泥的水化是硅酸盐水泥熟料中烧结矿物组分的水化。

硅酸盐水泥与水拌和后，水泥熟料中的四种矿物便开始与水反应而水化。常温下四种水泥矿物的水化反应如下：

$$2(3CaO \cdot SiO_2) + 6H_2O \Longrightarrow 3CaO \cdot 2SiO_2 \cdot 3H_2O + 3Ca(OH)_2 \qquad (3\text{-}1)$$

$$2(2CaO \cdot SiO_2) + 4H_2O \Longrightarrow 3CaO \cdot 2SiO_2 \cdot 3H_2O + Ca(OH)_2 \qquad (3\text{-}2)$$

$$3CaO \cdot Al_2O_3 + 6H_2O \Longrightarrow 3CaO \cdot Al_2O_3 \cdot 6H_2O \qquad (3\text{-}3)$$

$$4CaO \cdot Al_2O_3 \cdot Fe_2O_3 + 7H_2O \Longrightarrow 3CaO \cdot Al_2O_3 \cdot 6H_2O + CaO \cdot Fe_2O_3 \cdot H_2O \quad (3\text{-}4)$$

熟料中各种矿物组成在水中水化速度差别很大，分别为：C$_3$S 中速，C$_2$S 最慢，C$_3$A 最快且会急剧凝固，C$_4$AF 较快。

当硅酸盐水泥与水拌和后，立即产生快速反应，生成饱和溶液，在水泥颗粒周围生成硫酸钙微晶膜或胶状膜，然后反应急剧减慢进入慢反应阶段，称为诱导期。在这一阶段水化产物的量随时间而增加，同时水泥浆体的可塑性也缓慢增大。

在水泥拌水后即开始结构形成过程，其塑性强度的增长可划分为两个阶段。

第一阶段：分散相中最细的颗粒通过分散介质薄层，相互无序连接而生成三维空间网，形成凝聚结构。在这一阶段中结晶作用只发生在单个的小晶体上。主要是氢氧化钙和硫酸钙，此时凝聚网或凝聚—结晶网的强度低。塑性强度缓慢增长到一定的临界时间就趋于停止。接着强度急剧增高，即达到所谓"初凝"。

第二阶段：晶体形成较剧烈，伴随着结晶胶结，此时生成坚实的结晶网，水泥失去可塑性，具有固体性质。在此阶段，其结构主要由凝聚—结晶网组成。同时由于水化硅酸钙的晶体从过饱和溶液中结晶出来，形成结晶结构，使强度不断发展增长。一段时间后，施加机械外力使其变形，破坏它的最后强度，即表现为所谓"终凝"。

凝聚—结晶网（开始是弱的，并是触变的）发展到一定阶段称之为凝结过程，当发展到不可塑的结晶结构则成硬化。

6. 影响水泥水化的因素

（1）掺加石膏缓凝

水泥结构形成过程起源于水泥-水分散体系的不稳定性。水泥遇水最初形成的胶体悬浮液主要来源于铝酸盐化合物，此阶段硅酸钙保持着相当的惰性。铝酸钙具有很大的吸附溶胶和化学溶胶的能力，这时水化铝酸三钙比表面积迅速增长，在水化几分钟内只水化 1% 或 2% 就使比表面积增长 10 倍，水化 30min 就增长几十倍。因为水泥溶液是过饱和的，水化铝酸钙很快从饱和溶液中凝聚结晶出来，形成一个非触变的、不可逆的和疏松的铝酸钙结晶网，使结构坚硬并放出大量热量，从而快速凝结。

加入石膏，石膏与 C_3A 生成在水中溶解度很低的化合物，该化合物在 C_3A 表面及水泥颗粒上形成硫铝酸钙覆盖层，大大阻止水分渗透到 C_3A 表面，降低了 C_3A 水化速度从而延长水泥凝结过程，起到缓凝作用，使水泥凝结硬化能满足工程使用要求。当石灰、石膏和 C_3A 混合在一起时，将形成更为难溶的混合物保护膜。因此在同时使用石膏和石灰作缓凝剂时，将取得比单独使用石膏或石灰更加强烈、更有效的缓凝作用。

（2）磨细度对水泥水化速度的影响

水泥颗粒越细，比表面积越大，与水接触面也越大、越充分，水化反应也越快。

（3）水化温度对水化速度的影响

当温度低于 0℃ 时水化反应基本停止，在 5℃ 以下时水化速度很慢，随着温度升高反应速度加快。

（4）熟料矿物组成的影响

熟料中铝酸三钙含量高，水泥水化快；硅酸二钙含量高，水泥水化慢；硅酸三钙含量高，水化速度正常；铁铝酸四钙含量高，水泥水化较快。

7. 硅酸盐水泥水化热

水泥水化是放热反应。不同品种水泥水化反应的放热量不一样。不同品种水泥水化凝结时的温度变化见图 3-3。

8. 水泥在蒸压加气混凝土生产中的作用

水泥是蒸压加气混凝土生产中不可缺少的重要原料。水泥在蒸压加气混凝土生产中的作用主要有：

（1）为与硅质材料反应生成水化硅酸钙提供 $Ca(OH)_2$，特别是以水泥作为单一钙质材料时（如水泥-砂加气混凝土），它是蒸压加气混凝土料浆中 $Ca(OH)_2$ 的主要提供者。

（2）水泥在料浆中的水化、凝结、硬

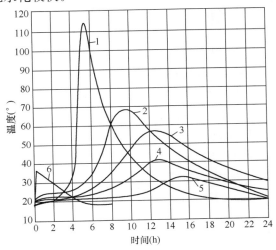

图 3-3　水泥凝结时的温度变化

1—矾土水泥；2—硅酸盐水泥；3—普通硅酸盐水泥；
4—低热水泥；5—矿渣水泥；6—石膏

化，使蒸压加气混凝土料浆逐渐稠化、硬化，形成蒸压加气混凝土坯体。

（3）水泥水化放出的热量使坯体温度上升，促进坯体硬化。

（4）在有生石灰的水泥-石灰-砂或水泥-石灰-粉煤灰蒸压加气混凝土料浆中，水泥可以调节料浆中石灰的消化、稠化，改善料浆的发气膨胀，保证浇注稳定性和加速坯体硬化。

9. 蒸压加气混凝土生产对水泥的要求

（1）对水泥品种的要求

水泥在蒸压加气混凝土中起作用的实际上是水泥中的熟料部分。

① 从技术角度出发，应使用氧化钙及硅酸三钙含量高的硅酸盐水泥。这对于以水泥为单一钙质材料的水泥-砂蒸压加气混凝土生产尤其重要。水泥中硅酸三钙含量高，有利于加快坯体硬化，增加制品强度。在相同作用下，其用量相对较少。相对于水泥化学成分，其矿物组成更重要。相近化学成分的水泥，由于生成工艺条件不同，其矿物组成会有很大的不同，水泥的水化硬化性能也差别很大。

② 对掺加混合材料的水泥随其掺加的品种和数量不同，对蒸压加气混凝土生产过程的影响不同。掺加惰性混合材的水泥，其中的惰性混合材（如石灰石）一般不能参加反应，只是一种填料。掺加数量越大，其熟料部分越少，蒸压加气混凝土料浆碱度降低，不利于铝粉发气反应和坯体硬化。

③ 对于掺加的活性混合材，如矿渣、粉煤灰、火山灰，随着其活性不同、掺加量不一样，对蒸压加气混凝土料浆发气膨胀剂、坯体硬化影响不一样。以粉煤灰为例，水泥中的粉煤灰在配方中应计入粉煤灰用量部分，其中熟料部分作为水泥使用量计算。粉煤灰太多，熟料就太少，坯体硬化就慢。

④ 对于矿渣水泥，虽然矿渣的水化活性比粉煤灰高，也可为料浆提供部分氧化钙，但不及熟料。矿渣掺加量过高，实际上成为水泥-矿渣-砂配方了，此时要按水泥-矿渣-砂配方技术处置。

（2）对水泥矿细度要求

水泥磨得越细，其比表面积越大，水化反应越充分，有利于坯体硬化和制品强度提高。但磨细度越高，需水量也相对提高，粉磨电耗及钢球消耗也相对增加。

蒸压加气混凝土生产用水泥磨细度宜在 $3000\sim3500cm^2/g$ 之间。

（3）对水泥中氧化镁及游离氧化钙含量的要求

在水泥生产中由于原料及烧成工艺关系，水泥中都存在一定数量没有完全反应合成的氧化钙和氧化镁。这一部分氧化钙和氧化镁在 $1300\sim1400℃$ 下以硬烧状态游离在水泥熟料中，如果其含量超标，使水泥在常温及蒸压养护环境下安定性不合格。使用这样的水泥配制的混凝土在较长时间后会崩裂破坏。因此，为保证水泥使用安全，在水泥标准中规定，水泥中游离氧化钙含量不得超过 1.5％，氧化镁含量不得超过 3％～5％。在蒸压加气混凝土生产中，水泥中的游离氧化钙和氧化镁含量对其性能影响不像在混凝土中那样严重。

水泥的蒸压膨胀与水泥存放时间，水泥中游离氧化钙、氧化镁含量以及水泥熟料冷却条件有关。

刚出磨的水泥蒸压膨胀值可达 5％以上，随着存贮时间延长其蒸压膨胀值逐渐减小，一般贮存 7d 以后便可小于 0.1％。因此，贮存时间少于一星期的水泥不宜用于蒸压加气混凝土生产。

水泥中的游离氧化钙对蒸压膨胀影响较大，在氧化镁含量基本相等的情况下游离氧化钙含量越高，蒸压膨胀值越大。水泥中游离氧化钙对蒸压膨胀的影响见表 3-4。

表 3-4　水泥中游离氧化钙对蒸压膨胀的影响

	I	II
MgO 含量（%）	3.1	2.7
f-CaO 含量（%）	0.7	5
蒸压膨胀（%）	0.2	9.6

从表 3-4 看出，游离氧化钙太高的水泥不能用于生产蒸压加气混凝土。

水泥熟料中氧化镁对蒸压膨胀的影响，不但与其含量多少有关，而且取决于水泥熟料的冷却条件。

氧化镁含量及水泥熟料冷却条件对水泥蒸压膨胀的影响见图 3-4。

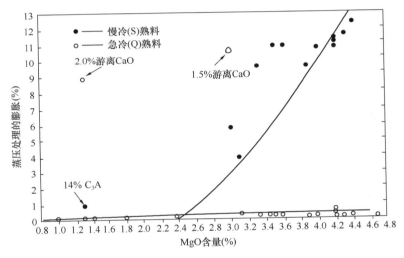

图 3-4　含 MgO 的慢冷和急冷的熟料与蒸压处理的
（215℃以下蒸压处理 5h）膨胀关系

从图 3-4 看出，对于煅烧良好而 MgO 含量较低（少于 1%）的水泥，不论其熟料冷却速率如何，经 177℃下蒸压处理 24h 或 24h 以上，其蒸压膨胀都是小的或者是轻微的。但当 MgO 含量增高到 3%～5% 或更多时，蒸压膨胀较大。在这种情况下，经急冷的熟料所制得的水泥，蒸压膨胀仍然较小；如果慢冷，其蒸压膨胀较大。

（4）对水泥中铬酸盐含量的要求

矿石和回转窑中的含铬耐火材料，使水泥中都含有不同含量的铬酸盐。

铬酸盐是强氧化剂，在蒸压加气混凝土料浆中铬酸盐使铝粉颗粒表面氧化变成三氧化二铝薄膜，阻碍铝粉发气。当铬酸盐含量过多（超过 30～40mg/m³）就会使铝粉开始发气时间推迟，影响浇注稳定。

用于蒸压加气混凝土的水泥，铬酸盐含量不宜超过 20mg/m³。

3.1.2 生石灰

生石灰是一种使用极为广泛的材料，可用于钢铁工业、制糖业、电石生产、氯碱工业、建筑业、农业、林业、环境卫生业等。

生石灰是古老而传统的建筑材料，也是硅酸盐材料（包括蒸压加气混凝土）的重要原材料。

3.1.2.1 石灰石

1. 石灰石形成

石灰石是一种碳酸盐沉积岩。它是由化学沉积、生物沉积及碎屑沉积而形成。大部分是在 $10\sim15m$ 深的海水环境及平均低潮面以上的湖泊地区沉积，少部分在深水环境中沉积。

碳酸盐沉积岩主要由碳酸盐矿物方解石、白云石组成。根据其中矿物组成的差异，自然界中的碳酸盐有石灰岩、白垩、大理石、贝壳灰岩、白云岩、白云质灰岩、灰质白云岩和泥灰岩等。

方解石含量在 85％ 以上的为石灰岩；白云石含量在 85％ 以上的为白云岩；两者含量均达不到 85％ 且方解石含量大于白云石含量的称为白云质灰岩，白云石含量大于方解石含量的称为灰质白云岩；黏土矿物达 10％～15％ 的称为泥灰岩。

由于成因不同，沉积环境、沉积年代不同，各地石灰石（甚至同一山脉不同矿层）的矿物组成、结构构造、颜色等都有很大差别。

2. 中国石灰岩资源的时空分布

中国石灰岩资源的时空分布列于表 3-5。

表 3-5　中国石灰岩资源的时空分布

含矿的地质年代	石灰岩分布地区	主要岩性
早元古代	内蒙古，黑龙江，吉林中部，河南南部信阳、南阳一带	大理石
中、晚元古代	辽东半岛，天津，北京，江陵北部，甘肃，青海，福建	硅质灰岩、燧石灰岩
寒武纪	山西，北京，河北，山东，安徽，江苏，浙江，河南，湖北，贵州，云南，新疆，青海，宁夏，内蒙古，辽宁，吉林，黑龙江	鲕状灰岩、纯灰岩、竹叶状灰岩、薄层白云质灰岩
奥陶纪	黑龙江，内蒙古，吉林，辽宁，北京，河北，山西，山东，河南，陕西，甘肃，青海，新疆，四川，贵州，湖北，安徽，江苏，江西	薄层、厚层纯灰岩、白云质灰岩，虎斑灰岩，砾状灰岩等
志留纪	新疆托克逊，青海格尔木，甘肃，内蒙古	泥质灰岩、硅质灰岩、结晶灰岩等
泥盆纪	广西，湖南，贵州，云南，广东，黑龙江，新疆，陕西，四川	厚层纯灰岩、白云质灰岩、结晶灰岩、薄层灰岩、泥质灰岩等
石炭纪	江苏，浙江，安徽，江西，福建，广西，广东，四川，湖北，河南，湖南，陕西，新疆，甘肃，青海，云南，贵州，内蒙古，吉林，黑龙江	厚层纯灰岩、厚层灰岩夹砂页岩、白云质灰岩、大理岩、结晶灰岩等

续表

含矿的地质年代	石灰岩分布地区	主要岩性
二叠纪	四川，云南，广西，贵州，广东，福建，浙江，江西，安徽，江苏，湖北，湖南，陕西，甘肃，青海，内蒙古，黑龙江，吉林等	厚层灰岩、燧石灰岩、硅质灰岩、白云化灰岩、大理岩
三叠纪	广西，云南，贵州，四川，广东，江西，福建，甘肃，青海，浙江，江苏，安徽，湖南，湖北，陕西	泥质灰岩、厚层灰岩、薄层灰岩
侏罗纪	四川自贡地区	内陆湖相沉积石灰岩
第三纪	河南新乡、郑州郊区	泥灰岩、松散碳酸钙

3. 石灰石性能

1）石灰石的化学性能

石灰石的主要成分是碳酸盐。纯碳酸盐的 CaO 含量为 56%，CO_2 含量为 44%。自然界中的各种石灰石，因成矿条件不同及成岩后的变化，都不同程度地含有碳酸镁、黏土等杂质。

（1）石灰石的化学成分以 CaO 为主，同时含有 MgO、SiO_2、Fe_2O_3 和 Al_2O_3 等组分，其化学成分波动较大。对国内部分地区 30 多个石灰石样品的分析结果列于表 3-6。

表 3-6　国内部分地区 30 多个石灰石样品的化学成分波动范围

化学成分	CaO	MgO	SiO_2	Al_2O_3	Fe_2O_3	烧失量
波动范围（%）	29.67~55.68	0.12~20.47	0.12~13.47	0.08~2.06	0.03~0.78	36.66~43.72

（2）石灰石按化学成分分类

石灰石按化学成分分类类型见表 3-7。

表 3-7　石灰石按化学成分分类类型

序号	石灰石种类	CaO_3	MgO_3	$SiO_2+R_2O_3$
1	纯石灰石	>97	<2	<2
2	普通石灰石	90~96	<6	<3
3	白云石质石灰石	70~90	7~24	<3
4	白云石	50~70	20~50	<3
5	弱泥灰质石灰石	85~95	<6	3~7
6	弱泥灰质白云石质石灰石	70~90	7~24	3~7
7	弱泥灰质白云石	50~70	25~50	3~7
8	泥灰质石灰石	70~90	<6	8~10
9	强泥灰质石灰石	70~85	<6	12~20
10	白云石质强泥灰质石灰石	50~70	7~24	12~20

2）石灰石的物理性能

（1）硬度

纯方解石硬度为 3；普通石灰石硬度为 2~4；白云石硬度为 3.5~4；泥灰质石灰石硬

度一般小于普通石灰石；白垩柔软/松散，容易瓦解成小块；贝壳石灰石松软，硬度、机械强度极低；石灰石多孔，由碳酸钙遇水分解放出 CO_2 而形成。

（2）密度

按所含杂质不同，石灰石密度介于 $2.65\sim2.80g/cm^3$；方解石密度为 $2.75g/cm^3$；文石密度为 $2.498\sim2.82g/cm^3$。

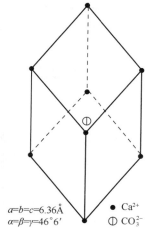

$a=b=c=6.36\text{Å}$
$\alpha=\beta=\gamma=46°6'$

● Ca^{2+}
① CO_3^{2-}

图 3-5　方解石晶格
（棱面体）

（3）结构

纯石灰石和普通石灰石为结晶结构，颗粒细小、均匀、致密。

碳酸盐结晶有两种变体，即方解石和霞石。天然方解石最纯形式是冰洲方解石。其中方解石结晶为六方晶系或斜六方晶系，见图 3-5。

（4）构造

一般有层状构造，并有层理。

（5）强度

石灰石极限抗压强度在 $200\sim1500kg/cm^2$ 之间。

（6）颜色

天然方解石的最纯形式是冰洲方解石，无色透明，但绝大多数石灰石是不透明的。石灰石颜色取决于其中所含杂质，特别是带色金属氧化物的种类、数量及分布状态。石灰石中含均匀分布的碳时，呈现灰、深灰直至黑色；含黏土杂质多时，呈现黄色至褐色；含镁时无光泽；含石英时闪闪发光。

普通石灰石一般呈青灰色至中度灰色，白云石一般是灰褐色，泥灰质石灰石呈浅黄色，见图 3-6。

3.1.2.2　生石灰

生石灰是石灰石经高温煅烧分解，除去其中 CO_2 所制成的产物。其主要成分为氧化钙，见图 3-7。

图 3-6　石灰石

图 3-7　生石灰

1. 石灰石煅烧

对石灰石进行加热煅烧发生分解，生成氧化钙，放出二氧化碳。反应式如下

$$CaCO_3 \longrightarrow CaO + CO_2 \uparrow -42.5kcal \tag{3-5}$$

1）石灰石煅烧的化学反应历程

碳酸钙分解是由 CO_3^{2-} 离子团分解所引起的，石灰石燃烧过程中的化学反应历程如下：

$$CaCO_3 \longrightarrow CaO + CO_2 \uparrow \tag{3-6}$$

$$CaO + CO_2 \longrightarrow CaCO_3 \tag{3-7}$$

$$MgCO_3 \longrightarrow MgO + CO_2 \uparrow \tag{3-8}$$

$$CaCO_3 \cdot MgCO_3 \longrightarrow CaCO_3 + MgO + CO_2 \uparrow \tag{3-9}$$

$$SiO_2 + xCaO \longrightarrow xCaO_2 \cdot SiO_2 \tag{3-10}$$

$$Al_2O_3 + xCaO \longrightarrow xCaO_2 \cdot Al_2O_3 \tag{3-11}$$

$$Fe_2O_3 + xCaO \longrightarrow xCaO_2 \cdot Fe_2O_3 \tag{3-12}$$

$$CaO + SO_2 \longrightarrow CaSO_3 \tag{3-13}$$

$$C + O_2 \longrightarrow CO_2 \tag{3-14}$$

$$2C + O_2 \longrightarrow 2CO（碳不完全燃烧） \tag{3-15}$$

$$C + CO_2 \longrightarrow 2CO \tag{3-16}$$

$$2CO + O_2 \longrightarrow CO_2（一氧化碳燃烧） \tag{3-17}$$

$$2H_2 + O_2 \longrightarrow 2H_2O（氢燃烧） \tag{3-18}$$

$$S + O_2 \longrightarrow SO_2（硫燃烧） \tag{3-19}$$

2）石灰石煅烧过程的物理变化

（1）晶体尺寸变化

石灰石煅烧时其物理结构上发生一系列变化。由斜方六面体的 $CaCO_3$ 变为立方体 CaO，其晶体尺寸由 $CaCO_3$ 的 6.36Å 变为 4.779～4.8105Å 的 CaO，见图 3-8。

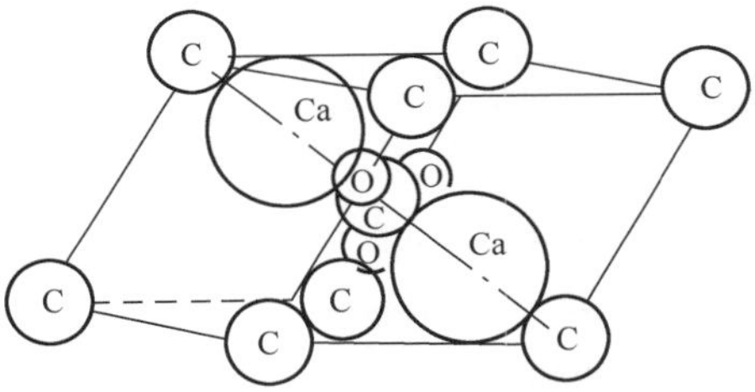

（2）内部结构变化

在煅烧过程中，随着煅烧温度的上升，石灰石分解，其内部结构亦发生一系列变化，见图 3-9。

图 3-8 $CaCO_3$ 结构单元

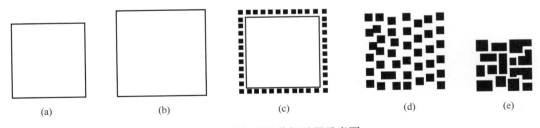

图 3-9 石灰石的分解过程示意图

石灰石加热分解过程如下：

常温下的石灰石经加热在开始分解前产生膨胀，$CaCO_3$ 微粒破坏，在 $CaCO_3$ 中生成 CaO 过饱和溶体。随温度上升，表面开始分解，过饱和溶体分解成亚稳的 CaO 晶体，尺寸

很小，附着在尚未分解的石灰石核上，亚稳 CaO 晶体再结晶成稳定氧化钙晶格。气孔率增加，CO_2 气体解析向晶体表面扩展，至分解结束。CaO 晶体增长，石灰石块体积变化不大。气孔率达到极值，直至 CaO 结晶继续增长至烧结。坯体体积缩小，气孔体积也缩小。

石灰石分解放出二氧化碳，在石灰石中产生很多气孔。石灰石块体积减小 10%～15%。在正常温度下煅烧，石灰石体积减小不超过 20%。而在较高温度下长时间煅烧的石灰石体积减小可达 43%。此时 CaO 晶格大小及形状都不变，但各个晶格单元互相靠拢结合，空隙被填充，排列逐渐整齐，石灰块体积进一步缩小，原来疏松多孔的石灰变成坚硬全致密的石灰，其密度达到 $3.4g/cm^3$。

2. 影响石灰石煅烧过程的因素

（1）石灰石分解温度

石灰石分解动力特性与反应（即相界面）的温度有关。分解温度对分解速度有很大的影响。

碳酸钙分解速度取决于温度和系统脱离平衡状态的程度。物料加热温度越高，离子具有的动能（振动）储备越大，单位时间内从晶格中分解出的 CO_2 分子数量也越多。随着温度的提高，形成晶格的离子扩散也越容易。

煅烧温度对石灰石煅烧速度的影响见表 3-8。

表 3-8　煅烧温度对石灰石煅烧速度的影响

煅烧温度（℃）	每小时煅烧厚度（cm/h）
900	0.33
950	0.5
1000	0.66
1050	1
1100	1.4
1150	2

为了使热量尽快传入块体中心，必须提高窑温。块度为 150mm 的石灰石块，窑室温 900℃燃烧需 17h，窑温提高到 1150℃仅需 4h。

碳酸盐的理论分解温度为 898℃（周围环境的 CO_2 分压为 0.1MPa 时），一般 800～900℃时 CO_2 从石灰石中逸出。在实际生产中碳酸盐完全分解的温度波动很大，石灰石在 600℃时开始分解，850℃以上显著分解，900～925℃分解完全。

（2）石灰石分解所需的热量

石灰石分解是个吸热和可逆反应。分解过程的总速度取决于供热强度及热分解速度。在某一温度区间内 $CaCO_3$ 分解速度与供热量成正比。分解过程受传热速度限制，分解温度不随周围介质温度升高而变化。

反应层的温度随周围介质温度的提高而升高，加大热流可提高反应温度，从而加快 $CaCO_3$ 分解速度，使供热量和消耗热量在新的较高温下达到平衡。

分解 1g 分子碳酸钙需 42.5kcal 热量。由于石灰石中含有水分，水分蒸发，窑气排出带走热量，窑壁散失热量，卸出的生石灰带走热量以及煅烧不完全或没有燃烧等因素，石灰石煅烧实际所需热量及分解温度大于理论热量及分解温度。另外，石灰石越纯，结构越致密，硬度越大，煅烧时火力越不易透入，石灰石分解所需热量也越多，分解温度也越高。

若采用发热量为 7000kcal/kg 的标准煤分解 1000kg 石灰石，理论上需 60kg 标准煤，但实际上需用 70～90kg 标准煤。

制取 1kg 生石灰理论上需煅烧 1.7kg 碳酸钙，消耗 759.4kcal 热量。

（3）石灰石尺寸（块度）对石灰石分解速度的影响

在一定温度下，石灰石煅烧的速度取决于石灰石块度（尺寸）大小。块度越大，煅烧速度越慢，石灰石块体煅烧时间与最大尺寸成正比。在不同温度下石灰石煅烧时间与其块体尺寸的关系见图 3-10。

实际表明，煅烧时决定分解速度的主要不是 CO_2 从块体内部到表面的扩散速度，而是热由气体带到被煅烧物料和该热量进入块体中心的条件。

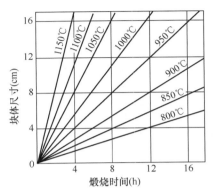

图 3-10　在不同温度下石灰石的煅烧时间与块体尺寸的关系

石灰石中的碳酸盐分解不是整个块体不同深度同时进行的，分解所需的热都是从块体表面向内部渐进的。石灰石中碳酸盐的分解在不停加热情况下沿着由外向内的不断移动变化的分界面进行。这个分界面的外层是 CaO 组成的烧成层，内层是碳酸钙的未烧成层。分界面从块体各个方向以相近的速度由外向内深入到内部，热进入分界面的速度超过分界面向内移动的速度。所以在石灰石块体分解界面内部的温度可以接近周围介质温度，但其分解要晚得多。此时，尽管不断传给热量，但由于石灰石分解是在相当于周围环境温度恒定下进行的，这些热量完全用于分解过程，故在分解结束前，温度不会上升，只有分解结果，温度才开始上升。

随着界面分解过程由块体周围向其内部深处进行，热传递所经过的路程延长，分解界面移动速度随之减慢。另外生成的 CaO 层，气孔较大其导热系数也比石灰石小，使热量很难传到煅烧的分解界面。当石灰石块越大，块体上生成的多孔石灰层越厚，分解界面向内移动速度越慢。

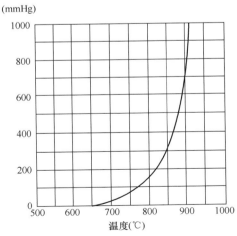

图 3-11　碳酸钙分解压力与温度的关系（CO_2 分压与温度的关系）

随着煅烧的深入，分解界面随之越小，热流必须克服越来越大的阻力。热传入块体内部越深，CO_2 从被分解的物料中排出的阻力越大，使 CO_2 排出速度减慢。所以石灰石块体越大，煅烧速度越慢。当窑温保持 1000℃时，煅烧块度为 100mm 的石灰石需 7.5h，煅烧块度为 200mm 的石灰石需 15h，速度慢了一倍。

（4）窑内 CO_2 分压对石灰石分解过程的影响

当 CO_2 分压低于碳酸盐的分解压力时石灰石分解。相反，如果 CO_2 分解压力大于碳酸钙分解压力，则 CaO 吸收 CO_2，逆向生成 $CaCO_3$。碳酸钙分解压力与温度的关系见图 3-11。

碳酸盐分解是可逆过程，为使碳酸盐顺利分解必须及时排走其分解所放出的 CO_2，使石灰石

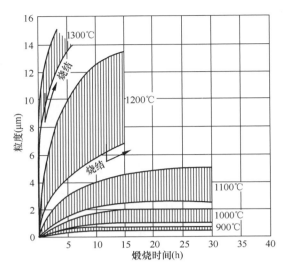

图 3-12 CaO 晶体大小与煅烧时间和温度的关系

周围的 CO_2 分压降低，以利于反应平衡向分解方向移动。碳酸钙分解速度随温度提高而引起 CO_2 分压增加，因此在生产中必须加强窑内通风。

3. 煅烧对生石灰性能的影响

1）煅烧对生石灰内部结构的影响

（1）煅烧对生石灰中 CaO 结晶的影响

煅烧对生石灰中 CaO 结晶尺寸的影响见图 3-12。

从图 3-12 看出，随着煅烧温度提高、煅烧时间延长，石灰中 CaO 晶体尺寸逐渐变大，从 800℃ 时的 0.3mm 到 1200℃ 时的 $6 \sim 13 \mu m$。

（2）不同温度煅烧的 CaO 结晶形貌

不同温度煅烧的 CaO 结晶形貌见图 3-13。

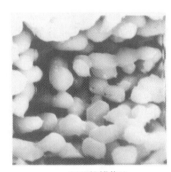

900℃煅烧3h   1100℃煅烧3h   1300℃煅烧3h

图 3-13 在电炉中不同温度煅烧的生石灰中 CaO 结晶形貌

（3）煅烧生石灰的内比表面积

① 不同温度煅烧 3h 的生石灰内比表面积见表 3-9。

表 3-9 不同温度煅烧 3h 的生石灰内比表面积

煅烧温度（℃）	900	1000	1100	1200	1300
内比表面积（m²/g）	4.990	3.862	1.682	1.054	1.030

注：采用 BET 低温氮吸附法。

从表 3-9 看出，随着煅烧温度的提高，生石灰内比表面积下降。轻烧石灰由于结晶小，其内比表面积是中烧和硬烧石灰的数倍。

② 不同煅烧温度和煅烧时间的生石灰比表面积。

不同煅烧温度和煅烧时间的生石灰比表面积见图 3-14 和图 3-15。

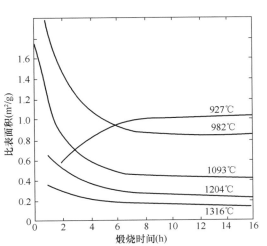

图 3-14 不同煅烧温度和煅烧时间
对生石灰比表面积的影响

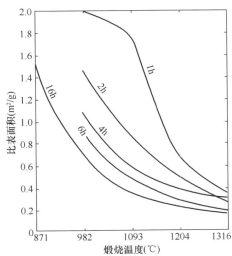

图 3-15 不同煅烧温度和时间
对生石灰比表面积的影响

从图 3-14 看出，在煅烧时间相同时，随煅烧温度提高，石灰比表面积减小。

从图 3-15 看出，在煅烧温度相同时，随着煅烧时间的增长，生石灰比表面积减小。

③ 不同窑煅烧的生石灰的比表面积和体积密度关系见图 3-16。

（4）煅烧生石灰的气孔率及气孔分布

① 煅烧生石灰的气孔率

不同温度煅烧生石灰的气孔率见表 3-10。

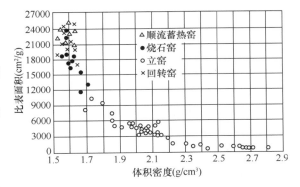

图 3-16 各种窑煅烧的生石灰的
比表面积和体积密度关系

表 3-10 不同温度煅烧生石灰的气孔率

煅烧温度（℃）	800	900	1000	1100	1200	1300	1400
气孔率（%）	52.5	53.5	52.0	50.0	47.0	35.0	27.0

从表 3-10 看到，煅烧温度从 800℃ 到 1100℃ 其气孔率变化不大，从 1200℃ 开始，随着温度进一步上升，气孔率急速下降。

② 煅烧生石灰的气孔分布

煅烧生石灰的气孔分布见图 3-17。

图 3-17 表明，随着煅烧温度提高，生石灰气孔分布向着半径较大的方向移动，相应的体积密度增加。

2）煅烧温度对生石灰体积密度的影响

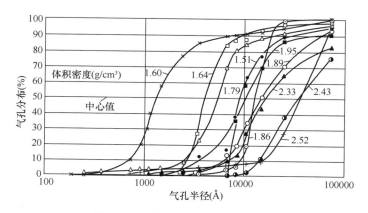

图 3-17　不同煅烧石灰的气孔分布

（1）煅烧温度对生石灰体积密度的影响见表 3-11。

表 3-11　煅烧温度对生石灰体积密度的影响

煅烧温度（℃）	800	900	1000	1100	1200	1300	1400
体积密度（g/cm³）	1.59	1.52	1.55	1.62	1.82	2.05	2.60

从表 3-11 看到，煅烧温度从 800℃ 上升到 1000℃，生石灰的体积密度变化不大，从 1100℃ 开始，随着温度进一步上升，体积密度较快增加，与气孔率有相应的关系。

（2）煅烧温度和时间对生石灰体积密度的影响

不同煅烧温度和时间对生石灰体积密度的影响见图 3-18。

从表 3-18 看出，随着煅烧温度的提高和煅烧时间的延长，生石灰体积密度增加。在煅烧的前 5～10h，体积密度增加较快，超过 10h 增长减慢。

3）煅烧对生石灰堆积密度的影响

生石灰的堆积密度与其体积密度有一定的相关性，见图 3-19。

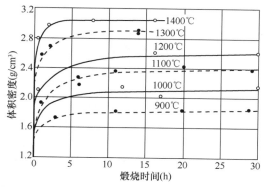

图 3-18　不同煅烧温度和
时间对生石灰体积密度的影响

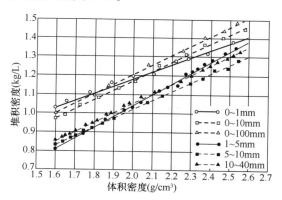

图 3-19　生石灰的堆积密度与
其体积密度的关系

图 3-19 表明，不同粒度的生石灰堆积密度不一样。

综合上述，可将煅烧生石灰的内部结构和生石灰部分性能与煅烧的关系归纳，列于图

3-20 和表 3-12。

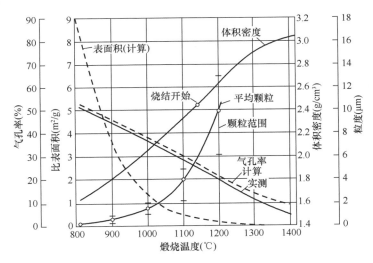

图 3-20　比表面积、粒径、气孔率、体积密度与煅烧温度的关系

表 3-12　生石灰性质与煅烧温度的关系

温度 (℃)	结晶粒度 (μm)	体积密度 (g/cm³)	比表面积 (m²/g)	总气孔率（%）	收缩率 (%)	过烧率 (%)
800	0.3	1.59	19.5	52.5	0	
900	0.5~0.7	1.52	21.0	53.5	−2.0	5
1000	1.8	1.55	18.0	52.0	4.2	10
1100	4.0	1.62	16.5	50.0	10.0	20
1200	6~13	1.82	12.0	47.0	18.0	0
1300	—	2.05	4.50	35.0	18.0	50
1400	—	2.60	1.50	27.0	38.0	65

4）煅烧对生石灰中游离（活性）氧化钙含量的影响

石灰中游离氧化钙的含量主要取决于生石灰的纯度及煅烧程度。同种石灰石随着煅烧温度增加和时间延长，生石灰中活性氧化钙含量逐渐增加。对于同一种纯石灰石，煅烧温度从 950℃提高到 1100℃，活性氧化钙含量从 39.01% 增加到 97.31%。当温度增加到 1300℃ 和 1400℃，活性氧化钙含量分别为 97.14% 和 96.88%。不同种类、不同品质石灰石在相同煅烧程度下，纯石灰石烧成的石灰中活性氧化钙含量为 97.31%，而弱泥灰质石灰石烧成的石灰中活性氧化钙为 86.47%，弱泥灰质白云石为 85.08%，强泥灰质石灰石为 64.49%。从此可以看出，石灰石种类、品质不同，煅烧后的活性氧化钙含量不一，相差较大。

不同品种石灰石的化学物理性能列于表 3-13。

表 3-13　不同品种石灰石的化学物理性能

序号	石灰石品种	化学成分（%）						物理性能	
		CaO	SiO$_2$	Al$_2$O$_3$	Fe$_2$O$_3$	MgO	燃烧量	颜色	纹理
1	纯石灰石 1	55.43	0.11	0.15	0.06	0.29	43.74	中灰	灰里色纹理带白
2	普通石灰石	53.96	1.075	0.03	0.12	0.49	43.10	灰	带土黄色
3	弱泥灰质石灰石	50.32	5.61	0.95	0.42	1.43	40.80	黑青	有断层状
4	强泥灰质石灰石	44.37	13.74	2.60	0.78	0.70	36.66	浅土黄	无光泽片状
5	弱泥灰质白云石	29.67	3.79	0.53	0.30	20.47	45.08	中灰	片状无光泽
6	强泥灰质白云石质石灰石	44.60	10.12	1.52	0.48	3.28	38.41	黑灰	灰褐色，纹理清楚
7	纯石灰石 2	55.49	0.21	0.11	0.12	0.18	43.72	滞灰	略带发亮杂质
8	日泥露天石灰石	52.14	4.37	0.96	0.21	0.52	414.28	—	—

5）煅烧对生石灰中 CO_2 含量的影响

对同一种石灰石而言，生石灰中 CO_2 含量主要取决于煅烧程度。当煅烧温度较低时，由于相当一部分 $CaCO_3$ 未分解，因此生石灰中 CO_2 含量较高。随着煅烧温度提高和时间延长，生石灰中 CO_2 含量大幅度降低。生烧石灰的 CO_2 含量大大高于中烧及硬烧石灰。例如纯石灰石在 950℃煅烧 4 个小时，生石灰中 CO_2 含量高达 30.09%；当温度提高到 1100℃时，CO_2 含量降到 0.25%；1400℃时仅 0.14%。对于弱泥灰质石灰石，其生烧石灰、中烧石灰及硬烧石灰中的 CO_2 含量分别为 18.51%、0.13% 和 0.09%。

对于不同品种石灰石而言，生石灰中 CO_2 含量还与石灰石中的杂质含量有关。由于纯石灰石结构致密、坚硬，煅烧时火力较难透入。在低温时，纯石灰石煅烧的生石灰中 CO_2 含量要高于杂质较多的石灰石。但经充分煅烧后，所得生石灰中 CO_2 含量基本相同。

6）煅烧对不同种类石灰石的石灰比表面积的影响

如同一种石灰石在煅烧温度低时，由于 CaO 初生晶体小，生石灰比表面积大。随着煅烧温度提高，CaO 晶体逐渐长大，生石灰比表面积逐渐缩小，到一定温度后变化很小。对纯石灰石，温度从 950℃提高到 1400℃时，石灰比表面积由 2.15m^2/g 减小到 0.62m^2/g。

在相同煅烧温度下，纯石灰石所烧生石灰的比表面积大于强泥灰质白云质石灰石及弱泥灰质白云质石灰石所烧生石灰。1100℃煅烧 9 个小时的纯石灰石比表面积为 2.2m^2/g；强泥灰质白云质石灰石为 1.18 m^2/g；1200℃煅烧的弱泥灰质白云质石灰石为 0.4 m^2/g。

7）煅烧对生石灰消化性能的影响

（1）煅烧对普通石灰石生石灰消化性能的影响

煅烧对普通石灰石生石灰消化性能的影响见图 3-21。

从图 3-21 看出，在煅烧时间相同时，随着煅烧温度的升高，石灰消化时间延长，消化温度相应降低，与煅烧石灰内部结构相对应。

（2）煅烧对不同种类、不同品质石灰石生石灰消化性能的影响

煅烧生石灰的消化性能除与煅烧温度、时间有关系，还受其中成分、杂质影响。当煅烧温度相同时，纯石灰石生灰石比含杂质多的生石灰消化速度快，消化温度高。不同品种石灰石在 1300℃煅烧 9h 的生石灰消化性能见表 3-14。

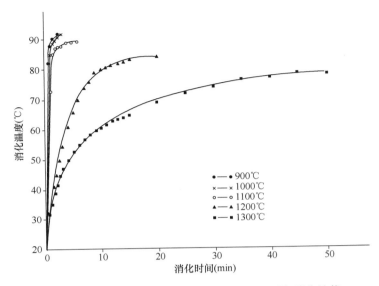

图 3-21 在不同煅烧温度下，煅烧 3h 的生石灰消化性能

表 3-14 不同品种石灰石在 1300℃ 煅烧 9h 的生石灰消化性能

石灰石品种	消化时间（min）	消化温度（℃）
纯石灰石	3	108
弱泥灰质石灰石	9.5	72.5
强泥灰质石灰石	12.5	35

4. 生石灰的物理、化学性能

1）生石灰的物理性能

（1）生石灰晶型结构

氧化钙是立方晶体，晶格尺寸为 4.779～4.81Å，见图 3-22。

（2）生石灰密度

生石灰密度在 3.15～3.40g/cm³ 之间。

（3）生石灰硬度（莫氏硬度）

生石灰硬度取决于它的燃烧程度。

轻烧石灰的硬度约为 2，硬烧石灰和烧结石灰的硬度约为 3，烧石灰的硬度在 5～5.5 之间。

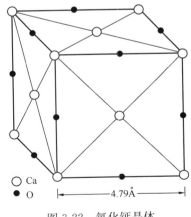

图 3-22 氧化钙晶体

（4）生石灰抗压强度

生石灰的抗压强度与石灰石种类、煅烧温度、煅烧时间有关。图 3-23 表示了生石灰抗压强度与体积密度的关系。随着生石灰体积密度的增加，抗压强度提高。

2）生石灰的化学性能

生石灰与水反应生成氢氧化钙，并放出大量热量，反应式如下：

$$CaO + H_2O \longrightarrow Ca(OH)_2 + 15.5kcal \qquad (3\text{-}20)$$

该反应在 100℃ 以内随着温度的升高，速度加快，反应放出的热量使整个温度大大上

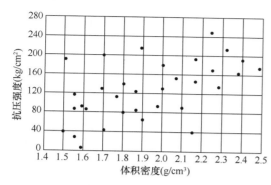

图 3-23 生石灰的抗压强度与体积密度的关系

升，又加速了水化反应过程。

该反应又是个可逆反应，在 547℃ 以上氢氧化钙吸热后又分解成氧化钙和水。氧化钙在 600℃ 以上可与 CO_2 反应生成碳酸钙。

氧化钙是一种强碱，它可与绝大多数酸性或两性氧化物发生反应，生成相应的盐类。氧化钙在 80℃ 以上可与氯化氢反应生成氯化钙，氧化钙在 400℃ 以上可与二氧化硫反应生成硫酸钙，氧化钙在 1000℃ 以上可与二氧化硅反应生成硅酸钙，氧化钙在 1500℃ 以上可与碳反应生成碳化钙（电石）。

5. 生石灰的种类

（1）根据生产过程中窑内使用的温度，生石灰可分为轻烧石灰、中烧石灰和硬烧石灰，三者的物理性能见表 3-15。

表 3-15　不同煅烧程度生石灰的物理特性

石灰种类	密度（g/cm³）	体积密度（g/cm³）	总气孔率（%）	开口气孔率（%）	BET比表面积（m²/g）	湿消化比 R 值（℃/min）	滴定 5min 值（mL）（浓度为 4N 的 HCl 溶液）
轻烧	3.35	1.5～1.8	46～55	52.2	1.97	>20	>50
中烧	3.35	1.8～2.2	34～46	35.9	0.3～1.0	2～20	150～350
硬烧	3.35	2.2～2.6	<34	10.2	<0.3	<2	<150

注：用水银压入法测量。

（2）轻烧石灰与煅烧较硬的石灰相比，其特征为：

① 晶体小；② 比表面积大；③ 在一般单个气孔较小时总气孔体积大；④ 体积密度小；⑤ 反应性强。

图 3-24 为不同煅烧度石灰的电子显微镜照片。

从图 3-24 看出，体积密度为 1.51g/cm³ 的轻烧石灰绝大部分由最大 1～2μm 的小晶体组成。很多这种初生的晶体都增长成蜂窝状排列的二次粒子，绝大部分气孔的直径为 0.1～1μm。与轻烧石灰相比，可以看到中烧到硬烧石灰单个晶体强烈聚集，团块大小 3～6μm 左右，同时气孔增大，其空隙为 1～10μm。

对于体积密度达到 2.44g/cm³ 的硬烧石灰而言，这种增长更为明显。其晶体大部分由致密的 CaO 聚集体组成，裂缝明显增多，表面变得粗糙。

轻烧和中烧石灰结晶大部分还是单个晶体的 CaO。随着温度升高，烧结愈甚，其接触点变成接触面，形成直径远远大于 10μm 的 CaO 晶体，CaO 的聚集造成气孔增大，其直径有的超过 20μm。

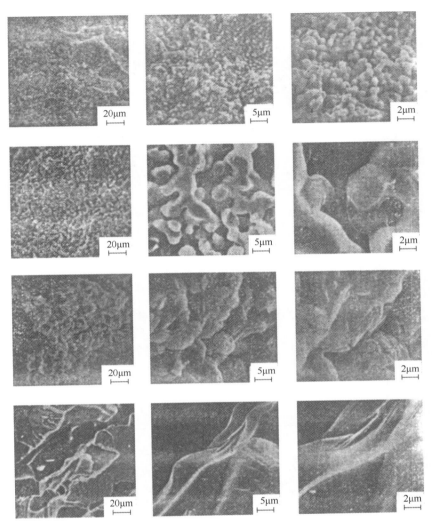

图 3-24　各种不同煅烧度石灰的电子显微镜照片

3.1.2.3　熟石灰

生石灰遇水反应，CaO 晶格结构瓦解，生成四个 Ca(OH)$_2$ 晶格单元，生成氢氧化钙（即熟石灰，见图 3-25），其尺寸为 3.52Å，所占位置比 CaO 大得多。新生成的氢氧化钙破坏 CaO 结构（图 3-26），形成粉末。CaO 生成氢氧化钙，其体积要增大 3.5 倍，这是由于各个粒子之间的空间体积较原来空间体积增大。

反应式如下：

$$CaO + H_2O \longrightarrow Ca(OH)_2 + 15.5kcal$$

1g 分子 CaO 与水反应放出 15.54kcal 热量。

1kg 纯生石灰消化放热 277kcal，可将 2.8kg 水从 0℃加热到沸点。

放热反应速度主要取决于生石灰的煅烧程度和状态，可以是爆炸式的，也可延续数天。通常将上述反应称之为石灰的消化。日常生活中消化分湿法消化和干法消化。

图 3-25　熟石灰

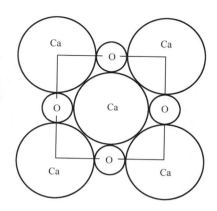

图 3-26　氧化钙结构

石灰消化理论需水量为 CaO 质量的 32.13%。以一定量的水将生石灰消化制成的极细粉产品称为熟石灰。熟石灰理论上由 75.7% 的 CaO 和 24.3% 的水组成。在敞开空间消化成熟石灰需要多用 70% 的水。

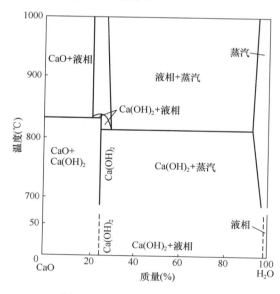

图 3-27　CaO-H_2O 二系单元图

以过量的水消化生石灰而得到的浓稠的塑性体称为石灰膏。制取石灰膏需加入理论所需 10 倍的水量。

消化反应具有可逆性，可还原，即氢氧化钙在一定温度下可分解为氧化钙和水。

1. 生石灰消化成熟石灰的反应

生石灰消化成熟石灰的反应步骤如下：

①吸水；②生成中间产品 $CaO \cdot 2H_2O$；③$CaO \cdot 2H_2O \longrightarrow Ca(OH)_2 + H_2O$；④再凝聚、结块。

在低温下生石灰与水的混合物中能形成成分为 $2Ca(OH)_2 \cdot H_2O$ 的水合物。CaO-H_2O 二元体系见图 3-27。

由氧化钙形成氢氧化钙首先产生离子和或多或少的过饱和溶液，再结晶出氧化钙。

轻烧石灰与水反应时，由于比表面积大和气孔率高，浓度急剧升高，过饱和相应加剧，晶核形成速度高，而晶体增长速度慢，相反，硬烧石灰浓度增加缓和，过饱和度很少，晶核形成速度慢，如晶格增长速度快结果形成粗散水合物。

2. 熟石灰的性质

1）物理性能

（1）晶型和晶格结构

氢氧化钙是复三方偏三角面体结晶，呈鳞片体或柱体，见图 3-28。

$Ca(OH)_2$ 为层状晶格，晶格常数为：$a_0 = 3.5844$Å，$c_0 = 4.8962$Å。

由生石灰消化而成的熟石灰形成微晶型小颗粒，状如团絮，其晶体特征往往不能立即认出。图 3-29 为石灰乳的电子显微照片。

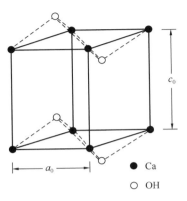
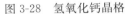

图 3-28　氢氧化钙晶格

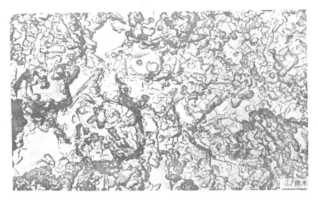

图 3-29　石灰乳的电子显微照片

（2）体积密度和堆积密度

熟石灰的体积密度为 $2.20\sim2.30\text{g}/\text{cm}^3$，熟石灰的堆积密度为 $0.400\sim0.500\text{kg}/\text{L}$。

（3）硬度

氢氧化钙的莫氏硬度介于 $2\sim3$ 之间，纯 $Ca(OH)_2$ 晶体的平均硬度值为 2.5。

（4）粒度和比表面积

① 粒度

熟石灰的粒度为 $0.1\sim10\mu\text{m}$。商品熟石灰粒度一般在 $1\sim5\mu\text{m}$ 之间，湿法消化的粒度比干法消化的小。

不同煅烧温度生石灰的石灰乳粒度分布见表 3-16。

表 3-16　不同煅烧温度生石灰的石灰乳粒度分布

粒度（μm）	生石灰煅烧温度				
	900℃（%）	1000℃（%）	1100℃（%）	1200℃（%）	1400℃（%）
$0.01\sim1$	95	80	50	25	20
$1\sim2$	5	15	18	14	6
$2\sim6$		5	28	36	26
$6\sim10$			4	21	21
$10\sim20$				4	25
>20					2

表 3-16 表明，粒度从 $0.01\mu\text{m}$ 开始，随着煅烧温度提高而增大，且大粒径的颗粒比重增加。

② 比表面积

用 BET 氮吸收法测定熟石灰比表面积，平均值为 $15.2\text{m}^2/\text{g}$。

熟石灰的比表面积与消化温度及 H_2O/CaO 的关系见表 3-17。

表 3-17　熟石灰的比表面积与消化温度及 H_2O/CaO 的关系

温度（℃）　　H_2O/CaO	4	10	20	40	60	90
	Blaine 比表面积（cm^2/g）					
2.5	50736	54293	52790	56606	57355	58300
4.5			48307	—	52260	55255
7.5	35246	34534		47035	49183	53070

温度（℃） H₂O/CaO	4	10	20	40	60	90
	Blaine 比表面积（cm²/g）					
10.5	29133	29840	—	45203	48920	51126
13.5	23166	24419	36520	41080	45967	52658
18.0	17833	18968	31556	37620	48307	53925
25.0	15314	18597	29405	40910	48244	53295

（5）溶解度

影响溶解度的因素主要有温度、无机及有机化合物。

① 温度

CaO、Ca(OH)₂ 在 100g 不同温度下水中的溶解度见表 3-18、图 3-30。

表 3-18 CaO 和 Ca(OH)₂ 在 100g 不同温度水中的溶解度

温度（℃）	CaO(g)	Ca(OH)₂(g)
0	0.140	0.185
10	0.133	0.176
20	0.125	0.165
30	0.116	0.153
40	0.106	0.140
50	0.097	0.128
60	0.088	0.116
70	0.079	0.104
80	0.070	0.092
90	0.061	0.081
100	0.054	0.071

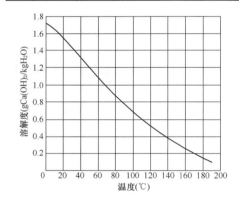

图 3-30 Ca(OH)₂ 在水中的溶解度

从表 3-18、图 3-30 看出，氢氧化钙在水中溶解度随着温度提高而减少。

② 无机及有机化合物

a. 工业石灰中自身含有的硅酸盐及能促进溶解的碱类化合物。

b. 各种盐类，一般而言，在 Ca(OH)₂ 溶液中加入碱性盐类（或介质）溶解度就下降。例如：NaOH、Na₂CO₃ 等。浓度为 0.8% 的苛性钠溶液在某些情况下甚至能完全阻止熟石灰的溶解。

c. 如加入酸性盐溶液，溶解度就增加，如 CaCl₂、硝酸钙、NaCl、KCl、LiCl、BaCl₂ 等。

d. 硫酸钙会降低 Ca(OH)₂ 的溶解度。

e. 某些有机化合物，如甘油、酚类等。

（6）流动性

熟石灰的流动性为 35～55。

（7）可塑性及和易性

可塑性及和易性是熟石灰、石灰浆的重要工作性能，对建筑、建材业特别重要，尤其对建筑灰浆性能及工作性能、建材制造过程及产品性能、经济效果均有重要影响。一般以灰浆的残余水含量或石灰浆的沉降体积作为可塑性指标。可塑性是灰浆和易性的一个指标。灰浆的和易性对蒸压加气混凝土料浆性能有较大影响。

石灰浆的可塑性与石灰石品种、质量、生石灰煅烧度及其粒度有关。

在不同温度下，三种不同化学成分的石灰石煅烧的生石灰研磨成不同细度后进行消化得到的灰浆性能列于表 3-19。

表 3-19　在不同温度下，三种不同化学成分的石灰石煅烧的生石灰研磨成不同细度后进行消化得到的石灰浆性能

石灰石	石灰石体积密度 (g/cm³)	煅烧温度 (℃)	块状石灰体积密度 (g/cm³)	生石灰粉			石灰膏				灰浆 1:3	
				>0.09 筛余物 (DIN4188) (%)	比表面积 (m²/g)	反应物达到 80℃所需时间 t (min)	沉降体积 (mL)	沉降时间 (h)	比表面积 (m²/g)	产出量 DIN1060 (L/10kg)	和易性 (kg·mL)	保水能力 (%)
Ⅰ	2.71	1000	1.73	0.5	3.3	1	480	3	16.7	29	24	97
				4	3.3	1	480	3	16.1	28	23	97
				8	3.3	1	480	3	17.8	28	22	97
		1150	2.50	0.5	1.5	11	540	2	21.9	32	23	96
				4	1.3	11	490	1	20.7	32	24	96
				8	1.2	11	490	1	20.7	34	22	91
		1300	2.84	0.5	0.9	14.5	500	3	17.8	30	24	97
				4	0.7	13	520	2	18.0	31	23	94
				8	0.7	16.5	530	2	18.0	30	26	93
Ⅱ	2.65	1000	1.52	0.5	1.0	10.5	670	4	38.4	31	19	91
				4	0.9	9	670	4	31.8	32	18	90
				8	0.9	10	680	4	37.5	32	17	93
		1150	1.53	0.5	0.9	8	710	3	34.0	34	18	92
				4	0.8	8	700	3	37.7	35	17	90
				8	0.7	8	700	3	35.7	34	16	92
		1300	1.57	0.5	0.7	32.5	590	5	36.6	30	14	91
				4	0.5	32	590	4	23.7	30	14	92
				8	0.6	38	600	4	28.2	30	14	88
Ⅲ	2.49	1000	1.50	0.5	1.3	6	640	4	37.8	30	17	87
				4	1.2	6.5	650	4	32.5	28	17	90
				8	1.1	7	710	4	33.8	30	17	91
		1150	1.52	0.5	0.8	6	730	3	45.8	31	17	87
				4	0.8	6	700	3	41.0	30	17	90
				8	0.8	6.5	690	3	36.4	31	16	88
		1300	1.59	0.5	0.8	60	650	3	43.3	25	14	90
				4	0.7	52	630	2	41.5	26	14	92
				8	0.7	50	560	2	36.5	25	13	92

粒状生石灰应在比较低的温度下进行消化，这样形成的石灰膏塑性就高，温度为 20℃时消化的石灰膏，总塑性极好。85℃消化的石灰，其塑性数值都很低。

粉状生石灰最好以较高的温度进行消化。随着煅烧温度提高，其可塑性降低，85℃消化的硬烧石灰则更低。

（8）石灰浆产出量

不同石灰石、不同煅烧温度煅烧的生石灰，其石灰浆产出量比较如下：

产出量高　　　　　　　　　　　　产出量低

①煅烧温度在 1150℃以下　　　　　①煅烧温度在 1150℃以上

②石灰含少量或中等数量的杂质　　②石灰含大量的杂质

③气孔率高　　　　　　　　　　　③气孔率低

④CaO 晶体小　　　　　　　　　　④CaO 晶体大

⑤石灰粉　　　　　　　　　　　　⑤石灰块

（9）颜色

干燥的熟石灰如不含杂质是纯白色的，白度达 85%～90%，如含有大量杂质或煅烧太硬，则略带黄色或灰色。

2）化学性质

（1）氢氧化钙是比较稳定的化合物

氢氧化钙是二价强碱，溶解于水中分解成 Ca^{2+} 和 $2OH^-$。石灰水呈强碱性，易生成氢氧化钙饱和溶液。与强酸反应（中和）形成中性盐，与弱酸生成碱性盐。

$$Ca(OH)_2 + 2HCl \longrightarrow CaCl_2 + 2H_2O + 27.4kcal \qquad (3-21)$$

（2）氢氧化钙溶液的离解度及 pH 值

氢氧化钙溶液离解度及 pH 值列于表 3-20、表 3-21。

表 3-20　0～30℃时各种浓度 $Ca(OH)_2$ 溶液的离解度

CaO 浓度（g/L）	离解度 α（%）			
	0℃	10℃	20℃	30℃
0.1024	94	96	96	95
0.564	86	84	83	83
0.724	83	83	81	81
0.842	83	81	80	79
1.164	79.3	77.4	75.5	75.3

表 3-21　20℃和 25℃时各种浓度 $Ca(OH)_2$ 溶液的 pH 值

CaO 浓度（g/L）		pH 值	
		20℃	25℃
0.615	—	11.42	—
	0.064	—	11.27
	0.065	—	11.28
	0.122	—	11.54

续表

CaO 浓度（g/L）		pH 值	
		20℃	25℃
—	0.164	—	11.66
0.246		11.98	—
—	0.271	—	11.89
—	0.462	—	12.10
0.492		12.25	—
—	0.680	—	12.29
—	0.710	—	12.31
0.738		12.41	—
—	0.975	—	12.44
0.0984		12.53	—
—	1.027	—	12.47
—	1.160	—	12.53
1.230		12.60	—

3.1.2.4　生石灰制造（生产）

生石灰制造业是一个古老的工业，历史悠久，数千年前人类就开始烧制石灰。人类最早采用垒石或挖坑垒石间歇烧制石灰，这种方式一直沿用至今。18 世纪人们开始使用土立窑连续烧制石灰，19 世纪将回转窑及烧陶制品的轮窑用于烧制石灰，第二次世界大战后机械化立窑进入石灰制造业。用于生产石灰的煅烧设备类型很多，大体有回转窑、轮窑、沸腾炉及立窑四大类。

1. 回转窑

煅烧石灰的回转窑主要由预热器、回转窑、冷却器组成。有带多级竖式预热器短窑身回转窑、立波尔式预热器回转窑和不带预热器长窑身回转窑三种，见图 3-31～图 3-33。

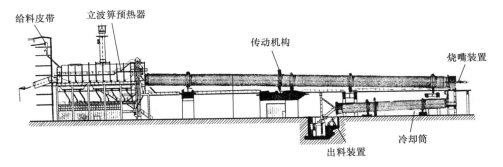

图 3-31　有带多级竖式预热器短窑身回转窑

与其他窑型相比，回转窑煅烧石灰有以下优点：

①产能大，可日产千吨，易于大型化。

②适合煅烧小粒度石灰石，原料适应性广，可大幅度降低原料成本，使矿山资源得到充

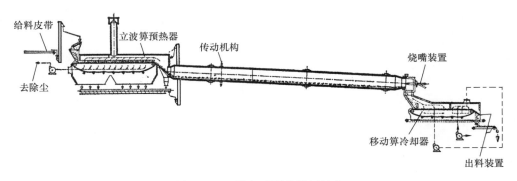

图 3-32　立波尔式预热器回转窑

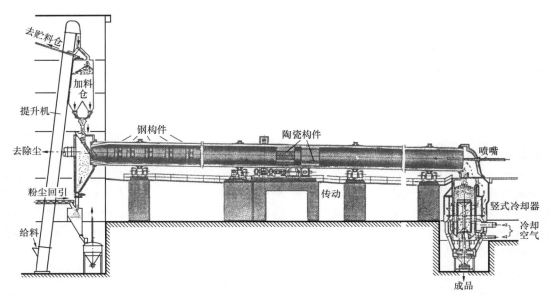

图 3-33　不带预热器长窑身回转窑

分利用。

③机械化程度高，工作稳定，易于调节，操作方便。

④产品质量均匀，活性度高，易于控制。

⑤可自动连续生产，单位产品所需操作人员少，劳动生产率高。

回转窑也存在一些不足：

回转窑投资大，比顺流蓄热窑高 40%～60%；能耗高，比顺流蓄热窑高 50%～60%；设备多，设备质量比顺流蓄热窑多 3～5 倍；占地大，比并流蓄热窑大 1 倍；除尘复杂。

我国部分大型钢铁企业引进回转窑生产生石灰用于炼钢。

2. 轮窑

轮窑的特点是原料在窑内处于静止状态，不滚动、不移动，除尘比较容易。1864 年开始使用轮窑煅烧石灰，其缺点是原料煅烧不够均匀。

轮窑示意图见图 3-34。

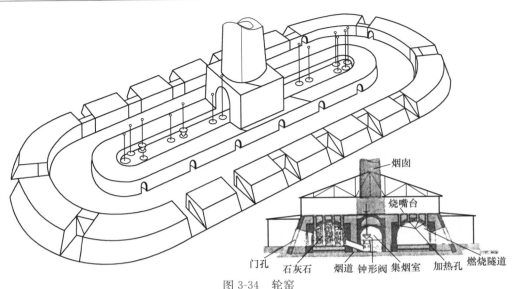

图 3-34　轮窑

3. 沸腾炉

物料在炉内呈沸腾状煅烧，产品质量均匀，可以用粒度较小的原料，有利于原料综合利用。但出炉烟气温度较高，采用多级旋风预热器提高热效率，除尘设备较复杂。

4. 立窑（竖窑）

立窑应用比较广泛，窑型也比较多，目前至少有 8 种煅烧石灰的立窑。常用的有横流式立窑、双斜坡窑、外火箱窑、套筒窑等，以及以煤、无烟煤、焦炭为燃料的普通立窑和多膛并流蓄热式窑等。

立窑的优点：占地少，热耗低，投资省；其不足之处是沿窑断面的原料煅烧不够均匀。

各种窑型均有其优点以适应不同的要求，但也各有不足。

1）套筒窑

套筒窑又称贝肯巴赫环形套筒窑，是法国贝肯巴赫公司的卡尔·贝肯巴赫于 1460 年发明的，问世后震动了世界生石灰生产业界，是目前世界上的先进窑型之一。

（1）套筒窑结构构造

套筒窑由内、外两个圆柱形钢筒组成，内筒分上内筒和下内筒。内外筒都砌有耐火材料。在内外筒之间形成较薄而距离相等的环形空间。在内外筒之间有拱桥连接。窑体上设有两个燃烧层，在上、下两个燃烧层上设有等距均匀错位布置的烧嘴，每个烧嘴配有圆柱形燃烧室，燃烧室产生的高温气体通过桥下空间进入石灰石料层，在两个燃烧层之间形成煅烧带，在下层燃烧室与冷却带之间设置了并流带。石灰石在环形空间由上向下通过预热带、上部并流煅烧带、中部并流煅烧带、下部并流煅烧带、冷却带，完成煅烧，见图 3-35～图 3-37。

（2）套筒窑的特点

①窑体环形空间设计，石灰石料层较薄而且厚度相同，料层透气性好，有助于气体循环，可有效利用热能。加上应用蓄热式烧嘴和蓄热燃烧室，避免火焰与石灰石直接接触，使热量均匀地扩散分布。在煅烧带反流部分热分布非常均匀，热传导以辐射为主，热强度大，热量穿透力强而均匀。这样绝大部分石灰石经预热带充分预热后，在煅烧带很好地完成分解，成为质量很好的生石灰。

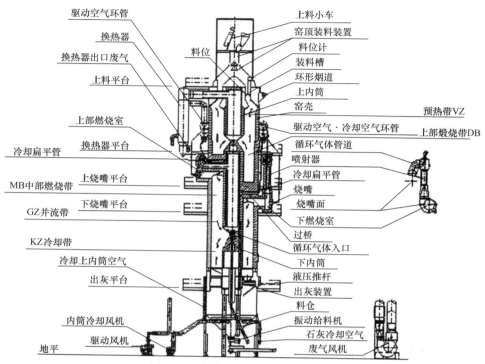

图 3-35　套筒竖窑煅烧工艺及结构

图 3-36　套筒窑内部结构图

图 3-37　套筒窑

②从中部煅烧带下移的生石灰与窑内热煤气沿同一方向向下运动，在并流带的循环高温烟气中不断均质化，进一步优化了产品质量。

③所有布料口、燃烧室（拱桥）和出灰口在窑体上都等距设计布置，而从上到下，布料口与燃烧室（上拱桥），上燃烧室（上拱桥）与下燃烧窑（下拱桥），下燃烧室与出灰口之间均错位布置，使窑内石灰石在向下移动过程中错位煅烧，使石灰质量更均匀。

（3）套筒窑的优点

①生石灰质量好，活性度稳定在 360mL 以上，更多的达到 380～400mL，石灰中残余 CO_2 稳定在 2%，甚至低于 1%。

②对原燃料适应性好，在改变燃料品种时，切换操作简单，可准确地对燃料系统热工参数加以控制，提高燃烧效率和降低能耗。

③用废气预热一次助燃空气，用冷却下内筒产生的热空气作为二次助燃空气，余热利用充分，降低了能耗。套筒窑的热耗已稳定在 910～930kcal/kg 成品石灰，电耗 22～25kW·h/t 成品灰。

④采用负压操作，生产安全环保。

⑤窑体设备简单，占地小，自动化程度高，运行效率高。

（4）套筒窑的不足

①不能烧<15mm 的小块石灰石。

②停电会烧坏内套筒，需设置安全电源，供电系统复杂。

③石灰质量比回转窑生产的活性石灰稍差。

2）梁式窑（又称弗卡斯窑）

弗卡斯石灰窑是美国碳化物协会于 20 世纪 40 年代发明的。梁式窑的技术核心是烧嘴梁加热系统。

（1）梁式窑构造

梁式窑是在窑体内设有两层"T"形烧嘴梁。烧嘴均匀地设在梁的两侧，通过设在梁内的多根燃料管将燃料供给烧嘴。烧嘴均匀地分布在窑的断面上，整个窑断面煅烧均匀。烧嘴梁内部分割成上、下两层，由废气加热的温度较低的助燃风通过上部进入石灰石料床，后置煅烧带系统热空气加热的高温助燃风与燃料一起进入下部，在烧嘴附近不完全燃烧，未燃烧的燃料进入石灰石料底与大量的助燃风相遇而完全燃烧，使整个煅烧带热分布更加均匀，避免了烧嘴附近出现过烧和远离烧嘴区出现生烧。

梁式窑分"双路压力系统"窑和"三路压力系统"窑两种。

"三路压力系统"窑从上至下分别为预热带、煅烧带、后置煅烧带和冷却出灰带，见图 3-38、图 3-39。

（2）梁式窑的特点

①两个烧嘴梁之间为煅烧带，在下煅烧梁与其下方的抽气梁之间形成后置煅烧带，后置煅烧带因温度高而无压力干扰，从煅烧带下移的石灰在这里均质化，使产品质量获得突破性的提高。

②双"T"形烧嘴梁采用精确的燃料和助燃风分配技术，准确地对燃烧系统的热工参数加以控制，可有效提高燃料燃烧效率，降低能耗。

③用窑顶废气加热一次助燃风，用窑体下部的废气加热二次助燃空气，使废气热量得到充分二次利用，大幅降低生产能耗。

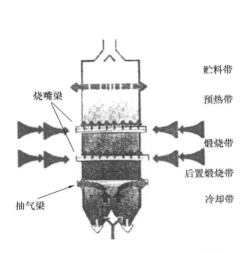

图 3-38　梁式窑（弗卡斯窑）示意图

贮料带

预热带

煅烧带

后置煅烧带

冷却带

烧嘴梁

抽气梁

图 3-39　梁式窑

④采用负压操作，生产安全、环保。

⑤梁式窑为单筒主窑，其结构非常简单，对原料、燃料要求不苛刻，窑体投资少，占地小，热耗和电耗都很低，操作简单，故障率低。

⑥产品灵活性高，可根据不同行业需要，生产软（轻）烧、中烧和硬烧石灰，在燃料结构上可以使用气体、液体和固体三种燃料，尤其是低热值的贫煤气。

3）顺流蓄热窑

顺流蓄热窑又称麦尔兹窑，有二膛式（两个立室窑身并列）和三膛式（三个立室窑身呈三角形排列）两种。一般采用三膛式，见图3-40～图3-44。

（1）窑的构造

顺流蓄热窑由三个内部砌有耐火材料的筒体组成。窑身自上而下分预热带、煅烧带和冷却带。三个筒体之间有通道相连，通道设在煅烧带下部。燃料烧嘴均匀地分布在预热带底部沿断面四周，根据窑断面大小一般配置12～20个烧嘴。

（2）石灰煅烧操作

经过计量的石灰石按一定顺序轮流加入每

图 3-40　顺流蓄热窑（麦尔兹窑）

93

一个窑身，同时在三个窑身中煅烧，但在三个窑身中只有一个窑身中的石灰石被燃烧的燃料所煅烧。石灰石在煅烧带煅烧 15～20min，每隔 30min 燃烧一次，并轮流顺序进行。烧嘴埋于石灰石中，可从上部插入。

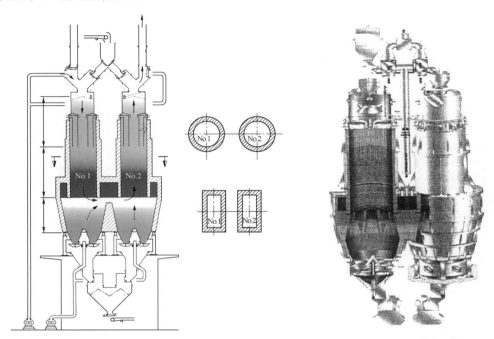

图 3-41　顺流蓄热窑示意图　　　　　　　　图 3-42　顺流蓄热窑剖面图

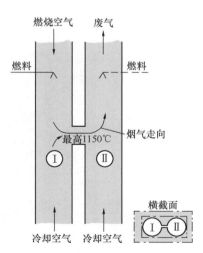

图 3-43　有两个窑身的顺流蓄
热窑的燃烧方法示意图

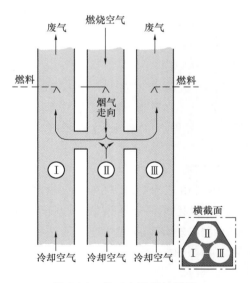

图 3-44　有三个窑身的顺流
蓄热窑的示意图

用于燃烧的空气从窑顶送入，经过预热带的石灰石柱加热，在烧嘴下部与燃料混合燃烧，对石灰石进行煅烧。用于冷却的空气从窑底进入窑内，与烧成的石灰在烧成带下端与烧成带热烟气混合，经过通道进入Ⅰ、Ⅱ窑，并在Ⅰ、Ⅱ窑身的通道处与来自各自窑底的冷却用空气合流，通过石灰石预热带，加热石灰石后从窑顶排出。

来自窑底的冷空气与向下运动的生石灰逆流运动，使煅烧好的生石灰得到冷却，而冷却空气得到加热。在通道处与来自窑身Ⅱ燃烧的烟气混合气体进一步加热，在窑身Ⅰ、Ⅱ中与预热带石灰石柱逆流运动换热，使石灰石被加热到分解温度，被加热的石灰石柱成了"蓄热室"。冷却了的混合气体从窑顶排出。三个窑身轮流依次运作，形成了预热带、煅烧带以顺流和逆流交换运作，而冷却带始终是逆流运作。

（3）该技术的优缺点

该技术的主要优点为：

①生石灰活性好，质量均匀。活性度可达 350～400mL，不生产过烧和欠烧石灰。

②蓄热换热，提高了热的利用率，单个产品能耗低。废气温度 70～130℃，单个产品热耗 850～900kcal/kg 石灰。

③窑的生产率高，粉尘少，一般为 5～10mg/m^3。

④煅烧温度易于控制和调节。

该技术的主要不足为：

①操作系统比较复杂。

②石灰质量比回转窑生产的稍差。

③不能煅烧 25mm 以下小块石灰石。

4）竖式多燃烧室窑（IAF 型）

竖式多燃烧室窑（IAF 型窑）是前西德翱尔百贺-富荣工业设备有限公司为了能利用不同质量和尺寸的石灰石，特别是利用尺寸<40mm 的石灰石生产含硫量低、残留 CO_2 含量小、具有不同活性、能适应不同用途需要的高质量生石灰而研制，并于 1972 年开发成功的一种结构简单、投资少、运行费用低、生产效率高的新型石灰窑，见图 3-45。目前，有 7 套设备分布在前西德各地，其他用于沙特阿拉伯、前南斯拉夫等国。

（1）竖式多燃烧室窑的构造

竖式多燃烧室窑由上料加料、窑体、出料卸料、燃料燃烧及燃风系统等部分组成，见图 3-46。

上料加料部分由上料皮带输送机 10、爬斗加料机 9、窑顶贮料仓 1、振动加料机 2 及由两闸阀和闸室构成的加料室 3 等部分组成。

窑体由预热带 4、煅烧带 5、冷却带 7 三部分构成。预热带及冷却带为直筒型。煅烧带由 4～8 个带燃烧室的窑身呈梯形布置相对重叠而成。带燃烧室的窑身见图 3-47。燃烧室尺

图 3-45　竖式多燃烧室石灰窑（IAF 型窑）

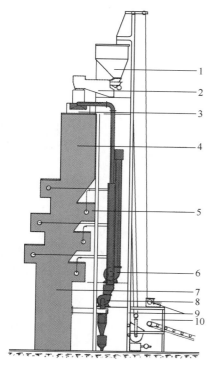

寸为：宽×高×深＝3000mm×1000mm×1500mm，内砌衬耐火砖。燃烧器由燃烧室两侧插入。当窑身由四个燃烧室组成时，煅烧带内腔内径为800mm；由六个燃烧室组成时，其上部直径为1200mm，下部直径为1300mm。窑的产量取决于窑的内腔尺寸及燃烧室个数。

卸料出料由摆动给料机或振动给料机、皮带输送机或料仓组成。排气系统由离心风机6、8及管道、收尘器组成。

竖式多燃烧室窑有效高度为19～27m，根据窑内生产能力而定。其外壳由钢材焊接而成，窑内砌有耐火层，在外壳和耐火层之间衬有热绝缘层。使窑具有良好的保温性能，以减少窑的热损失。按照窑内不同工作带的温升曲线选择不同类型的耐火材料。煅烧带采用镁砖或高铝砖，其他部分可以使用一般耐火砖，甚至可以使用花岗岩。

竖式多燃烧室窑耐火层磨损很少，修理工作量降到最低程度，生产1t生石灰仅消耗耐火材料100～150g，损坏较慢，需要修理的仅仅是燃烧室前拱部分，大约3～4年修理一次。

竖式多燃烧室窑配置有全套检测和控制系统，可以进行全部自动控制。窑上贮料仓和窑顶装有料位指

图 3-46　竖式多燃烧室窑构造示意图
1—窑顶贮料仓；2—振动加料机；3—加料室；4—预热带；5—煅烧带；6、8—离心风机；7—冷却带；9—爬斗加料机；10—上料皮带输送机

示控制器。对窑的操作仅仅是控制和调整进料、出料比例。窑的维修只需对设备进行加油润滑。只有在使用重油时，才需要清理燃烧器。由于窑处于负压运行，清理时无需停窑。

图 3-47　带燃烧室的窑身

（2）竖式多燃烧室窑生产操作过程

竖式多燃烧室窑是由离心风机抽取窑气实行负压操作的一种石灰窑。石灰石由爬斗加料机运至窑顶装入窑顶贮料仓，再由振动加料机通过上闸阀进入闸室，再通过下闸阀进入窑体。当振动加料机工作时，闸室底部闸板关闭，上部闸板开启。当加料完成后，上部闸板关闭，底部闸板开启，石灰石由闸室加入窑内。加料过程由时间继电器控制，根据闸室容积调节加料时间改变加料量。窑顶装有伽马料位指示控制器。当窑内料位下降到最低位置时便自动打开底部闸板加料。窑顶上部贮料仓也装有伽马料位指示控制器，当料位降到最低位置时，爬斗便自动上料加料。

石灰石在预热带由煅烧带上升的热空气干燥并一直加热到分解温度，经过预热的石灰石在煅烧带 1150～1300℃ 温度范围内煅烧，煅烧温度由石灰石质量及对生石灰质量品种要求而定。石灰煅烧后进入冷却带受到从窑底卸料口进入的冷空气冷却。当生石灰达到冷却带底部时，其温度降至 30～50℃，此时通过卸料机装入小料仓或由皮带输送机送出。卸料数量和石灰窑产量由定时装置控制，经过冷却带的空气被加热到 350～400℃，经冷却带出口，由离心风机抽出并作为助燃空气送入燃烧器进入燃烧室供燃烧使用。

燃料（天然气、煤气、油或煤粉）通过安装在燃烧室两侧的两个燃烧器经隔焰墙进入燃烧室。燃烧气体沿窑断面进入石灰石层。燃烧室热传导主要靠火焰、窑墙和焙烧材料之间的辐射交换进行。为了获得最佳的断面热量分布（也可以说温度分布），燃烧室是彼此相对布置的。为了使经过上部燃烧室加热分解石灰不会在下部燃烧室被局部过烧，也为了保证产品质量和不降低石灰产量，下部燃烧室火焰温度不能太高，通常要采用减少燃料量和增加进入燃烧室的助燃空气以及减少进入煅烧带的冷却石灰空气量来降低下部燃烧室火焰温度，保持正在分解过程中的石灰石必要的和稳定的分解热量，使分解能继续正常进行，而又不能超过临界温度。

在下部燃烧室经过燃烧而形成的废气流入上层燃烧室，对上层火焰有一定冷却作用。每个燃烧室的温度由热敏元件测控，自动控制燃烧室燃烧的温度，以达到最大限度节省燃料。

窑顶废气温度为 120～150℃，由离心风机抽出排空，由于温度不高，可用布袋收尘器除尘，简单易行，大大减少对环境的污染。

（3）竖式多燃烧室窑的性能及特点

①产量

竖式多燃烧室窑有单体和双体组合两种，产量在 40～400t/d 之间。单体窑的产量在 40～200t/d 之间，双体组合窑在 200～400t/d 之间。窑的内径、有效高度、燃烧室多少不同，其产量亦不相同。对于内径、有效高度和燃烧室数量已经固定的窑，其日产量可以根据石灰石质量、对生石灰质量的要求和销售情况进行调节。如果不考虑石灰石质量，窑的生产能力可以在正常生产能力的 50% 以下运行。在这种情况下，不影响窑的正常操作、正常运行，不会发生物料运动困难。以日产 150t 生石灰的窑为例，根据需要日产可以降到 75t；石灰石质量好，可降到日产 45t。

②对石灰石块度的适应性

竖式多燃烧室窑可以煅烧粒度在 20～180mm 的石灰石。在特殊情况下，可以加入 20～200mm 的石灰石而不会对生石灰质量带来不利影响。在一般情况下，最适宜的粒径比为

1∶3，必要时可以增加到 1∶4 或 1∶5。通常使用的粒径为 20～50mm、30～80mm、40～100mm。颗粒小于 20mm 的石渣在装窑前必须筛除，以防止在窑的运行过程中发生故障。由于煅烧带窑身呈阶梯形相对交错倾斜布置，所以窑内压力降不大，在粒径为 30/150mm 的情况下，压力降仅 260mm 水柱左右。

竖式多燃烧室窑不仅可以煅烧 $CaCO_3$ 含量在 82％～98％ 的石灰石，即使石灰石中 $CaCO_3$ 含量在 82％～88％ 之间变化，煅烧也不会发生困难，而且还可以煅烧白云石或者钾、氯含量较高的石灰石。

石灰石附着杂质（如黏土、砂子）太多时需经冲洗方可使用。一般情况下，不经处理直接进窑不会产生结瘤堵塞，其他窑型不行。

③燃料

竖式多燃烧室窑可以单独或混合使用气体（天然气、发生炉煤气、高炉煤气）燃料中的任何一种或两种燃料来煅烧生石灰。不同燃料设计有专门的燃烧器。每种燃烧器在燃烧室中可随时更换。当需要从一种燃料改为另一种燃料时，只要更换燃烧器即可，更换时间只需要几分钟，更换过程中不需要停窑。

不同种类的燃料含有不同数量的硫分。天然气含硫为零，重油含硫在 2.5％～3％ 之间。煤种不同含硫亦不同，低的在 0.05％ 左右。当用户要求生产低含硫的生石灰，而又要尽可能降低燃料费用或由于燃料供应问题而需要不同燃料混合使用时，可以同时在不同燃烧室使用不同种类的燃料进行燃烧。不仅如此，还可以将提供 40％ 热量的焦炭（无烟煤焦炭、石油焦炭等）与石灰石混合一起进窑，与燃烧室中燃料一道混合煅烧生石灰。

在使用煤时，要注意煤的灰分含量，尽可能采用灰分含量较低的煤种。虽然煤的灰分不影响燃烧，但影响生石灰的质量和产量。特别要注意灰分的熔点，熔点太低容易引起窑内结瘤，堵塞窑体，影响窑的正常运行，一般不宜低于 1100℃。生石灰中的灰分要用筛子从成品中分离出来，以保证生石灰性能和质量。

④生石灰性能和质量

通过改变煅烧温度及石灰石在煅烧带煅烧时间，可以获得不同活性的生石灰。竖式多燃烧室窑可以根据使用要求产出 $t_{60}=2min$、$t_{60}=4～8min$ 的高活性快速生石灰。$t_{60}=8～15min$ 的中速石灰以及 $t_{60}=15min$ 以上的慢速生石灰。

竖式多燃烧室窑生产的生石灰中残留 CO_2 含量小于 1％，故具有很高的质量。

⑤能源消耗

竖式多燃烧室窑生产 1kg 生石灰所需的热量为 950kcal。当石灰石粒度在 30～80mm 的情况下，动力消耗为每吨石灰 70MJ。

综上所述，与其他窑型相比，竖式多燃烧室窑有以下优点：

①结构构造简单，对窑内砌衬材料要求不高。预制装配程度高，施工速度快，建设周期短，投资省。

②窑体保温性好，生石灰出窑温度及废气温度低，节省能源。可采用价格较低的袋式除尘器收尘，粉尘小，有利于环境保护。

③对石灰石质量要求不太高，可适用于煅烧碳酸钙含量及颗粒范围变化较大的石灰石。

④可以使用气体、液体或固体燃料，燃料品种更换方便、简单，可以部分与碎焦炭、无

烟煤混烧。

⑤除了润滑和照管机器外，不需任何其他维护工作，操作运行全部自动，仅需一个人即可。

5）普通立窑

普通立窑有一个竖直的圆形或矩形窑身，内砌耐火材料，从上到下分为预热带、煅烧带和冷却带，见图 3-48。

石灰石从窑顶加入窑体上部，由上至下经过预热带、煅烧带和冷却带卸出窑外。石灰石由窑顶缓慢向下运动，气流从底部下方进入窑内，由下向上与烧成冷却的石灰换热预热，被预热的空气使煅烧带中燃料燃烧分解石灰石，燃烧气体升向窑顶，经过预热带加热石灰石，烧石灰的固体燃料（炭或煤）与石灰石同时（或先后）进入窑内，均匀撒布。

普通立窑构造简单，造价较低，其生产管理与其他现代立窑相比，生产操作简单。但因对原料要求及操作要求不严，所生产的生石灰质量也与其他现代立窑相差较大。

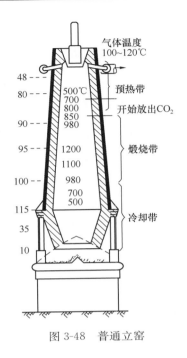

图 3-48　普通立窑

6）影响立窑石灰质量的因素

（1）石灰石的品质

合格的原材料是生产优质产品的基础。石灰石的品质主要由以下两个因素决定。

①石灰石中 CaO 及杂质含量

石灰石是天然沉积岩，除含碳酸钙外还含有不同数量的 SiO_2、Al_2O_3、Fe_2O_3、Na_2O、K_2O 等杂质。在石灰煅烧过程中，这些杂质在比较低的温度（900℃）就开始与烧成的石灰中的 CaO 发生反应，促进 CaO 颗粒间融合，导致颗粒间隙收缩，反应生成物堵塞生石灰的细孔，使石灰活性降低，同时也堵塞了石灰脱除 CO_2 后所剩余的通道，造成石灰分解难，形成生烧（欠烧），如这些杂质含量大，在高温时熔融，使石灰互相粘结成瘤，造成石灰煅烧异常，因此，除去石灰石中杂质、杂石，特别是以黏土形态粘结在石灰石上的有害物质很重要。

②石灰石的结晶组织

一般来说，致密而结晶粗的石灰石因结晶好而密度高，缺乏 CO_2 逸出的通道，使 CO_2 难以扩散转移。相反，结晶小的石灰石晶粒间不严实，结构多为孔状，CO_2 容易分解，便于煅烧。晶粒大小和分解速度之间存在一定关系。

石灰石矿晶粒大小见表 3-22。

致密的方解石煅烧时容易发生破裂和粉化，堵塞石灰煅烧炉和空隙，引起石灰成品率下降，活性度相应降低。相反，结晶小的石灰石容易分解，煅烧后粉化破裂减少，为提高普通立窑石灰的活性，应该了解石灰石的结晶组织。

（2）石灰石块尺寸

石灰石煅烧的速度取决于石灰石块度与石灰石表面所接触的温度，亦取决于热量进入石灰石块中心的速度。

表 3-22　石灰石矿晶粒大小

式样号	岩石类型	组织结构	结晶结构	晶粒度	
				mm	%
1				<0.01	58
				0.01～0.04	36
				0.04～0.1	6
2				<0.01	72
				0.01～0.04	24
				0.04～0.1	4
3	石灰岩	以方解石为主	六方系	<0.01	66
				0.01～0.04	21
				0.04～0.1	13
4				<0.01	75
				0.01～0.04	18
				0.04～0.1	7
5				<0.01	40
				0.01～0.04	55
				0.04～0.1	5

　　对于立窑而言，石灰石块尺寸对煅烧的影响很大。石灰石块尺寸过大或过小都会给立窑煅烧操作带来困难。如石灰石尺寸过小，会增加窑内通风阻力，使分解产生的 CO_2 不能及时排放，并增加结瘤的可能；若尺寸过大，则会延长分解时间，降低燃料与石灰石的传热效率，但是却能降低窑内通风阻力，促进窑内燃料完全燃烧和热量的对流传热。从这个角度看，石灰石块尺寸大有利于石灰石分解。所以需尽量筛除小粒石灰石及碎屑，如有条件进行水洗。

　　Azbe 认为，在一定温度下，煅烧时间与石灰石块度的平方成正比。80mm 石块与 40mm 石块相比，前者需要 4 倍于后者的煅烧时间。这样相对于小块度石灰石煅烧，大块度石灰石的生烧就多；若相对于大块度煅烧，小粒度石灰石就过烧。

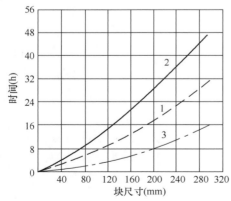

图 3-49　石灰石在窑中各自停留时间与石灰石块尺寸的关系

1—预热层；2—煅烧层；3—冷却层

　　石灰石的块度相差悬殊，与燃料混合后投入窑内，大块石灰石滚到窑壁，小块石灰石和燃料则沿布料器垂直方向降落。这样出现物料分聚，大块靠窑壁，阻力小，燃料易燃烧，火层易上移。窑中心附近物料粒度小，阻力大，燃烧较慢，火层下移，这样出现火层伸长。

　　石灰石在窑中各自停留时间与石灰石块尺寸的关系见图 3-49。

　　石灰石在窑中分解时间与石灰石块度与形状的

关系见图 3-50、图 3-51。

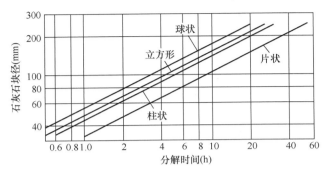 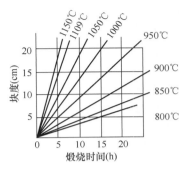

图 3-50　石灰石的分解时间与其块度和形状的关系　　　图 3-51　石灰石块度与煅烧时间关系

从图 3-51 看出，石灰石块度为 200mm 时，1000℃ 需 15h，1100℃ 需 7.5h，1150℃ 需 5h；石灰石块度为 100mm 时，1100℃ 需 4h。

因此，要求石灰石块尺寸尽可能均匀，或者说差别不大。这样既保证中、小块石灰石完全分解，又使大块度石灰石完全分解。由于石灰石块难以做到均匀，一般要求小尺寸石灰石块度不小于大块的二分之一。

石灰石块度形状对其煅烧所需时间也有重大影响。如石灰石块平均直径为 60mm 时呈球状，其分解时间为 1.3h。

圆球形石灰石在窑内停留时间与块度的关系见表 3-23。

表 3-23　圆球形石灰石在窑内停留时间与块度的关系

块度 （mm）	在窑内停留时间（h）			
	预热区	煅烧区	冷却区	整个窑
50	1.51	3.60	1.10	6.21
100	3.50	8.60	3.00	15.10
150	5.80	15.00	5.60	26.40
200	8.60	22.90	8.80	40.10
250	11.70	31.80	12.70	56.20
300	15.00	42.10	17.70	74.80

故入窑石灰石粒度应控制在一定范围内。村上、Wuhere 和 Radermacher 提出煅烧时间与块度的 2～3 次方成正比。在实际生产中石灰石最大块与最小块的块径之比在（2～3）∶1 为宜，即石灰石块径可用 30～60mm、40～80mm、70～150mm 进行煅烧。

（3）燃料的品种和品质

用于煅烧石灰石的燃料有天然气、高炉煤气、重油、焦炭、煤炭、木材、稻草、麦秸等。不同石灰窑对燃料品种要求不同。在固体燃料中大多采用焦炭，因为焦炭所含固定炭较高、强度较大、发热值高、燃烧快含杂质少，所以宜用于立窑生产。其次是无烟煤炭或白煤，优质无烟煤所含固定炭高，挥发分和灰分都少。采用无烟煤时，石灰窑要有适当的有效容积，增加一定风量，可以弥补无烟煤的不足。采用烟煤作燃料，因烟煤容易被压碎成粉末，影响室内通风，而且灰分含量高，发热量相对较低，影响石灰产量和质量。

煅烧生石灰对燃料的要求：

①热值要高，要与石灰石燃烧性能相匹配。这样才能强化煅烧，增加产量，降低能耗。

②固体燃料的挥发分要尽可能低。因为燃料中挥发分的燃点低，在燃烧时，燃料往往还没进入煅烧区，挥发分就在高温缺氧的预热区被废气带走，造成热量流失。

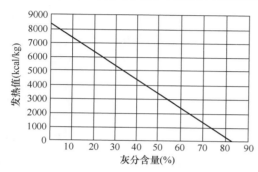

图 3-52　燃料的发热值和其中
灰分含量的关系

③燃料中的灰分要尽可能低。

在立窑中燃料灰分全部掺入石灰中，灰分的波动不但影响发热量的变化，而且还影响石灰的化学成分。燃料的发热值和其中灰分含量的关系见图 3-52。

燃料用量必须与石灰石粒度和生石灰产量相适应。产量降低时，物料在窑内停留时间延长，应适当逐步提高煤比。如石灰石块偏大也应提高煤比，防止大块生烧。

④燃料粒度要均匀。燃料粒度应尽可能控制在要求的范围内，并与石灰石块度相匹配。若粒度过大，燃烧持续时间长，在煅烧带停留时间内不能完全燃烧，则有未燃尽煤炭或火料随石灰排出，造成燃料损失。若粒度过小，在预热区就开始燃烧，使煅烧带温度得不到保证，煅烧带上移，窑顶温度过高，石灰会生烧。因此煤炭粒度过大、过小都会使生烧率增加，降低生灰活性。

⑤燃料水分要低。燃料中水分变动将影响配料准确性，并使燃料消耗量增加。一般而言，原料的水分夏季高于冬季，雨天高于晴天，每批料水分都会有所不同，所以要尽可能了解并控制燃料水分。

（4）原、燃料称量，配合及布料

原、燃材料称量在石灰生产过程中是重要环节。只有称量准确、稳定，生石灰质量才能稳定优质。为保证燃料燃烧完全、石灰石充分分解，入窑原、燃料必须充分混合，布料均匀。混合料在窑的整个截面均匀分布，不仅影响窑的工作稳定，而且决定窑的生产能力。进出料平衡合理，保证所需空气的风量和压力也很重要。

（5）加强管理，稳定煅烧制度

煅烧温度和时间影响石灰的微观结构和活性度，是煅烧石灰的关键环节。优选最合理的温度和时间、合理的操作制度是主窑实现优质、高产、低耗的保证。

（6）风压

窑内石灰石块级配状况不同，其料柱的通风阻力不同。当石灰石中含有大量碎屑时窑的煅烧区将延长，燃料在窑身很长的距离内燃烧很慢，煅烧区温度不能上升到所需的范围，石块煅烧不完全。提高风压可使气体通过并强化燃烧过程，使燃烧区缩短和温度提高，改善保热条件，提高窑的生产能力，降低窑顶温度，减少"结瘤"和死烧现象。煅烧区温度愈高，分解区在石灰石柱中移动速度愈大。

在其他条件相同情况下，煅烧区的温度取决于燃料量。混合料中燃料的百分率愈大，温度越高。

（7）窑气成分

窑气中二氧化碳含量越高，说明石灰石在窑内分解得越彻底，反之分解不完全。通常控制窑气中含二氧化碳在 45％左右，不要低于 28％，波动越小越好。二氧化碳浓度过低，就会出现大量生烧石灰。

5. 不同石灰窑型技术指标

（1）我国主要石灰窑型的技术指标

我国主要石灰窑型的技术指标见表 3-24。

表 3-24　我国主要石灰窑型的技术指标

窑型	CaO（％）	MgO（％）	SiO$_2$（％）	生、过烧（％）	活性度（mL）	热耗（kg/t 石灰）	标准热耗（kg/t 标煤）	电耗（kg/t 炭）
回转窑	90.4	1.02	1.06	1.3	347	5700	158	46
套筒窑	93.1	1.39	1.04	9.4	357	5400	152	51
梁式窑	89.5	2.7	1.56	9.5	340	3720	125	45
顺流蓄热窑	91.0	1.97	1.4	9.0	345	3730	130	57
普通机械立窑	83.9	5.63	3.42	22.7	249	3830	150	15

（2）各种窑型单位产品的热耗比较

各种窑型单位产品的热耗比较见表 3-25。

表 3-25　各种窑型单位产品的热耗比较

窑型		燃料	耗热量（kcal/kg 石灰）	备注
回转窑	带炉箅式预热机	天然气	1290～1600	—
		燃料油	1362	
		混合煤气	1420	宝钢
	带竖式预热器	丁烷	1195	—
		煤	1243	
		液化石油气	1176	武钢
	带旋流式预热器	煤	1195	
	不带预热设备	混合煤气	2500	马钢（设计指标实际投产可能低）

窑型	燃料	耗热量 （kcal/kg 石灰）	备注
环窑	油、煤气	1000～1260	
套筒窑	油、煤气	880～1050	
横流式	油、煤气	1000～1100	
双斜坡式	焦炭-油		
	焦炭-煤气	950～1050	
立窑	焦炭	1100～1200	
	高炉煤气	1400～1650	
	重油	1100～1200	国内资格
半煤气式窑	煤	1300～1500	
顺流蓄热式窑	油、煤气	830～950	瑞士麦尔兹公司为 900
沸腾炉	重油	1130～1190	日本三菱公司设计指标为 1200

（3）中国建筑业用生石灰生产能耗

中国建筑业用生石灰生产能耗见表 3-26。

表 3-26 中国建筑业用生石灰生产能耗

窑型	煤耗（kg/t 石灰）	电耗（kW·h/t 石灰）
砖砌立窑	150	10
钢壳立窑	180	10
土窑	250～400	—

（4）石灰石分解耗热百分比

石灰石分解耗热百分比见表 3-27。

表 3-27 石灰石分解耗热百分比

项目 ＼ 窑型	回转窑	套筒窑	并流蓄热窑	焦炭混烧窑	沸腾炉
耗热量（kcal/kg 石灰）	1034～1064	889～958	880	3433	1170
石灰分解热（kcal）	726～731	735～748	732	2276	715
分解所占比例（%）	68.70～70.21	78.07～82.67	83.18	80.86	6.11

3.1.2.5 生石灰消化及影响生石灰消化性能的因素

煅烧生石灰具有多孔结构，遇水拌和时，水立即渗透到孔隙内与氧化钙反应，激烈地放出大量的热，并结合大量的水，产生很大的热应力，水分激烈蒸发，放出的蒸汽使石灰结晶结构破坏。遇水消化成的熟石灰比表面积高达 $30m^2/g$。

为了湿润消化熟石灰的巨大表面，必须向石灰内加大量的水，才能得到我们所需要的灰浆稠度。

煅烧石灰性能决定着生石灰遇水消化行为和熟石灰（石灰膏、浆）的性状。

影响生石灰消化的因素有：①生石灰和水的温度；②生石灰的煅烧度；③生石灰中的杂质；④外加剂品种和数量。

1. 温度对石灰消化的影响

无论是生石灰的温度还是消化用水的温度都影响生石灰的水化速度，温度越高则速度越快，使用水蒸气结果尤甚。

G. 弗兰克得出，在液相中消化时，速度常数与温度的关系如下式：

$$K_T = K_0 \cdot 1.035 \Delta T \qquad (3\text{-}22)$$

式中　K_T——温度 T 时的速度常数；

　　　K_0——温度 T_0 时的速度常数；

　　　ΔT——$T - T_0$。

在一定温度下，饱和的石灰溶液，当温度再上升时，就变成过饱和溶液。从溶液中析出的 $Ca(OH)_2$ 包裹住未消化的石灰粒子，因此未消化的石灰粒子停止与水接触，消化过程中断。当水温降低，$Ca(OH)_2$ 溶解度增加，未消化的石灰块上的 $Ca(OH)_2$ 膜重新溶解，消化过程又重新开始。

2. 杂质对石灰消化的影响

杂质主要有两种：①矿体带来的天然杂质；②影响生石灰并进而影响熟石灰性能的煅烧附加物。

一般认为，杂质数量越多，消化速度越慢，见图 3-53。

生石灰中含有硅酸盐、铝酸盐和铁酸盐时，不但影响石灰水化速度，而且消化不完全，石灰膏的塑性也差。

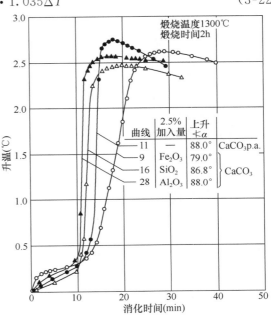

图 3-53　杂质含量不同的生石灰消化性状

3. 煅烧度对石灰消化的影响

消化速度随着生石灰煅烧度提高而降低。轻烧石灰因其比表面积大，气孔率高，消化速度远快于硬煅烧石灰。

不同煅烧度石灰的消化速度曲线见图 3-54、图 3-55。

不同组分的生石灰消化曲线见图 3-56。

4. 外加剂对石灰消化的影响

在水中或生石灰悬溶液中加入极性亲水有机物、表面活性物质、电解质、酸类都能改变和调节生石灰消化过程。水玻璃、硼砂、草酸、柠檬酸、磷酸、硫酸、蔗糖、酒石酸、甘油、酚醛初缩物、硫酸盐、含有有机酸的植物萃取物等都能延缓石灰水化，减慢其水化速度。

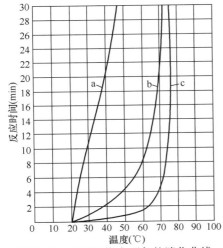

图 3-54　不同煅烧度石灰的消化曲线

a—硬烧；b—中烧；c—轻烧

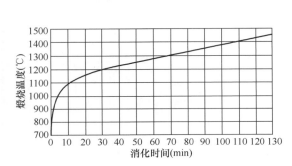

图 3-55　消化时间与煅烧温度的关系

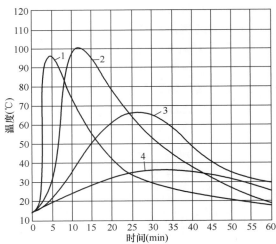

图 3-56　不同组分的生石灰消化曲线

1—有 15％欠烧的石灰；2—燃烧正常的石灰；3—有
15％过烧的石灰；4—含 32％MgO 的石灰

（1）掺加极性亲水有机物的影响

①木质磺酸盐对石灰消化的影响

亚硫酸盐纸浆废液对石灰消化的影响见图 3-57。

从图 3-57 可以看出，木质磺酸盐对生石灰消化有很好的抑制作用，随着亚硫酸盐纸浆废液的加入量的增加，石灰消化时间延长，所能达到的最高消化温度下降。当加入量达到 1％时，消化变得很慢，温度很低。

②掺加糖类的影响

糖类物质（如葡萄糖、蔗糖、黑糖浆、糖蜜等）可延缓石灰水化速度。葡萄糖对石灰的消化影响见图 3-58、表 3-28。

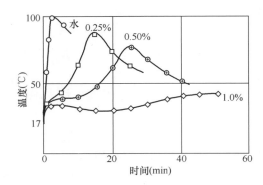

图 3-57　石灰在纯水及亚硫酸盐纸浆废液水
溶液中消化时的温度变化

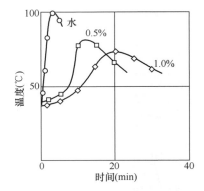

图 3-58　石灰在水中及葡萄糖溶液中
消化时的温度变化

从图 3-58 看出，糖对生石灰消化有很好的抑制作用。随着葡萄糖的加入，生石灰水化速度减慢。

表 3-28　糖类溶液对石灰悬浊液的沉降速度及沉淀体积的影响

掺合料种类	水与石灰质量比	水或溶液的温度（℃）	悬浊液沉淀量（cm³）摇动时间（min）				经过 14d 的灰浆体积（cm³）
			5	20	40	60	
自来水	10∶1	15	30.5	14.0	13.8	13.8	10.1
	25∶1	15	12.5	11.7	11.7	11.7	10.0
	100∶1	15	35.5	17.7	16.5	16.0	13.8
0.05%糖类溶液	10∶1	15	47	40	35	27.5	19.8
	25∶1	15	98	73	62	48.5	22.5
	100∶1	15	140	80	58	43.5	21.3
	10∶1	30	50	43	83	26	19.5
	25∶1	30	—	78	62	51	22.3
	100∶1	30	—	63	45	36	22.8

③掺加豆科植物萃取液（皂素）的影响

掺加豆科植物萃取液对生石灰消化的影响见图 3-59、表 3-29。

表 3-29　植物萃取物掺合料对石灰消化速度的影响（$B/N=2$；水的初始温度是 20℃）

名　称	石灰消化的最高温度（℃）	达到最高温度的时间（min）
纯水	98	3
5%芸杆萃取物	75	21
5%羽扇豆属萃取物	65	172

从图 3-59 看出，掺加含有有机酸的（主要是豆类）植物萃取液（多为皂素）对石灰消化有很好的抑制效果，如掺加羽扇豆属萃取物，可使达到最高温度的时间延长。

④掺加三乙醇胺的影响

掺加三乙醇胺对生石灰消化的影响见图 3-60。

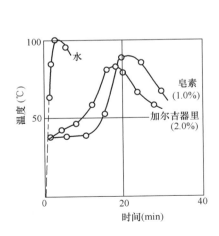

图 3-59　石灰在水中及皂素溶液中消化时的温度变化

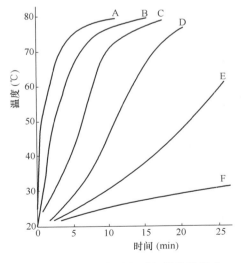

图 3-60　三乙醇胺对生石灰消化的影响
A—不掺加三乙醇胺；B—掺加生石灰质量 0.05%三乙醇胺；C—掺加生石灰质量 0.1%三乙醇胺；D—掺加生石灰质量 0.3%三乙醇胺；E—掺加生石灰质量 1.0%三乙醇胺；F—掺加生石灰质量 2.0%三乙醇胺

从图 3-60 看出，随着三乙醇胺掺加量增加，消化速度逐渐减慢，消化时间延长，消化最高温度降低，抑制作用愈加显著。当用量掺加到 2％时，温度增长极慢，料浆发气膨胀需要有合适的稠度与铝粉发气相适应。据此，曲线 A、B、F 不理想，C、D、E 比较符合生产工艺要求。

经实验比较，三乙醇胺既能抑制生石灰消化初期的急剧反应，又不会抑制铝粉在料浆中的发气反应，是蒸压加气混凝土生产中有效的生石灰消化抑制剂。

（2）掺加电解质的影响

在水中掺加各种电解质（主要是相关酸类和盐类）能减慢生石灰的消化速度，主要是电解质与石灰生成难溶的化合物或者使石灰溶解度降低所致。

在诸多电解质中以硫酸盐效果最为明显，特别以二水石膏最具实用价值，而溶解度高的硫酸盐对生石灰消化减慢的效果比石膏更好。

①二水石膏对生石灰消化速度的影响

二水石膏对生石灰消化速度的影响见 3.4.2 石膏一节。

②二水石膏对生石灰浆沉降速度的影响

二水石膏对生石灰浆沉降速度的影响见表 3-30。

表 3-30　自来水及石膏对石灰浆沉降速度及新消化石灰灰浆体积的影响

水灰比	水温（℃）	5g 新消化石灰悬浊液的体积（cm³）				由 5g 生石灰制得的灰浆体积（cm³）
		沉淀				
		5min 后	20min 后	40min 后	60min 后	经过 14d
自　来　水						
10	15	30.5	13.9	13.8	13.8	9.7
25	15	12.5	11.7	11.7	11.7	10.0
100	15	35.5	17.7	16.5	16.0	13.8
10	50	18.0	15.5	15.5	15.5	14.3
25	50	40.0	17.5	16.3	16.2	12.8
100	50	80.0	44.5	28.0	26.0	16.9
10	90	—	—	—	—	19.3
25	90	49.5	35.5	24.0	23.0	17.8
100	90	41.5	27.0	24.5	23.5	18.5
石　膏　水						
10	15	16.5	14.6	14.5	14.5	11.1
25	15	14.0	12.8	12.8	12.8	11.1
100	15	45.0	14.0	14.0	14.0	11.5
10	50	15.7	13.4	13.0	12.0	10.7
25	50	18.0	12.0	12.0	12.0	10.3
100	50	22.1	16.0	15.2	14.5	12.6
10	90	12.0	11.7	11.7	11.5	10.6
25	90	18.1	13.5	13.0	13.0	10.8
100	90	23.9	17.0	16.2	16.0	13.4

从表 3-30 看出，在不同水灰比、不同温度条件下，生石灰在自来水及掺有二水石膏环境中消化所得石灰浆沉降速度和所得石灰浆体积的变化。掺有石膏的石灰浆的沉降速度明显加快，所制得的石灰浆体积减小，说明二水石膏对生石灰消化有影响。

3.1.2.6　蒸压加气混凝土生产用石灰

1. 我国蒸压加气混凝土生产用石灰现状

石灰是蒸压加气混凝土生产的重要原料。石灰质量的好坏对蒸压加气混凝土制品性能及生产工艺过程影响很大。在石灰生产中不乏能够稳定批量生产高品质石灰的先进成熟技术与装备，如回转窑、套筒窑、梁式窑、顺流蓄热窑等。这些装备和技术在钢铁工业中已被普遍使用，因为钢铁生产对石灰品质要求高、用量大、要求批量生产供应。除钢铁工业外，制糖、氯碱、电石等工业对石灰也提出较高要求，特别是活性度要高、过烧和杂质少。而我国加气混凝土工业至今没有专用石灰供应系统，全部采用建筑业用石灰。建筑业主要是使用消化熟石灰或石灰浆，对石灰品质要求不高，普遍使用土立窑、倒焰窑，甚至地坑窑生产的石灰。作为工业化生产的蒸压加气混凝土工业，需要像钢铁、氯碱、电石等生产所用的专用石灰。但是由于投资和价格的关系，我国加气混凝土工业一直使用着建筑石灰，这是当今我国蒸压加气混凝土生产所面临的最大问题。供应蒸压加气混凝土生产所用石灰是由许多小企业用小土立窑生产的。小土立窑生产、管理粗放，许多石灰没有烧透，其中含有较多的石灰石，CaO 含量低，生产成本增加。其消化速度、消化温度、产浆量、水化放热波动大，使料浆浇注、发气膨胀极不稳定，坯体硬化难以掌握和控制，给企业生产带来很大麻烦。

2. 蒸压加气混凝土生产对石灰的要求

经国内外多年试验研究和生产实践，蒸压加气混凝土生产用石灰应符合下列要求：

（1）CaO 含量要高，最好能达到 85%～90%，特别是其中活性（有效）CaO 含量越高越好。

（2）石灰消解达到 60℃ 的时间为 10～15min 或符合图 3-61 的要求。

注：试验方法为 150g 生石灰加入 600mL 20℃ 的自来水中，在搅拌情况下测定温度变化。

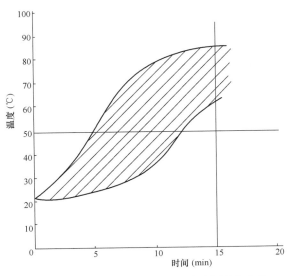

图 3-61　用于蒸压加气混凝土的石灰消化曲线

（3）进厂石灰性能要稳定，每批进场石灰的 CaO 含量、煅烧度及消解曲线要相近。关键是要稳定。

但是，我国加气混凝土工业所用石灰均未达到上述要求，这是我国加气混凝土工业最薄弱的环节。在今后需创造条件加大投入，采用现代化立窑生产的符合蒸压加气混凝土生产专用的优质生石灰。

3.1.3　炼铁高炉水淬矿渣

1. 炼铁高炉矿渣

高炉矿渣是指鼓风高炉冶炼生铁过程中所生产并排出的渣子，随着铁矿石品位高低和冶炼方法及技术不同，每吨生铁产生的渣量不同，大约在 $300\sim1000kg$ 之间，一般为 $300\sim700kg$ 之间。

1）高炉矿渣的分类

（1）按燃料种类分：

可分为木炭矿渣、焦炭矿渣，当今已没有木炭矿渣。

（2）按生铁种类分：

可分为铸造生铁矿渣、炼钢生铁矿渣、特种生铁矿渣（锰铁、硅铁等）、合金钢铁炼矿渣（镍铬合金、钒钛合金及其他）。

（3）按化学组成分：

可分为碱性矿渣、中性矿渣、酸性矿渣。

（4）按稳定程度分：

可分为稳定（不易分解）的、易分解的、不稳定的（自动分解）。

（5）按黏度分：

可分为短熔矿渣、长熔矿渣。

（6）按高炉温度制度分：

可分为热矿渣、冷矿渣。

（7）按冷却速度分：

可分为急冷矿渣、慢冷矿渣。

（8）按主要矿物成分分：

可分为偏硅酸盐矿渣、正硅酸盐矿渣、钙黄长石矿渣、镁方柱石矿渣。

2）炼铁高炉矿渣的化学组成

炼铁高炉矿渣的化学组成为：CaO、Al_2O_3、SiO_2、MgO、Fe_2O_3、FeO、MnO、CaS、MnS、FeS、SO_3、TiO_2、P_2O_5 等。其中 CaO、Al_2O_3、SiO_2 占全部组成部分的 90% 以上，由此可以将其看作 $CaO\text{-}Al_2O_3\text{-}SiO_2$ 三元体系。

3）炼铁高炉矿渣的矿物组成

在结晶态的矿渣中，硅酸盐矿物主要有：硅酸一钙（$CaO\cdot SiO_2$）、钙长石（$CaO\cdot Al_2O_3\cdot 2SiO_2$）、透辉石（$CaO\cdot MgO\cdot 2SiO_2$）、尖晶石（$MgO\cdot Al_2O_3$）、钙黄长石（$2CaO\cdot Al_2O_3\cdot SiO_2$）、钙镁橄榄石（$CaO\cdot MgO\cdot SiO_2$）、二硅酸三钙（$3CaO\cdot 2SiO_2$）。

另含有少量硫化物、氧化物，其中最具代表性的矿物是正硅酸盐、偏硅酸盐、铝硅酸盐及硫化物。碱度不同的矿渣中，矿物的种类和数量差别很大。

4）炼铁高炉矿渣的结构

炼铁高炉矿渣的结构主要取决于冷却速度。

（1）缓慢冷却矿渣

缓慢冷却矿渣呈结晶结构。在碱性矿渣中许多矿物几乎完全结晶，而且形成大颗粒晶体。所有结晶高炉矿渣的矿物均无胶凝性，活性低，硬化功能差。

（2）急速冷却矿渣

急冷矿渣呈玻璃态，其中多数矿物呈不稳定状态，其潜在能量比结晶体大。在碱性激发剂和硫酸盐激发剂作用下，具有水硬活性和硬化作用。在湿热条件下磨细矿渣具有自硬性。

随着矿渣中氧化钙含量降低，二氧化硅含量增高，渣液黏度增大，结晶困难，以至慢冷也呈玻璃状。其中会含有 85％～90％的玻璃体。

用作胶凝材料的矿渣一般为水淬碱性粒状矿渣。其中含有 40％～50％以上的玻璃体。

2. 炼铁高炉矿渣成粒

炼铁高炉矿渣的活性，即与水反应水化的能力，不但与矿物组成有关，还取决于它的结构，即它所蕴藏的化学能量大小。

矿渣的结构与冷却速度有关。慢冷是将高温渣液倾倒在专门渣场内，让其在大气中自然冷却；快冷是使高温液渣在短时间内快速冷却到大气温度，通过快冷液相状态的渣变成颗粒状。

快冷方法有三种：湿法冷却、干法冷却、半干法冷却。

1）湿法制粒

湿法制粒有两种形式。

（1）炉前水淬

液态渣从高炉中流出即用高压水流冲，使其水淬成粒。

优点：成粒均匀，渣活性高。

缺点：工艺稍复杂，处理不当（如液渣中含铁水）会引起爆炸，危及安全。

（2）水池水淬

将液态渣放入运渣车后倒入池中进行水淬。

优点：操作简单安全。

缺点：运渣过程中渣液温度会有所下降，使水淬不完全，操作不当时有泡渣或大硬块（主要是渣车中冷却的结块及溜槽上的结块），使粒状渣活性稍差。

（3）湿法水淬的优缺点

优点：冷却速度快，渣中玻璃体含量高，水化活性高。

缺点：用水量大，耗水量高，水淬矿渣中含水高达 20％～40％，增加运输量和使用过程中的烘干能耗。冬季运输结冰，装卸车困难，影响车皮周转。

2）干法制粒

用高压空气流或蒸汽流在高炉前将流出的液态渣冷却和分散。

优点：用水少，成渣含水少，仅为 5％。生产成本比湿法和半干法低 50％～75％。

缺点：渣粒质量差。

干法只通用于小高炉。

3）半干法制粒

先用一定量的水将流出的液态渣第一次冷却，再在压缩空气或大气中第二次冷却。

3. 粒状炼铁高炉水淬矿渣

1）化学组成对炼铁高炉水淬矿渣性能的影响

（1）氧化钙

粒状炼铁高炉水淬矿渣中氧化钙含量越高，矿渣水化活性越大，但当氧化钙含量超过 $50\%\sim51\%$ 时，粒状矿渣的水硬活性降低，即使急冷所得到的矿渣也多是结晶态的。主要是过量氧化钙在矿渣中可能生成硅酸二钙或钙黄长石，二者降低水硬性或不具备胶凝性。当氧化钙含量超过 65% 时呈水泥型，将其磨细后，具有水泥一样的胶凝性。不过炼铁高炉中矿渣富石灰化是很困难的，含石灰多的矿渣在慢冷时会自动崩解和粉化。产生此现象的原因有：硅酸盐分解、锰铁分解或石灰及镁分解。

（2）三氧化二铝

三氧化二铝对液态矿渣在急冷过程中形成水硬活性最大的玻璃结构有利，因而三氧化二铝的存在能提高粒状炼铁高炉水淬矿渣的活性。

当有碱性激发剂或硫酸盐激发剂存在时，水淬矿渣中的三氧化二铝与 $Ca(OH)_2$ 及硫酸钙反应生成水化硫铝酸钙，使其早期强度增长加快。

（3）二氧化硅

二氧化硅含量增高，粒状水淬矿渣活性降低。

（4）氧化镁

氧化镁存在于粒状水淬矿渣的玻璃相中，呈稳定化合物状态存在。即使含量高也不会造成像水泥一样的安定性不良情况，一般而言，氧化镁的存在对矿渣水硬性有一定好处。

（5）氧化亚锰

MnO 与氧化铝反应会生成稳定的惰性化合物，故氧化锰会降低矿渣活性。

（6）硫化钙

硫化钙能使粒状水淬矿渣具有独立水硬性，硫化钙水化时会放出氢氧化物，能提高粒状水淬矿渣活性。同时，硫化钙在水中与氧化铁反应，使制品表面呈浅蓝色或绿色。

（7）硫化锰

硫化锰存在会降低硫化钙含量，水化后引起体积增大，使硬化体产生内压力，降低强度。

（8）氧化亚铁

对粒状水淬矿渣活性没有影响。

2）粒状水淬炼铁高炉矿渣的物理性质

（1）密度：干密度在 $2.7\sim3.0g/cm^3$ 之间。

（2）松散密度（或堆积密度）：含水率 $25\%\sim30\%$ 时碱性水淬渣为 $500\sim800kg/m^3$，酸性渣在 $700\sim1000kg/m^3$ 之间。

（3）颗粒尺寸：一般在 $0.5\sim5mm$ 之间。

（4）孔隙率：$70\%\sim80\%$。

（5）颜色：白色、淡灰色、黄色、绿色。

3）评定水淬粒状炼铁高炉矿渣的性能指标

（1）碱性率

$$M_0 = \frac{CaO\% + MgO\%}{SiO_2\% + Al_2O_3} \tag{3-23}$$

（2）活性率

$$M_a = \frac{Al_2O_3\%}{SiO_3\%} \tag{3-24}$$

（3）质量系数

$$K = \frac{CaO\% + MgO\% + Al_2O_3\%}{SiO_2\% + MnO\%} \tag{3-25}$$

4. 水淬粒状炼铁高炉矿渣分类

按水淬粒状炼铁高炉矿渣性能评定指标可将其分为碱性、中性、酸性三类。

$M_0 > 1$ 时，呈碱性。碱性矿渣中 CaO45％～56％，$Al_2O_3$8％～25％，$SiO_2$21％～31％。

$M_0 = 1$ 时，呈中性。

$M_0 < 1$ 时，呈酸性。酸性矿渣中 CaO12％～40％，$Al_2O_3$4％～17％，$SiO_2$40％～70％。

M_0 在 1.0～1.5 之间，M_a 在 0.42～0.77 之间为活性矿渣。

M_0 在 0.4～1.3 之间，M_a 在 0.24～0.37 之间为低活性或隐活性矿渣。

碱性率越大，活性率越大，活性愈高。

$K > 1.6$ 时为高活性矿渣。

$K \leqslant 1.6$ 时为低活性矿渣，在这种情况下 SiO_2 一般在 37％上。

活性率比较能说明碱性矿渣活性。碱性率比较能说明酸性矿渣活性。钢铁厂炼铁时在炼铁配料中确定活性是用碱度指标衡量，即碱度 $= \dfrac{CaO}{SiO_2}$，>1 为碱性，<1 为酸性。

5. 中国部分钢铁厂水淬粒状炼铁高炉矿渣的化学组成

20 世纪 70 年代中国部分钢铁厂水淬粒状炼铁高炉矿渣的化学组成见表 3-31。

表 3-31　20 世纪 70 年代中国部分钢铁厂水淬粒状炼铁高炉矿渣的化学组成　（％）

厂　名	SiO₂	Al₂O₃	Fe₂O₃	FeO	CaO	MgO	MnO	TiO₂	S	SO₂	CaS	K₂O
重庆钢厂	38.29	8.14	—	0.61	46.37	6.04	0.61	—	1.55	—	—	—
武汉钢厂	37.9	11.28	—	0.68	40.10	7.98	0.20	—	0.96	—	—	—
水城钢厂	35.76	10.78	—	0.80	39.14	3.29	0.81	—	1.97	—	—	—
鄂城钢厂	37.09	11.82	—	0.38	41.95	4.13	0.27	—	1.29	—	—	—
汉阳钢厂	35.60	11.70	—	0.27	40.90	7.50	0.47	—	1.24	—	—	—
湘潭钢厂	39.2	6.12	—	0.16	43.71	4.99	0.16	—	0.88	—	—	—
柳州钢厂	31.51	20.85	—	0.61	35.24	4.40	0.37	—	1.03	—	—	—
上钢一厂	38.5	1	—	1	46.85	4.01	0.2	—	0.92	—	—	—
9424 钢厂	37.06	10.07	—	0.61	42.75	5.99	0.37	—	0.99	—	—	—
济南钢厂	36.78	11.38	—	1.17	41.15	7.78	—	—	1.07	—	—	—
济南二钢厂	36.20	14.00	—	0.70	39.23	8.46	0.26	—	—	—	—	—
唐山钢厂	39.17	8.99	—	0.55	43.74	2.28	0.40	—	0.06	—	—	—

厂 名	SiO_2	Al_2O_3	Fe_2O_3	FeO	CaO	MgO	MnO	TiO_2	S	SO_2	CaS	K_2O
邯郸钢厂	37.94	11.23	—	0.69	43.65	4.81	0.41	—	1.23	—	—	—
临汾钢厂	33.26	17.08		0.30	40.41	9.03	0.16	—	1.06	—	—	—
呼和浩特钢厂	33.94	14.91		0.72	41.83	5.77	1.99	0.20	1.01	1.53		—
凌源钢厂	39.86	9.57		1.08	39.51	7.73	0.55	0.42	0.56	1.11		—
抚顺钢厂	41.15	5.18		—	47.32	2.5	—	—	1.28	—	—	—
本溪钢厂	44.36	8.57		—	41.49	7.23						
太原钢厂	37.68	12.16		0.35	39.05	7.77	0.36	—	1.05	—	—	—
鞍山钢厂	39.84	7.14		0.59	41.31	6.46					1.18	
涌泉钢厂	34.48	9.79		0.59	39.77	4.18	0.75		2.01		—	—
石嘴山钢厂	34.99	12.90		0.43	44.68	5.05	—				—	—
洛阳钢厂	32.38	15.74		1.16	40.88	6.56	0.14		2.38		—	—
三明钢厂	36.87	12.88		0.47	41.98	5.48	2.04		1.06		—	—
涟源钢厂	33.40	11.00		0.38	40.50	8.20	—		1.00		—	—
韶关钢厂	30.20			—	45.20	11.94			1.62		—	—
广州钢厂	25.82	19.95		0.54	45.25	10.54	0.36		2.21		—	—
新余钢厂	27	16			40	7	7		0.71		—	—
马鞍山钢厂	36.58	12.36	—	0.52	41.11	7.47	—				—	—
萍乡钢厂	31.20	15.57		0.29	42.78	3.40	—		1.35		—	—
包头钢厂	25.43	7.77		0.95	44.17	3.29	1.22	0.78	0.90		—	—
涉县钢厂	39.20	7.20	—	0.50	40.10	9.79	—		1.28		—	—

6. 水淬粒状炼铁高炉矿渣的用途

水淬粒状炼铁高炉矿渣在建材工业领域的应用如下：

（1）用作水泥掺合料（混合材）。将水淬粒状炼铁高炉矿渣烘干后，与水泥熟料一道加入球磨机磨细，生产普通硅酸盐水泥和矿渣水泥。矿渣掺加量从15％～70％。

（2）用作混凝土混合料。将水淬粒状炼铁高炉矿渣烘干后，单独用立式磨磨细至4000～6000cm^2/g细度，用于混凝土搅拌站配制混凝土。

（3）生产无熟料水泥。

（4）配制碱激发矿渣混凝土（胶凝材料）。

（5）用作轻集料，生产轻集料混凝土空心砌块。

（6）生产湿碾矿渣混凝土。

（7）生产矿渣砖。

（8）代替部分水泥生产蒸压加气混凝土。

（9）制造矿渣棉。

（10）生产铸石制品。

3.2　硅质材料

硅质材料是生产蒸压加气混凝土最基础的原料。硅质材料提供足够的、合乎要求的 SiO_2 成分，与加气混凝土配料中的 CaO 成分反应，形成水化硅酸钙，赋予蒸压加气混凝土制品必要的性能。

3.2.1　天然硅质材料

3.2.1.1　天然硅质原料

天然硅质原料是指 SiO_2 含量很高的矿物原料，分布于地球上的天然硅质原料通常有脉石英、粉石英、石英岩、石英砂等。

脉石英是岩浆热液充填在花岗石岩矿体或片麻岩矿体裂隙中的矿脉。其矿物组成几乎全部为石英。

粉石英是一种颗粒极细、二氧化硅含量很高的天然石英矿。它包括天然石英粉和由硅质矿物原料（石英岩、脉石英等）加工而成的石英细粉，如生产玻璃原料选矿而留下的尾矿粉。

石英岩是由石英砂岩或其他硅质岩石经过变质作用而形成的变质岩。

石英砂岩是由石英颗粒被胶结物结合而成的沉积岩，简称砂岩。它是一种变质的砂质岩石，其石英和硅质碎屑（所在砂岩碎屑）来自岩浆岩、沉寂岩和重云岩。根据胶结颗粒不同分为粗粒砂岩、中粒砂岩、细粒砂岩。按胶结物质的不同分为：钙质砂岩、硅质砂岩、长石质砂岩。其化学组成主要为 SiO_2，高者可达 99.5%，次要成分为 $Al_2O_3 < 1\% \sim 3\%$，$Fe_2O < 1\%$，$MgO < 0.1\%$，$CaO < 0.6\%$，$Na_2O + K_2O < 1\% \sim 2\%$。

1. 用于生产蒸压加气混凝土的天然硅质原料

用于生产蒸压加气混凝土的天然硅质原料分为两类：天然石英砂和含硅工业尾矿砂。

1）石英砂

石英砂是指石英成分占绝对优势的各种砂，又称硅砂，如海砂、河砂、湖砂等。

砂矿是由原生矿床风化后的碎屑物经水、风的搬运分选和堆积后生成的。在地质学上根据其生成条件分为冲积砂、洪积砂、坡积砂、残积砂等。以天然颗粒状态从地表或地层中产出的硅砂以及石英岩、石英砂岩风化后呈粒状，产出的砂称"天然硅砂"；将块状石英岩粉碎成粒状，则称"人造硅砂"，如生产玻璃原料的尾矿。

天然硅砂主要有两种类型：①海相沉积石英砂矿，包括滨海沉积矿和滨海河口的沉积矿；②陆相沉积砂矿，包括河流冲积含黏土质石英砂矿和湖积石英砂矿，还包括冲积扇上、河道内和洪积平原上以及湖泊和海洋三角洲，还有离开河道并进入回水沼泽和牛轭湖等岸线矿。

石英矿的矿物含量变化大，以石英为主，其次为各类长石、岩屑、重矿物（石榴石、电气石、辉石、角闪石、方屑石、黄玉、绿帘石、钛铁矿等）以及云母、绿泥石、黏土矿物等。

海相沉积石英砂矿物组成较简单。一般质量较好，石英占 90%～95%，含少量长石（仅 0～10%）及重矿物和岩屑，少部分矿物含有黏土矿物。

河流冲积含黏土质砂矿，其中石英含量变化大，多含黏土矿物，其次为长石、云母、铁以及其他矿物。

湖相沉积矿物中主要为石英，另含长石、岩屑、石榴石及少量铁矿物和其他重矿物等。

优质天然硅砂富含 SiO_2，含有天然的滚圆粒型和均匀粒度，被广泛用于玻璃、铸造、化工、石油及其他工业部门。

一般的天然海砂、河砂、山砂主要用作各种混凝土中的细集料。

（1）矿床类型与实例

中国硅质原料矿床主要类型及矿床实例见表 3-32。

表 3-32　中国硅质原料矿床主要类型及矿床实例

矿床类型	主要矿石类型	矿石特征	成矿时代	矿床实例
沉积-变质矿床	石英岩	矿石呈乳白色，致密坚硬块状，油脂光泽，半透明，性脆，粒状构造。矿石成分简单，石英占 96%～98%，胶结物为硅质。矿石的化学成分：$SiO_2 >98\%$，$Al_2O_3<1\%$，$Fe_2O_3<0.1\%$	元古代	辽宁庄河石英岩矿床，安徽凤阳石英岩矿床等
海相沉积矿床	石英砂、石英岩	矿石为白或灰白中细粒石英砂岩或石英砂。颗粒多在 0.2～0.4mm 之间。化学成分：$SiO_2 >97\%$，$Al_2O_3$0.32%～0.60%，$Fe_2O_3<0.1\%$，石英砂的成分变化复杂	震旦纪泥盆纪第四纪	昆明白眉村震旦系石英砂岩矿床，河北滦县雷庄震旦系石英砂岩矿床，苏州清明山泥盆系石英砂岩矿床等
陆相沉积矿床	泥质石英砂岩、泥质石英砂、石英砂等	矿石成分复杂，都含有少量长石，胶结物多为泥质，含铁较高，矿石结构松散，有害杂质多	中生代新生代（第三纪、第四纪）	江苏宿迁白马涧第三系石英砂岩矿床、内蒙古通辽甘旗卡第四系石英砂矿等
脉石英-伟晶岩型矿床	脉石英、硅质岩	矿石成分单一，SiO_2 含量一般在 99% 以上，矿床规模一般不大	太古代中生代	湖北蕲春灵虹山脉石英矿床、新疆尾亚白山伟晶岩型脉石英矿床等

（2）中国硅质原料矿产矿石化学成分。

中国硅质原料矿产矿石化学成分见表 3-33～表 33-36。

表 3-33　伟晶石、脉石英、变质石英矿床矿石化学成分

矿区名称	成矿时代	矿石类型	化学成分（%）									
			SiO_2	Al_2O_3	Fe_2O_3	CaO	MgO	TiO_2	Cr_2O_3	K_2O	Na_2O	SO_3
湖北蕲春灵虹山	太古代	脉石英	99.00	0.25	0.02	0.08	0.02	<10 mg/m³	<4mg/m³	0.11	0.07	30mg/m³
四川峨边全河	前寒武纪	变质石英岩	98.06	0.14	0.19	0.50	0.07	0.05	5mg/m³		0.03	30mg/m³
新疆哈密尾亚	—	伟晶岩型石英块体	97.41～98.06	0.67～1.24	0.11	0.26	0.11	0.002	<0.002		<0.49	<0.02

表 3-34　海相沉积石英岩、石英砂岩矿石化学成分

矿区名称	成矿时代	矿石类型	化学成分（%）									
			SiO_2	Al_2O_3	Fe_2O_3	CaO	MgO	TiO_2	Cr_2O_3	K_2O	Na_2O	FeO
辽宁本溪小平顶山	震旦纪	石英砂岩、石英岩	99.45	0.56	0.063	0.03～0.05	0.06	0.03	$<2mg/m^3$	0.09	0.10	0.014
辽宁凌源魏杖子	震旦纪	石英（砂）岩	97.58	0.97	0.077	—	—	—		—	—	—
河北滦县雷庄	震旦纪	石英（砂）岩	98.63	0.65	0.098	—	—	—		—	—	—
河南洛阳方山	震旦纪	石英（砂）岩	97.52	1.32	0.12	—	—	—		—	—	—
青海大通窑沟	震旦纪	石英岩	99.05	0.41	0.139	<0.07	0.02～0.08	0.00	<0.01	<0.01	—	—
云南昆明白眉村	震旦纪	石英岩砂	97.87	<1	0.171	0.03～0.20	0.10～0.20			—	—	—
山东沂南蛮山	寒武纪	石英岩砂	98.42	0.84	0.09	0.14	0.17	0.052	$8mg/m^3$	0.18	0.07	—
江苏苏州清明山	泥盆纪	石英岩砂	98.30	0.86	0.16	—	—	0.049	微量	—	—	—
贵州凯里万潮	泥盆纪	石英岩砂	98.03	1.04	0.08	—	—	0.89	0.001	—	—	—
湖北大军山	泥盆纪	石英岩砂	98.03	0.60	0.24	—	—	0.08		—	—	—
湖南湘潭雷子排	泥盆纪	石英岩砂	97.43	0.97	0.20	—	—			—	—	—
陕西汉中老鹰岩	泥盆纪	石英岩	98.76	0.50	0.07	—	—	0.07	微量	—	—	—
浙江长兴范湾	泥盆纪	石英岩砂	97.46	1.32	0.14	0.09	0.04	0.14		0.17	0.13	—

表 3-35　海相石英矿化学成分

矿区	化学成分（%）								
	SiO_2	Al_2O_3	Fe_2O_3	TiO_2	Cr_2O_3	CaO	MgO	K_2O	Na_2O
海南东方	97.40	0.88	0.11	0.08	—	—	—	0.14～0.61	0.31～0.48
海南儋县	98.63	0.30	0.14	011	$<10mg/m^3$	0.06	0.03	0.03	0.11
广东新会	97.79	0.89	0.12	0.06	—	—	—	—	—
广东碧甲	96.60	0.88	0.05	0.06	—	—	0.30	—	0.79
广东阳江	98.84	0.36	0.10	—	$4mg/m^3$	0.09	0.27	0.06	0.02
广东湛江	97.42	0.69	0.12	—	—	0.20～0.25	0.33	0.05	<0.02
广西北海	98.44	0.29	0.12	0.09	$3mg/m^3$	—	—	—	—
福建东山	97.44	1.32	0.15	0.07	—	0.02	0.05	0.57	0.06
山东旭口	93.50	3.40	0.15	0.05	0.68	0.20	0.03	2.30	

表 3-36　陆相石英砂化学成分

矿区	化学成分（%）								
	SiO_2	Al_2O_3	Fe_2O_3	CaO	MgO	TiO_2	Cr_2O_3	K_2O	Na_2O
江西永修松峰湖砂	93.77	3.05	0.16	0.09	0.05	0.11	微量	1.54	—
甘肃兰州河湾河砂	89	4.2	0.54	—	—	—	—	—	—
江苏宿迁白马涧第三纪河成砂	83.35	9.29	1.03	0.59	0.36	0.07	微量	2.69	1.48
内蒙古四道泉河成石英砂	90.27	3.53	0.44	0.97	0.75	0.11	0.015	1.30	0.37
吉林郑家屯湖成砂	90.04	4.52	0.33	0.12～0.53	0.08～0.42	<0.43	微量	1.66～2.44	0.79～1.00
内蒙古通辽甘旗卡胡成砂	90.00	5.16	0.31	—	—	—	—	2.38	1.03
辽宁彰武章午台湖成砂	89.70	5.19	0.34	0.22	0.11	0.08	微量	2.30	1.03

（3）中国各类石英砂岩的矿物组成

中国各类石英砂岩的矿物组成见表 3-37、表 3-38。

表 3-37　中国海相石英砂矿的矿物组成

矿区	矿物组成		
	石英（%）	长石（%）	重矿物及黑色矿物
海南东方	>96	少量	微量钛铁矿、锆英石、电气石、白钛矿、锐钛矿、独居石、磷亿矿、赤铁矿、红柱石
广东湛江乾塘	>98	未见	电气石、钛铁矿、锐铁矿、白钛矿、独居石、锆石、金红石、黄玉、蓝晶石、黄钛矿
广东阳江溪头	96.75	未见	电气石、钛铁矿、锐铁矿、白钛矿、独居石、金红石、磷钇矿、锆石
广西北海	>95	未见	钛铁矿、锆石、绿帘石、锡石、磁铁矿、锐钛矿
福建东山	97.70	2	钛铁矿、角闪石、电气石、白钛矿、磁铁矿、石榴石、白云石、黑云母
山东旭口	87.62	9.73	角闪石、绿帘石、石榴石、电气石、锆石、金红石、黄玉、云母、赤铁矿、磁铁矿、褐铁矿、铬尖晶石

表 3-38　中国陆相石英砂矿的矿物组成

矿区	矿物组成			
	石英（%）	长石（%）	岩屑（%）	重矿物及黑色矿物
江西永修松峰	92	5	2	电气石、透闪石、石榴石、褐铁矿、云母
内蒙古通辽衙门营	69.19～75.95	16.86～23	6.60～7.63	石榴石、绿帘石、角闪石、黑云母、白云石、电气石、绿泥石、辉石
吉林郑家屯	88.86～92.19	2.77～4.09	4.33～5.99	石榴石、绿帘石、角闪石、电气石、钛铁矿、云母、锆石
甘肃兰州河湾河砂	96～98	1～4	—	方解石、褐铁矿、赤铁矿、黑云母、电气石、锆石
江苏宿迁白马涧	70～90	10～25	—	绿泥石、云母、金红石、赤铁矿、电气石、锆石

（4）中国硅质原料矿床赋存层位

中国硅质原料矿床赋存层位见表 3-39。

表 3-39　中国硅质原料矿床赋存层位

主要层位	大地构造单位	矿石类型	矿床实例
第四系	扬子准地台	松散石英砂	鄱阳湖松门岛等
	华南褶皱系		湛江等
	中朝准地台		通辽
第三系	华南褶皱系	弱固结泥质石英砂岩	广西南宁茅桥
	中朝准地台	弱固结泥质石英砂（岩）	兰州河湾、宿迁白马涧
白垩系	扬子准地台	半固结泥质石英砂岩	湖北当阳屋庙
侏罗系	扬子准地台	石英砂岩、长石石英砂岩	四川永川柏林坡
二叠系	扬子准地台	粉石英	江西分宜
泥盆系	扬子准地台	石英砂岩	苏州清明山、株洲雷子排
寒武系	中朝准地台	石英砂岩	山东临侉蛮山
上震旦系	扬子准地台	石英砂岩	昆明白眉村
上元古界	中朝准地台	石英岩、石英砂岩	辽宁本溪小平顶上、河北滦县雷庄
下元古界	中朝准地台	石英岩	安徽凤阳老青山
前寒武系	扬子准地台	石英岩	四川峨边

（5）建筑、建材用砂石矿床类型

建筑、建材用砂石矿床类型见表 3-40、表 3-41。

表 3-40　砂石矿床类型

工业类型	成因类型	矿床特征
山砂	残坡积砂石矿床	原地堆积而成，颗粒多棱角，成分单一。花岗岩类地区坡积、残积层中多产此类矿，但规模不大
河砂	河流洪积、冲积砂石矿	颗粒圆度较高，呈层状，产于现代或古河流域，河流上、中、下游产生的矿床具不同工业价值。矿床规模一般较大，产于河流上游地区的矿石中含砂 30% 左右，中、下游地区矿石中砾石逐渐减少
	湖泊沉积砂石矿	距基岩分布较远，一般只形成砂矿床
海砂	海成砂石矿	在海滩上堆积而成的砂石矿床，成分单一均匀，石英含量高，多为砂矿，规模大，主要分布于东南沿海地区
风砂	风成砂石矿	由风力吹扬堆积而成，远离基岩地区，矿床规模大，但一般距工业城市远，价值不大

表 3-41　部分砂石矿床实例

矿床名称	成因类型	矿床特征
北京昌平龙凤砂石矿	河流洪积冲积型	砂粒占 40%～60%，含泥小于 5%，砂的成分以石英、长石为主，占 35%～51%。砾石成分以花岗岩为主，占 35%～47%，各类火山岩占 19%～22%，石灰岩占 14%～20%。矿层分布面积 3.36km²

续表

矿床名称	成因类型	矿床特征
北京怀柔大水峪砂石矿	河流洪积冲积型	砂粒成分以长石、石英为主，含砂量37%～51%。砾石成分大部分为花岗岩类及石灰岩类，少部分凝灰岩、玄武岩等。矿层面积6.5km²，厚30m左右
广东阳江溪头石英砂矿	海相沉积型	砂的成分以石英为主，含少量铁、泥质、长石、云母及电气石、钛铁矿等。矿层厚2.71～9.16m

（6）天然硅质材料的特性

①天然硅质材料的化学组成

天然硅质材料的化学组成见表3-42。

表 3-42　天然硅质材料的化学组成

材料编号	SiO_2	Al_2O_3	Fe_2O_3	R_2O	RO
A	96.5	0.7	1.2	0.15	0.12
B	95.8	1.7	0.9	0.74	0.60
C	95.8	1.4	1.2	0.35	0.75
D	90.5	4.6	1.1	0.98	0.74
E	91.9	3.5	1.6	—	0.7
F	86.3	3.61	0.91	—	6.21
G	95.4	—	0.5	—	—
H	98.2	0.2	0.4	—	—
I	94.2	—	—	—	19.6

②天然硅质材料中 SiO_2 的结晶粒径

天然硅质材料中 SiO_2 的结晶粒径见表3-43。

表 3-43　天然硅质材料中 SiO_2 的结晶粒径　　　　（%）

SiO_2中结晶体粒径(μm) 材料编号	>10	10～50	50～100	>100
A	20	60	20	0
B	>90	—	—	—
C	>90	—	—	—
D	0	20	50	30
E	0	0	0	100
F	0	0	0	100
G	90	10	—	—
H	0	0	20	80

③不同类型天然硅砂形貌

不同类型天然硅砂形貌见图3-62。

福建平潭石英砂 $SiO_2 > 90\%$　　　　　　　河北宣化风积砂石 $SiO_2 > 70\%$

重庆长江河砂 $SiO_2 < 65\%$　　　　　　　哈尔滨松花江河砂

图 3-62　不同类型天然硅砂形貌

2）含硅工业尾矿砂

含硅工业尾矿砂主要有玻璃工业的玻璃原料选矿尾矿、黄金矿选矿尾矿、铁矿选矿尾矿等。2007～2011 年中国主要类型尾矿的产量见表 3-44。2011 年中国各类尾矿产生量所占比例见图 3-63。中国主要类型尾矿的化学成分见表 3-45。这些尾矿中均含有不同数量的 SiO_2。其中以玻璃原料选矿尾矿中 SiO_2 含量最高，可达 95％以上，是上好的蒸压加气混凝土硅质原材料。黄金矿选矿尾矿和铁矿选矿尾矿中 SiO_2 含量一般偏低，而且不同矿区、不同成矿条件差别很大，大部分在 65％以下，基本上不能满足蒸压加气混凝土生产要求。

（1）能参加蒸压水化反应的 SiO_2 数量不足，制品抗压强度偏低，抗冻性和收缩性能下降。

（2）尾矿砂中除 SiO_2 外，还含有大量无用或有害成分，主要为长石类，长石中含有很多氧化钠、氧化钾。氧化钠、氧化钾在蒸压养护过程中与蒸压加气混凝土料浆中的 $CaSO_4$ 反应生成亚硫酸钠，亚硫酸钠是可溶盐，在蒸压加气混凝土出釜后，亚硫酸钠随水迁到蒸压加气混凝土制品表面或表面内侧形成 $Na_2SO_3 \cdot 10H_2O$ 结晶，$Na_2SO_3 \cdot 10H_2O$ 体积为 Na_2SO_3 的 10 倍，在蒸压加气混凝土表面结霜、长毛，如该结晶存在于表面内侧，由于结晶体积膨胀使蒸压加气混凝土表面剥离或饰面层破坏。所以蒸压加气混凝土生产一定要采用 SiO_2 含量尽可能高，Na_2O、K_2O 尽量少的硅砂。

含硅工业尾矿除上述种类外还有铅、锌、铜、锰尾矿以及花岗石磨削锯切泥料。正如上述这些尾矿中 SiO_2 含量均较低，含钾、钠杂质很高，不适宜用于生产蒸压加气混凝土制品。

表 3-44　2007～2011 年中国主要类型尾矿的产生量　　　　　　（亿 t）

种类 ＼ 年份	2007	2008	2009	2010	2011	总计
铁尾矿	4.31	4.92	5.36	6.34	8.06	28.99
黄金尾矿	1.50	1.57	1.74	1.89	2.01	8.71
铜尾矿	2.41	2.46	2.56	3.05	3.07	13.55
其他有色金属尾矿	1.06	1.08	1.12	1.33	1.34	5.93
非金属尾矿	0.95	0.97	1.14	1.32	1.33	5.71
合计	10.23	11	11.92	13.93	15.81	62.89

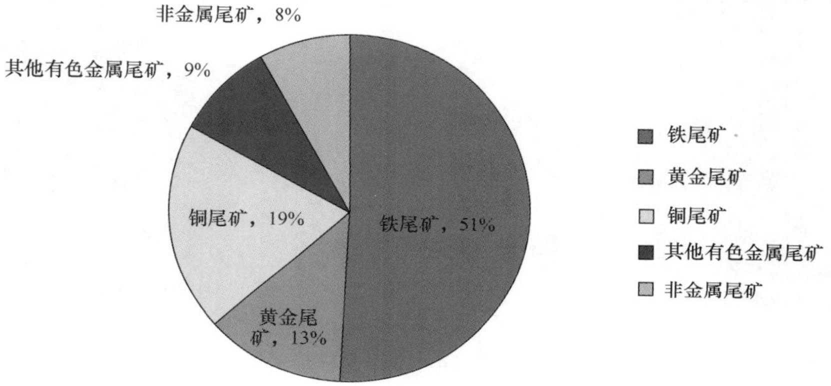

图 3-63　2011 年中国各类尾矿产生量所占比例示意图

表 3-45　中国主要类型尾矿的化学成分

序号	尾矿类型	化学成分（%）											
		SiO_2	Al_2O_3	Fe_2O_3	TiO_2	MgO	CaO	Na_2O	K_2O	SO_3	P_2O_5	MnO	烧失量
1	鞍山式铁矿	73.3	4.07	11.60	0.16	4.22	3.04	0.41	0.95	0.25	0.19	0.14	2.18
2	岩浆型铁矿	37.2	10.35	19.16	7.94	8.50	11.1	1.60	0.10	0.56	0.03	0.24	2.74
3	火山型铁矿	34.9	7.42	29.51	0.64	3.68	8.51	2.15	0.37	12.46	4.58	0.13	5.52
4	矽卡岩型铁矿	33.1	4.67	12.22	0.16	7.39	23.0	1.44	0.40	1.88	0.09	0.08	13.5
5	矽卡岩型金矿	47.9	5.78	5.74	0.24	7.97	20.2	0.90	1.78	—	0.17	6.42	—
6	花岗岩裂隙充填型金矿	73.83	12.16	0.77	0.14	2.08	1.68	2.89	4.24	—	0.038	0.012	1.69

序号	尾矿类型	化学成分（%）											
		SiO_2	Al_2O_3	Fe_2O_3	TiO_2	MgO	CaO	Na_2O	K_2O	SO_3	P_2O_5	MnO	烧失量
7	花岗岩破碎带交代型金矿	72.21	12.92	1.42	0.29	0.47	2.25	2.78	5.16	—	—	—	2.63
8	矽卡岩型钼矿	47.5	8.04	8.57	0.55	4.71	19.8	0.55	2.10	1.55	0.10	0.65	6.46
9	斑岩型钼矿	65.3	12.13	5.98	0.84	2.34	3.35	0.60	4.62	1.10	0.28	0.17	2.83
10	斑岩型铜钼矿	72.2	11.19	1.83	0.38	1.14	2.33	2.14	4.65	2.07	0.11	0.03	2.34
11	斑岩型铜矿	62.0	17.89	4.48	0.74	1.71	1.48	0.13	4.88				5.94
12	岩浆型镍矿	36.8	3.64	13.83	—	26.9	4.30	—	—	1.65			11.3
13	细脉型钨锡矿	61.2	8.50	4.38	0.34	2.01	7.85	0.02	1.98	2.88	0.14	0.26	6.87
14	石英脉型稀有矿	81.1	8.79	1.73	0.12	0.01	0.12	0.21	3.62	0.16	0.02	0.02	—
15	碱性岩型稀土矿	41.4	15.25	13.22	0.94	6.70	13.4	2.58	2.98				1.73

3.2.1.2 天然硅质材料品质对蒸压加气混凝土产品性能的影响

1. 天然硅质材料中 SiO_2 含量和结晶粒径对蒸压加气混凝土抗压强度的影响

天然硅质材料中 SiO_2 含量和结晶粒径对蒸压加气混凝土抗压强度的影响见表 3-46。

表 3-46 天然硅质材料中 SiO_2 含量和结晶粒径对蒸压加气混凝土抗压强度的影响

材料编号	干密度（kg/m^3）	抗压强度（MPa）	硅质材料中 SiO_2 含量（%）	SiO_2 中结晶体粒径（μm）
A	490	5.25	96.5	30
B	490	5.3	95.8	<10
C	530	5.15	95.8	10
D	500	4.25	90.5	70
E	500	4.0	91.9	>100
F	500	3.36	86.3	>100
G	530	5.27	95.4	10
H	500	2.31	54.2	>100
I	500	3.5	95	>100

注：配方为水泥 35%、生石灰 10%、砂 58%、石膏 3%、铝粉 0.1%、水料比 0.65。

天然硅质材料中 SiO_2 含量和结晶粒径与蒸压加气混凝土抗压强度的关系见图 3-64、图 3-65。

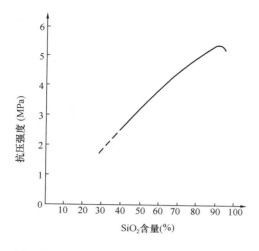

图 3-64　硅砂中 SiO_2 含量与抗压强度的关系
（以绝干密度 0.5 为基准）

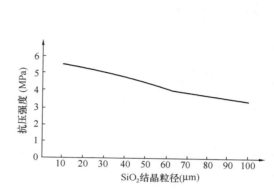

图 3-65　SiO_2 结晶粒径与抗压强度的关系
（以绝干密度 0.5 为基准）

从表 3-46 和图 3-64 看出，在其他条件相同情况下，蒸压加气混凝土抗压强度随天然硅质材料中 SiO_2 提高而提高。

从表 3-46 和图 3-65 看出，同一含量的硅质原料，在同一制造条件下，随着 SiO_2 中结晶粒径增大，其制品抗压强度降低。

2. 天然硅质材料中 SiO_2 含量和结晶粒径与蒸压加气混凝土制品中水化产物的关系

（1）天然硅质原料在磷酸水溶液中的溶解度及其 SiO_2 结晶粒径尺寸大小与托勃莫来石结晶形态的关系

天然硅质材料在磷酸水溶液中的溶解度及其 SiO_2 结晶粒径尺寸大小与托勃莫来石结晶形态的关系见表 3-47。

表 3-47　天然硅质材料在磷酸水溶液中的溶解度及其 SiO_2 结晶粒径尺寸
大小与托勃莫来石结晶形态的关系

材料编号	在磷酸水溶液中的溶解时间（min）	在磷酸水溶液中的溶解度（%）	SiO_2 结晶平均粒径（μm）	托勃莫来石结晶形态
A	12	15.2	10~50	板状
	14	19.4		
B	12	26.5	<10	针状
	14	33.4		
C	12	21.6	<10	针状
	14	26.0		

（2）在同一制造条件下，不同天然硅质材料与蒸压加气混凝土制品中托勃莫来石 X 衍射特征峰的关系

不同天然硅质材料中 SiO_2 结晶粒径与蒸压加气混凝土制品中水化产物 X 衍射特征峰的关系见表 3-48、图 3-66。

表 3-48 不同天然硅质材料中 SiO₂ 结晶粒径与蒸压加气混凝土
制品中水化产物 X 衍射特征峰的关系

材料编号	硅质材料中 SiO₂ 粒径（μm）	X 衍射特征峰高度	11.3Å
A	10～50	450	80
B	<10	150	5
C	10	230	10
K	20～70	471	75
D	50～100	498	90
G	10	375	20

从图 3-66、表 3-48 看出，天然硅石中 SiO₂ 结晶粒径越大，其水化产物的 X 衍射特征峰越高，结晶越好。

3. 天然硅质材料中 SiO₂ 结晶粒径对蒸压加气混凝土制品弹性模量的影响

天然硅质材料中 SiO₂ 结晶粒径对蒸压加气混凝土制品弹性模量的影响见图 3-67。

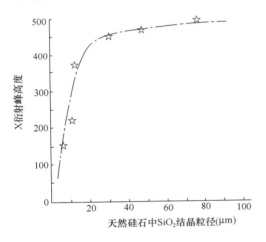

图 3-66 天然硅石中 SiO₂ 结晶粒径与蒸压加气
混凝土制品中水化产物 X 衍射特征峰的关系

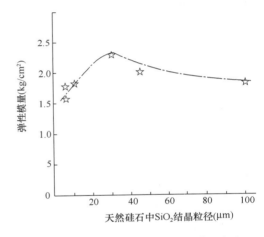

图 3-67 硅石中 SiO₂ 结晶粒径与蒸压加气
混凝土制品弹性模量的关系

从图 3-67 看出，随着天然硅质材料中 SiO₂ 结晶粒径增大，其蒸压加气混凝土制品弹性模量随之增长，在 $30\mu m$ 时达到最大值，随后逐渐下降。

4. 蒸压加气混凝土制品的干燥收缩

（1）蒸压加气混凝土制品的 28d 干燥收缩率见表 3-49、图 3-68。

表 3-49 蒸压加气混凝土制品的 28d 干燥收缩率

材料编号	天然硅质材料中 SiO₂ 结晶平均粒径（μm）	28d 干燥收缩率（%）
A	10～50	4.4
B	<10	11.7
C	<10	6.8
D	50～100	4.2
E	100	3.0

从图 3-68 及表 3-49 看出，随着天然硅质材料中 SiO_2 结晶粒径尺寸增长，其 28d 干燥收缩下降。

（2）天然硅质材料中 SiO_2 结晶粒径与蒸压加气混凝土制品干燥收缩率关系

天然硅质材料中 SiO_2 结晶粒径与蒸压加气混凝土制品干燥收缩率关系见图 3-69。

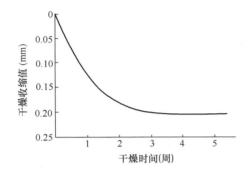

图 3-68　蒸压加气混凝土制品的 28d 干燥收缩

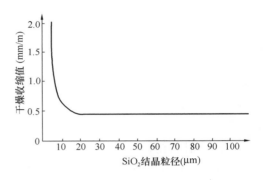

图 3-69　SiO_2 结晶粒径与干燥收缩值的关系

从图 3-69 看出，随着天然硅质材料中 SiO_2 结晶粒径尺寸增长，蒸压加气混凝土制品干燥收缩减小，当 SiO_2 结晶粒径大于 $20\mu m$ 时干燥收缩基本不变。

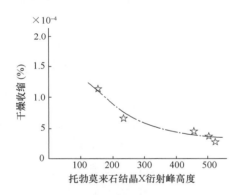

图 3-70　蒸压加气混凝土制品中托勃莫来石结晶 X 衍射特征与制品收缩率的关系

（3）蒸压加气混凝土制品中托勃莫来石结晶 X 衍射特征与制品收缩率的关系

蒸压加气混凝土制品中托勃莫来石结晶 X 衍射特征与制品收缩率的关系见图 3-70。

图 3-70 表明，托勃莫来石结晶越大制品干燥收缩率越小。

前面所述的制品干燥第三阶段，托勃莫来石结晶中 CaO 被空气中 CO_2 碳化，致使结晶结构破坏。

上述试验研究结果表明：

在同一制造条件下，天然硅质材料的性质对蒸压加气混凝土制品物理力学性能的影响较大。

天然硅质材料中 SiO_2 结晶粒径越大，所生成的托勃莫来石结晶越大，蒸压加气混凝土制品的弹性模量越低，干燥收缩率越小。

3.2.1.3　蒸压加气混凝土生产对天然硅质材料的要求

对天然硅质原料化学成分的要求如下：

（1）$SiO_2 > 75\%$，最好在 95% 以上；

（2）$Na_2O < 2\%$；

（3）$K_2O < 3\%$；

（4）$Cl^- < 0.02\%$；

（5）烧失量 $< 5\%$；

（6）黏土 $< 10\%$；

（7）有机酸 $< 3\%$。

天然硅质材料中二氧化硅不是全部以石英态存在，有一部分以长石或其他矿物形成存在。因此，SiO_2 含量越高越好，其中纯石英含量也越高，参加蒸压水化反应的 SiO_2 也越多。当硅质材料中 SiO_2 含量为 75% 时，其中有大约 40% 的纯石英。当天然硅质材料中 SiO_2 含量越高，不能参加反应的长石或其他矿物包括有害矿物就越少，对蒸压加气混凝土生产就越有利。

随着蒸压加气混凝土品种和采用的配方不同，对天然硅质材料中二氧化硅的要求可以有所区别。对水泥-矿渣-砂蒸压加气混凝土而言，砂中二氧化硅含量可低至 65%～70%。

天然硅质材料中氧化钾、氧化钠含量应尽可能少，可减少可溶性硫酸钠、硫酸钾生成量，避免这两种盐在蒸压加气混凝土表面结晶析出白霜、膨胀。

随蒸压加气混凝土品种不同，天然硅质原材料中氧化钠、氧化钾含量可适当放宽。例如水泥-矿渣-砂蒸压加气混凝土，由于所用调节剂品种不同和蒸压加气混凝土制品中毛细管结构改变，其允许含量比蒸压水泥-砂、水泥-石灰-砂加气混凝土略高。

另外，天然硅质材料中黏土和有机酸（腐殖质）对蒸压加气混凝土生产不利。黏土的分散度大，吸水性高，含量太多将使加气混凝土坯体硬化时间延长，制品抗压强度下降。有机酸会消耗蒸压加气混凝土料浆中的碱，如含量太多将降低料浆碱度。

3.2.1.4　国外不同工艺技术（专利）所用硅质材料的化学组成

国外不同工艺技术（专利）所用硅质材料的化学组成见表 3-50。

表 3-50　国外不同工艺技术（专利）所用硅质材料的化学组成

化学组成（%）	Wehrhahn	Ytong		Hebel
	一般要求	一般要求	罗马尼亚	罗马尼亚
SiO_2	75	75～76	87.4	82.0
Al_2O_3	7	11～12	7.36	8.35
Fe_2O	3	2.5～3.0	0.54	—
CaO	2	1.5～2.0	—	—
MgO	2	0.5～1.0	0.57	0.99
Na_2O	2	1.0～1.5	1.77	1.73
K_2O	2	2.5～3	1.67	1.36
SO_3	3	—	—	—
黏土	3	<10	—	—
Cl^-	0.05	0.02	—	—
烧失量	<5	<5	—	—
腐殖质	—	—	—	—

3.2.2　人工火山灰质硅材料——燃煤电厂粉煤灰

粉煤灰是磨细煤粉在燃煤电厂的 1600～1700℃ 锅炉炉膛中经过短暂悬浮燃烧所产生的

灰分，经冷却、除尘搜集而得的大小不等、形状不规则（差别很大）、高度分散的粒状集合体。一般而言，每燃烧 1t 煤，将产生 250~300kg 粉煤灰；每发一度电，将产生 100kg 左右粉煤灰；每千瓦装机量，每年排放 1t 左右粉煤灰。

3.2.2.1　粉煤灰的形成

煤粉被喷入锅炉炉膛后，煤中气化温度较低的挥发分首先从煤中逸出，并燃烧放出热量。挥发分外逸使煤粉变成具有一些孔隙的颗粒；随着燃烧的进行，它进一步成为多孔碳粒（焦炭）。同时煤粉内的高岭土脱水分解为氧化硅及氧化铝；硫化铁则分解为氧化铁并释放出三氧化硫。此时多孔碳粒中复杂的无机物在碳粉全部燃烧后残留的颗粒即变为多孔玻璃体，其形貌仍保持着原有的不规则状态。随着燃烧的继续，多孔玻璃体逐步熔融收缩，其孔隙率不断降低，圆度不断提高，粒径不断缩小，最终成为一种密度较高、粒径较小的密实玻璃珠（图 3-71）。

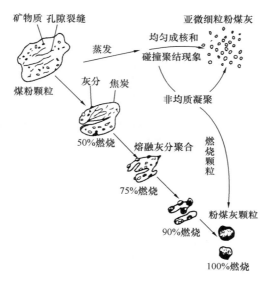

图 3-71　粉煤灰的形成过程

归纳上述，粉煤灰颗粒形成大致可以分为三个阶段：第一阶段，煤粉变成多孔碳粒，此时颗粒形态基本上无变化，仍保持其不规则的碎屑状，但有多孔性，比表面积大。第二阶段，煤粉由多孔碳粒转变为多孔玻璃体，此时煤粉内的有机质基本燃烧完毕，其形态大体上仍维持与碳粒相同，比表面积仍较大，但明显低于碳粒。第三阶段，由多孔玻璃体变为玻璃珠，此时，外形不规则的多孔体缩小为圆形球珠体，相应地颗粒粒径变小及密度变大，由多孔体变为密实球体，颗粒比表面积降低。

3.2.2.2　粉煤灰颗粒形貌

粉煤灰中的颗粒是煤粉在电厂锅炉中高温燃烧时，其灰分熔融、冷却后形成的。煤种不同，燃烧锅炉炉膛大小、煤粉细度不同，煤粉在同一炉膛中不同区域燃烧温度不同，灰分熔点差别也很大，加上冷却条件和搜集方式不同，这就造成了粉煤灰中产生各种形貌的颗粒。

1. 不同电厂原状粉煤灰

不同电厂原状粉煤灰扫描电镜照片如图 3-72 所示。

安阳电厂粉煤灰试样全貌

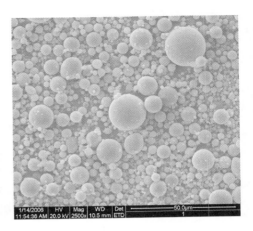

内蒙古呼和浩特粉煤灰试样全貌

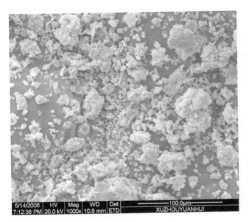

徐州电厂粉煤灰试样全貌

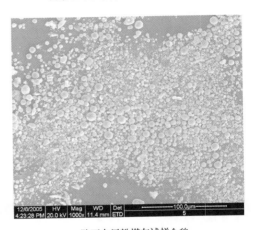

陕西电厂粉煤灰试样全貌

图 3-72 不同电厂原状粉煤灰扫描电镜照片

2. 玻璃珠

由硅铝玻璃体组成，是经高温燃烧后的粉煤灰颗粒被急速冷却而形成的，呈圆球形，表面光滑，有的圆球上附着有微小的莫来石析晶，其中有一种空心圆球，甚至其中还包裹有更微小的玻璃球。粉煤灰玻璃珠扫描电镜照片见图 3-73。

三种玻璃质颗粒的矿物组成不同，其玻璃体含量不同，玻璃体的化学组成及结构特征也不同。

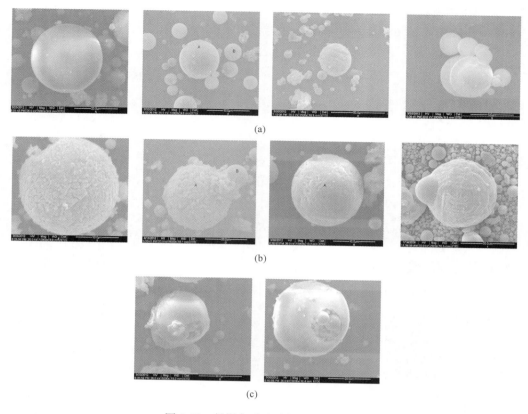

(a)

(b)

(c)

图 3-73　粉煤灰玻璃珠扫描电镜照片

（a）富钙玻璃珠；（b）高铁玻璃珠；（c）空心玻璃珠

3. 不定形颗粒 （图 3-74)

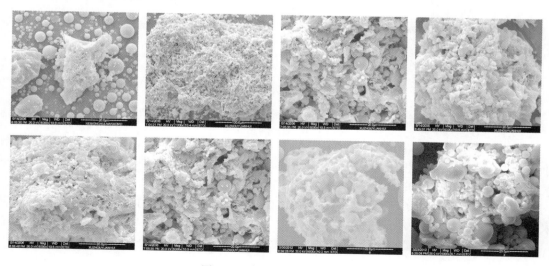

图 3-74　粉煤灰不定形颗粒

由高温下熔融的玻璃体组成，由于燃烧温度相对较低，颗粒较大，有的甚至没有完全融化，不能收缩成球形颗粒，呈不规则状，有许多大大小小的孔洞。此类颗粒又可分为两种：①燃烧温度较高一些的，颗粒比较小，也比较密实，但仍有不少孔洞。②燃烧温度偏低，颗粒较大、疏松，有很多小孔隙，自身强度较低，吸水量大。

4. 石英颗粒（图 3-75）

5. 多孔碳粒（图 3-76）

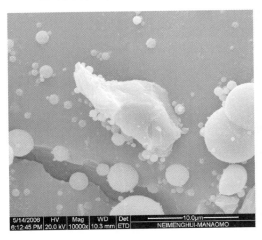
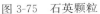
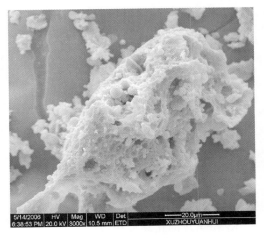

图 3-75　石英颗粒　　　　　　　　　　　图 3-76　多孔碳粒

多孔碳粒是未燃尽的碳粒，颗粒大小不等，有很多小孔隙，形如蜂窝，有的如同浮石，比表面积很大，颗粒强度低，可以吸收大量水分。

由图可见：

①原状粉煤灰是粒状玻璃珠及多孔玻璃体的集合体；

②大于 $45\mu m$ 部分以不规则多孔玻璃体为主体，其中加入一些玻璃珠；

③小于 $45\mu m$ 部分主要由不同粒径玻璃珠组成，其中有一小部分为不规则多孔玻璃体。

④玻璃珠堆集在一起，孔隙率较低，化学活性较高，需水量较低；

⑤小于 $10\mu m$ 部分由更小的玻璃珠组成；

⑥$10\sim45\mu m$ 部分具有较大孔隙率。

3.2.2.3　粉煤灰颗粒（组成）特性

1. 粉煤灰颗粒组成

粉煤灰颗粒基本上由低铁玻璃珠、高铁玻璃珠、多孔玻璃体及未燃尽的碳粒组成。燃烧程度完全的粉煤灰基本上都由玻璃珠组成，燃烧不完全时多孔玻璃体、多孔碳粒及焦炭含量较高。

2. 粉煤灰颗粒粒径分布

粉煤灰由粒径不一、形状各异的颗粒所组成。

粉煤灰的粒径波动于 $0.001\sim0.1mm$（$0.5\sim200\mu m$）之间，平均粒径为 $20\mu m$。其粒径分布见图 3-77。

3.2.2.4　粉煤灰的化学组成

粉煤灰的化学组成取决于原煤灰分的化学成分以及燃烧程度。

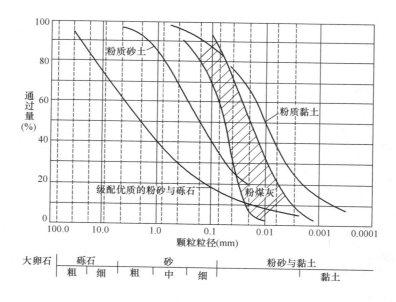

图 3-77　粉煤灰的粒径分布

1. 粉煤灰的化学成分

粉煤灰的化学成分主要有：SiO_2、Al_2O_3、Fe_2O_3、FeO、CaO、MgO、Na_2O、K_2O、SO_3、P_2O_5、TiO_2 和未燃尽的炭。其中的主要成分为 SiO_2、Al_2O_3，两者含量在 60% 以上。

由于煤种、煤粉磨细度、燃烧条件不同，粉煤灰化学成分有很大差别，有一些组分会在比较大的范围内波动。

2. 粉煤灰的化学组成

粉煤灰的化学组成见表 3-51。

表 3-51　粉煤灰的化学组成　　　　　　　　　　　　　　　（%）

成　分	SiO_2	Al_2O_3	Fe_2O_3	CaO	MgO	SO_3	Na_2O	K_2O	烧失量
平均值	50.6	27.2	7.0	2.8	1.2	0.3	0.5	1.3	8.2
波动范围	33.9～59.7	16.5～35.4	1.5～15.4	0.8～0.4	0.7～1.9	0～1.1	0.2～1.1	0.7～2.9	1.2～23.5

3. 世界部分国家粉煤灰的化学组成

世界部分国家粉煤灰的化学组成见表 3-52。

表 3-52　世界部分国家粉煤灰的化学组成　　　　　　　　　（%）

国家		SiO_2	Al_2O_3	Fe_2O_3	CaO	MgO	SO_2	K_2O	Na_2O	C
澳大利亚	烟煤	36～63	26～33	1～19	0.2～10.5	0.2～2.0	0.05～2.0	0.1～2	0.6～6	0.8～1.5
	褐煤	9～13	4.5～12	12～30	9.5～33	16～22	3.5～14.5	0.3～2	4.5～5	微量
美国	烟煤	34～52	13～31	6～25	1～12	0.5～3	0.2	—	—	1～12
	褐煤	15～52	8～25	2～19	1.1～36	2～11	0.7～2.7	—	—	1～12
南　非		43～54	27～36	2～8	2～13	<3	<2	<1	<3	1～12

续表

国家	SiO$_2$	Al$_2$O$_3$	Fe$_2$O$_3$	CaO	MgO	SO$_2$	K$_2$O	Na$_2$O	C
法　国	43～53	17～20	5～10	4～11	1～3	0.1～7	5～8	5～3	0.3～15.2
英　国	39～56	20～34	5～16	1～5	1～2	0.3～1.5	1～4	0.5～1.5	1～25
前苏联	41～58	17～22.5	6～16	3～8	1.5～3.5	0.2～0.6	1.1～36	0.5～1.2	0.5～22.5
印　度	51～60	19～29	2～19	0～2	0～2	0～0.5	—	—	2.2～6.5
比利时	40～60	12～32	5～16	4～12	1～5	0.9～0.95	—	—	0.5～19.7
前西德	34～50	21～29	8～21	2～12	1～5	0.1～2.1	—	—	1.5～20.1
前东德	28～52	11～33	10～15	2～32	1～3	0.4～2.7	—	—	0～12
日　本	53～63	25～28	2～6	1～7	—	0.1～0.8	1.8～3.2	0.8～2.4	0.1～1.2
波　兰	35～50	6～36	5～12	2～35	1～4	0.1～8	0.1～2.7	0.1～2	1～10
罗马尼亚	39～53	18～29	7～16	3～13	1～4	0.5～5.9	0.3～3.2	0.1～1.8	0.2～4.5
匈牙利	41～46	16～34	5～17	1～11	1～7	0.5～7.0	0～2.2	0.2～2.5	1～5
加拿大	46～52	22～28	4～5	12～24	0.9～1.2	0.2～0.8	0.9～1.0	2.1～2.4	—
丹　麦	50	25	8	6	3	1	1～5	1～5	—

4. 粉煤灰各颗粒成分的化学组成

粉煤灰各颗粒成分的化学组成见表 3-53。

表 3-53　粉煤灰各颗粒成分的化学组成　　　　　　　　　　　　　　（%）

序号	组分名称／灰源	SiO$_2$	Al$_2$O$_3$	Fe$_2$O$_3$	CaO	MgO	FeO	烧失量
1	原状粉煤灰	54.8	23.4	14.5	3.7	1.4	—	—
	低铁玻璃珠	39.5	18.5	13.3	18.2	4.3		
	高铁玻璃珠	8.7	5.4	67.3	—	—	14.0	
	多孔玻璃体	60.5	32.0	2.9	微量	1.6		
2	原状粉煤灰	33.9	16.5	19.7	2.7	1.2		23.6
	多孔碳粒	10.9	7.4	1.1	1.3	0.5		76.8

5. 各种粒级（细度）粉煤灰的化学组成

各种粒级（细度）粉煤灰的化学组成见表 3-54。

表 3-54　各粒级粉煤灰的化学组成

氧化物	原　灰	＞45μm	＜45μm	10～45μm	＜10μm
SiO$_2$	43.2	41.6	44.1	43.3	43.9
Al$_2$O$_3$	21.0	15.3	23.3	20.3	25.2
Fe$_2$O$_3$	24.2	35.1	21.7	26.6	18.1
CaO	1.55	1.31	1.52	1.54	1.47
MgO	0.97	0.74	1.04	0.90	1.16
SO$_2$	0.48	0.27	0.56	0.42	0.66

氧化物	原　灰	$>45\mu m$	$<45\mu m$	$10\sim45\mu m$	$<10\mu m$
K_2O	2.22	1.47	2.56	1.96	2.88
Na_2O	1.32	0.57	1.62	0.95	2.25
C	1.90	1.91	1.45	1.59	1.32
烧失量	3.29	1.30	3.19	2.38	3.67

从表 3-54 可以看出，原状粉煤灰中氧化铁较高时，各粒级粉煤灰中氧化铁量亦多。但氧化铁含量随粒径减小而降低，相反，三氧化硫、钾、钠、钙、镁含量随粉煤灰粒径减小而提高。

3.2.2.5　粉煤灰矿物组成

1. 粉煤灰矿物组成

粉煤灰的矿物组成及其含量取决于燃烧前煤中的矿物组分、含量、燃烧温度与时间。煤是古代植物埋于地下，在长期地质作用下形成的植物自身具有的挥发分、碳以及少量无机物。与煤一块沉积的矿物也渗透到煤中，使煤含有大量可燃有机物外，还含有黏土类矿物——高岭土、伊利石、长石、石英、磁铁矿、金红石、方解石、白云石、菱镁矿、黄铁矿等无机成分。这些无机物在燃烧后以不同形式进入粉煤灰中。中国粉煤灰的矿物组成列于表 3-55。

表 3-55　中国粉煤灰的矿物组成　　　　　　　　（％）

矿物名称	石　英	莫来石	赤铁矿	磁铁矿	玻璃体
范　围	0.9~18.5	2.7~34.1	0~4.7	0.4~13.8	50.2~79.0
均　值	8.1	21.2	1.1	2.8	60.4

粉煤灰中矿物分为玻璃体和结晶体两大类，大量的是非晶态的玻璃体。冷却速度较快时，粉煤灰的玻璃体含量较多；冷却速度较慢时，玻璃体容易析晶。

粉煤灰中玻璃体有两种形态：一种是微珠，另一种是多孔玻璃体。其基质是硅铝酸盐，在基质内分散着微晶状或针状的晶体物质，其中微晶状晶体为石英，针状晶体为莫来石，有的大颗粒微珠的表面上粘住一些粒径为 $0.1\sim0.3\mu m$ 的硫酸盐。

粉煤灰中晶体矿物有石英、莫来石、赤铁矿、磁铁矿及无水石膏，见图 3-78。

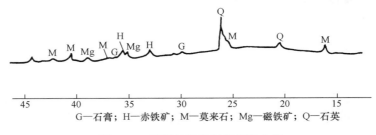

G—石膏；H—赤铁矿；M—莫来石；Mg—磁铁矿；Q—石英

图 3-78　粉煤灰的 X 射线衍射曲线

2. 粉煤灰各颗粒成分的矿物组成

粉煤灰各颗粒成分的矿物组成见图 3-79。

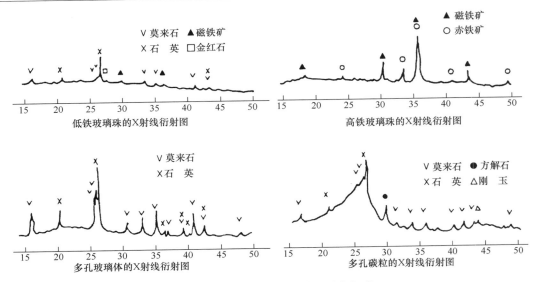

图 3-79 粉煤灰各颗粒成分的矿物组成

3. 各种粒级（细度）粉煤灰的矿物组成

各种粒级（细度）粉煤灰的矿物组成见表 3-56。

表 3-56　各种粒级粉煤灰的矿物组成　　　　　　　　　　　　（%）

粒级	石 英	莫来石	磁铁矿	赤铁矿	碳	玻璃体
原 灰	9.6	20.4	4.5	5.4	1.9	58
>45μm	19.3	17.4	5.9	5.6	1.91	50
<45μm	10.1	18.5	4.1	5.2	1.45	61
10~45μm	12.2	21.2	6.5	7.4	1.59	51
<10μm	6.2	14.1	3.9	4.3	1.32	70

从表 3-56 看出，石英、莫来石、磁铁矿、赤铁矿及碳粒含量均随粉煤灰粒径减小而降低，玻璃体含量随粒径减小而提高。

3.2.2.6　粉煤灰的物理性能

1. 中国典型粉煤灰的物理性能（表 3-57）

表 3-57　粉煤灰的物理性能

项目	密度 (g/cm³)	堆积密度 (kg/m³)	密实度 (%)	筛余量（%）		比表面积（m²/g）		原灰标准稠度 (%)	需水量比 (%)	28d 抗压强度比 (%)
				80μm	45μm	氮吸附法	透气法			
范围	1.9~2.9	531~1261	25.6~47.0	0.6~77.8	13.4~97.3	0.8~19.5	0.1180~0.6530	27.3~66.7	89~130	37~85
均值	2.1	780	36.5	22.2	59.8	3.4	0.3300	48.0	106	66

从表 3-57 看出，中国粉煤灰的物理性能波动极大。其中细度及需水量比尤其突出，差的粉煤灰颗粒全部留在 45μm 筛上。究其原因是电厂多，煤种杂，20 世纪 90 年代以前电厂装机容量偏小，煤磨粉碎性能不好，锅炉炉膛小，燃烧不完全，收尘设备落后且不完善，排灰系统不尽合理。21 世纪以来，30 万千瓦机组、60 万千瓦超临界机组、100 万千瓦超临界

机组纷纷建设，立式磨煤机的使用使粉煤灰的品质大大提高。灰越来越细，含碳量大大下降，可低于 $1\%\sim2\%$，灰中玻璃球含量大幅提高，其火山灰活性大大增加。

2. 粉煤灰各颗粒成分的物理性能

粉煤灰各颗粒成分的物理性能列于表 3-58。

表 3-58　粉煤灰各颗粒成分的物理性能

灰源	组分名称	密度（g/cm³）	堆积密度（kg/m³）	氮吸附比表面积（m²/g）
1	原状粉煤灰	2.15	736	5.51
	低铁玻璃珠	2.82	1537	1.71
	高铁玻璃珠	4.11	2060	0.25
	多孔玻璃体	1.56	642	12.96
2	原状粉煤灰	2.28	740	22.6
	多孔碳粒	1.55	319	38.2

从表 3-58 可以看出，粉煤灰各颗粒成分的理化性能有较大差别，各颗粒成分之间的密度、堆积密度及比表面积均是如此。以密度为例，玻璃珠密度显著高于多孔玻璃体和多孔碳粒，亦高于原灰，密度高的粉煤灰其粒径偏小，玻璃珠含量高，多孔碳粒的比表面积显著高于原灰。

3.2.2.7　粉煤灰分类

1. 按粉煤灰化学组成分

（1）按粉煤灰化学组成可将粉煤灰分为低钙灰、中钙灰、高钙灰和高铝灰四种，见表 3-59、表 3-60。

表 3-59　粉煤灰化学组成成分

粉煤灰类别	氧化钙含量（%）	氧化铝含量（%）
低钙灰	<10	—
中钙灰	10~19.9	—
高钙灰	>20	—
高铝灰	—	>30

注：美国高钙灰氧化钙含量高至 24%。

表 3-60　我国低钙粉煤灰化学成分变化范围　（%）

SiO₂	Al₂O₃	Fe₂O₃	CaO	MgO	SO₃	Na₂O·K₂O	烧失量
40~60	17~35	2~15	1~10	0.5~2	0.1~2	0.5~4	1~26

（2）中国低钙粉煤灰矿物组成及物理性状

中国低钙粉煤灰矿物组成及物理性状见表 3-61、表 3-62。

表 3-61　中国低钙粉煤灰矿物组分变化范围　（%）

铝硅酸盐玻璃微珠	海绵状玻璃体	石英	莫来石	氧化铁	碳粒	硫酸盐
40~85	10~0	1~15	10~30	1~25	1~25	1~4

表 3-62　中国低钙粉煤灰物理性状的变化范围

细度		相对密度	堆积密度（kg/m³）	比表面积（cm²/g）	石灰吸收值（mg CaO/g）	需水量比（%）	火山质活性 28d 水泥砂浆强度比（%）
80μm 筛余量（%）	45μm 筛余量（%）						
0~60	1~80	1.8~2.5	550~1150	1500~5500	20~120	85~130	50~105

低钙灰通常是由无烟煤或烟煤燃烧而得，这类灰具有火山灰活性。中、高钙灰通常是由褐煤或次烟煤燃烧所得，这类灰除具有火山灰性能外，同时显示出某些胶凝性。粉煤灰中氧化钙含量增加，其他氧化物含量相对降低，即使如此粉煤灰中硅、铝、铁三元素的氧化物含量仍在 60% 以上，在氧化钙含量增加的同时，烧失量逐步降低，燃烧更完全。三氧化硫、氧化钠或有效钙随氧化钙的增加而提高，这表明氧化钙含量提高后，除生成一定量水硬性矿物外，同时增加了能激发火山灰反应的成分。

中国高钙灰数量不多，主要来自使用神木煤矿煤的发电厂，如石洞口二电厂，其粉煤灰中 CaO 达 18.2%，另云南开远电厂及福建小龙潭电厂褐煤粉煤灰中 CaO 波动在 35%～50%。

高铝粉煤灰的数量和分布都不多，在我国主要集中在鄂尔多斯盆地的准噶尔、平朔一带，其中三氧化二铝含量可高达 40%～55%。

2. 按粉煤灰细度分级

用气流筛筛分粉煤灰，根据 45μm 筛的筛余量将粉煤灰分成三级，见表 3-63。

表 3-63　根据 45μm 筛的筛余量将粉煤灰分成三级

等　级	45μm 筛余量（%）	等　级	45μm 筛余量（%）	等　级	45μm 筛余量（%）
I	<12	II	<20	III	<45

3.2.2.8　粉煤灰火山灰活性

1. 火山灰活性概念

在材料科学中，活性是指粉末状无机材料遇水或水溶液拌和成的浆体经一系列物理化学作用后能逐步硬化，形成具有一定强度的人造石能力。

活性是综合表示粉煤灰中各成分与氢氧化钙进行反应能力的指标。

粉煤灰本身没有胶凝性，但它在常温常压下，有水存在时能与由水泥或石灰水化形成的氢氧化钙反应生成稳定的、具有一定胶凝能力的水化产物，这种能力称之为粉煤灰火山灰活性。

2. 评定火山灰质材料活性的方法

常见的评定火山灰质材料活性的方法有强度试验法、石灰吸收法、溶出法。在所有现行方法中，只有强度法可以真正反映对工业生产有现实意义的混合料的机械力学行为。强度是粉煤灰火山灰反应能力和其最终形成水泥石结构情况的综合反映。在建材生产中，广泛应用强度试验来表示粉煤灰在实际使用条件下的活性。

3. 粉煤灰火山灰活性指标

粉煤灰火山灰活性是其结构属性的反应。它可以评定粉煤灰火山灰活性的强弱，通过试验确定一个能在一定程度上反映粉煤灰特征的指标 K，称为粉煤灰火山灰活性指标。其计算公式为：

$$K = \frac{Q}{S} \times 10^3 \tag{3-26}$$

式中　K——活性指标（mg/m^2）；

　　　Q——特定条件下，粉煤灰中可溶性硅百分数（%）；

　　　S——粉煤灰中氮吸附比表面积（m^2/g）。

活性指标越高，表示单位比表面积上可参加火山灰反应的物质越多。

4. 粉煤灰强度活性

粉煤灰一般不会单一地使用，常常要和其他物料混合使用。粉煤灰作为一个组分，除了粉煤灰本身的火山灰活性及其他性质的影响，不同应用条件对这些粉煤灰性质的应用效果也有影响。因此在实际工作中，我们常常以强度活性来表示粉煤灰火山灰活性。同一粉煤灰在不同应用条件下（如以石灰和石膏为激发剂的蒸汽养护制品，以石灰、水泥或石膏为激发剂的蒸压养护制品以及常温下以水泥熟料和石膏为激发剂的粉煤灰硅酸盐水泥）所表现的强度活性值是不一样的。粉煤灰的火山灰效应只能通过颗粒表面进行，在颗粒的单位表面上能参加火山灰效应的物质越多，则其火山灰效应越好。

5. 粉煤灰火山灰活性

粉煤灰的火山灰活性来自玻璃体，是其结构属性。它取决于玻璃质颗粒含量及玻璃质颗粒特性，是颗粒中硅铝玻璃体能和碱土元素发生水化反应生成凝胶性产物的能力反映。玻璃体存在于低铁玻璃体、多孔玻璃体、高铁玻璃体及玻璃碎屑等颗粒中，它与粉煤灰中各种颗粒含量、各种玻璃质颗粒中玻璃体含量及其结构特性以及其他物理、化学性质有关。

3.2.2.9 影响粉煤灰火山灰活性的因素

粉煤灰火山灰活性的高低，一般取决于玻璃体中玻璃球含量及结晶体组分的比例。玻璃体越多，火山灰活性越高。

影响粉煤灰火山灰活性的因素有形成条件、颗粒组成、细度、比表面积、密度、玻璃体结构、化学组成、温度、零期需水量等。

1. 形成条件的影响

在粉煤灰形成过程中，形成条件不同，不仅影响粉煤灰中玻璃体含量，而且影响各种玻璃体颗粒形貌和相对含量及玻璃体结构。例如，煤粉磨得越细，锅炉温度越高，燃烧时间越长，燃烧就比较充分；冷却速度越快，粉煤灰含碳量就低，玻璃体相对含量就高。其中如高活性的玻璃体含量高，低活性的多孔玻璃体就相对低；如粉煤灰比表面积小，标准需水量就低。

2. 粉煤灰玻璃体结构的影响

（1）同一种粉煤灰不同玻璃颗粒结构不同，其火山灰活性差别很大。各种玻璃质颗粒中网络聚合物含量高，其中硅氧四面体的聚合度小，结构稳定性差，其火山灰活性高。

（2）对于不同种类粉煤灰而言，相同类型的玻璃质颗粒不是都具有相同的火山灰活性，它们的火山灰活性有时相差很大。其原因是玻璃质颗粒中玻璃体的聚合度数量级不同，聚合度大，火山灰活性低。

（3）原状粉煤灰的火山灰活性与粉煤灰中各种颗粒组成的相对含量、各种玻璃质中玻璃体含量以及玻璃体聚合度有关。

3. 化学组成的影响

（1）粉煤灰中 SiO_2 含量越高，玻璃体含量越高，其火山灰活性就越高。

（2）粉煤灰中 CaO 含量越高，特别是富钙玻璃体含量越高，其火山灰活性越高。

（3）可溶性 SiO_2 和可溶性 Al_2O_3 越多，活性越高。SiO_2 及 Al_2O_3 的溶出程度反映粉煤灰玻璃体颗粒的表面特征和结构特征。

（4）粉煤灰中 K、Na、Fe 离子的影响：粉煤灰中的 K、Na、Fe 使 SiO_2-Al_2O_3 体系的熔融温度下降，容易在较低温度下形成玻璃体。

（5）含碳量越低，火山灰活性越高。

4. 标准稠度需水量的影响

粉煤灰标准稠度需水量越小，火山灰活性越高。

5. 粉煤灰细度的影响

粉煤灰细度对粉煤灰火山灰活性有一定的影响。

在日常生产、研究活动中，表示粉煤灰细度有两种方法：①筛分余量；②比表面积。

$45\mu m$ 筛余越小，活性越高。而筛分余量、含碳量及多孔玻璃体含量对活性的影响与比表面积大小对活性的影响之间有一定的关系，并呈线性关系。

6. 粉煤灰密度的影响

粉煤灰的密实度对其火山灰活性有较大影响，密实度较大的粉煤灰（在一定细度下）活性较高，密度在 0.33 以下的火山灰活性大大降低。

3.2.2.10　贮灰场湿灰

贮灰场湿灰扫描电镜照片见图 3-80。

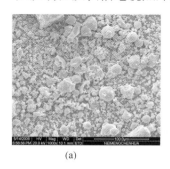 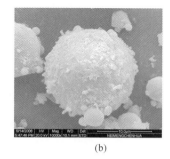 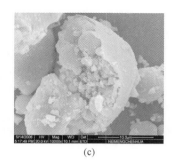

(a) (b) (c)

图 3-80　贮灰场湿灰扫描电镜照片

（a）贮灰厂陈化粉煤灰全貌；（b）发生水化反应的陈化灰颗粒表面；（c）内部发生水化反应的陈化灰颗粒

3.2.2.11　提高粉煤灰火山灰活性的途径

（1）改善锅炉燃烧条件

适当提高燃烧温度及煤粉在高温区的停留时间，达到完全燃烧，降低灰分中可燃物数量，增加玻璃体含量，改善粉煤灰的细度及形貌。

（2）对粉煤灰进行分选

通过分选将各个组分分离，发挥其各自特长加以利用。

（3）磨细

通过磨细提高粉煤灰细度（或颗粒的比表面积），增加界面反应能力。在磨细过程中，多孔玻璃被打碎。原来的粗颗粒变成了中、细颗粒，原来的中、细颗粒变成了细颗粒。改善了颗粒级配，使其均匀。原来包裹在颗粒中的细小玻璃体颗粒被释放出来。多孔颗粒减少，大大改善了颗粒的表面形貌，经磨细后的粉煤灰标准稠度需水量显著降低。粉煤灰磨细后的扫描电镜照片见图 3-81。

（4）掺加激发剂

适当掺加 Na_2SO_4、Na_2CO_3、$NaOH$、$CaSO_4 \cdot 2H_2O$ 等碱性激发剂，使粉煤灰中玻璃体颗粒表面溶解活化，提高了扩散率。掺加 $CaSO_4 \cdot 2H_2O$ 和 Na_2SO_4 等无论在常温下或高温下都能加速粉煤灰与 CaO 的水化反应速度，并相应提高浆体强度。掺加硫酸盐，浆体中产生较多量的、互相搭配的纤维状、网状水化物，这些水化物较松散，扩散系数较大。

3.2.2.12　使用场合不同时，粉煤灰品质对相应产品的影响

粉煤灰可用于自然养护的混凝土工程、填筑工程、蒸汽养护砌块、蒸压养护粉煤灰砖及

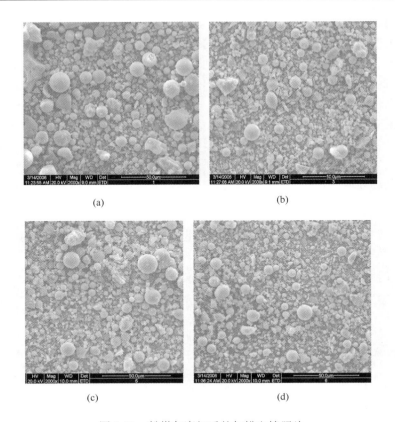

图 3-81　粉煤灰磨细后的扫描电镜照片

（a）粉磨 10min 试样全貌；（b）粉磨 30min 试样全貌；（c）粉磨 50min 试样全貌；（d）粉磨 60min 试样全貌

蒸压加气混凝土。

粉煤灰品质对上述应用场合产品的影响如下：

（1）不论哪一种粉煤灰混凝土或粉煤灰土工压实体的抗压强度，始终取决于粉煤灰的细度及标准稠度需水量。

（2）硅、铝、铁氧化物含量对不同工艺条件制品强度的影响为：蒸压养护大于蒸汽养护；蒸汽养护大于自然养护。

（3）4900 孔筛的筛余量对不同工艺条件制品强度的影响为：自然养护大于蒸汽养护；蒸汽养护大于蒸压养护。

（4）SO_3 的影响

在自然养护时，SO_3 参加反应形成钙矾石，强度较高；

蒸汽养护时，水化产物转化为单硫型硫铝酸钙，强度降低；

蒸压养护时，水化产物进一步转化为铝酸三钙或水石榴子石，强度更低。

（5）含碳量（烧失量）的影响

粉煤灰含碳量高，玻璃球含量就少，有效活性组分硅铝玻璃体含量相对降低，不规则的、未完全熔化的颗粒增多，使料浆和易性（或流动度）降低。制品成型水分高，制品或填筑体的孔隙率高，力学性能下降。

在不同使用条件下，影响粉煤灰火山灰活性的主要因素不尽相同，强度活性方程可以对粉煤灰的品质进行评定。因此，可以借助于强度活性方程（强度活性值）对合理使用粉煤灰提供依据。

3.2.2.13　蒸压养护条件下粉煤灰火山灰活性

将 15％生石灰、15％水泥、67％不同粉煤灰加 3％的石膏粉料加水配制成不同水料比的净浆或加气混凝土试件，在 10 个大气压、恒温 8h 的蒸压养护条件下，观察其火山灰活性。

1. 试验研究用粉煤灰性能

（1）各种粉煤灰的化学成分

各种粉煤灰的化学成分见表 3-64～表 3-68。

表 3-64　粉煤灰中 SiO_2 的含量变化

| 编号 | 化学成分（％） | | | | | | | | 物理性能 | | | | |
	SiO_2	Al_2O_3	Fe_2O_3	CaO	MgO	K_2O	Na_2O	SO_3	烧失量（％）	相对密度	密度（kg/m³）	比表面积（cm²/g）	活性
1	66.72	22.94	3.79	0.93	1.86	2.62		—	4.16	1.99	958	1337	65
2	62.23	21.92	5.66	2.21	1.98	2.76		—	2.72	2.05	1009	1721	60
3	60.69	20.63	4.68	1.61	0.96	3.58		2.38	6.27	1.89	918	1816	81
4	59.45	25.10	5.11	3.95	1.23	1.91	0.51	—	2.17	2.01	962	1414	80
5	58.41	17.55	9.37	3.77	2.66	2.71	1.70	0.79	4.43	2.05	1009	2040	82
6	57.27	22.67	8.28	2.31	1.08	2.60		—	4.70	1.95	890	1854	90
7	56.62	20.36	4.59	3.08	0.99	1.14	0.35	0.21	2.97	1.96	877	2319	21
8	5547	31.04	8.20	1.10	1.20	1.08		—	2.96	2.16	859	2662	77
9	54.80	24.48	3.71	2.04	0.67	1.77	0.29	—	12.47	1.95	888	1815	84
10	53.37	27.07	3.31	5.23	0.86	1.14	0.50	—	6.9	1.72	716	1530	72
11	52.75	33.90	4.75	1.77	0.14	0.84	0.20	0.37	5.58	1.88	775	1233	71
12	51.43	25.78	12.68	3.80	1.05	1.24	4.48	0.48	4.07	2.15	910	2709	88
13	50.41	23.82	11.21	5.75	1.53	1.01		0.07	4.37	1.81	920	1503	56
14	49.33	30.70	6.85	4.59	0.90	1.25	0.40	1.54	7.86	1.84	726	2264	86
15	48.82	27.89	6.11	5.88	0.56	0.39	1.80	0.38	8.79	2.13	707	2817	66
16	47.84	24.10	12.94	3.52	1.28	1.54	0.45	0.90	7.98	2.05	1207	2545	90
17	46.89	30.75	9.64	5.44	0.74	1.03	0.45	1.62	5.34	2.19	824	3171	77
18	45.52	19.64	24.72	0.22	1.67	1.02	0.15	0.68	2.57	2.44	1001	1760	73
19	44.95	31.09	6.63	7.21	—	0.70	0.2	0.65	8.46	2.18	926	2735	76
20	43.88	25.36	19.57	3.08	1.06	1.76		—	5.36	2.27	1010	1652	67
21	41.31	20.19	17.51	3.65	1.33	1.21	0.15	0.75	13.91	2.02	925	1851	83
22	40.8	27.3	4.8	5.16	1.68	1.71		0.42	18.22	2.07	73	2499	89
23	39.63	24.14	8.74	2.33	0.77	0.67		0.23	22.74	1.77	664	1168	54
24	38.21	24.54	4.54	7.12	1.22	1.49		0.49	23.11	2.10	692	3407	68
25	36.03	17.96	15.86	4.69	1.06	1.91	0.65	0.86	22.16	1.95	711	1810	69
26	28.29	14.97	5.27	1.59	0.59	1.71		0.45	46.93	2.12	666	976	68
27	20.63	13.71	4.29	1.84	0.46	0.55	0.20	1.46	58.6	1.65	771	1914	64
28	19.04	11.87	8.19	46.64	2.26	0.87	0.60	6.04	5.07	2.81	1080	2837	96

粉煤灰中 SiO_2 含量最高可达约 66％，低的只有约 20％，大部分在 40％～50％之间。

表 3-65　粉煤灰中 Al_2O_3 的含量变化

编号	化学成分（%）							物理性能					
	SiO_2	Al_2O_3	Fe_2O_3	CaO	MgO	K_2O	Na_2O	SO_3	烧失量（%）	相对密度	密度（kg/m³）	比表面积（cm²/g）	活性
1	46.83	40.44	4.02	2.61	1.33	0.99	—	0.22	—	2.11	—	—	—
2	44.82	38.58	7.45	—	0.48	1.36		0.24	5.32	2.01	990	2102	68
3	43.40	37.24	6.79	2.77	0.66	0.69		0.56	7.92	2.09	749	3018	88
4	52.28	36.32	5.16	2.28	0.96	0.66	0.24	0.14	2.85	2.06	979	2679	81
5	44.17	35.02	6.03	1.68	1.12	1.63		—	8.69	2.07	836	2558	82
6	54.11	34.44	5.34	0.69	0.70	1.03	0.20	1.08	1.80	799	1359	65
7	45.18	33.96	3.35	3.29	0.82	1.29	0.65	0.93	9.81	2.01	740	4264	95
8	51.97	32.17	3.73	3.14	0.65	1.12	0.49	0.36	1.76	1.85	877	2895	64
9	48.77	31.06	6.04	2.09	0.94	1.40		0.47	10.30	2.06	739	3998	76
10	50.42	30.63	3.41	3.71	0.76	1.13	0.30	0.20	8.78	1.85	798	2574	82
11	47.32	29.69	5.69	3.57	2.01	1.19		—	10.05	1.83	714	2315	62
12	49.56	28.55	12.77	2.45	0.88	0.98	0.49	0.44	4.43	2.34	1171	2279	75
13	53.37	27.07	3.31	5.23	0.86	1.14	0.50	—	6.9	1.72	716	1530	72
14	55.5	26.19	6.19	3.82	1.18	1.69	0.45	—	4.48	2.06	845	3239	89
15	45.80	25.02	3.05	2.97	1.05	0.79	0.15	0.27	18.24	1.96	732	3696	89
16	51.00	24.77	13.98	5.66	1.05	0.96	1.10	1.16	2.25	2.09	917	2654	71
17	49.61	23.53	8.68	5.05	1.30	1.26		0.54	9.54	2.08	997	1348	75
18	50.60	22.88	10.67	2.85	1.54	2.76		—	9.55	2.13	950	2449	58
19	52.55	21.12	12.63	4.70	0.70	1.33	0.30	0.46	6.46	1.97	995	1384	73
20	58.5	20.5	8.4	4.73	1.46	3.67	1.1	0.54	3.50	2.08	997	2721	69
21	45.52	19.64	24.72	0.22	1.67	1.02	0.15	0.68	2.57	2.44	1001	1760	73
22	55.83	18.67	6.99	3.66	0.95	0.96	0.30	0.57	7.73	2.29	847	3690	91
23	44.51	17.25	26.37	5.14	2.43	1.40	0.94	—	2.13	2.55	836	1252	72
24	47.55	16.94	7.97	2.79	2.38	1.49	0.64	0.62	20.54	1.79	598	2361	48
25	28.29	14.97	6.27	1.59	0.59	1.71		0.45	46.93	2.12	666	976	68
26	20.63	13.71	4.29	1.84	0.46	0.55	0.20	1.46	58.6	1.65	771	1914	64
27	41.15	12.42	2.12	25.14	4.21	3.38		—	11.42	2.58	1238	2871	82
28	19.44	11.87	8.19	46.64	2.26	0.87	0.60	6.04	5.07	2.81	1080	2837	96
29	19.11	8.71	1.96	2.65	—	0.80	0.10	—	68.24	—	—	—	—

粉煤灰中 Al_2O_3 含量最高可达约 40%，最低只有约 8%，大部分在 $20\%\sim30\%$ 之间。

表 3-66　粉煤灰中 Fe_2O_3 的含量变化

| 编号 | 化学成分（%） | | | | | | | | 物理性能 | | | | |
	SiO_2	Al_2O_3	Fe_2O_3	CaO	MgO	K_2O	Na_2O	SO_3	烧失量（%）	相对密度	密度（kg/m³）	比表面积（cm²/g）	活性
1	43.29	16.09	34.98	2.04	1.47	1.38	1.01	—	0.34	2.57	1576	732	58
2	44.51	17.25	26.37	5.14	2.43	1.40	0.94	—	2.13	2.55	836	1252	72
3	45.52	19.64	24.72	0.22	1.67	1.02	0.15	0.68	2.57	2.44	1001	1760	73
4	43.88	25.36	19.57	3.09	1.06	1.76			536	2.27	1010	1652	67
5	36.03	17.96	15.86	4.69	1.06	1.91	0.65	0.86	22.16	1.95	711	1810	69
6	47.13	22.60	14.42	3.98	1.31	1.93		—	9.16	2.15	924	2448	82
7	51.00	24.77	13.98	5.66	1.05	0.96	0.10	1.16	2.25	2.09	917	2654	71
8	49.36	28.55	12.77	2.45	0.88	0.98	0.49	0.44	4.43	2.34	1171	2279	75
9	50.41	23.82	11.21	5.75	1.53	1.01		0.07	4.34	1.81	920	1503	56
10	47.63	32.44	10.17	3.61	0.71	1.60	0.35	0.52	3.44	2.40	1152	2941	80
11	46.89	30.75	9.64	5.44	0.74	1.03	0.20	1.62	5.34	2.19	824	3171	77
12	49.91	30.27	8.18	3.34	2.05	1.10		—	4.78	2.01	838	2665	86
13	50.30	29.38	7.30	5.50	1.74	0.79	1.11	1.82	3.79	2.13	1195	2037	79
14	48.82	27.89	6.11	5.88	0.56	0.39	1.80	0.38	8.79	2.13	707	2817	66
15	49.95	30.08	5.20	3.52	0.57	1.09	0.39	0.77	8.27	2.00	788	4010	60
16	49.83	34.43	4.31	2.93	0.51	1.34	0.45	0.38	7.15	2.05	756	5522	110
17	50.42	30.63	3.41	3.71	0.76	1.13	0.30	0.20	8.78	1.85	798	2574	82
18	46.01	27.94	2.24	3.77	0.65	0.94	0.40	—	16.29	1.90	929	2676	89

粉煤灰中 Fe_2O_3 含量高的可达约 35%，低的只有约 3%，大部分在 $8\%\sim15\%$ 之间。

表 3-67　高钙粉煤灰中 CaO 的含量变化

| 编号 | 化学成分（%） | | | | | | | | 物理性能 | | | | |
	SiO_2	Al_2O_3	Fe_2O_3	CaO	MgO	K_2O	Na_2O	SO_3	烧失量（%）	相对密度	密度（kg/m³）	比表面积（cm²/g）	活性
1	19.44	11.87	8.17	46.64	2.26	0.87	0.60	6.04	5.07	2.81	1080	2837	96
2	30.93	16.18	9.17	34.94	1.08	1.93		3.42	3.92	2.71	1470	2496	67
3	41.13	12.42	2.12	25.14	4.21	3.38		—	11.42	2.58	1238	2671	82
4	43.66	23.97	8.64	13.89	2.43	2.06	0.88	0.93	—	—	—	—	—
5	49.39	21.48	8.51	12.80	1.06	1.93	0.79	0.89	—	—	—	—	—

高钙粉煤灰中 CaO 的含量最高可达约 46%，低的也在 10% 以上。一般而言，粉煤灰中 CaO 含量在 5% 以下，最低的可低于 1%。

表 3-68 粉煤灰中烧失量（未燃碳含量）的变化

| 编号 | 化学成分（%） | | | | | | | | 物理性能 | | | | |
	SiO_2	Al_2O_3	Fe_2O_3	CaO	MgO	K_2O	Na_2O	SO_3	烧失量（%）	相对密度	密度（kg/m^3）	比表面积（cm^2/g）	活性
1	19.11	8.71	1.96	2.65	—	0.80	0.10	—	68.24	—	—	—	—
2	20.63	13.71	4.29	1.84	0.46	0.55	0.20	1.46	58.60	1.65	771	1914	64
3	28.29	14.97	6.27	1.59	0.59	1.71		0.45	46.93	2.12	666	976	68
4	39.38	14.45	7.48	1.76	0.97	1.89	0.44	0.64	32.29	2.09	1127	1216	73
5	40.20	20.17	4.58	1.64	1.15	0.99	0.30	0.52	31.02	1.44	1120	801	72
6	41.37	17.18	6.27	0.87	0.58	1.04	0.49	0.56	30.75	1.90	937	2699	64
7	33.70	24.35	9.88	5.00	0.42	0.30	0.10	0.55	27.67	1.99	923	1774	77
8	44.84	22.17	3.98	0.84	0.76	1.16		—	26.44	1.95	1005	2223	50
9	40.14	26.11	5.41	2.23	1.04	0.55	0.35	1.24	23.56	2.07	610	3921	86
10	36.03	17.96	15.86	4.69	1.06	1.91	0.65	0.86	22.16	1.95	771	1810	69
11	40.20	24.68	7.80	3.24	0.79	0.93	0.98	0.64	21.47	2.07	793	2527	78
12	47.55	16.94	7.97	2.79	2.38	1.49	0.64	0.62	20.54	1.79	598	2361	48
13	39.77	24.48	5.51	6.41	1.15	2.09			19.77	1.79	714	1754	61
14	45.80	25.02	3.05	2.97	1.05	0.79	0.15	0.27	18.24	1.96	732	3696	89
15	46.01	27.94	2.24	3.77	0.65	0.94	0.40	—	16.29	1.90	929	2676	89
16	46.42	21.08	6.43	5.34	3.14	1.97		0.29	15.4	2.00	928	2609	73
17	52.21	22.77	4.28	3.84	1.91	2.45	0.45	0.60	14.15	1.97	997	—	—
18	41.31	20.19	17.15	3.65	1.32	1.21	0.15	0.76	13.91	2.02	925	1851	83
19	53.91	24.19	5.78	2.35	0.42	0.73	0.44	0.31	12.32	2.08	764	3864	94
20	50.81	22.98	4.38	3.96	1.05	1.52	0.39	1.57	11.95	2.24	795	5144	112
21	48.77	31.06	6.04	2.09	0.94	1.40		0.47	10.30	2.06	739	3998	76
22	50.46	22.83	10.67	2.85	1.54	2.76		—	9.55	2.13	950	2449	58
23	49.95	30.08	5.52	3.52	0.52	1.09	0.39	0.77	8.27	2.00	788	4010	60
24	49.83	34.43	4.31	2.93	0.51	1.34	0.46	0.38	7.15	2.05	756	5522	110
25	52.65	21.12	12.63	4.70	0.70	1.33	0.30	0.30	6.46	1.97	995	1384	73
26	52.75	33.90	4.75	1.77	0.14	0.84	0.20	0.37	5.58	1.88	775	1233	71
27	49.56	28.55	12.77	2.45	0.88	0.98	0.49	0.44	4.43	2.34	1171	2279	75
28	47.63	32.44	10.17	3.61	0.71	1.60	0.35	0.52	3.44	2.40	1152	2941	80
29	51.00	24.77	13.98	5.65	1.05	0.96	0.10	1.16	2.25	2.09	917	2654	71
30	54.11	34.44	5.34	0.69	0.70	1.03	0.20	—	1.08	1.80	799	1359	65
31	43.29	16.09	34.98	2.04	1.47	1.38	1.01	—	0.34	2.27	1576	732	58

粉煤灰中烧失量高的可达 70% 左右，低的不到 1%，大部分在 8% 以下。

由于煤种不同，电厂装机容量不同，操作水平不同，粉煤灰的化学组成变化很大。所以对粉煤灰化学组成及物理性能要有所了解，以便对各种粉煤灰的配方及工艺参数进行调节。

（2）各种粉煤灰的物理性能

各种粉煤灰的物理性能见表 3-69。

表 3-69　各种粉煤灰的物理性能

性质　　产地	密度 γ	表观密度 $\gamma_\triangle$	密实度 $\rho=\dfrac{\gamma_\triangle}{\gamma}$	标准稠度需水量	4900 孔/cm² 筛余（%）	20000 孔/cm² 筛余（%）	透气比表面积（cm²/g）	计算法比表面积（cm²/g）
上海（吴泾）	1.870	0.730	0.390	37.5	22.10	53.64	3006	1130
哈尔滨	2.050	0.630	0.307	70.3	21.30	58.50	3864	780
天　津	2.050	0.783	0.382	56.0	16.30	61.70	3347	770
唐　山	1.850	0.665	0.360	58.0	22.10	73.86	2099	692
南　宁	1.980	0.605	0.306	74.1	8.06	49.50	3380	920
武　汉	2.020	0.689	0.341	37.3	9.10	48.20	3417	788
成　都	2.280	0.779	0.342	49.0	17.10	62.30	3670	596
宝　鸡（1）	2.470	1.258	0.509	24.3	7.45	36.50	1429	1000
宝　鸡（2）	2.470	1.210	0.490	25.1	9.60	37.20	—	—
西　安	2.115	0.695	0.329	38.5	12.60	73.7	1980	586
太　原	2.350	0.718	0.306	54.0	11.50	68.30	3940	788
富拉尔基	1.940	0.699	0.360	52.0	35.40	68.70	1980	648
郑州（363）	2.110	0.877	0.416	35.0	7.85	35.70	2443	970
郑州（热电）	2.190	0.928	0.424	40.0	56.20	85.78	1000	290
北京（西高井）	1.895	0.680	0.359	54.5	12.70	50.40	2419	792
兰州（干）	2.190	0.726	0.332	52.5	5.90	54.60	5109	—
兰州（湿）	2.070	0.705	0.341	56.0	18.2	63.86	4204	—
安阳　3#	1.990	0.476	0.239	86.5	21.4	56.21	5159	—
安阳　7#	1.805	0.672	0.372	71.0	37.8	70.47	1827	—
安阳　混合	1.880	0.542	0.288	87.5	40.1	70.00	3040	—
上海（杨树浦干）	1.945	0.695	0.357	53.5	33.1	56.04	2752	—
（杨树浦湿）	1.965	0.747	0.380	59.0	65.4	86.15	1411	—
邵　武	2.385	0.737	0.305	30.5	0	微量	7477	—
吉林（粗）	1.810	0.846	0.467	43.5	27.75	65.74	1931	—
吉林（细）	2.040	0.861	0.422	30.0	5.8	23.65	3198	—

表 3-69 中粉煤灰的表观密度在 0.6～1.0 之间，密度在 1.8～2.5 之间。密实度 $\rho\left(\rho=\dfrac{\gamma_\triangle}{\gamma}\right)$ 即 $\dfrac{表观密度}{密度}$ 在 0.3～0.5 之间，透气法比表面积为 1000～4000cm²/g，计算法比表面积为 650～1100cm²/g。

（3）粉煤灰粒径分布

粉煤灰粒径分布见表 3-70。

表 3-70　粉煤灰粒径分布

粒径 (μm) 产地	>350	200	125	85	70	60	47	35	25	15	5
上　海	4.70	2.30	11.00	6.38	11.12	2.10	13.36	8.90	2.52	32.30	1.92
哈尔滨	9.50	2.79	9.42	4.70	7.60	2.30	17.20	12.80	20.80	11.40	0.50
天　津	3.21	1.28	8.48	6.33	10.67	2.71	20.03	7.25	18.80	11.70	0.50
唐　山	2.10	2.72	17.90	11.50	11.50	3.30	29.96	14.40	8.45	2.51	0.10
南　宁	0.30	0.68	0.77	7.00	12.20	2.69	17.62	9.40	30.80	10.30	0.40
武　汉	0.54	0.82	8.54	6.68	11.92	2.57	25.44	14.70	21.40	6.30	0.23
成　都	2.56	1.84	10.62	7.39	11.08	2.72	34.54	9.60	13.50	4.40	0.26
宝　鸡	0.18	0.21	2.70	3.60	10.80	2.20	15.00	10.00	44.30	10.60	0.38
西　安	1.00	1.17	10.87	8.75	10.80	3.41	36.09	15.00	8.50	2.30	0.10
郑州 303	0.70	0.8	6.60	5.10	7.86	1.90	10.80	12.00	39.40	15.40	0.10
太　原	2.81	1.42	8.20	4.80	9.80	2.61	19.80	20.80	17.50	9.30	0.50
富拉尔基	11.50	6.00	18.83	7.15	10.00	1.79	11.76	3.34	20.00	7.50	0.08
郑州热电厂	29.40	6.70	21.40	7.84	9.19	1.99	7.70	6.00	6.37	1.56	0.07
北　京	1.52	1.10	9.06	7.97	11.24	3.39	13.96	27.00	15.00	6.90	0.15

从表 3-70 中看出，比表面积大的粉煤灰主要因其中 $15\sim35\mu m$ 的颗粒较多，在显微镜下观察 $5\sim35\mu m$ 颗粒是玻璃球较为集中的部分，这部分活性较大。

（4）各地粉煤灰中玻璃球含量

各地粉煤灰中玻璃球含量见表 3-71。

表 3-71　玻璃球含量　　　　　　　　　　（%）

组分 产地	玻璃球含量	玻璃球大小	玻璃碎片含量	碳粒	α-石英	硫酸钙	钙长石	磷石英
宝　鸡	90	大小都有	微量	3~5	少	—	—	—
郑州 303	70.8	小的多	20~30	3~5	5~7	—	—	微量
上　海	50.60	大小都有	40~50	多	7~10	—	—	微量
富拉尔基	55	较大	25	多	多	—	—	微量
唐　山	30~40	较大	60	1~2	3~5	—	—	微量
武　汉	40~50	小	40~50	3~4	多	—	—	3
武　汉	30	大	55~60	5~7	5~7	少	—	无
成　都	50~60	小	40	5~7	较多	5	—	1
哈尔滨	50	中等	50	10	较多	微量	—	微量
太　原	50	大小都有	30~35	多	8~10	微量	—	微量
天　津	20~30	大黑	70	3~5	3~6	3	—	微量
北　京	70	大小都有	20	4~5	3~4	少	—	少
南　宁	10~15	大小都有	80~85	3~5	3~5	少	—	微量
郑　州	30~40	大	~70	10	~5	少	—	微量

从表 3-71 可以看出，各地粉煤灰玻璃球含量和大小相差很大。

（5）各地粉煤灰矿物组成

各地粉煤灰的矿物组成见表 3-72。

表 3-72　粉煤灰的矿物组成

物相＼产地	石英	莫来石（%）	赤铁矿＋磁铁矿（%）	烧失量（%）	α-Al₂O₃	CaCO₃（%）	玻璃体含量（%）	玻璃体中SiO₂（%）	玻璃体中Al₂O₃（%）	玻璃体中SiO₂/Al₂O₃
上　海	12.00	24.40	0.99	14.85	—	—	49.15	30.28	8.80	3.45
哈尔滨	18.00	14.10	0.94	13.27	—	—	53.69	33.52	9.15	3.66
天　津	6.75	36.40	1.21	5.35	—	—	53.79	37.44	3.09	12.30
唐　山	6.25	22.80	0.97	0.81	微量	—	70.14	44.00	11.56	3.80
南　宁	3.00	32.60	1.29	5.85	—	—	57.26	33.60	10.60	3.16
武　汉	21.60	25.00	0.88	2.96	—	—	50.13	33.77	3.88	8.80
成　都	14.70	10.60	1.44	5.64	—	—	67.62	40.23	12.50	3.30
宝　鸡	3.10	10.30	2.64	1.17	—	—	82.26	46.13	23.26	1.95
西　安	4.20	25.40	1.88	8.53	—	—	59.05	33.14	13.62	2.44
郑州 303	13.80	8.00	2.99	2.87	—	—	72.14	41.90	16.75	2.50
太　原	11.00	19.00	4.46	12.38	微量	微量	64.14	23.59	10.00	2.35
富拉尔基	15.30	5.85	—	6.90	—	—	—	40.35	14.80	2.74
郑州电厂	7.00	6.68	5.09	8.12	—	微量	72.11	41.08	13.84	3.01
北　京	3.00	35.00	1.29	2.42	—	—	58.29	33.64	8.41	4.70

2. 蒸压养护条件下的粉煤灰活性

在高温下水介质的作用大为加强，粉煤灰中的氧化物溶解度大为提高，SiO_2 及硅酸盐物质与高温水相遇时，即与 Si 结合，使 O^{2-} 变成 OH^-，进而导致 Si－O 四面体结构的键松弛，继而反应向深度发展，整个 Si－O 四面体晶体结构发生紊乱，促进晶体结构的转移和形成新的水化产物。高温与石灰、水泥、硫酸盐一样具有激发作用。

3. 粉煤灰性能对其强度活性的影响

1) 粉煤灰密度对净浆抗压强度的影响

（1）各地粉煤灰中蒸压净浆的抗压强度

各地粉煤灰中蒸压净浆的抗压强度见表 3-73。

表 3-73　各地粉煤灰中蒸压净浆的抗压强度

产地	唐山	宝鸡	郑州 1	上海	南宁	郑州 2	富拉尔基
抗压强度（kg/cm²）	300	350	335	332	258	255	310
产地	武汉	西安	太原	哈尔滨	成都	北京	郑州 3
抗压强度（kg/cm²）	315	265	238	218	285	315	334

配合比：石灰 15%＋水泥 15%＋粉煤灰 67%＋石膏 3%，稠度 18Cm。

蒸压养护制度：升温 3h，恒温 8h，降温 2h，10 个气压，183℃。

（2）不同密实度的粉煤灰度对蒸压氧化的净浆试件抗压强度的影响

不同密实度的粉煤灰度对蒸压氧化的净浆试件抗压强度的影响见图 3-82。

从图 3-82 中看出：

①蒸压养护净浆的抗压强度随密实度增加而提高；

②密实度相近的粉煤灰，其细度较大者，抗压强度偏高；

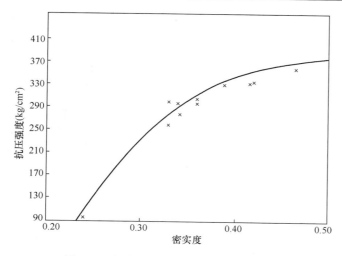

图 3-82　粉煤灰密实度与抗压强度的关系

③宝鸡、郑州、太原三个电厂的粉煤灰蒸压净浆的抗压强度较低，对宝鸡电厂而言，粉煤灰的 SiO_2/Al_2O_3 太小（仅 1.95），故而强度偏低；

④郑州电厂粉煤灰太粗，4900 孔筛筛余达 56.2%，计算法比表面积仅 300cm²/g。尽管该灰玻璃体含量达 82.53%，玻璃体中 SiO_2/Al_2O_3 达 3.01，密实度达 0.424，强度仍然较低；

⑤太原电厂粉煤灰由于含铁较高而强度偏低；

⑥对郑州电厂粉煤灰磨细后，抗压强度成倍提高。如磨到 4900 孔筛筛余 20% 左右，抗压强度可达 300kg/cm²。

2）粉煤灰细度对蒸压净浆抗压强度的影响

粉煤灰细度对蒸压净浆抗压强度的影响列于图 3-83。

从图 3-83 可以看出，随粉煤灰细度增加，蒸压养护净浆的标准稠度需水量降低，抗压强度提高。

图 3-83 结果说明，粉煤灰磨细后粉煤灰中许多由小球粘结成的堆聚物被打碎，颗粒形状有很大改善，密实度增加，孔隙率减少，料浆和易性改善，使标准稠度需水量下降，蒸压养护净浆抗压强度提高。

3）粉煤灰中玻璃体对蒸压养护净浆抗压强度的影响

粉煤灰中玻璃体对蒸压养护净浆抗压强度的影响列于表 3-74 和图 3-84。

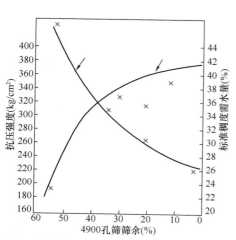

图 3-83　粉煤灰细度对蒸压净浆抗压强度的影响

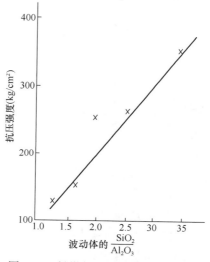

图 3-84　粉煤灰中玻璃体对蒸压养护净浆抗压强度的影响

表 3-74　合成玻璃体成分与抗压强度的关系

成分 编号	SiO_2 （%）	Al_2O_3 （%）	SiO_2/Al_2O_3	抗压强度 （kg/cm^2）
1	45	45	1	110.4
2	60	30	2	225.8
3	67.5	22.5	3	305.7
4	75	15	5	377.3
5	78.75	11.25	7	405.6
6	81	9	7	486.3

从表 3-74 以及图 3-84 中可以看出，玻璃体成分对蒸压养护净浆的抗压强度有很大影响。SiO_2/Al_2O_3 值越高，蒸压养护净浆的抗压强度越高。

4）粉煤灰烧失量对蒸压养护净浆抗压强度的影响

粉煤灰烧失量在 0.8%～15% 范围内对蒸压养护净浆抗压强度影响不明显，没有线性关系。烧失量大，玻璃球含量就少，有效活性组分硅铝玻璃体含量相对降低，不规则的未完全熔化的颗粒状多，料浆和易性降低，需水量增加，导致强度降低。

综合上述可以得出，影响粉煤灰蒸压养护净浆抗压强的因素主要是粉煤灰本身的密实度、细度和玻璃体成分三要素。

5）在蒸压加气混凝土生产环境下粉煤灰性能对其强度活性的影响

加气混凝土是在大水料比工艺条件下蒸压养护的制品，在高温大水料比的工艺条件下，决定粉煤灰活性的因素同净浆一样，仍然是粉煤灰的密实度、细度及玻璃体成分和含量。

3.3　发气材料

3.3.1　概述

在碱性料浆中通过化学反应放出气体，产生气泡，形成多孔结构，是蒸压加气混凝土生产的独特之处。因此，发气材料便成为蒸压加气混凝土生产的特殊材料。

1. 对形成蒸压加气混凝土的气孔结构的气体要求

（1）适合于制造蒸压加气混凝土的气体必须符合下列要求

①不与料浆组分，特别是不与料浆中的碱性介质液体发生反应，并被吸收；

②无毒、无腐蚀性，并不得引入有害于钢筋防腐的离子；

③生产使用安全；

④工艺简便，价廉，容易获得。

（2）适合于蒸压加气混凝土生产的气体

经分析，实际可以适用于蒸压加气混凝土生产的气体只有：①氢气；②氮气；③氧气；④空气；⑤低碳烃类（并不理想）。

2. 发气材料研究简述

（1）通过查阅相关资料，从国外在发气材料的研究和发展了解到，从 1889 年出现第一个发气方法专利以来，人们对发气剂及其利用于蒸压加气混凝土生产的方法进行了大量探索、研究和试验。概括起来大致有九类：

①利用酸与碳酸盐或金属粉作用放出气体；

②利用轻金属或其他金属合金粉与碱反应放出氢气；

③以过氧化氢或其他含有活性氧的化合物在一定催化剂存在下放出氧气；

④利用某些碳化物（如 CaC_2）或某些氢化物（如 CaH_2）与水反应放出气体；

⑤利用氨化物及有机氮化物在一定条件下放出氮气；

⑥利用分解产生气体；

⑦利用在水泥凝结过程中可以溶化的物质或过量水制造多孔混凝土（即置换法）；

⑧利用低沸点有机溶剂或溶解性气体在一定条件下氧化，制造多孔混凝土；

⑨其他方法，如减压膨胀法等。

综合分析上述发气剂以及制取氢气、氮气、氧气等各种气体的方法，发现很多产气反应成本较高；有的只能在中性或酸性介质中放气，而且产气量不高；有的反应条件苛刻，如需要较高反应温度或很高碱度，这些都不是加气混凝土料浆所能具有的碱度和温度；还有的反应速度太快，使生产中无法掌握和控制，而不能用于加气混凝土生产。

（2）根据上述探索，我们对其中材料来源相对容易，成本相对较低，产气量较大的硅、铝以及它们的合金进行了试验研究，发现以下规律：

①结晶硅

结晶硅分子量较小，理论发气量较高，比铝还大。但要求碱浓度高，反应速度慢，在 8～10gNaOH/L 的溶液中（与生产中碱度相近）基本不能进行反应，而且制造复杂，成本较高，不适宜用于加气混凝土生产。

②硅铁合金

高硅铁（含硅 90％以上）才有一定发气能力，在碱度大于加气混凝土料浆 6 倍以上时，1h 以后才开始发气的突跃。即使加入一些外加剂对发气速度有一定影响，但未能改变发气状况。低硅铁（含硅 50％～60％以下）发气量很小。

③硅-钙合金

硅-钙合金发气量小，发气速度慢，使用外加剂也不能根本改变。

3. 硅-铝合金

硅-铝合金随着铝含量提高，发气速度也提高。当含铝量达到 50％时，发气量可达 1210mL/g，但必须在 55℃温度下，碱浓度达 20gNaOH/L 以上时反应才可快速进行，当碱浓度降低时，反应速度急剧下降。

（1）铝-铁合金

铝-铁合金随铝含量增加，发气速度随之提高，主要是铝组分在起作用。含铝量增大，发气量亦增大。

（2）铝-铜合金（日本进行了研究）

铝-铜合金的活性不及铝-铁合金。当溶液碱度低于 20gNaOH/L 时反应速度较慢。

综合上述，一些硅、铁、铝合金虽可与碱反应放出氢气，但活性低，发气速度缓慢，碱用量要高于一般 3～4 倍以上，温度要高 10℃以上才能用于生产。过多的碱含量给生产和产品性能带来很多问题，不具有应用于生产的可能性。

（3）其他发气剂

除进行了以上试验外，还考虑并探索了用尿素、电石、过氧化氢作为发气剂的可能，但发气都很快，不易控制。尿素反应带入氯离子，会导致加气混凝土中钢筋锈蚀。过氧化氢是强氧化剂，它在放气时离析出氧离子，其腐蚀性很强，对皮肤造成灼伤，对衣服、钢材等都产生腐蚀。

这三种发气材料虽可放出气体，但都不适用于蒸压加气混凝土生产。

从大量试验研究和生产实践看，在放气化学反应方面还没有一个经济技术指标超越铝粉。铝粉发气量大，使用方便，资源丰富，适用于在略高于室温条件的低碱度料浆中进行放气反应。

3.3.2　铝

铝是自然界中蕴藏最多的金属元素，主要存在于铝硅酸盐中。

金属铝是由铝矾土经拜耳法制成 Al_2O_3，再经电解而得的金属单质。

1. 铝的物理性质

铝是一种银白色、有光泽的轻金属。相对密度为 2.7，熔点为 658℃，沸点为 2057℃，熔化潜热为 77cal/g。

铝具有很高的导电性和导热性。铝的机械强度很低，但塑性好，具有很大的延展性，可压力加工。

2. 铝的化学性质

铝是一种相当活泼的金属，其标准电极位是 $-1.68V$。外电子层的结构为 $3S^2 3P^1$。金属单质的化学性质主要表现为极易失去外层电子而氧化，形成金属正离子。

$$M = M^{n+} + ne$$

金属单质失去电子越容易，化学活泼性越大，反之则小。

金属元素的活泼性有一定顺序。按此顺序，原则上任何一种金属都能从可溶性化合物（包括简单离子的化合物）的稀水溶液中把活泼性低于它的任何其他元素置换出来。

在常温下，纯水 $pH=7$，其氢离子的电极电势 $E^{\circ}(H^+) = -0.414V$。在氢元素上面的任何金属都能从水或酸的水溶液中置换出氢。从电极电势看，电极电势小于 $-0.414V$ 的金属都可与水反应。铝在氢的上方，而且相距较远，铝与水接触时，$Al = Al^{3+} + 3e$，$E^{\circ} = -1.67V$。因此，铝能从水中置换出氢气。但是在发生反应的瞬时，铝金属表面形成一层难溶的氢氧化铝，覆盖在铝表面，阻止金属与水进一步接触，使反应不能继续进行，故铝不能从水中直接置换出氢气来。

在碱性水溶液中：$E^{\circ}(H_2O/H_2) = -0.825V$

$$E^{\circ}[Al(OH)_3/Al] = -2.33V$$

从铝在酸及碱的水溶液中的电极电势看，铝能溶解于酸，也能溶解于碱，是典型的两性元素。所以铝能从碱液中置换出氢气。

$$2Al + 6H_2O = 2Al(OH)_3 + 3H_2 \uparrow \tag{3-27}$$

$$2Al(OH)_3 + OH^- = AlO_2^- + 2H_2O \tag{3-28}$$

$$2Al + 2NaOH + 6H_2O = 2Na[Al(OH)_4] + 3H_2 \uparrow \tag{3-29}$$

式（3-29）可简化为：　　$2Al + 2NaOH + 2H_2O = 2NaAlO_2 + 3H_2 \uparrow$ $\tag{3-30}$

上式表明，铝在碱溶液中的反应可以看成铝和水反应生成氢氧化合物，然后氢氧化合物再与碱反应生成溶于水的盐，使反应继续进行。这一反应能否继续进行，即铝能否从水中置换出氢气，不仅取决于铝的电极电势值，而且还取决于生成物在水中的溶解性。

铝与氧有高度的融合力，在空气中与氧接触极易被氧化生成致密而稳定的三氧化二铝，氧化膜层使它不会进一步被氧化。铝的氧化反应是放热过程：$4Al + 3O_2 \longrightarrow 2Al_2O_3 + 787kcal$，但在一般情况下，氧化过程很慢，反应产生的热量在大气中扩散，不会引起不良后果。铝的氧化是不间断的，它存在于熔化、运输、贮存及各类加工中。

3.3.3 铝粉

3.3.3.1 铝粉的种类与用途

铝粉是粉末状的铝。按其生产方式，有喷雾铝粉和球磨铝粉两大类。在球磨铝粉中又有干法球磨铝粉和湿法球磨铝粉膏之分。在湿法球磨铝粉膏中，由于所用研磨介质不同，又分油性铝粉膏和水性铝粉膏两种。

铝粉已有一百多年的生产和应用历史。它的用途很广，在钢铁工业的炼钢中做脱氧剂；在涂料工业中做银色颜料；在农药工业中做杀虫剂；在军事工业中做炸药、照明弹、燃烧弹以及火箭发动机的固体燃料；在节日庆典中做烟花、爆竹；在建筑材料工业中做加气混凝土发气剂。

3.3.3.2 铝粉制造

1894 年德国人海姆台格发明了用二氧化碳气保护进行干法生成铝粉的方法，1910 年美国人丁·赫尔采用石油类溶剂做研磨剂制造铝粉浆成功，20 世纪出现了用喷雾铝粉，通过氮气保护干法生产球磨铝粉，20 世纪 60 年代中期又研制成功水分散铝粉浆。

1. 喷雾铝粉

喷雾法制作铝粉是将含铝量 99％以上的铝锭用水和酸清洗去除表面的杂质，晾干后在电阻炉、高频电弧炉或燃油加热炉中加热至 685～720℃，使其熔化成液体，然后用 18～20kg/cm² 的氮气或压缩空气，将铝液从熔化炉中吸至雾化器，通过喷嘴雾化成不同形状、

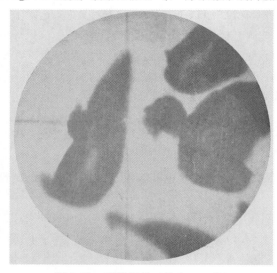

不同粒径的铝颗粒进入冷却器冷却沉降。再经几级旋风分离器分离或经筛分级，得到不同细度的喷雾铝粉，贮存于不同料仓中成为不同规格、品牌产品。改变喷嘴型号和压缩空气压力便可改变喷粉细度。

熔融状态的铝液被喷成雾状，它在运动中被空气冷却（图 3-85）逐渐形成球状体，也有的在收缩过程中，被高速气体拉成椭圆形、水滴形、蛹形等。其直径和长度的比值一般在 1:（5～10）之间。颗粒尺寸变动范围较宽，大的达几毫米，小的仅几微米，甚至更小。在这一过程中大约有 1％的铝被氧化成氧化铝，在颗粒表面形成一层氧化薄膜，喷雾铝粉的密度不小于 1g/cm³。

图 3-85 喷雾铝粉（放大 450 倍）

2. 球磨铝粉

1) 干法球磨带脂铝粉

将筛分至一定粒级（$\geqslant 80 \mu m \sim 2mm$）的喷雾铝粉，送入 $\phi 1500mm \times 3000mm$ 的球磨机中，用不同形状的研磨体进行研磨。铝的磨细过程是破碎与延展的过程，见图 3-86。

经过球磨的铝粉产生许多新表面，比表面积大大增加。铝粉颗粒被磨得越细越薄，新表面就越多越大。在磨细过程中，铝遇到氧即发生氧化生成三氧化二铝并放出热量，比表面积越大，放热越多。短时间的大量放热，极易引起燃烧和爆炸。

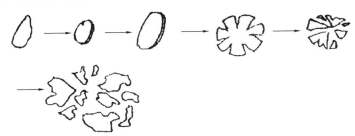

图 3-86　喷雾铝粉球磨过程中锻延示意图

为保证铝粉生产的安全，将喷雾铝粉的磨细过程在充满氮气的密闭循环系统中进行，以防止铝在磨细中氧化。但在磨细过程中不能全部为氮，在氮气中还必须配有 $2\% \sim 8\%$ 的氧气，一般控制在 $4\% \sim 5\%$。氮气中的氧在磨细过程中，使一部分新产生的铝颗粒表面氧化生成一层薄薄的三氧化二铝保护层，以免大量新鲜表面的铝在出磨后与氧剧烈氧化放热导致燃烧和爆炸。

另外在球磨过程中，一定要加入一定量的硬脂酸，硬脂酸在 $80 \sim 100℃$ 的磨机内软化，甚至融化附着于铝薄片表面，形成一个分子厚的薄膜。防止铝粉出磨机后及运输使用过程中被氧化，或遇水反应放热着火。同时，硬脂酸还可防止和消除磨细铝粉颗粒自身的粘结以及与钢球及衬板之间的粘结。改善磨细过程，促进薄片形成，增加研磨系统的流动性，防止堵料。

磨细材料和产品品种不同，特别是所需的颗粒级配、形状不同，所用研磨体形状也不同，有钢棒、钢棍、圆柱体、钢球、立方体等。

2) 水分散铝粉膏

（1）水分散铝粉膏生产工艺种类

水分散铝粉膏在发达国家研究较早，但作为商品大约在 20 世纪 60 年代中期才在市场上发现。

国外制造的水分散铝粉膏工艺归纳起来大体有两种：

①将含硬脂酸的磨细铝粉或铝粉膏用亲水的分散剂或有机粘合剂进行改性处理，使表面活性剂的亲油端与包裹铝鳞片的硬脂酸膜结合，而其亲水端伸向水中，达到分散的目的，同时使其浓缩化，形成团粒。

②在液体介质中进行间隙磨细而得，见图 3-87。

湿法球磨铝粉膏

铝箔1

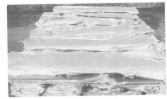
铝箔2

图 3-87　铝粉湿法球磨

根据液体介质种类不同又分为两种：

a. 在非水介质中（如煤油、石脑油等）加入亲水性或憎水型保护剂及成浆剂，在球磨机中湿磨喷雾铝粉毛料，并将磨好的铝粉浓缩后进行乳化分散和团粒化，此方法制得的产品称为油性铝粉膏。

b. 在加入憎水型保护剂的水介质中湿磨喷雾铝粉毛料，磨好的铝粉浓缩后再与分散剂混合并团粒化，所得的产品称为水性铝粉膏。

（2）不管用什么方法或工艺生产水分散铝粉膏必须具备下列共同的功能：

①制成品中的铝颗粒必须呈鳞片状并由成浆剂粘合为团粒状或干浆状。

②铝鳞片有很好的保护层，隔离空气和水，以保护其高度活性。

③铝鳞片有很好的亲水性，能很好地分散于水中。

国外是从第一种工艺发展到第三种工艺的。上述第一种工艺不可取，其仅仅解决了粉尘问题。第二种也有不足之处，其虽然克服了铝粉的主要不足，但在铝粉膏中引入了 25％～30％的油类物质，不仅消耗油料并有易燃的可能和产生油污染。

三者比较，直接水磨法生产水性铝粉膏具有明显的优点。

3）油性铝粉膏

油性铝粉膏是在油介质中细磨，由铝鳞片、成浆剂组成的松软团状物，是含有油料保护剂的膏状铝粉。经将筛分的喷雾铝粉或铝箔在装有煤油和憎水表面活性剂的球磨机中，磨制成鳞片细度适宜的料浆，再用油稀释出磨。料浆装在帆布袋内静置后通过离心机脱油，使其达到所需要的固体分。脱油后的铝浆在筛分成均匀团球状，并按比例混合，将铝浆调成均匀膏体，最后将成品装桶入库。

4）水性铝粉膏

水性铝粉膏是将喷雾铝粉或铝箔在水介质中细磨并存在于保护剂中的膏状铝粉。

水性铝粉膏是将喷雾铝粉或铝箔送入装有憎水型保护剂水溶液的球磨机中进行间隙磨细，形成水性铝粉浆。水性铝粉浆出磨后经过滤除水分成为团球状铝粉膏装桶入库销售。

随着在磨细过程中所使用的保护剂种类和组成不同，市场上又有两种类型和功能的水性铝粉膏。

①憎水型保护剂水性铝粉膏

憎水型保护剂在铝薄片的新表面上形成一层不溶于水而又有亲水性的物质层，使铝粉与水隔离，防止水的侵蚀，控制铝的氧化，保证研磨顺利进行。憎水型保护剂抑制铝氧化的作用不仅表现在研磨过程，而且也在运输、贮存、使用过程中。

②复合乳化型保护剂水性铝粉膏

目前市场上大量生产使用的是用前者所生产的水性铝粉膏，而复合乳化型保护剂水性铝粉膏（商品品牌 W-201C）具有更加优越的使用性能，它不但生产、运输、贮存、使用安全，特别是能在水中长时间存放而不需要做夹套用冷水冷却。多年使用实践表明，即使在福建、马来西亚这些夏季气温较高的地区，周末停产甚至工厂检修几日，未用完的悬浮液也无须从搅拌贮罐中放空；恢复生产时可以继续搅拌使用，不会发生安全事故。除此，其在蒸压加气混凝土料浆中发气开始时间可在一定范围内调节，在稍高的搅拌料浆温度下仍可正常发气，形成优良的气孔结构，制品气泡小而均匀，没有大气泡。到目前为止，这是性能最好的蒸压加气混凝土生产专用发气材料。在用这种铝粉膏时可以不用稳泡剂，给生产管理带来极大的方便，且具有独立的自主知识产权，是我国对蒸压加气混凝土工业的一大贡献。

5）三种铝粉（膏）的照片列于图 3-88。

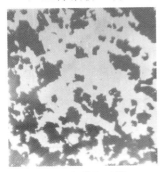
Eckart 铝粉 (25.6 倍)

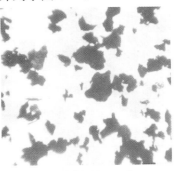
干法球磨铝粉 (25.6 倍)

湿法球磨铝粉 (25.6 倍)

图 3-88　三种工艺方法磨制的铝粉

经实验和多年使用实践证明，水性铝粉膏性能稳定，在不同环境条件下（包括冷冻）存放一年以上，其活性铝含量及分散性不变，加水后制成的悬浮液贮存 48h 性能仍然稳定。具体见表 3-75～表 3-77。

表 3-75　不同研磨时间的颗粒变化和铝氧化程度

球磨时间 （h）	铝箔		喷雾铝粉	
	粒厚为 80μm（%）	活性铝/总铝含量（%）	粒厚为 80μm（%）	活性铝/总铝含量（%）
6	10.92	96.52	14.00	96.87
7	5.25	97.32	11.50	97.14
8	2.66	97.92	9.33	96.79
9	2.27	97.18	3.16	97.02
10	1.47	96.60	1.74	97.28

从表 3-75 看出，不论是铝箔或喷雾铝粉，使用憎水型保护剂进行不同时间水磨所得的铝粉膏中的活性铝粉占总铝含量的百分比几乎不变。说明氧化在球磨过程中得到较好的控制，粒度变化也有规律。

表 3-76　低温贮存环境对活性铝含量的影响

批号	常温（%）	Ⅰ（%）	Ⅱ（%）	Ⅲ（%）	低温环境
1	58.55	57.70	57.27	58.36	−18℃，12h； 室温，12h
2	57.85	56.87	57.14	57.26	
3	58.47	57.32	57.49	57.78	
4	58.97	58.82	59.08	59.62	
5	58.67	59.17	58.81	59.29	
6	59.06	59.45	59.13	—	−18℃，15h； 室温，15h
7	57.05	57.30	57.39	—	
8	57.37	57.38	57.28	—	
9	57.82	57.51	57.68	—	
10	58.18	58.61	58.94	—	

从表 3-76 看出，在 −15℃ 的低温条件下贮存一个月对铝粉膏中的活性铝含量几乎没有变化，表明在低温存放环境下，铝粉膏未被氧化，贮存性能良好。

表 3-77　水性铝粉膏在常温条件下存放时间对活性铝含量的影响　　　（％）

批号	刚磨出	贮存时间											
		1个月	2个月	3个月	4个月	5个月	6个月	7个月	8个月	9个月	10个月	11个月	12个月
1	58.41	58.39	57.79	58.54	59.01	58.72	58.40	58.31	58.00	58.11	58.26	58.85	58.79
2	58.01	57.68	58.25	57.72	57.73	57.29	58.06	58.47	58.11	58.16	—	—	—
3	56.85	56.78	57.30	56.63	57.06	56.73	56.90	57.30	57.22	56.60	56.80	56.62	56.98
4	56.29	56.16	56.87	56.52	57.03	56.12	56.27	56.06	56.05	56.61	—	—	—
5	58.14	58.18	58.60	57.999	58.16	58.20	58.70	58.95	59.03	58.37	—	—	—

从表 3-77 看出，在常温水性铝粉浆贮存一年，其中活性铝含量几乎没有改变，说明水性铝粉膏中的铝鳞片未被氧化，复合保护剂的保护效果更好，水性铝粉膏贮存使用是安全的。

世界上生产干磨铝粉、油性铝粉的国家很多，有美国、英国、德国、加拿大、俄罗斯、荷兰、法国、匈牙利、日本、中国等。其中采用在水介质中直接湿磨制取水性铝粉膏的有美国、加拿大、英国、法国、日本、中国等国。日本于 1975 年在加气混凝土生产中使用水性铝粉膏代替油性铝粉膏。中国于 1979 年开始试制用于加气混凝土的水分散铝粉膏。在原国家建材局组织并参与下，经原济南向阳化工一厂、化工部涂料工业研究所和北京矽酸盐制品厂共同协作，于 1982 年研制成功 W-201A 油性铝粉膏，用于蒸压水泥-矿渣-砂、水泥-石灰-砂、水泥-石灰-粉煤灰加气混凝土生产，效果良好。可完全代替干法磨细带脂铝粉用于蒸压加气混凝土生产，获得山东省科技进步二等奖。1980～1981 年西北铝加工厂与甘肃省建筑材料科学研究所共同研制水性铝粉膏，1982 年通过技术鉴定，目前已在全国普遍生产和使用。干法磨制带脂铝粉仅有少数几家工厂使用，油性铝粉膏已基本不用。

干法磨细带脂铝粉粉磨时，入料颗粒不能太细，不要小于 80 目，因为粒子太小，与研磨球直径比相差太大，从而得到研磨体冲击、剪切的机会减少，更不易被延展，会被气流带入旋风分离器中，因而会增加铝粉的松散容量，影响其发气性能。

对于湿法球磨则不然。因为它是间隙磨细，一批料从喂入磨机到出磨时间往往比干法磨细长 20 倍以上，较小的喷雾颗粒能获得较多的冲击和剪切延展机会，所以采用湿法球磨，小铝粉颗粒也能获得较大的水面遮盖面积。

3. 三类产品生产技术比较

1）干法磨细带脂铝粉

（1）连续磨细，生产能力大，机械化、自动化程度高，劳动用工少，产品质量稳定。

（2）活性铝含量降低。

在磨细介质氮气中，需要配有 2％～8％氧气，使部分铝被氧化成三氧化二铝。一般会有 5～10kg/t 铝粉被氧化，造成部分活性铝损失。另外在干法磨细中还要加入 2％～3％的硬脂酸，因此干磨铝粉中活性铝含量在 82％～89％之间，低于湿法磨制的铝粉膏。

（3）在生产和使用中损耗大。

铝的相对密度小，铝粉颗粒也很小，在生产使用过程中的收集、包装、卸料、称重等工序都会产生飞扬损失，加上小口包装使卸料不净，一般也要损失 5～10kg/t 铝粉。

（4）铝粉颗粒表面包覆有一层硬脂酸，不能直接分散于水中，而是会浮在水面上。不能直接使用，必须进行脱脂处理，增加了工序、设备投资、用工以及成本。

干磨铝粉脱脂有两种方法：

①用电加热烘烤箱烘烤脱脂，不太安全，一有不慎，会引起着火燃烧，处置不当，甚至爆炸。

②使用表面活性剂进行化学脱脂。即在水中加入表面活性剂，然后加入铝粉进行搅拌脱脂使用。

（5）铝粉颗粒飞扬，悬浮于空气中，当浓度达到 $40\sim305.5\mathrm{g/m^3}$ 空气时，遇有火花立即爆炸，造成人员伤亡、财产损失。

（6）环境污染，有损身体健康。

在生产过程中，铝粉飞扬，使工人满身是尘，又难以清洁。长期操作，刺激皮肤和呼吸器官，进入肺、肝等影响健康。

（7）干磨铝粉能和水反应放出热量和氢气。当铝粉中含有湿存水（1%～3%）或处在潮湿状态，特别是这些水不是纯净水，这种反应不断发生，反应的热量使铝粉温度上升并引起自燃。

2）油性铝粉膏

（1）间隙磨细，生产控制容易，质量相对稳定，但用工较多，劳动强度相对较高，耗费煤油，而且产品有轻微煤油味。

（2）因在保护介质中磨细，氧化损耗小，固体分中活性铝含量高，一般都超过90%，铝膏中固体分含量较高。

（3）生产、包装、运输、贮存、使用安全。铝膏中均匀地调和了少量沸点较高的煤油或石脑油，它们使铝鳞片粘结成大小均匀的松软团粒，质量大大高于单个铝鳞片，基本不产生飞扬，大大减少了爆炸的潜在危险。

（4）水分散性好。

铝膏中配有亲水保护剂，在水中很快被湿润，在外力搅拌下，迅速形成均匀的悬浮液。在无外力作用时，铝颗粒会缓慢沉降积于水下层，重新搅拌又迅速分散，悬浮，不结块。

（5）贮存稳定，不变质。成浆剂系低挥发性煤油，不易挥发，保证了贮存稳定。在屋顶日晒、雨淋 40 个月且在 $-10\sim+50$℃温度下储存，分散性和发气特性均未发生改变。

（6）工艺简化，设备及材料减少，生产成本下降，生产使用过程中损失减少，经济性比较好。

3）水性铝粉膏

（1）间隙磨细，生产控制容易，质量稳定，用工较多，每一磨数量不大，劳动强度和油性铝粉膏一样。

（2）在配有保护剂的水中磨细，氧化耗损少，固体分中活性铝含量高，一般都在 90% 以上。

（3）生产、包装、运输、贮存、使用安全。

保护剂在铝颗粒外形成一层保护层。它有足够的亲水性，又能牢固地包覆（吸附）在铝颗粒的周围将水隔离，防止水的侵蚀，控制了铝的氧化。另外，保护剂亲水基因外面的水分子的"粘合"作用，使整个铝膏呈现团粒状，减轻了铝颗粒飞扬，可以避免着火、爆炸，改善了环境。

（4）水分散性好。

在加入水中时，保护层亲水基因在水分子作用下拉着铝颗粒分散在水中，同时也逐渐使得保护层胶溶、乳化和扩散在水中露出活性表面。

（5）贮存稳定。

水性铝粉膏在室温下贮存一年及在－18℃下冻融，水分散性和发气特性没有变化。

（6）生产、使用成本降低，具有很好的经济效应。

使用水做介质，节省了煤油，简化了工序，减少了飞扬损失。活性铝含量高，节省了用量，贮存相对安全，减轻了贮存负担。

在上述三类铝粉中以水性铝粉膏性能最优，已被大量使用。

3.3.3.3 铝粉性质

铝粉的化学性质取决于铝锭的化学成分，其物理性能取决于由生产方式所决定的颗粒级配、颗粒尺寸、颗粒表面状态及单位表面积。不同物理化学性能的铝粉具有不同用途，用途不同要求有不同物理化学性质的铝粉。

1. 铝粉颗粒形状

磨制铝粉的破碎过程是锻延过程。喷雾铝粉颗粒及铝箔在球磨机内通过研磨体（如钢球、钢棒）的撞击和研磨，不断延展、断裂，形成不同尺寸和厚度的阔叶状鳞片，见图3-89。

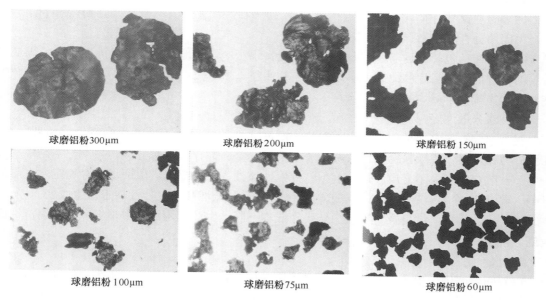

球磨铝粉300μm   球磨铝粉200μm   球磨铝粉150μm

球磨铝粉100μm   球磨铝粉75μm   球磨铝粉60μm

图 3-89　磨制铝粉颗粒形状（放大 79 倍）

图 3-89 列示了不同尺寸铝粉颗粒的形态。从图 3-89 看到，不管颗粒尺寸大小，颗粒都呈破碎、撕裂的不规则叶片状（类梧桐树叶）的薄鳞片，具有极大的表面积。

2. 磨制铝粉颗粒尺寸与级配

所有铝粉不管生产方法如何，都由不同粒度的颗粒组成。

磨制铝粉颗粒尺寸范围较宽，长、宽尺寸波动极大，在 $1\sim300\mu m$ 之间，通常为 $(0.1\sim1.8)\mu m\times(5\sim150)\mu m\times(5\sim300)\mu m$。颗粒厚度波动于 $(0.1\sim1.8)\mu m$ 之间，平均在

0.58μm。长、宽与厚度之比约为
(80∶1)～(120∶1)。

3. 磨制铝粉颗粒表面形态

磨制铝粉颗粒并非一片平整的树叶状，而是扭曲状，多褶皱，见图 3-90。

从图 3-90 看出，经过磨细的铝粉颗粒，像一片被揉搓了的铝箔，表面像山峦一样凹凸不平，呈现了较为复杂的反应表面。

4. 铝粉的颗粒尺寸、级配、水面遮盖面积和松散容量

不同工厂生产的不同品种铝粉的颗粒尺寸、级配、水面遮盖面积和松散密度不同。中国部分干磨带脂铝粉的物理性能列于表 3-78。

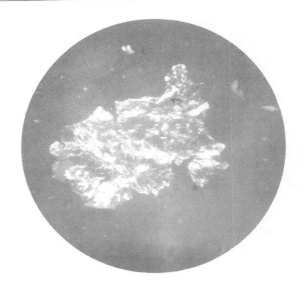

图 3-90　铝鳞片的表面形态（显微镜放大 450 倍）

表 3-78　中国部分干磨带脂铝粉的物理性能

序号	松散密度 （g/cm³）	水面遮盖面积 （cm²/g）	不同孔径分样筛筛上物含量（%）						
			200μm	150μm	100μm	90μm	75μm	60μm	<60μm
1	0.156	7150	1.1	5.5	8.0	11.2	31.2	35.0	8.0
2	0.150	6600	0.2	6.3	7.5	5.9	6.8	57.1	16.2
3	0.190	6230	2.0	2.8	4.7	3.8	3.0	26.0	57.7
4	0.152	5850	1.8	1.2	2.3	1.6	0.8	2.5	89.8
5	0.164	4700	0.6	2.1	4.6	5.1	4.9	18.5	64.2
6	0.220	3840	0.7	1.5	6.9	9, 5	4.8	14.6	61.2
7	0.224	2960	0.4	1.3	7.0	10.7	4.8	10.8	67.3
8	0.217	2840	1.2	0.8	6.3	8.3	5.3	10.8	67.3
9	0.232	2100	0.4	1.5	8.2	10.6	7.5	17.4	54.4
10	0.274	1970	0.6	1.7	8.8	12.8	7.8	16.7	51.6
11	0.239	1710	1.8	4.7	19.0	15.0	11.8	15.1	32.6
12	0.245	1600	1.8	4.2	14.1	16.7	9.6	17.6	36.0
13	0.340	—	4.0	9.4	25.4	18.5	6.3	9.9	25.8
※14	0.076	9000～10000	1.6	6.0	26.5	24.8	18.1	13.4	9.6

※为德国 Eckart 铝粉

表 3-78 所列序号 1～13 的铝粉性能为原哈尔滨 101 厂和陇西 113 厂生产的两种不同批号的铝粉性能。表中序号 14 为德国生产，该品牌是专为蒸压加气混凝土生产特制。

从表 3-78 看出：

(1) 铝粉的水面遮盖面积与松散密度之间有一定的关联。随着水面遮盖面积增加，松散密度相应降低。

(2) 国产干磨带脂铝粉物理性能波动幅度较大。

(3) 国产干磨带脂铝粉颗粒过细，大部分产品 75μm 以下的颗粒在 80% 以上，60μm 以下的颗粒在 70% 以上。

（4）德国 Eckart 铝粉 $75\sim100\mu m$ 的颗粒占 70% 左右，$60\sim100\mu m$ 的颗粒占 80% 以上，其特点是颗粒尺寸比较大，厚度比较薄而均匀，水面遮盖面积大，松散密度很低而含脂量不高（0.4%），使用时不能再脱脂，可直接使用，其发气特性非常适合加气混凝土生产。到目前为止，中国还没有掌握该品牌的生产技术。

5. 三类铝粉产品的性能

三类铝粉产品的性能见表 3-79。

表 3-79　三类铝粉产品的性能

铝粉类型	带脂铝粉	油性铝粉膏	水性铝粉膏
金属铝含量（%）≥	98	—	—
固体分含量（%）≥	—	$65\sim75$	64
活性铝含量（%）≥	89	90	$85\sim90$
水面遮盖面积（cm^2/g）	$4000\sim6000$	$4000\sim6000$	$4000\sim6000$
颗粒细度			
颗粒形状	阔叶状	阔叶状	阔叶状
硬脂酸含量（%）≥	2.8	无	无

注：活性铝含量为固体分含量的%。

3.3.4　铝粉生产使用安全

1. 铝粉生产、使用中不安全因素

铝在空气中会与氧反应，在其表面生成一层三氧化二铝保护层，使其内部不再被氧化。铝的氧化过程是放热过程，反应如下：

$$4Al + 3O_2 \longrightarrow 2Al_2O_3 + 787kcal \tag{3-31}$$

在一般情况下，上述反应进行得缓慢，所产生的热量在大气中很快扩散，不聚集，不会引起灾害。但经粉磨产生大量新表面而又没有有效保护的铝粉在磨机内遇氧就会剧烈氧化，集中放出大量的热，引起燃烧。每千克铝粉将放出 7140kcal 热量，燃烧温度高达 3000℃，产生白炽耀眼火焰，并冒出白色烟雾。

如果铝粉颗粒悬浮于空气中，当铝粉浓度达到每立方米空气中含量为 $40\sim305.5g$ 时，遇到一个火星就会发生爆炸，造成建筑破坏、人员伤亡。

另外，铝粉遇水（如在包装筒内或贮仓中贮存期间）会反应放热和放出氧气。当空气中混有 $4.5\%\sim75\%$ 的氢气时，会产生自燃和爆炸；铝粉如加热到一定温度再遇到沸水时，使水水解放出氧气，也会引起火灾、爆炸。

2. 蒸压加气混凝土生产过程中铝粉贮存、加工、使用的安全措施

对于上述这些不安全因素在加气混凝土生产中必须引起高速重视，采取相应措施，保证安全，绝不能疏忽和大意。

涉及铝粉贮存、加工的车间（或工段）的安全安排如下：

1）在加气混凝土工厂设计中，铝粉贮存和加工车间应该远离主车间、办公室或人流密集的地方。

2）在铝粉贮存和加工车间（或工段）的建设设计上应该注意以下几个事项：

（1）铝粉贮存和加工车间（或工段）的建设必须有防火、防爆功能

①建筑物屋顶必须采用轻型屋面。在万一发生爆炸时，以便从屋顶泄压，不致因屋顶紧固，爆炸时致使墙体倾倒、屋面下塌，造成更大损失。

②屋面必须有很好的防水性能，不能漏雨。

③建筑物应采用大扇门窗，并设置安全门，以便爆炸时泄压和疏散。

④建筑物内的水平构件，如梁及其他水平构件的上端面应做成流线型，防止铝粉尘在其上沉积。

⑤建筑墙面应尽可能平整、光滑，最好涂上油漆，防止铝粉沉积。

⑥地面应采用不产生火花的菱苦土混凝土地面。

⑦在可能发生爆炸的部位与其他操作部位应设置混凝土防爆墙。

⑧建筑物内部要保持 10℃ 以上的温度。

（2）涉及铝粉的设备应该注意的事项

①尽可能做到密封，并防止漏尘，以免铝粉尘在空气中飞扬或造成粉尘沉积。

②铝粉分装设备或集尘器要设置泄压帽，其顶面要做成圆凸状，防止铝尘沉积于上。

③输送铝粉的管道尽可能没有水平段，避免铝粉在管道中沉积，管道上要安装防爆阀。

④所有电器设备都要密封防爆，如电机、开关、照明等。

⑤所有电气设备都要有可靠接地，所有电线应铺设在管道内，不得架空线。

⑥铝粉车间内要安装避雷器，防止雷击。

（3）尽可能使生产工艺过程机械化、自动化，保证工艺流程稳定，实现远距离遥控操作。

（4）加强消防管理，必须备有足够水量的消防用具及器材。如条件许可，在铝粉车间安装 2～3 个与消防队直接联系的自动信号装置。

（5）加强安全技术教育，严格遵守安全防火规范。对所有从事铝粉工作的人员进行认真严格的安全技术教育，使其熟悉铝粉性能，了解安全技术要求和消防知识。

（6）加强行为管理。

①铝粉车间内严禁烟火

如工作需要，在工作地点必须动火时，例如维修设备需要动用电、气焊接，需经申报批准，并将所需维修的设备系统内的铝粉清理干净，采取有效措施方可进行。

维修中所有工具不得采用能产生火的材料制造。如铁制品，应当采用铝、青铜或木材等制造。在特殊情况下，必须使用铁制工具，需要在工具上涂黄油。

日常维修人员，严禁穿带铁钉的鞋进入铝粉工作地，以防铁钉与混凝土或钢材打起火花。

②所有设备及房屋水平构件上不准有积尘，要经常用浸水抹布擦拭设备。每月要求对设备和房间进行彻底清扫一次。经常检查房屋和暖气是否漏雨、漏水，并要检查是否有水漏入盛有铝粉的容器中，如有漏入需要将这些容器移出，另行处理。

③堆放铝粉的仓库，要注意保持通风干燥；盛有铝粉容器的堆放，不能太集中，应分行堆至一定高度，径向留出通道，以防万一发生事故时，便于安全移出；盛有铝粉的容器需加盖，堆放在相距暖气及窗口 1m 远的地方。车间内所有通道和安全门要经常保持有效通畅，不得堵塞。

④铝粉车间内严禁存放汽油、煤油等易燃物品。

3. 消防

（1）发生铝粉着火时，严禁使用水、泡沫和二氧化碳灭火器灭火，应使用干细料、石棉

被等。用石棉被轻轻盖在火源上，然后用防火锹将干细料轻轻撒在石棉被上，以隔断空气，直至火焰熄灭为止。

在没有石棉被的情况下，可用干细料轻轻堆积在火源周围，由外至内将火源完全覆盖。

（2）灭火时要有组织、有秩序，如人员衣服着火，不能奔跑，应立即脱掉衣服，不准有过堂风，动作要轻，不能使铝粉尘飞扬，防止引起爆炸。

（3）发生着火、爆炸时，要沉着果断，立即切断有关电源，关闭各个阀门。

3.4 调节材料

由于蒸压加气混凝土生产工艺自身的需要和因原材料以及环境变化给生产过程造成的波动，需要在生产过程中加入不同种类、不同性质和功能的外加剂，对蒸压加气混凝土生产过程的不同阶段和工序进行调节，使生产能稳定、高效、顺畅地进行。

通常用于调节的材料有铝粉发气调节材料，料浆水化、稠化、硬化调节材料，气泡稳定材料，蒸压养护调节材料等。

3.4.1 调节材料的种类

1. 铝粉发气调节材料

铝粉发气需要有一定的碱度。当料浆碱度不够，影响正常发气时，需要加入提高料浆碱度、加快发气的调节剂。当铝粉发气太快时需要加入减缓发气的调节剂。

用作铝粉发气调节材料有氢氧化钠（NaOH）、碳酸钠（Na_2CO_3）、硅酸钠（$Na_2SiO_3 \cdot nH_2O$）、石膏（$CaSO_4 \cdot 2H_2O$）、硫酸亚铁（$FeSO_3$）等。

2. 膨胀料浆的水化、稠化、硬化调节材料

膨胀料浆需要有适度的稠化、硬化速度。如果稠化太慢，膨胀料浆不稳定，容易发生塌模，收缩下沉。稠化太快，膨胀料浆憋气，发不满模或开裂下沉。此时需要加入调节料浆水化的调节剂，加快或减缓料浆水化速度。

用作发气膨胀料浆水化、固化、硬化的调节材料有石膏（$CaSO_4 \cdot 2H_2O$）、碳酸钠（Na_2CO_3）、硼酸钠（$Na_2B_4O_7 \cdot 5H_2O$）、糖、磨细生石灰等。

3. 膨胀料浆中的气泡稳定材料

用作膨胀料浆中气泡稳定的材料主要是不同的表面活性剂。其中有人工合成表面活性剂，如洗净剂、平平加、拉开粉、油酸、三乙醇胺等；还有天然植物表面活性剂，如茶籽饼、皂荚粉、茶皂素等。

4. 蒸压养护调节材料

掺加蒸压养护调节材料主要增加 CaO 与 SiO_2 的反应能力，提高抗压强度，其中有 Na_2CO_3 等。

3.4.2 石膏

石膏是蒸压加气混凝土生产的重要调节材料，对蒸压加气混凝土生产过程有多种调节作用。

3.4.2.1 石膏

石膏是硅酸盐矿物，是盐湖中化学沉淀的产物，常与钠盐、钾盐及光卤石共生，还含有黏土矿物、碳酸盐矿物等。

一般所称石膏可泛指石膏和硬石膏。这两种石膏常伴生产出，在一定地质作用下又可相互转化。

石膏的化学式为 $CaSO_4 \cdot 2H_2O$，也称为二水石膏或软石膏。石膏的理论成分为 CaO 32.6%，SO_3 46.5%，H_2O 20.9%。属单斜晶系，晶体呈板状，少数为柱状，常见燕尾双晶，集合体通常是致密块状或纤维状。一般为白色晶体，无色透明，常因混有杂质呈灰、红、褐等色。玻璃光泽，硬度为 2，密度为 $2.3g/cm^3$，易溶于 HCl，难溶于水。加热至 $80\sim90℃$ 开始脱水，$129\sim140℃$ 时变为半水化合物——熟石膏 $\left(CaSO_4 \cdot \dfrac{1}{2}H_2O\right)$。

中国石膏矿资源丰富，全国有 23 个省（自治区）分布有石膏矿。山东省石膏矿最多，资源储备量占全国 60%，其次是内蒙古、青海、湖南、湖北、宁夏、广西、安徽、江苏 8 省（自治区），占全国石膏资源总储量的 32%。主要石膏矿区有内蒙古鄂托克旗、湖北应城、吉林浑江、江苏南京、山东大汶口、广西钦州、山西太原、宁夏中卫等。

3.4.2.2　石膏对蒸压加气混凝土生产过程的调节

1. 石膏对水泥熟料水化的缓凝

石膏在水泥浆中与 C_3A 反应，在 C_3A 表面形成一层保护层，阻止 C_3A 进一步水化，使 C_3S 在混合料中因 C_3A 的作用所引起的硬化之前，有充分的水化溶解机会，起到缓凝作用，成为水泥缓凝剂。但在保护层形成的同时，溶液中石膏逐步消耗直至完全没有，C_3A 又继续快速水化。

2. 石膏对石灰水化的影响

石膏可以延缓石灰的水化速度，降低石灰水化温度。

不同石膏掺量对生石灰消化的影响见图 3-91。

从图 3-91 看出，随着石膏掺量的增加，石灰消化速度减慢，消化温度降低。石膏掺量在 5% 及 10% 时，消化时间由 $2\sim3min$ 延长到 $8\sim10min$。当石膏掺到 15% 及 20% 时，石灰消化温度由纯石灰时的 75℃ 下降到 50℃ 左右，消化时间延长到 12min。

石膏为什么能延缓石灰消化进程呢？前苏联学者 Б.В.奥辛认为，石膏是一种电解质，加入到石灰或含钙材料中可降低石灰的溶解度，从而减缓其水化速度。

生石灰水化后呈胶体状态，其胶团结构见图 3-92。胶团被 Ca^{2+} 离子所包围，外围为 OH^- 所构成的反离子护散层。加入石膏后，石膏部分溶解产生的 SO_4^{2-} 二价离子与石灰颗粒带正电的表面有更大的吸引力，于是 SO_4^{2-} 取代 OH^- 而构成更密实的扩散层，阻碍水分子进入石灰颗粒。同时也可能在石灰外围生成一种碱

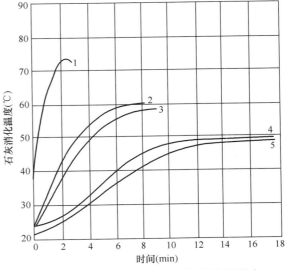

图 3-91　不同石膏掺量对生石灰消化的影响
1—纯石灰；2—掺 5% 石膏；3—掺 10% 石膏；4—掺 15% 石膏；5—掺 20% 石膏

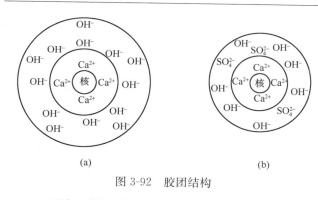

图 3-92　胶团结构

4. 石膏对铝粉发气动力特性的影响

（1）石膏对铝粉发气动力特性的影响见第 5 章 5.2.1 节 2（5）部分描述。

（2）石膏对铝粉发气时间的影响

不同石膏掺量对铝粉发气时间的影响见图 3-93。

从图 3-93 看出，石膏加入会延缓铝粉发气过程，延长铝粉发气时间。当石膏加入量为铝粉的 3 倍时，铝粉发气时间延长 5～8 倍。如进一步增加，其抑制作用更加严重。

5. 加速坯体在静停过程中硬化，提高制品抗压强度，减少制品收缩

（1）石膏在加气混凝土料浆中与硅酸盐材料中的 C_3A 反应。在液相中生成多重结晶水化硫铝酸钙，促进坯体硬化。对于水泥-石灰-砂配料，经验证明，在坯体硬化作用上每

或盐的薄膜，也阻碍水分子渗入。因而延缓了石灰的消解速度和相应降低了其消解温度。

3. 石膏对加气混凝土料浆稠化的影响

由于石膏能延缓石灰的消解和水泥水化凝结速度，从而可以延缓由水泥和石灰组成的加气混凝土料浆的稠化性能，减缓膨胀料浆稠化速度。

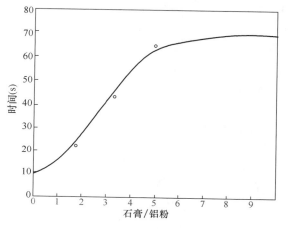

图 3-93　不同石膏掺量对铝粉
发气时间的影响

加入 1% 的石膏可减少 3% 的水泥用量而使硬化不受影响。但当 SO_3^{2-} 数量达到 3% 以上时效果就明显减少。

（2）对于水泥-石灰-粉煤灰配料，掺加少量石灰会促进石灰与粉煤灰水热反应，提高粉煤灰反应率，增加水化硅酸钙数量。

（3）石膏能促进 C-S-H（I）向托勃莫来石转化，使托勃莫来石数量增加。

（4）能抑制制品中水化石榴子石产生，使留在制品中的铝离子掺杂到 C-S-H（I）中。部分掺杂的 C-S-H（I）可转化为钙代托勃莫来石。Al_2O_3 也能促进 C-S-H（I）向托勃莫来石转化，部分掺杂的 C-S-H（I）可转化为铝代托勃莫来石，从而提高制品抗压强度，减少制品干燥收缩。但是石膏用量不能过高，太高会产生羟-硅磷灰石，使粉煤灰反应率下降，制品强度、碳化性能随之下降。所以在通常情况下掺加 3%～5% 为宜，而且必须控制在 5% 以内。

尽管在水泥-石灰-砂蒸压加气混凝土生产中可以不掺加石膏，但现在几乎所有原材料组合的料浆中都不同程度地添加了石膏。对于水泥-石灰-粉煤灰配料而言，石膏的作用是明显的。

石膏对于蒸压加气混凝土而言，可明显改善蒸压加气混凝土的坯体成形性能、产品抗压强度和收缩。

除了天然石膏外，燃煤电厂烟气脱硫石膏、磷化工的磷石膏、钛石膏、柠檬酸石膏、氟石膏等均可用作蒸压加气混凝土的生产调节剂。

3.4.3　糖

适用于蒸压加气混凝土调节的糖为普通食用糖，如蔗糖、甜菜糖等。糖一般用于水泥-砂配方和水泥类钢筋防锈剂制作，主要是使水泥水化进程放慢，水化速度减缓。在水泥-砂配料中，糖不仅延长膨胀料浆的稠化时间，而且延缓坯体硬化时间。糖对水泥水化的影响十分复杂，不同掺量范围的糖对水泥凝结过程、对不同品种水泥的凝结效果有很大差异。

1. 糖对水泥水化净浆化学结合水的影响

不同的糖掺量对水泥净浆化学结合水的影响见图 3-94。

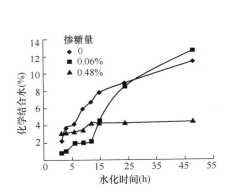

图3-94　不同的糖掺量对水泥净浆化学结合水的影响

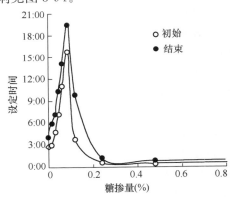

图 3-95　糖掺量对水泥凝结时间的影响

从图 3-94 看出：

（1）当加入 0.06％的糖后，其 12h 的水化程度仅相当于对照组 1.5h 的水化程度，水泥净浆的化学结合水在 24h 内小于未掺加糖的水泥净浆（对照组）。

当水化程度超过终凝时间（13h）后，其化学结合水增长速度较快，在 24h 就接近对照组，到 48h 比对照组高。这表明加入适量的糖虽然减缓了水泥早期水化，但不会影响其后期的水化进程。

（2）加入 0.48％的糖时，水泥水化早期即有大量的化学结合水，在 1.5h 达到 3.11％。随着水泥水化的进行，其化学结合水基本不增长。

2. 糖对水泥凝结时间的影响

糖掺量对水泥凝结时间的影响见图 3-95。

从图 3-95 看出：

糖掺量低时（＜0.01％），糖对水泥凝结时间有显著影响。当糖的掺量从 0.01％增加到 0.09％时，水泥凝结时间逐渐延长。当糖的掺量为 0.09％时，水泥凝结时间达到最大值。随着糖掺量进一步增加，达到 0.1％后，水泥凝结时间逐渐变短。当掺量达到 0.2％以后，

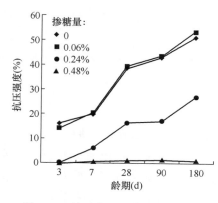

图 3-96　糖对水泥砂浆强度的影响

糖具有明显促凝效果。

3. 糖对水泥砂浆强度的影响

糖对水泥砂浆强度的影响见图 3-96。

从图 3-96 看出：

糖掺量在 0.01％～0.09％之间时，不影响水泥砂浆抗压强度后期发展。糖掺量为 0.06％时，水泥砂浆的 3d 抗压强度略有降低，3d 后的抗压强度未受影响。糖掺量超过 0.20％时，则会抑制水泥砂浆强度发展，水泥 3d 抗压强度近于丧失。后期虽有所发展，但与对照组相比大幅度降低。糖掺量在 0.48％时，因为糖改变了水泥水化产物的结构，影响了水泥砂浆强度形成，水泥砂浆强度几乎停止增长。

糖对水泥既有缓凝作用，也有促凝作用，关键在于掺加量的不同所致。糖对水泥砂浆凝结从缓凝到促凝存在一个临界掺量。

在掺量减少时，糖之所以能延缓水泥水化凝结，主要是糖会被吸附在铝酸盐相上，通过铝合作用，促进 $Al(OH)_4^-$ 基团溶解，使 C_3A 的水解明显加快，增加了 $Al(OH)_4^-$ 的浓度。尽管如此，此时 $Al(OH)_4^-$ 的数量还是不足以吸附并覆盖具有巨大表面的 $Ca(OH)_2$ 晶核和 C-S-H 凝胶，从而影响 C_3S、C_2S 水化。但是，$Al(OH)_4^-$ 浓度的增加导致其溶度积增加并促进钙矾石（AFt）快速形成。钙矾石（AFt）以结晶不完善的凝胶存在。钙矾石（AFt）凝胶在水泥颗粒表面形成更厚更难破坏的保护膜，导致了缓凝。但在这种情况下，C_3S、C_2S 的水化只是被暂时延缓而已。当这层水化膜被打破后，水泥水化恢复至正常，不会对水泥浆结构造成不利影响，水泥强度可以恢复。或是糖在水泥中螯合生成蔗糖钙，并结合 Ca^{2+} — OH 基团，吸附在 $Ca(OH)_2$ 和 C-S-H 凝胶上，抑制了 $Ca(OH)_2$ 晶核以及 C-S-H 凝胶的生长，延长了 C_3S、C_2S 的水化。

当糖的掺量＞0.2％的阈值时，一方面糖继续促进 C_3A 溶解，另一方面继续形成足够数量的蔗糖钙螯合 Ca^{2+} — OH 基团，被吸附在 $Ca(OH)_2$ 和 C-S-H 凝胶上，使 $Ca(OH)_2$ 晶核以及 C-S-H 凝胶恶化，抑制它们的生长，使 $C_3S \cdot C_2S$ 的水化过程受抑，液相中 OH^-、Ca^{2+} 浓度迅速下降，这时钙矾石（AFt）的溶度积快速降低，促使了结晶完善的针棒状钙矾石（AFt）大量形成。大量的针棒状钙矾石（AFt）在浆体中穿插使浆体快速凝结，从而起到促凝的作用。

3.4.4　氢氧化钠、碳酸钠、硼酸钠、硫酸亚铁、硅酸钠、生石灰

1. 氢氧化钠

氢氧化钠（NaOH）主要用于提高水泥-砂料浆的碱度，促进铝粉在料浆中发气。

2. 碳酸钠

碳酸钠（Na_2CO_3）主要用于水泥-矿渣-砂蒸压加气混凝土的生产调节。

（1）提高料浆碱度，促进铝粉发气。

（2）延缓料浆稠化。

（3）促进坯体硬化。

3. 硼酸钠

硼酸钠（$NaB_4O_7 \cdot 5H_2O \cdot Na_2B_2O_7 \cdot 10H_2O$）主要用于水泥-矿渣-砂蒸压加气混凝土的生产调节，减缓水泥凝结速度，延长水泥凝结时间和料浆硬化时间。

4. 硫酸亚铁

在水泥-砂配方中，当水泥用量在 40% 时，如水泥中铬酸盐超过 $10\sim40mg/m^3$ 时就需要加入硫酸亚铁，使六价铬离子转变为三价（$Cr^{6+}+3Fe^{2+}\longrightarrow Cr^{3+}+3Fe^{3+}$），保证铝粉在料浆中正常发气。

5. 硅酸钠（或硅酸钾）

硅酸钠（或硅酸钾）主要用于调节铝粉在料浆中的发气时间，特别是开始发气时间。

6. 消石灰或生石灰

（1）在磨细硅砂时，加入少量消石灰或生石灰。由于石灰消解后形成极细的颗粒，使砂浆悬浮性更好，接近于流体、胶体，防止砂浆在砂浆罐中沉淀。

（2）在水泥-砂或水泥-石灰-砂蒸压加气混凝土生产中，生石灰可以部分或全部代替生产中所使用的糖或石膏调节料浆稠化。

（3）可以提高制品抗压强度和蒸压加气混凝土与钢筋的握裹力。

3.4.5　表面活性剂

3.4.5.1　表面活性剂

1. 界面

自然界的物质一般以固体、液体、气体三种形式存在，分别称为固相、液相、气相三种物态。

凡不同相共存的系统在各相之间都存在着界面。以此为界，其两侧是性质不同的两个相，界面的性质由相邻两个相的性质所决定。

宏观上界面分为固-气、固-液、固-固、液-液、液-气五种，习惯上将固-气、液-气的界面称为固体和液体的表面。

表面也可定义为有一相为气相的界面。

相与相之间的交界面不止一个几何平面，经常有一个或几个分子层的过渡层。

2. 表面活性

要将大块的物料粉碎（或分散）成小颗粒，就需要对物料做功。做功所消耗的部分能量将转变为物质的表面能贮藏于表面中。分布在物体表面的物质分子处在不平衡状态，它们受到处在分界面四周分子的不同引力。液体表面的分子比内部分子具有更高的能量，表面分子总是处在把它们向里拉进去的力的作用下，结果使液体在某一容积下具有最小表面，从而使表面能降低。相反，要将液体表面增大需要有一定数量分子从内部移到表面，就必须对其做一定的功，克服表面层分子间互相的吸引力把它们拉开，增大液体表面所做的功变成表面分子的位能。因此表面分子比液体内部分子具有更多能量，该多出的自由能称为表面能。

液体表面有自由收缩、降低表面能的趋势，这种收缩表面的力叫做表面张力。

任何液体在一定条件下均有一定表面张力，表面张力与物质性质有关。不同物质分子间的作用力不同，分子间作用力越大，相应表面张力越大。物质的表面张力还与它相接触的另一相物质性质有关，不同性质的物质接触时，表面层分子受到的力场不同，使表面张力有差异。表面张力也随温度不同而不同，温度越高，表面张力越小。

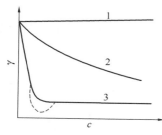

图 3-97 不同物质、不同
浓度水溶液的表面张力

能够降低溶剂（分散相）表面张力的性质，称表面活性。表面活性取决于溶液表面张力之间的比例。

将各种物质分别溶解于水中，不同浓度的水溶液表面张力见图 3-97。

曲线 1：表面张力随溶质浓度增大而稍有提高。

曲线 2：表面张力随溶质浓度增大而稍有降低。

曲线 3：溶质浓度低时，表面张力随溶质浓度增大而急剧下降，到一定程度后便缓慢下来，不再下降。

按表面活性的定义，上述第一类物质无表面活性，属非表面活性物质；后两类为表面活性物质，其中第三类物质称为表面活性剂。

3. 表面活性剂

表面活性剂是能显著降低界面（表面）自由能（界面能）的物质。很少量表面活性剂可显著改善物质表面（界面）的物理化学性质。

（1）表面活性剂结构

表面活性剂的特点是其分子结构不对称。分子一般是非极性的亲油基团（疏水基团）和极性亲水基团（疏油基团）组成。其中至少有一个亲水基团和亲油基团，即既有亲水又有亲油的性质。

（2）表面活性剂降低表面张力的机理

物质在界面上的浓度自动发生变化，即产生吸附或称吸附。

所谓吸附即两相界面的溶质浓度与溶液内部浓度不同的现象。

表面活性剂之所以能大幅度地降低表面能（表面张力），源于它能在界面上形成特殊的选择性吸附，既能溶解于液体中又能被吸附富集于表面。在表面竖立，并紧密排列形成一层界面膜，从而改善界面（表面）的物理化学性质，达到降低表面张力的结果。

溶液表面张力的降低是由溶液中表面张力较小的那部分组分的分子聚集在表面而达到的。

当表面活性剂分子进入水溶液后，表面活性剂的亲油基为了尽可能减少与水的接触，有逃离水相的趋势，又由于表面活性剂分子中的亲水基存在，而无法完全逃离水相，其平衡的结果是表面活性剂分子在溶液表面富集，即亲油基朝上，而亲水基插入水相开始形成吸附，见图 3-98（a）。随着液相中表面活性剂浓度的增加，在溶液的表面上表面活性剂分子的数目逐渐增加，原来由水和空气形成的界面逐渐由亲油基和空气所形成的界面所代替，见图 3-98（b）。由于亲油分子间作用力小，油和空气间的表面张力也小。随着表面活性剂浓度增加，水溶液的表面张力降低。当表面上表面活性剂分子的浓度达到一定值后，表面活性剂分子基本上呈竖立紧密排列，完全形成一层亲油层，见图 3-98（c）。再继续增加液体中的表面

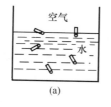
(a)

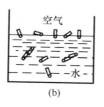
(b)

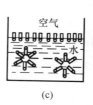
(c)

图 3-98 表面活性剂在液体表面的吸附

活性剂浓度，并不能改变界面上表面活性剂的紧密排列状态，故表面张力不再降低，达到吸附平衡。

界面浓度比内部浓度大的吸附叫正吸附。

界面浓度比内部浓度小的吸附叫负吸附。

各种表面活性剂的表面活性不同，其降低表面张力的能力各不相同。一般来说，表面活性剂亲水性越强，在水中溶解度越大；亲油性越强，则易溶于"油"。表面活性剂的亲水基和亲油基结构不同，它们在水中溶解度不同。因此，表面活性剂的亲水性和亲油性也可以用溶解度和溶解度有关的性质来衡量。表面活性剂的亲水性和亲油性的大小是合理选择表面活性剂的一个重要依据。

适当选择和调整两个基团不同的比例进行组合，就可以控制其亲油和亲水的程度，从而可以设计制取满足任意需要的表面活性剂。表面活性剂的吸附性赋予它们润湿、渗透、乳化、分散、发泡、消泡、去污美化功能。

（3）表面活性剂分类

表面活性剂的种类很多，在其溶于水时，凡能离解成离子的叫离子型表面活性剂，凡不能离解成离子的叫非离子表面活性剂。

亲水基表面活性剂分为阴离子型表面活性剂、阳离子型表面活性剂、两性离子型表面活性剂、非离子型表面活性剂。

4. 润湿

当固体与液体接触时，原来的固-气、液-气表面消失，形成新的固-液界面。这种固体表面上的气体被液体所代替的过程叫润湿。在液体中加入某种表面活性剂可以改变液体对固体表面的润湿性能。

阴离子型表面活性剂和某些非离子型表面活性剂适合作润湿剂，而阳离子型表面活性剂的润湿作用不强，很少用作润湿剂。

润湿一般分为三类：附着润滑、浸入润湿、铺展润湿。润湿有完全润湿、部分润湿、基本不润湿、完全不润湿之分。不论何种润湿都是界面性质及界面能量变化的过程。

5. 分散

分散是固体粒子分散于固体、液体或气体介质的过程，是一个连续存在的相和另一个不连续存在的（粒子）相所组成的不均匀混合体系。固体悬浮体是一个多相分散体，在这个体系中存在着多种相互作用。如质点与质点之间的相吸及相斥，质点与介质基的相溶，质点与表面活性剂之间的相互作用，介质与表面活性剂之间的相互作用。当在水中加入表面活性剂后，能使固体粒子分割成极细的微粒而分散悬浮于溶液中。

固体在液体中的分散过程可分为三个阶段：

① 使粉体润湿。

② 固体粒子团簇被破碎和分散。

③ 阻止已分散的粒子再聚集。

分散体系一般是不稳定的。因为它有很大的相界面和界面能，有自动减小界面使粒子相互聚集的趋势。当分散体系和外界的条件改变时，则会发生逆过程——凝聚。

欲使分散体系形成并使其稳定，需加入分散剂。分散剂在固体粒子表面吸附降低界面能，使粉体表面和内孔都能很好地润湿并分散，在分散相表面形成亲液性的保护层。另外，增大分散介质的黏度和加入电介质使界面电荷密度增大，可形成稳定分散体系。

固体分散的悬浮体系具有一定的融变性。即在搅拌情况下（即加一定剪切力），拆散了固体粒子形成的空间网络结构，使其黏度降低。搅拌停止后（剪切力撤除），固体粒子间的空间网络结构恢复，其黏度升高。

6. 发泡

（1）泡沫的生成

"泡"是被液体或固体薄膜包围着的气体。仅有一个界面的泡叫"气泡"。由不溶性气体分散在液体、固体或熔融固体中所形成的分散物称"泡沫"，也可以将由液体薄膜或固体薄膜隔开的具有多个界面的气泡聚集体称为"泡沫"。

泡沫是气体分散在液体或固体中的未分散体系。

由液体膜和气体所形成的泡沫称二相泡沫。由液体膜、固体粉末和气体形成的泡沫称三相泡沫。纯粹液体不能产生稳定的泡沫。

表面活性剂的水溶液都有不同程度的发泡作用。加入表面活性剂，由于被吸附在气-液界面上，在气泡之间形成稳定的薄膜而产生泡沫。形成泡沫时，体系中液-气表面积大大增加，体系界面自由能也随之增加，成为热力学上的不稳定体系，泡沫界面易破裂。加入表面活性剂，它的分子吸附在气-液界面，不但降低气-液两相间表面张力，而且形成一层具有一定力学强度的单分子薄膜。有利于泡沫形成，而且使泡沫不易破灭，趋于稳定。表面活性剂降低水的表面张力的能力越强，越有利于泡沫产生，但不能保证泡沫有较好的稳定性。降低液体表面张力虽是产生泡沫的必要条件，但不是泡沫稳定的决定因素，即发泡性好的表面活性物质不一定稳泡性好。

（2）泡沫的稳定

泡沫稳定性是指泡沫的持久性或"寿命"的长短。在液体中生成的泡沫会上浮到表面聚集，而且泡沫内空气的内压力企图使泡沫的薄膜破裂，导致泡沫体不稳定。

（3）提高泡沫稳定的措施

① 降低界面张力

发泡后的体系相界面大大增加，因表面自由焓增加，成热力学不稳定系统。加入的表面活性剂吸附于界面上，使其界面张力和界面自由能下降，达到热力学上的稳定要求，有利于泡沫形成。

表面张力不仅对泡沫形成具有影响，而且在泡沫的液膜受到冲击而局部变薄时，能使液膜厚度复原。使液膜强度恢复的表面张力自修复作用，也使泡沫具有一定的稳定作用。

② 适当增加液膜表面黏度，并在泡沫周围形成透气性差、强度高而坚固的膜。

单靠降低表面张力尚不足以使泡沫稳定。要使泡沫稳定，必须在气泡周围形成一层排列紧密而牢固，并具有较高机械强度、坚固的吸附薄膜。决定泡沫稳定的关键因素是膜的强度，包围泡沫的膜的强度决定着泡沫的持久性，而膜的强度主要取决于膜的表面黏度。气泡界面液膜受到两种力的作用，即地心吸力和内压力。结果使气泡间液体受挤压而流走，液膜越来越薄，易使气泡破裂。

因此，不仅要使薄膜本身具有较高强度，而且要有较高的黏度。①黏度大，液滴运动阻力大，速度减慢，碰撞强度因此减弱，不易产生聚析。②使邻近排列紧密的表面膜的液层不易流动，液膜排液相对困难，厚层易于保存，黏度可阻止气体上升至液面。

对黏度的要求是液体黏度要小，而膜的黏度要大。表面黏度大，会使膜的机械强度增加。表面黏度越高，泡沫寿命越长。但表面强度太大，膜会变脆。膜中起泡剂分子不能自由流动，膜层会局部受损，且不能迅速愈合"伤口"，反而使泡沫破裂。虽然黏度很重要，但要适当。

气泡体系中的气泡总是大小不均匀的。小泡中的气体压力比大泡中的气体压力高。于是小泡中的气体会通过液膜扩散到相邻的大气泡中，造成小泡消失，大泡变大，直至破裂。

透过性越好的液膜，气体通过它的扩散速度就越快，泡沫稳定性越差。表面吸附分子排列紧密，不仅使表面膜本身具有较高强度而且表面黏度高，气体透过性越差，泡沫稳定性越好。

③　一定的表面电荷

电荷有阻止液膜变薄增加泡沫稳定的作用，但对厚的液膜影响不大。

当泡沫液膜带有相同电荷时，该膜的两个表面将相互排斥。如阴离子型表面活性剂形成带负电荷的表面层，正离子则分散于液膜流液中，形成液膜双电层，阻止液膜进一步变薄。

④　确当的分子结构

表面活性剂的分子结构对它的性能和作用有很大影响。亲水性的表面活性剂水化能力强，能在亲水基周围形成很厚而坚固的水化膜。将膜中流动性强的自由水变成流动性差的束缚水，同时也提高膜的黏度，不利于重力排液导致液膜变薄，从而增加泡沫的稳定。

一般阴离子型表面活性剂发泡性能更强。加入少量极性有机物，可提高液膜的表面黏度，增加泡沫稳定性。这类物质降低表面张力不强，但却能在液膜表面形成高黏度、高弹性的表面膜，如皂素、明胶等。因此，有很好的稳泡作用。

液膜要有良好的机械强度，分子应是长链的，碳链越长，链间范德华力及引力也会大，膜的机械强度也会高。直链表面活性物质显著的表面活性从碳原子数为 8 的化合物开始，其表面活性随分子量增加。碳原子自 6 至 12 的化合物表现出较好的润滑作用，碳原子为 12 至 16 的化合物则表现为较好的洗涤作用（包括分散、加溶、乳化作用）。碳氢键为直键，碳原子个数为 $C_{12} \sim C_{14}$ 时，发泡性较好。碳氢键太短，所形成的表面膜强度较低，所生成的泡沫稳定性差；碳氢键太长，溶解性差，所形成的表面膜因刚性太强，也不能产生稳定的泡沫。

7. 消泡

只要使液膜变薄，即可消泡。通过加入与发泡剂作用相反的物质与发泡剂反应，可达到消泡的目的，即消除使泡沫稳定的因素，即可达到消泡的目的。

消除泡沫的方法：

（1）机械法

搅拌、改变温度、压力等。

（2）化学法

①　加入少量碳链长度合适（$C_5 \sim C_8$）的醇或醚。其表面活性大，取代原来的物质，因键短不能形成坚固的链，泡沫破裂。

②　加入另一种起泡剂

起泡剂分子吸附在泡沫膜表面，使泡沫膜的局部张力降低，泡沫液膜呈不均匀破裂。

3.4.5.2　蒸压加气混凝土制品生产用表面活性剂

蒸压加气混凝土制品生产中经常使用不同类型和功能的表面活性剂，如带脂磨细干铝粉的脱脂和湿磨铝粉膏的各种保护及分散。

蒸压加气混凝土坯体成型的稳泡剂以及制作钢筋防锈剂、模具隔离的乳化剂等。

蒸压加气混凝土制品生产用表面活性剂有两大类，即人工合成表面活性剂和天然表面活性剂。

1. 人工合成表面活性剂

适合于蒸压加气混凝土制品生产的人工合成表面活性剂有：阴离子型表面活性剂和非离子型表面活性剂。

阴离子型表面活性剂的分子一般由长链烃基（$C_{10} \sim C_{20}$）和亲水羧酸基、磺酸基、硫酸基或膦酸基组成。在水溶液中发生电离，带有正电荷的金属或有机离子与其平衡，具有极好的去污、润湿、分散、乳化、发泡等性能，品类多，应用广。

非离子型表面活性剂是在水溶液中不会离解成带电的阴离子或阳离子，而以非离子分子或胶束状态存在的一类表面活性剂。它的疏水基是由含活泼氢的疏水性化合物，如高磷脂肪醇、烷基酚、脂肪胺等提供的。其亲水基是由能与水形成氢键的醚基、自由烃基的化合物和环氧乙烷、多元醇乙醇胺来提供的。非离子型表面活性剂具有高表面活性，其水溶液的表面张力低，临界胶束浓度低，胶束聚集数大，增溶性强，不仅具有良好的乳化、润湿、分散、去污、加溶等作用，而且泡沫适中。

2. 天然表面活性剂

可以用于蒸压加气混凝土生产的天然表面活性剂，主要含有三帖皂苷的天然植物的果壳。它们种类很多，资源丰富，在我国有 58 科 205 种，分布很广。

蒸压加气混凝土研究者曾对皂荚、肥皂荚、无患子、茶夫、桐夫、龙眼核、木花生、苦楝子、文冠果、茶籽饼等含皂素材料进行过大量实验室实验。实验表明，这些材料均具有不同程度降低水溶液表面张力和起泡的能力；属非离子型表面活性剂，在水溶液中不产生电离；经过适度加工，均可用于蒸压加气混凝土生产，其中皂荚粉、茶籽饼及茶籽饼的提取物——茶皂素，作为铝粉脱脂剂及气泡稳定剂，已正式用于蒸压加气混凝土制品生产，取得了良好的技术经济效果。

1）皂苷（亦称皂素）

皂苷是一种比较复杂的苷类化合物。它广泛存在于各类植物中，尤在蔷薇科、石竹科、无患子等植物果壳内最普遍，含量也最多。皂苷有苷类的一般性质，也有一些特殊性质，是存在于植物中的一群特殊苷类。

皂苷是由皂苷元和糖、糠醛酸或其他有机酸所组成。组成皂苷的糖，常见的有葡萄糖、半乳糖、鼠李糖、阿拉伯糖、木质糖等。常见的糠醛酸有葡萄糖醛酸、半乳醛酸等。皂苷和其他苷类一样，经酸或酶的水解可产生苷元和糖。皂苷水解可产生上述糖类。

皂苷分子有的比较小，由皂苷元与一个分子糖缩合而成，有的分子很大，由皂苷元与多个糖分子所组成。大多数皂苷分子比较大，分子量约为 15000，呈白色或乳白色无定型粉末，中性。苷元结构可分为两类：三帖类皂苷和甾体类皂苷。

皂苷易溶于水，对酸、碱和硬水有很好的化学稳定性，具有强大的表面活性，它能大大降低纯水和气泡表面的表面张力，并具有很强的发泡能力。皂苷水溶液摇振后，生成胶体溶液，产生持久不消失的肥皂泡一样的泡沫，能在气-液界面上单分子排列，使气泡膜形成两个皂苷分子厚的气泡壁。其气泡壁的机械强度远比肥皂泡大而牢固，也能单分子吸附在固体颗粒表面，起到短暂隔离作用，使反应延缓。

2）皂荚粉、茶皂素粉

（1）皂荚粉

皂荚粉由皂荚的果壳粉碎而得。皂荚属豆科，又称山皂荚、肥皂荚、山皂角、皂角、皂角荚、皂角树、悬刀等。产于我国江苏、山西、四川、河南、河北、湖南、广东、广西等地野生或培植的皂荚树。

皂荚中含有皂素（$C_{59}H_{100}O_{20}$）约 23.4%，分子量约 1500，呈中性，在水中可呈胶冻，即使在高浓度下也是分子状态。具有较强的表面活性，是一种很好的悬浮剂和发泡剂。其悬浮率可达到 40%。作为发泡剂，所形成的泡沫比一般肥皂所形成的泡沫更小而稳定，能历久不散。

（2）茶皂素（又名茶皂贰）粉

茶皂素粉是由山茶科植物——茶树 [Camellia Sinensis（L）o. ktze] 的种子经脱脂提取而得。茶皂素粉有茶皂素粉和油茶皂素粉之分。

① 油茶皂素粉

油茶皂素粉是由油茶树（Camellia Oleifen Able）种子经脱脂（即榨油后）、萃取而得。油茶在我国南方丘陵、山区生长，属木本油料作物。

② 茶皂素粉（Thea Saponin）

茶皂素粉是一种结构复杂的糖苷化合物。它是由七种皂苷配基（$C_{30}H_{50}O_6$）、四种糖（半乳糖、阿拉伯糖、木糖和葡萄糖醛酸）以及两种有机酸（醋酸和当归酸）所组成的结构复杂的混合物。其中含皂苷 60%、水分 5%、油分 1%~2%、还原糖 1%。

茶皂素粉是一种熔点为 223~240℃（亦有称 170~190℃）的无色无味微细柱状结晶，化学分子式为 $C_{57}H_{90}O_{26}$，分子量为 1203。

3）天然表面活性剂溶液的表面张力

不同浓度天然表面活性剂（果壳粉及提取物）的表面张力见表 3-80。

表 3-80　不同浓度天然表面活性剂（果壳粉及提取物）的表面张力　　（dyne/cm）

溶液浓度（%）	假桐子	文冠果	茶皂素	山龙眼核	皂夹粉	油茶皂素	茶夫	木花生	茶籽饼	芋肉子饼	桐夫	肥皂炭	苦楝核	油酸、三乙醇胺
0.01	61.2	82	65	68	59	78	62	71.2	77	85.2	67.6	61.5	83	32.6
0.025	57.2	81.5	63	60.9	58	70	61.2	85.5	75	73.9	62.4	54.5	75	33.5
0.05	57.9	70	62	66	55	65	61	70.5	73	70	60.5	53	70	33.5
0.1	57.2	61	61	61	54	60	59.5	82.4	65	77.8	64.2	52	73	33.5
0.25	52.2	61	58	56	52	55	58	71	67.5	71.5	60.2	54.5	68.9	33.5
0.5	53.5	54	54	56	50	50	57.7	73	58	66.8	60	55	65	33.5
1	49	49.5	46	50	49	44	50.5	66.5	56.5	63.7	59.5	53	62.7	34
2.5	45.4	46.6	42	47.3	40	42	49	66.4	55	62	55.4	53	60.7	35.2
5	42.4	44	38	46.4	39	42	47.3	59.5	53.4	57	51.4	51.5	55	37.4
10	39.4	40.5	37	41.7	39	43	45.5	48.5	48.5	49.5	51	51.5	52.5	38.7

从表 3-80 看出：

（1）所有含三帖皂苷的植物果壳的粉碎粉状物或其溶液及萃取物皆能降低水溶液的表面张力。品种不同，其降低表面张力的程度不同。

（2）所有天然表面活性剂溶液的表面张力都随其浓度提高而降低。品种不同，其降低幅度不同，都可降到 40~50dyne/cm。

（3）天然表面活性剂与三乙醇胺、油酸水溶液有相同的降低表面张力的效果。

（4）茶皂素降低溶液表面张力的能力比油茶皂素、茶籽饼、皂荚粉强。

4）茶皂素粉、油茶皂素粉及皂荚粉的起泡力与稳泡性能

茶皂素粉、油茶皂素粉及皂荚粉的起泡力与稳泡性能见图 3-99。

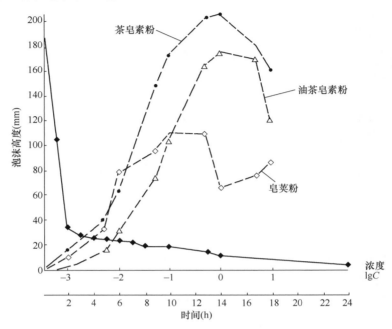

图 3-99　茶皂素粉、油茶皂素粉、皂荚粉起泡力与稳泡性能

从图 3-99 看出：

（1）茶皂素粉的起泡能力明显高于油茶皂素粉、皂荚粉。

当溶液浓度为 1％时，茶皂素粉的泡沫高度达 200mm，油茶皂素粉为 176mm。皂荚粉的浓度为 0.5％时，泡沫高度为 110mm。当皂荚粉溶液浓度增至 1％时，泡沫高度反而下降。对于茶皂素粉而言，在水质硬度 0～28 范围内的起泡力不受影响。

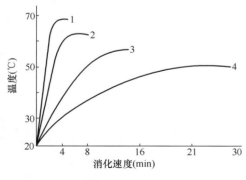

图 3-100　皂荚粉对生石灰消化速度的影响
1—10g 石灰 + 20mL 水；2—10g 石灰 + 20mL 浓度为 3‰的皂荚粉溶液；3—10g 石灰 + 20mL 水和 2g 石膏；4—10g 石灰 + 20mL 浓度为 3‰的皂荚粉溶液和 3g 石膏

（2）茶皂素粉的泡沫相对稳定持久。经连续 24h 观察，其泡沫层高度仅下降 28％或仍有泡沫存在，并呈均匀下降趋势。

5）茶皂素粉、皂荚粉对生石灰消化速度的影响

（1）皂荚粉对生石灰消化速度的影响

皂荚粉对生石灰消化速度的影响见图 3-100。

（2）茶皂素粉对生石灰消化速度的影响

茶皂素粉对生石灰消化速度的影响见图 3-101。

从图 3-100、图 3-101 看出：

① 无论皂荚粉还是茶皂素粉对生石灰消化都有不同程度的延缓。

不掺加任何外加剂的生石灰消化温度达到70℃或70℃以上的时间为4min。

加入皂荚粉溶液后消化温度降到63℃，消化时间延至6min。

加入5‰茶皂素溶液，消化温度达到70℃所需的时间由4min延长到9min。茶皂素溶液对石灰消化的抑制优于皂荚粉。

② 随着茶皂素用量提高，对石灰消化抑制效果增强，当用量达到3%～4%时，石灰消化时间延长至10min以上。

天然表面活性剂能抑制石灰的消化，主要原因：

① 在这些材料中含有一定数量的糖。

② 这些表面活性剂能单分子地吸附在固体表面，对石灰及铝粉与水之间起到短暂的隔离作用。

综上所述，含三帖皂苷的植物的果壳粉末及

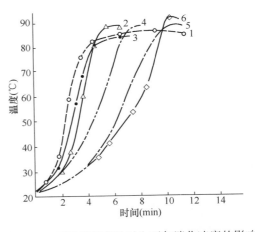

图 3-101　不同茶皂素粉对生石灰消化速度的影响

1—不掺合茶皂素粉；2—100 份生石灰＋0.1%茶皂素粉；3—100 份生石灰＋0.5%茶皂素粉；4—100 份生石灰＋2%茶皂素粉；5—100 份生石灰＋3%茶皂素粉；6—100 份生石灰＋4%茶皂素粉

其溶液或萃取物，特别是茶皂素、油茶皂素、茶籽饼、皂荚粉是性能优良的天然非离子型表面活性剂，不但能显著降低液体表面张力，而且对固体微粒有很好的分散悬浮作用，对疏水性固体表面有润湿作用。还因它的极性基和非极性基的构造以及分子大，可形成较坚固的膜，使其具有很强的起泡力和稳泡性能，可以用于蒸压加气混凝土生产。

经生产实践表明，茶皂素、油茶皂素、茶籽饼（含皂苷 9%以上）、皂荚粉可以用于带脂铝粉的脱脂，并能提高铝粉在溶液中的分散悬浮率以及在蒸压加气混凝土料浆中的分散效果，可以抑制生石灰的消化及延迟铝粉在料浆中初始发气时间，能调节、改善发气料浆的稠化，促进发气膨胀料浆的稳定。同时使气泡直径减小 1/3，气泡数量增加 2 倍多，气泡分布均匀，制品气孔结构改善。可使制品出釜抗压强度比不用茶皂素提高 20%，砌块上、中、下密度差减小，产品合格率提高近 10%，是性能很好的具有中国特色和自主知识产权的蒸压加气混凝土外加剂。其来源广泛，获得容易，加工简单，使用简便。粉碎成粉末状即可直接加入料浆使用，亦可在水中溶解一段时间，以水粉悬浮液加入料浆中或经过滤后将溶液加入料浆中。最好是加工成工业制品——萃取物用于蒸压加气混凝土生产，实现资源综合利用，应大力发展和推广。

3.4.6　废料浆

废料浆是坯体在切割过程中切下的废料经加水搅拌，贮存于废浆罐中备用的浆体。废料浆是蒸压加气混凝土生产很好的调节剂。

废料浆是由各种原材料所组成的，包含所有原料的全部组分，其中的水泥、石灰经过了长时间的水化，产生的凝胶和 $Ca(OH)_2$ 具有较高的碱度和黏度。

废料浆在蒸压加气混凝土生产中的作用主要有：

(1) 替代部分原材料用于配料。

从坯体上切下来的六个面的废料，其数量随模具内腔尺寸不同而不同。坯体尺寸越大，所占比例相对越小。对于切后净尺寸为 6m×1.5m×0.6m 的坯体而言，其废料量占净体积的 17%～18%，超过了配料中石灰的用量。这些废料在蒸压加气混凝土生产中必须全部用掉，它能代替配料中部分原材料，如砂子、粉煤灰、部分水泥和石灰，还可节约成本，而且减少排放污染，保护环境。

（2）可以适度降低坯体在静停硬化过程中的温升，减小坯体内部温差。

在以石灰为主要胶结料的粉煤灰料浆中，石灰消解放出的大量热量使料浆温升快，温升高，黏度上升快，使铝粉发气变得困难。石灰越多这些现象越严重。使用了废料浆可相应减少新加生石灰的使用量。减少了热量，降低料浆及坯体温升和减小坯体与环境温差，使坯体硬化趋于均匀。减少坯体在稠化、硬化过程中的开裂。

（3）废料浆具有较高的碱度，可以调节和控制铝粉发气速度，还可以代替部分石膏起到促进料浆稠化、坯体硬化的作用。

（4）废料浆是经过搅拌、贮存和长时间水化的悬浮浆体，其中水泥、石灰已完全水化，形成大量凝胶物质，其黏度可提高膨胀料浆的黏度，提高料浆成型的稳定性。

在蒸压加气混凝土生产中如不掺加废料浆，坯体中气泡壁容易穿透，下部气泡小，上部气泡大。但用量太多，料浆将太黏，不利于发气，气孔结构不好，坯体中部容易形成空断层。

3.5　水

水是蒸压加气混凝土不可或缺的重要原材料，是进行许多化学反应的介质。蒸压加气混凝土生产过程中一切反应都在水溶液中进行。无论是多孔坯体的成型，还是蒸压养护过程中水化反应的进行都离不开水，而且水还是蒸压加气混凝土的组成之一，对蒸压加气混凝土的物理-力学性能有着直接的影响。

1. 水的组成及结构

水分子（H_2O）是由两个氢原子和一个氧原子构成，H 和 O 三个原子核靠电子对（极性键）在 H—O 之间运动，它们连接在一起形成 H_2O 分子。水中氢和氧的结合方式见图 3-102，H 和 O 分别位于水分子的两端。分子直径为 2.76Å，其中 O 在一端呈负电性（3.5），即负电荷的重心在 O 这一端，使氧原子上有一个净正电荷。两个氢原子重心在 H 一端，使每个氢原子上有一个正电荷，两个氢核又因电荷相同互相排斥，彼此相距 1.5S。结果三者之间构成 104°30′ 的角，见图 3-102（a），使水具有高极性。因此可以把水分子看成是一个偶极子，见图 3-102（b）。

正因为水是偶极子，当一个水分子靠近另一个水分子而不符合异极相吸的方位时，它们将稍稍转动，见图 3-103（a）。使彼此的定向合乎异极相吸的要求，见图 3-103（c）。当许多水分子聚在一起时，一个分子中带正电荷的氢原子吸引另一个邻近分子中带负电荷的氧原子便生成氢键。氢键尽管很弱，但在产生缔合分子的群体或聚合物时具有相当作用。特别是在维持大分子的双螺旋结构以及联系大小分子和大分子互相作用上都是相当重要的介电常数。在水中溶解物质或温度升高时，一些氢键会被断裂，大的聚合体断裂成小聚合体。在蒸汽状态中的水几乎完全是单个 H_2O 组成。

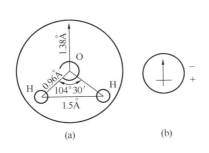

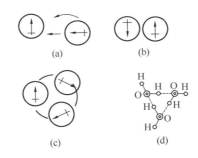

图 3-102　水分子示意图

(a) 水分子中 H、O 的相对位置；
(b) 水偶极示意

图 3-103　水偶极缔合图

(a) 水分子发生取向；(b) 双分子水；(c) 三分子水；
(d) 氢键的作用位置（虚线）

水分子间由于异极的互相吸引，加上氢键的作用经常会产生缔合作用，结果在水中除了最简单的 H_2O 分子外，还存在双水分子 $[(H_2O)_2]$、三水分子 $[(H_2O)_3]$，甚至有四水分子 $[(H_2O)_4]$。

2. 水中的离子

液体水中的分子会发生定向重排，导致缔合形成水分子缔合体，但也有一些分子会发生破裂产生 H^+ 和 O^{2-}。它们不能在溶液中自由存在而被水化，与水分子结合成水合离子，以水合氢离子 $[(\alpha H_2O \cdot H)^+]$ 和水合氢氧根离子 $[(\beta H_2O \cdot OH)^-]$ 的形式存在。为简便起见，通常用 H^+ 代表水合氢离子、OH^- 代表水合氢氧根离子。

电子光谱和电子顺磁共振研究发现，在水溶液中还存在着水化电子（$e_{水}^-$），它对于揭示许多化学过程的性质具有重要的作用。水化电子的电荷等于 1，作用半径为 $2.5 \sim 3.0 \text{Å}$，标准点位为 -2.77V，是水溶液中一种主要的活性质点，是最简单最有力的还原剂。

3. 水的物理性质

纯水是一种无色、无味的液体。在大量的天然水中，水呈蓝绿色。水的凝固点为 $0℃$，在 760mmHg 下的沸点为 $100℃$。压力不同，水的沸点不同。$4℃$ 时，1mL 水的质量为 1.00000g。水（冰）在 $0℃$ 时的熔化热是 80cal/g，在 $100℃$ 的蒸发热是 540cal/g。

每克水在 $15℃$ 时，升高 $1℃$ 吸收 1cal 热量。水可以蒸发，每克水蒸发要消耗 0.58kcal 的热。水有很大的比热和蒸发热，关键在于其分子结构和水分子间氢键相互作用使水保持相当规则的结构。

纯水的介电常数为 80，它决定了溶质进入水中之后被改变了原来各基团之间的互相作用力，这对于溶液究竟是以自由离子或离子存在于溶剂中是非常重要的。

水又有较大的反介电常数，这是水具有显著的溶解离子型化合物能力的原因。

在水中的氢离子主要以 H_3O^+ 的形式存在，更确切地说是以 $H_9O_4^+$ 的形式存在，一个 H_3O^+ 用氢键连接 3 个 H_2O 分子，形成这样一种结构形式，氢键起了关键性作用。溶剂化层形成氢键是关键。

纯水能传导电流，但是导电能力很弱。

4. 水的化学性质

水是一种非常弱的电解质，它能自身发生电离作用。水电离可以产生数量相等但浓度很小的水合氢离子和水合氢氧根离子。水合氢离子和水合氢氧根离子的含量决定了水的许多化学性质。强电解质在溶液中完全电离，弱电解质在溶液中同时存在着电解质离子和未电离的分子。

177

许多物质在水溶液中与水发生一定程度的反应，以致破坏了水的自电离平衡，并改变了水的正常氢离子和氢氧根离子，水成为这一反应中的反应物，通常又称这一反应为水解反应。

在水中加了酸，水合氢离子浓度增加，氢氧根离子相对减少，即酸的水溶液含有氢离子；在水中加了碱，氢氧根离子浓度增加，水合氢离子浓度减小，即碱的水溶液中含有氢氧根离子。

当一种盐溶解于水时，所得到的溶液性质不同，它取决于各种盐的性质。

强酸、强碱生成的盐的水溶液是中性的；

弱酸、弱碱生成的盐的水溶液是中性的；

强酸、弱碱生成的盐的水溶液是酸性的；

弱酸、强碱生成的盐的水溶液是碱性的。

水分子所具有的偶极性是它对许多盐类和调节剂具有很强溶解能力的原因，也是它对绝大部分矿物具有润湿能力的原因。

鉴于水的这些性质，水可以溶解或松解许多物质，使许多物理的、化学的反应过程得以进行。

3.6 原材料进厂贮存及加工制备

3.6.1 原材料进厂贮存

生产蒸压加气混凝土的原材料种类比较多，有水泥、生石灰、矿渣、砂子、粉煤灰、铝粉、调节材料等，其中水泥、石灰、砂或粉煤灰数量都比较大，不仅质量大而且体积也大。为了生产稳定进行，每种原材料在工厂中必须有足够的贮存数量，少则贮存 3～7d 的使用量，有的需要贮存 10～15d 的使用量。不同种类的原材料贮存方式不同。

1. 砂子进厂贮存

砂子是散状颗粒物料，随着产地不同以不同方式进行工厂贮存。

（1）火车进厂，用人工或多斗卸车机卸至铁道两侧堆存，见图 3-104。使用时用推土机或铲斗车送至砂料斗，通过皮带运到球磨机磨头仓。这种方式占用场地较大，但是适应于我国铁

图 3-104　原料砂贮放场

路运输现状。因为火车运输的计划性较强，没有足够的储备将会影响生产的正常进行。

（2）由载重汽车（30~40t）运到工厂，倒入砂库堆存，或卸到接料斗通过皮带输送到砂库、大体积钢筋混凝土筒仓贮存，再由库底或筒仓底的皮带输送机或斗式提升机运到磨头仓，由接料斗下的箱式给料机通过皮带输送机直接喂入球磨机，见图 3-105。

图 3-105　载重车运砂卸至接料斗

汽车运输比较方便、灵活。可根据工厂生产需要和仓贮设施的贮存能力随时供货。这种运贮方式占地小，使用比较普通，适合场地不大的工厂使用。

（3）由船舶运至工厂码头，由抓斗吊将砂子抓到接料斗，或由船上皮带输送机送到岸上堆场，见图 3-106。通过皮带运输机或铲斗车运到砂贮库、钢筋混凝土筒仓或露天场地贮

图 3-106　船舶运砂

存，再由库（仓）底斗提机或皮带输送机直接喂入球磨机或球磨机磨头仓。

2. 燃煤电厂粉煤灰进厂贮存

随燃煤电厂粉煤灰排放方式不同，其进厂及贮存方式也不相同。

燃煤电厂粉煤灰为粉状物料，它的排灰方式经历了由水冲湿排到电收尘干排灰的历程。为了节约用水和排灰用电以及建设贮灰场投资，目前绝大部分电厂已采用干法排放，仅还有极少数电厂还在湿排。

（1）干排灰进厂贮存

干排灰进厂有三种方式。

① 靠近电厂的蒸压加气混凝土厂直接通过管道将干粉煤灰用气力输送到蒸压加气混凝土的钢筒仓或钢筋混凝土筒仓贮存，见图3-107。

② 由散装罐车从燃煤电厂粉煤灰仓库下接装干粉煤灰运到工厂，再用压缩空气输送到粉煤灰筒仓，见图3-108。

图 3-107 干粉煤灰库

图 3-108 粉煤灰筒仓

③ 干粉煤灰在燃煤发电厂进行加水湿拌，再用汽车运到蒸压加气混凝土厂的粉煤灰库或露天堆存。

（2）湿排灰进厂贮存

湿排灰是燃煤电厂将收集下来的干灰用水配成粉煤灰稀浆冲送到贮灰场。粉煤灰在贮灰场经长时间排水沉淀，变成含水 $30\%\sim40\%$ 的湿粉煤灰，使用时用人工或挖掘机装上汽车运到蒸压加气混凝土厂的粉煤灰库或露天堆存。在中国，多数蒸压加气混凝土厂都采用露天堆存，对环境有一定污染。

（3）湿拌粉煤灰或干粉煤灰用汽车运至蒸压加气混凝土厂倒入大粉煤灰浆池搅拌。配置到一定浓度，泵送二级调温贮罐。使用时泵送到配料楼的粉煤灰贮罐，见图3-109。

（4）粉煤浆直接进厂沉淀浓缩

在蒸压加气混凝土厂建设粉煤浆脱水沉降浓缩装置。在泵送粉煤灰浆的主管道上增接支线，将粉煤灰浆引入沉淀池，进行沉降浓缩，再用泵送至粉煤灰浆贮存罐中备用，见图3-110。

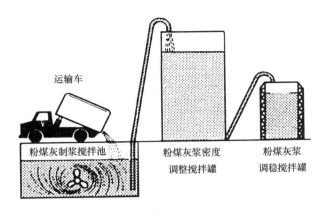

图 3-109　粉煤灰进厂制浆贮存

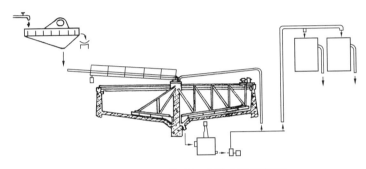

图 3-110　周边传动耙式脱水浓缩装置

3. 水泥、生石灰进厂贮存

（1）水泥进厂贮存

水泥是粉状干物料，由火车散装罐车或汽车散装罐车运至工厂。现今绝大部分工厂都用汽车散装罐车进厂。

① 火车进厂后通过车下卸料口卸至设在火车轨道下的接料口，再用斗式提升机、螺旋输送机将水泥送进钢筋混凝土筒仓中贮存。使用时再经仓底螺旋输送机、斗式提升机、风送溜槽等运送到配料楼的水泥中间仓供使用，见图 3-111。

图 3-111　进厂水泥贮仓

181

② 散装水泥罐车和磨细生石灰罐车用车载压缩空气将水泥和磨细生石灰吹送到钢筋混凝土筒仓或钢贮仓，见图 3-112 和图 3-113；再用设在仓底的气力输送装置（图 3-114）、仓式泵（图 3-115）送到配料楼上的水泥、石灰、干粉煤灰中间贮仓供用，见图 3-116。

图 3-112　车载压缩空气吹送水泥

图 3-113　水泥和磨细生石灰筒仓

图 3-114　仓底气力输送装置

图 3-115　仓式泵

图 3-116　配料楼顶水泥、磨细石灰及
干粉煤灰中间贮仓

（2）生石灰进厂贮存

进厂生石灰有两种：一种是块状生石灰，另一种是磨细生石灰。块状生石灰是用汽车运进厂，在南方有水运条件的地方一般用船舶运到工厂的码头由抓斗吊运到岸上。

① 块状生石灰

块状生石灰进厂后卸在石灰仓库贮存。使用前用颚式破碎机破碎，见图 3-117，再经斗式提升机送到石灰仓，经给料机喂入球磨机，或用皮带输送机直接喂入球磨机磨细。

图 3-117　颚式破碎机

图 3-118　吨袋运输

② 磨细生石灰

磨细生石灰由散装汽车罐车或用吨袋运输，见图 3-118。从磨细生石灰生产厂运到蒸压加气混凝土厂，用车载压缩空气吹送到配料楼上或设在楼外的钢筋筒仓贮存，再通过仓底的螺旋输送机送到生石灰计量秤计量。

4. 铝粉进厂及贮存

蒸压加气混凝土用铝粉有球磨带脂铝粉和铝粉膏两种，它们的包装不同。球磨带脂铝粉多半用铝板做成的加盖圆桶包装、贮存。铝粉包装有大小之分，国内一般采用小桶包装。铝粉膏在国内很多用塑料袋和编织袋或加铝桶包装。

无论是球磨带脂铝粉还是铝粉膏都是由汽车运输进厂卸至专设的铝粉贮库。铝粉是易燃、易爆物品，其运输和贮存都需按危险品要求进行。

5. 石膏的进厂与贮存

蒸压加气混凝土所使用的石膏有天然石膏和工业副产石膏两类。

天然石膏和工业副产石膏都是用汽车运进工厂，卸在原材料仓库中。天然石膏为块状，使用需要破碎、磨细，一般用球磨机单独磨细或与石灰一道混合磨细，也可以与石灰、水泥、粉煤灰一起混合磨细。

工业副产石膏都为粉状，其中含有一定水分。随着贮存方式不同，其含水量变化不同，如贮存在筒仓中，含水量变化很小，如在仓库或露天堆存，含水量变化随天气、节气、时间变化较大。含有一定水分的工业副产石膏流动性不好，如贮存在筒仓中会发生卸料困难。

石膏可单独计量使用，也可按一定比例混合磨细后计量使用。

工业副产石膏除以粉状计量使用外，还可配成一定浓度的石膏浆计量使用。

6. 调节材料及锅炉用水处理材料的进厂及贮存

调节材料除石膏外均为化工产品，在生产中所用数量不多，都用汽车运输进厂，但需要这些材料的性质确定后，安排合适的运输和在工厂中贮存。

3.6.2　原材料加工制备及贮存

1. 天然硅砂的磨细及砂浆贮存

天然级配硅砂比较粗，不能直接用于蒸压加气混凝土生产，在使用时必须磨细。

（1）天然硅质材料的磨细方式

用于蒸压加气混凝土生产的天然硅质材料颗粒粒径较小，一般都不超过 5mm，可采用只装填小研磨体（$\phi 22mm \times 22mm$ 的铸铁段）的单仓管磨机进行研磨。天然硅质原料磨细有两种方式：干磨和湿磨。

① 干磨

进厂天然硅砂经烘干，由磨头喂料装置喂入球磨机，经磨细的干砂粉出磨后由斗式提升机或仓室式泵送到硅砂粉贮仓备用。Durox 工艺善用干磨工艺。

干磨需将砂子烘干，耗费能源，球磨效率低，砂粉尘需增设除尘设备，而且污染环境，影响操作人员健康，故一般不予采用。

② 湿磨

在蒸压加气混凝土生产中，普遍采用湿法磨细天然硅砂，即将水和砂按一定比例由喂料机和水龙头一道喂入球磨机中磨成一定细度和浓度的砂浆，用泵送到砂浆贮罐中备用。为了去除未经磨细的大颗粒，一般在磨机出料口都加有筛网将小石子等大颗粒筛出，见图 3-119。

图 3-119　砂浆磨机

为了实现生产自动化需要保持砂浆浓度恒定，应采用电子皮带秤和水流量计对加入球磨机中的砂和水进行计量，对出磨的砂浆浓度采用管道秤、电磁或射线密度计进行在线连续测量，见图 3-120、3-121。

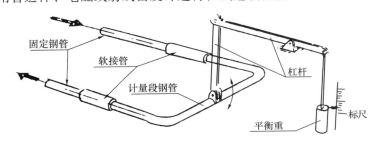

图 3-120　管道秤料浆密度测定仪示意图

图 3-121　射线密度计料浆密度测定仪

湿磨可使用从矿山采来的砂直接进磨磨细，不需对湿砂进行烘干，可简化工艺，节约能源，减少粉尘对环境的污染，另外湿磨也比干磨节省能源，而且砂浆便于输送。

（2）橡胶衬里的使用

在湿磨矿物原料时，球磨机应采用橡胶衬里。

① 球磨机橡胶衬里的总体结构

球磨机橡胶衬里的总体结构见图 3-122、图 3-123。

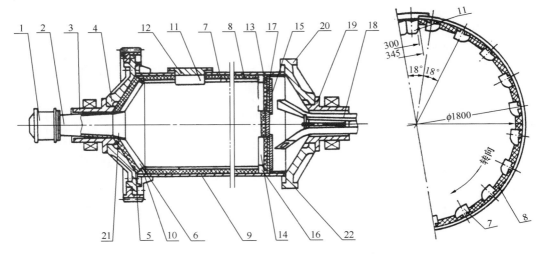

图 3-122　球磨机橡胶衬里的总体结构示意图

1—鼓形进料器；2—进料筒；3—磨头空心轴；4—磨头壳体；5—磨头板衬；6—磨头压条；7—筒体衬板；8—筒体压条；9—筒体；10—磨头填料；11—人孔衬板；12—人孔盖；13—磨尾筛板；14—磨尾压条；15—筛板架；16—磨尾填料；17—中心圆；18—输料勺；19—磨尾中空轴；20—磨尾壳体；21—进料筒耐磨密封胶衬；22—储浆室耐磨胶衬

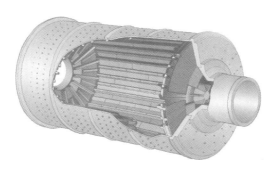

图 3-123　球磨机橡胶衬里的总体结构实体示意图

② 筒体部分橡胶衬里及构造见图 3-124。

③ 橡胶衬里与球磨机机体的连接。

橡胶衬里与球磨机机体的连接见图 3-125、图 3-126。

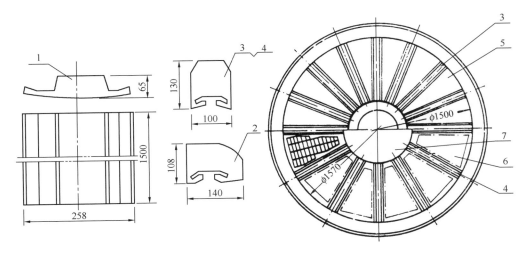

图 3-124　磨机橡胶衬里

1—筒体衬板；2—筒体压条；3、4—磨头压条、磨尾压条；

5—磨头衬板；6—磨尾筛板；7—中心圆衬板

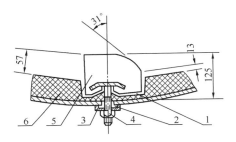

图 3-125　橡胶衬里与单仓球磨机机体的
挠性连接示意图

1—T 形钢压板；2—胶套；3—垫圈；
4—螺母；5—筒体压条；6—筒体衬板

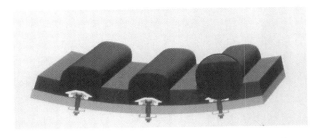

图 3-126　橡胶衬里与单仓球磨机机体的挠性连接
实体示意图

④ 橡胶衬里的优势

以 $\phi 1.8m \times 6m$ 单仓球磨机为例：

a. 耐磨性好，使用寿命长。

锰钢衬里在湿磨硅砂时，使用寿命为 10 个月，平均每月磨耗 10mm。而橡胶衬里每月磨耗仅 2mm，其中衬板磨耗比压条磨耗更轻微，橡胶压条可使用 2 年以上，衬板可用 8 年以上。

b. 磨机生产能力及砂浆磨细度提高。

采用锰钢衬里时，磨砂的台时产量约 6t，磨细度（比表面积）为 2800cm²/g。采用橡胶衬板后，台时产量提高到 7t，磨细度在 2500～3000cm²/g。

c. 磨机负荷减轻，动力消耗下降。

$\phi 1.8m \times 6m$ 单仓球磨用锰钢衬里 24.5t，改为橡胶衬里时仅 3.7t。磨机电机负荷电流下降 30A 左右。每吨砂的平均电耗由 29.6 度降为 24.2 度。

d. 节省金属材料，减少维修。

一台磨机每年可节约锰钢 30 多吨，每年节约维修运行费用 4/5。

e. 安装速度快，安全，用工少，劳动强度低。

与锰钢衬里比，质量轻，结构构造更加合理，安装用工减少一半，工期缩短三分之二，劳动强度低，安全有保障。

f. 噪声降低，操作环境改善。

橡胶衬里可吸收冲击，能减少钢段与钢衬里的冲击噪声，改善工人操作环境。

g. 维修工时少，有利于增产。

锰钢衬里每年至少换一次，橡胶衬里每二至三年才换一次压板，而且更换时间大大缩短，磨机实际工作时间加长，产能增加。

（3）研磨体

在蒸压加气混凝土生产中磨细砂浆的球磨机采用单仓球磨机，所用研磨体为 ϕ（20～22）×22mm 钢段。研磨体的消耗与研磨介质有关，对于河砂或风积沙，每磨一吨砂消耗钢段 6kg 左右。

（4）砂浆磨细度

在配方和蒸压养护制度不变的情况下，砂子磨得越细，制品抗压强度越高。例如将砂的比表面积由 2000cm²/g 增加到 4000cm²/g 后，蒸压加气混凝土制品抗压强度可提高 5～8kg/cm²。但不能因此而无限提高砂子磨细度，因为砂子磨细度增加要相应增加水泥或石灰用量，以使氧化钙和二氧化硅保持一定比值，否则制品抗压强度下降。另外，砂子磨得太细会降低球磨机产量，增加研磨体消耗和电耗，并将增加配料用水量，影响蒸压加气混凝土坯体硬化，经济上不合理。

磨细砂子太粗，除影响其蒸压反应能力外，还会在贮存和料浆发气膨胀过程中发生沉降，影响生产正常进行。

砂子的适宜磨细度应在 3000～3500 cm²/g。

（5）磨细砂浆浓度、出磨温度

① 磨细砂浆浓度（密度）

磨细砂浆的密度控制在 1.64～1.70kg/L 较为适宜。如密度太低，球磨效率降低；如密度太高，泵输送困难。

② 磨细砂浆出磨温度

砂子经过磨细温度上升，上升幅度与砂子易磨程度、磨细度、在磨机中停留时间、砂子与水进磨时的温度、砂浆密度有关，并随着季节变化而变化。在冬春季，当砂子在堆场温度为 -5～10℃，地表水水温在 10～15℃ 时，砂浆出磨温度在 30～45℃ 之间。在夏季，砂子在堆场温度为 30～40℃，地表水温度也高，其砂浆出磨温度会达到 50～60℃。

砂浆温度过高会使搅拌料浆温度相应升高，以至使料浆温度高至 45℃ 以上，使料浆发气膨胀难以控制，特别是在使用石灰配料时更为严重。为了使蒸压加气混凝土搅拌料浆的温度能控制在 38～43℃ 之间，在夏季需对出磨砂浆进行冷却。

我国从北到南各地气候变化相差很大，各地应根据当地气候条件采取相应措施，控制出磨砂浆温度。

（6）磨细砂浆的冷却

磨细砂浆的冷却方法有：

① 设置多个大容积的砂浆贮罐，通过长时间搅拌使其降温。

② 用低温深井水（19～20℃）或人工制冷低温水代替夏季高温地表水作为磨细用水。

③ 用冷水通过冷却器对磨细砂浆进行冷却降温。

④ 通过回转冷却筒对出磨料浆进行冷却，即在回转冷却筒内侧布置多根冷却水管，管中通入低温地下水或人工制冷低温水，对流入回转冷却筒的球磨砂浆进行冷却，见图 3-127。

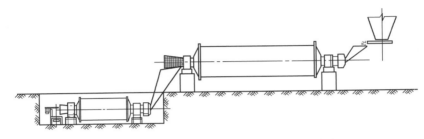

图 3-127　通过回转冷却筒对磨细砂浆进行冷却

2. 粉煤灰磨细及粉煤灰浆贮存

一般而言粉煤灰不需要磨细，可以直接使用，但是对于粉煤灰贮灰场的粉煤灰有的需要磨细后才能使用。特别是 20 世纪 90 年代以前的燃煤电厂排向贮灰场的粉煤灰，由于当时发电机组比较小，煤粉磨得又比较粗，燃烧不好，所以粉煤灰偏粗，排到贮灰场的粉煤灰中还夹杂着一定数量的炉底渣。贮灰场不同地方的粉煤灰粗细不一，离排灰管口远的粉煤灰细，在排灰管口附近的粉煤灰较粗。为了改善蒸压加气混凝土坯体成型性能和提高粉煤灰蒸压加气混凝土抗压强度，需要对这类粉煤灰进行磨细。这类粉煤灰磨细一般都采用湿法。

无论是干粉煤灰加水搅拌成的粉煤灰浆，还是湿磨的粉煤灰浆，都用泵送到粉煤灰浆罐贮存备用。

3. 生石灰磨细

生石灰是一种难磨的脆性材料。

生石灰磨细主要使用球磨机、辊磨机、雷蒙磨。球磨机多用于立窑石灰，辊磨机和雷蒙磨更适合于轻烧石灰，见图 3-128。

生石灰块的硬度不一致，甚至在一块生石灰中的煅烧度可能从轻烧到死烧都有。轻烧石灰远比中烧及死烧石灰难磨。

生石灰在球磨过程中经常发生粘球、粘壁现象，使研磨能力、产量下降，细度变粗。为克服上述不足，可采取如下措施：

（1）加水助磨

① 在磨石灰时，向球磨机中加入少量自来水。对于中烧及硬烧生石灰可加入 0.5% 的水，对于轻烧石灰则需加入 0.8%～1.5% 的水。由于水的加入使粘在球上的生石灰消解，从球上剥离并起到助磨作用，提高细度。加水助磨石灰，可适当引出生石灰前期消解时的一部分热量。

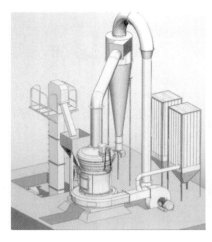

图 3-128　磨生石灰的雷蒙磨

此法能暂时解决粘球问题，但由于水的掺加，导致部分生石灰消解放出热量，使磨体温度上升，磨内气压上升，降低球磨机研磨能力；同时游离水增多，很快又粘结钢球，细度达不到要求。

② 加水助磨对石灰性能的影响

加水助磨对石灰性能的影响见图 3-129。

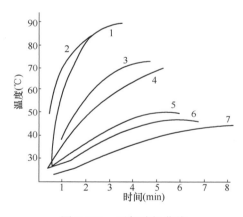

图 3-129　石灰消解曲线

1—0.05％三乙醇胺助磨；2—水量为有效钙量的 2.5％；3—水量为有效钙量的 5％；4—水量为有效钙量的 7.5％；5—水量为有效钙量的 10％；6—水量为有效钙量的 12.5％；7—水量为有效钙量的 15％（石灰质量：CaO71.98％，活性 CaO62.38％）

从图 3-129 看出，加水助磨后，生石灰消解温度降低，是蒸压加气混凝土料浆温度相应降低、料浆稠化缓解的原因。

（2）掺加蒸压加气混凝土废块、废砖头、锅炉炉渣等

掺加蒸压加气混凝土废块、蒸压灰砂砖废砖头、锅炉炉渣等，基本上可解决粘球问题，同时还能起到晶种作用，可增加产品强度。

掺加矿渣、粉煤灰也有助于解决粘球问题。

（3）掺加化学助磨剂

多数情况下普遍使用的化学助磨剂，主要为一价或多价乙醇和胺化合物，最常用的是乙二醇、丙二醇以及三乙醇胺。在使用时配成水溶液喷入球磨机中以改进分散性能，提高效率。这些助磨剂通过游离价的饱和，减少各分子的附着倾向。助磨剂的掺加量为生石灰的 0.2%，配成 0.5%～1.5% 水的溶液。

① 三乙醇胺结构式

$$HO—(CH_2)_2—N—(CH_2)_2—OH$$
$$(CH_2)_2$$
$$OH$$

相对密度为 1.149。

② 三乙醇胺助磨原理

三乙醇胺具有较好的润湿、乳化、分散作用。三乙醇胺的助磨作用主要在两个方面。

a. 分散作用

三乙醇胺吸附在石灰粒子表面，使表面能降低，并在裂缝处产生楔压力，使其劈开。当钢球撞击石灰粒子时，在石灰粒子结构缺陷处首先产生微裂缝，新生裂缝吸附三乙醇胺嵌入一个楔子，使其不能再闭合而分散。

b. 稳定作用

石灰块在磨细后表面积剧增，形成不稳定体系。在表面能作用下，粒子相互凝聚粘结，加入三乙醇胺，其极性基团被吸附在颗粒表面，非极性基团向外撑开，形成单分子层，降低表面能。另外这些表面活性剂在颗粒表面形成双电层，使粒子带阳性电荷，粒子间产生静电压力从而大大增加粒子的稳定性，掺加三乙醇胺在磨细度不变时，可使产量提高 10%～20%。

③ 掺加三乙醇胺助磨对石灰性能的影响

掺加三乙醇胺助磨后，消除了石灰在球磨机中粘球、粘壁现象，磨成的生灰粉分散性及流动度大大增加，似流水状。掺加三乙醇胺对生石灰消化的影响见图 3-60。

④ 三乙醇胺助磨效果

三乙醇胺助磨效果见表 3-81。

表 3-81　三乙醇胺助磨效果

三乙醇胺用量（%）	生石灰性能			制品性能		
	4900 孔筛筛余（%）	消化温度（℃）	消化时间（min）	出釜容量（kg/m³）	出釜强度（MPa）	强度增长率（%）
0	17.4	79	6	783	6.1	—
0.16	3.0	79	12	791	6.5	6.6
0.33	2.6	83	13	790	6.7	9.8
0.66	2.6	78	18	794	6.8	11.5
1.30	2.4	73	23	785	6.7	14.8

注：1. 表中制品为干密度为 600kg/m³ 的蒸压水泥-石灰-砂加气混凝土；

　　2. 蒸养压力为 1.5MPa。

从表 3-81 看出，随着三乙醇胺用量增加，石灰消化时间延长，制品出釜强度增加。

（4）掺加石膏或复合助磨剂

① 掺加石膏助磨对生石灰消化性能的影响见图 3-130。

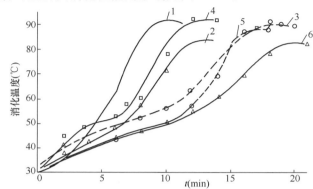

图 3-130　掺加石膏助磨对生石灰消化性能的影响

1—空白石灰（加 5‰三乙醇胺）；2—掺加 1％石膏；3—掺加 1.5％石膏；

4—掺加 2％石膏；5—掺加 2.5％石膏；6—掺加 5％石膏

从图 3-130 看出，随着石膏掺加量增加，石灰消化速度减慢，到达石灰最高消化温度的时间相应推迟。

② 掺加石膏＋水助磨

掺加石膏＋水助磨剂对生石灰消化性能的影响见图 3-131。

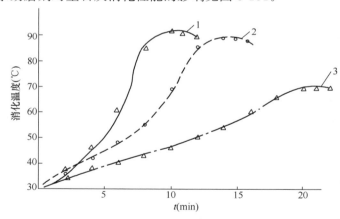

图 3-131　掺加石膏＋水助磨剂对生石灰消化性能的影响

1—空白石灰（加 5‰三乙醇胺）；2—掺加 1.5％石膏＋1％水；

3—掺加 1.5％石膏＋3％水

从图 3-131 看出，同时掺加石膏和水对石灰助磨后，石灰消化速度减慢，到达最高消化温度时间延长，最高温度降低。掺加 1.5％石膏＋3％水助磨后效果更为明显。

③ 掺加石膏＋三乙醇胺助磨

掺加石膏＋三乙醇胺助磨对生石灰消化性能的影响见图 3-132。

从图 3-132 看出，掺加石膏＋三乙醇胺助磨后，石灰消化速度减慢，达到最高温度时延

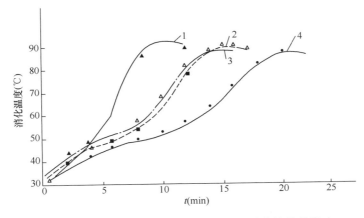

图 3-132　掺加石膏＋三乙醇胺对生石灰消化性能的影响

1—空白石灰（加 5‰三乙醇胺）；2—掺加 1％石膏＋0.1％三乙醇胺

3—掺加 1.5％石膏＋0.1％三乙醇胺；4—掺加 2％石膏＋0.1％三乙醇胺

迟，但最高温度影响不大。

磨细好的生石灰粉一般用斗式提升机运到配料楼上或设在楼外侧的钢板筒仓中备用，再用螺旋输送机送到生石灰计量秤。

4. 混合胶结料的磨细

为了发挥粉煤灰的潜能，改善蒸压加气混凝土浇注料浆发气膨胀的稳定性、形成结构更好的坯体，提高蒸压加气混凝土制品抗压强度和系统性能，波兰 Unipol 工艺在利用燃煤电厂粉煤灰生产蒸压加气混凝土时，将占粉煤灰总用量 25％的干粉煤灰与掺加配料的全部水泥、生石灰、石膏一道进行混合磨细，作为混合胶结材料与其余 75％的粉煤灰配制蒸压加气混凝土浇注料浆，生产粉煤灰蒸压加气混凝土制品。

（1）粉煤灰经过磨细，其中颗粒、胶结体被打散，料浆需水量下降，水料比减小。

（2）粉煤灰被磨得更细，在相同水料比下，料浆流动性增加，改善料浆发气膨胀性能，提高其浇注稳定性。

（3）经过磨细粉煤灰细度增加，新表面出现，表面积扩大，提高了粉煤灰的反应能力和制品抗压强度。

（4）粉煤灰与石灰、水泥、石膏一起混合磨细，可消除生石灰在磨细过程中结团和粘钢球及磨机衬板现象，提高磨细效率。

（5）使水泥、生石灰、石膏、粉煤灰混合更加均匀，进一步改善料浆浇注、膨胀的稳定性，坯体质量和提高蒸压加气混凝土制品抗压强度。

（6）在物料的混合磨细中，还可以加入一定的残废制品，对废品进行一定的利用。

粉煤灰与水泥、生石灰、石膏混合磨细有明显的效果，对于颗粒较粗的粉煤灰尤其如此，但该做法要增加设备投入和电力消耗。

5. 废料制浆及贮存

切割机切下的废料落在切割机下的沟槽中，然后用水冲进废料搅拌坑，经搅拌器搅拌至一定浓度，用泵送到废料浆贮罐搅拌贮存备用。

6. 铝粉液的配制及贮存

蒸压加气混凝土生产中所使用的铝粉有两种：干法磨细带脂铝粉和湿法磨细膏状铝粉

（俗称铝粉膏）。这两种铝粉可以先称重后加水搅拌均匀（干磨带脂铝粉需同时脱脂处理），再加入料浆搅拌机，也可以按一定铝水比配制成铝粉悬浮液贮存于带有搅拌装置的铝粉悬浮液罐中，见图3-133。使用时用隔膜泵送到铝粉计量秤中计量后加入料浆搅拌机，亦可从悬浮液搅拌罐用管道泵送到带搅拌的悬浮液贮存罐备用，再用管道泵送至铝粉悬浮液计量秤，计量后加入料浆搅拌机，见图3-134。

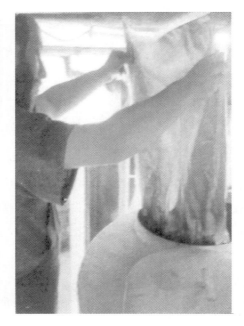
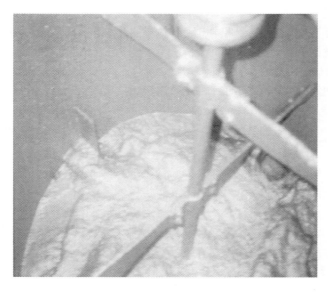

图3-133　铝粉液的配制及贮存

图 3-134　W-201C 铝粉膏悬浮液配置及贮存

第4章 蒸压加气混凝土浇注料浆配制

4.1 蒸压加气混凝土生产配方

4.1.1 配方的重要性

配方是蒸压加气混凝土生产技术的核心之一,蒸压加气混凝土是由各种原材料按一定比例配合制造而成。各种材料的使用比例、用量称为配方,配方是否合理、准确将直接关系到生产的稳定、产品质量好坏、合格率高低、工厂成本、企业经济效益的高低以及资源是否能得到合理利用。

4.1.2 对配方的要求

一个成熟的配方,一般需要经过实验室小型实验、工业性实验,并在生产中经过多次调整才能形成。一个良好的配方应符合下列要求:

(1) 具有很好的浇注稳定性,形成气孔构造良好的坯体。

(2) 具有适当的坯体硬化时间,满足不同搬运和切割要求。

(3) 制品出釜后具有较高的抗压强度、低的收缩值、好的抗冻性以及其他物理力学性能,满足各类建筑需要。

(4) 所用原材料品种少,来源广,适应性强,价格低廉,能因地制宜,就地取材,尽可能利用工业固体废弃物。

(5) 生产工艺简单。

4.1.3 研究确定配方的几个要素

1. 制品干密度和抗压强度

制品干密度和抗压强度是蒸压加气混凝土最基本的性能,是决定它用途的最基础要素,也是确定配方的重要依据。不同的建筑、不同的建筑部位、不同地域对蒸压加气混凝土制品性能有不同要求。

干密度不同,抗压强度、热工性能不同,其使用功能和应用领域不同。因此在配方设计时,首先要确定生产产品的干密度和相应的抗压强度。

抗压强度是蒸压加气混凝土可用作墙体的最基本的条件。

蒸压加气混凝土是多孔材料,其抗压强度取决于其中气孔含量(与干密度有关)、气泡结构及微孔结构、孔壁材料的强度。

蒸压加气混凝土孔壁材料的强度取决于它经蒸压养护后所形成的水化硅酸钙的品种、数量和它们的结晶种类及数量。

2. 配方中的钙硅比设计

蒸压加气混凝土制品中的水化硅酸钙主要有:CSH(I)托勃莫来石,C_2SH_2、C_5S_5H

（硬硅钙石）、$C_2S_3H_2$（白钙沸石）、C_2SH（A）、C_2SH（B）、C_2SH（C）等矿物，它们具有不同的钙硅比（通常在 $0.8 \sim 1.5$ 之间）。

每种产物钙硅比不同，其性质也不同。它们的数量及各自所占的比例影响着蒸压加气混凝土的强度和其他性能。因此，钙硅比成为蒸压加气混凝土研究者、生产者设计、确定配方的重要依据和决定因素。人们都期望能找到一个相对固定的、通用的钙硅比来设计配方，并通过设计调整钙硅比来控制所要产生的水化产物的品种及相应数量，从而决定蒸压加气混凝土孔壁材料的性能。但是，由于原材料品种不同，其化学成分、矿物组成各异，各种材料中所含杂质不一样，生产所采用各种原材料比例（即配方）也不相同，加上原材料中所含氧化钙、二氧化硅并不能完全进行反应而全部形成所需的水化硅酸钙，其中能参加反应的二氧化硅、氧化钙数量和性能也有所区别，何况仍有很大未进入反应的部分残存于孔壁中。鉴于此，在现实生产中很难以配方中设计、使用的钙硅比，来获得你所需要的水化产物的种类、数量的钙硅比。

设计配方中各原材料所含氧化钙总和与二氧化硅总和之比（即钙硅比）与蒸压加气混凝土制品所形成的各种水化硅酸钙的钙硅比不是一回事，它们没有任何相关性，即没有对应关系或规律可言。所以，许多学者在过去的著作中所提出的，按所需求的水化硅酸钙的钙硅比直接作为原材料配料的钙硅比进行蒸压加气混凝土配方设计的认识是不正确的。

蒸压加气混凝土生产配方，特别是基本组成材料的配合比，只能通过试验和经验并根据对产品的要求来确定。

3. 水料比

水料比是指在蒸压加气混凝土制品的生产过程中料浆中的总用水量与干物质总量之比。即水料比＝料浆中总含水量/料浆中各种原材料（干基）总重。

蒸压加气混凝土生产过程中所需的水，不仅要满足硅酸盐水化反应生成水化硅酸钙等水化产物的需要，而且要满足浇注成型工艺的要求，使料浆具有所需要的流动性，保证坯体成型。

料浆水料比随蒸压加气混凝土品种、密度、原材料性能及配合比不同而变化。在相同配比时，水料比越大，料浆的流动度、扩散度越大，膨胀料浆的发泡越容易，但稳定性变差。在铝粉用量相同的情况下，水料比越大，制品密度越低。也就是说，在水料比大的情况下，需要获得相同密度的制品可以少用铝粉。

中国不同原材料组合，密度为 $500kg/m^3$ 的蒸压加气混凝土料浆水料比大体如下：

蒸压水泥-石灰-粉煤灰加气混凝土料浆	$0.6 \sim 0.75$ 之间
蒸压水泥-石灰-砂加气混凝土料浆	$0.6 \sim 0.70$ 之间
蒸压水泥-矿渣-砂加气混凝土料浆	$0.6 \sim 0.65$ 之间

这三类料浆中，水泥-矿渣-砂料浆水料比最低，水泥-石灰-砂料浆其次，水泥-石灰-粉煤灰料浆最高。

4. 铝粉

铝粉在碱性的料浆中反应产生氢气形成气泡，使蒸压加气混凝土有多孔结构。改变铝粉用量，即可改变蒸压加气混凝土中气体的含量，从而改变蒸压加气混凝土的密度和相应的性能。因此，调整铝粉用量可以达到设计所需密度的蒸压加气混凝土。改变铝粉用量是调整和控制蒸压加气混凝土密度，得到不同密度蒸压加气混凝土制品的重要手段。

4.1.4 蒸压加气混凝土制品生产配方

1. 国外不同工艺生产配方

（1）国外不同工艺基本材料组合

国外不同工艺的原材料组合见表 4-1。

表 4-1 国外不同工艺的原材料组合

Durox		Ytong		Hebel	Wehrhahn		Siporex			Unipol		Celcom	
	水泥		水泥	水泥	水泥	水泥	水泥	水泥	水泥	水泥	水泥	水泥	水泥
石灰	石灰	石灰	石灰	石灰	石灰	石灰	—	石灰	—	石灰	石灰	石灰	石灰
	砂	砂	砂	砂	砂	—	砂	砂	砂	—	砂	砂	—
油母页岩	—	—	—	—	—	粉煤灰	—	—	矿渣	粉煤灰	—	—	粉煤灰

从表 4-1 看出，国外不同工艺、不同原材料条件，所采用的基本材料组合不同。

（2）国外不同工艺基本组成材料的比例

国外不同工艺基本组成材料的比例见表 4-2。

表 4-2 国外不同工艺原材料配合比

	Ytong				Siporex			Hebel				Wehrhahn
	I	II	III	IV	I	II	III	I	II	III	IV	I
水泥	15	6	24	5~7	36~40	30	18~20	33	24.7	30	35	26
石灰	15	24	6	20~21	—	7	—	7.4	8.3	10	10	9
矿渣	—	—	—	—	—	—	30~32	—	—	—	—	—
砂	70	70	70	72~75	60~64	62	50	58.6	50.6	40.1	55	61
粉煤灰												

从表 4-2 看出，国外不同工艺根据自己技术特点所采用的基本材料组合比例不同，各有特色。

（3）国外蒸压加气混凝土配方的发展与演变

诞生于 1923 年的第一批蒸压加气混凝土产品是由煅烧油母页岩和石灰组合为原料生产的。1929 年建立的 Ytong 蒸压加气混凝土工厂采用石灰-砂组合生产。建立于 1934 年的 Siporex 蒸压加气混凝土工厂最初是采用水泥-砂组合生产。建于 1945 年的 Hebel 工艺以及以前的 Durox（Aircvete）工艺和后来的 Unipol、Wehrhahn Siporex 工艺都采用水泥-石灰-砂或水泥-石灰-粉煤灰组合生产。

因配料中加入生石灰有许多优点，一向以水泥配制料浆为特色的瑞典 Siporex 工艺也掺入占水泥用量 35%~45% 的生石灰进行生产。对仅用石灰配料的工艺，加入少量水泥，其料浆工作性能和制品性能也有很大改善。以石灰为主配制料浆出名的 Ytong 工艺也在后来的配料中加入占石灰用量 10%~15% 的水泥。

发生以上演变的原因如下：

浇注成型时，料浆的稠度（流动性）及其增长速度对坯体成型的质量有重要影响。它关系到蒸压加气混凝土内部能否形成大小、形状一致和分布均匀的气泡结构。

　　生石灰遇到水迅速反应（尤其是在石灰用量比较高的时候），生成大量分散度极高的熟石灰或石灰乳（膏）。同时放出大量热量，使料浆温度在短时间内急剧上升。石灰消化并消耗大量的水，形成结合水和吸附水，占用料浆中大量水分，使料浆稠度急剧增大。温度的上升又加速了石灰中硬烧部分的消化反应，再度使料浆温度升高。料浆中游离水分进一步减少，料浆稠度进一步增大。甚至在料浆未完成搅拌时，便在搅拌机中稠化，增加了气体膨胀的阻力，给料浆发气膨胀工艺造成困难。蒸压加气混凝土生产企业所能获得的生石灰，常常因为石灰石品种的变化，特别是其中杂质种类含量以及煅烧工艺的变化使石灰消化性能不稳定，给蒸压加气混凝土浇注工艺造成较大麻烦。对于快速消化石灰，在搅拌时应降低其反应速度。在这种情况下，用水泥代替部分石灰，减少石灰用量，减少放热量和需水量，减轻石灰质量波动带来的不利影响，在一定程度上会缓解石灰质量波动给工艺带来的麻烦。在无法得到质量符合要求的生石灰时，可采用以水泥为主、石灰为辅的混合胶结料。

　　另外，单纯使用石灰配方的坯体，石灰水化后，不能硬化或硬化很慢，达到切割要求的静停时间较长。在这种情况下，加入适量水泥还可加快坯体硬化速度，满足特定型式切割机的切割要求。不过对于采用软坯切割的早期 Ytong 工艺在水泥用量仅 5％～6％ 的时候，静停 1.5h 也就可切割了，不但可软坯切割，而且出釜后粘连并不严重，便于掰分，这是 Ytong 工艺的一大技术特色。

　　还有一种研究认为，仅用石灰与粉煤灰制作蒸压加气混凝土时，其大气碳化稳定性比混合胶结料差。

　　生石灰属气硬性胶凝材料，无水硬性。在蒸压初期往往因遇水蒸气及其冷凝水而软化，导致坯体垮塌。对于有一定杂质的石灰石，在煅烧后生成一定数量水硬性组分，在一定程度上可避免上述垮塌现象。但石灰石中所含各种杂质数量不稳定，不能从根本上避免垮塌现象。在配方中加入少量水泥代替部分生石灰使坯体具有一定水硬性，便于静停、切割。同时可不同程度地减少因生石灰质量波动给生产造成的影响和石灰杂质给工艺带来的许多麻烦。

　　Siporox 工艺曾单独采用水泥作为钙质胶结料，浇注相当稳定。但由于水泥水化速度慢，水化热低，导致料浆碱度低，要保证铝粉在料浆中有一定的发气速度，必须在料浆中加入碱性溶液。另外坯体硬化慢，往往在浇注发气后需静停 6～8h 才能切割，因而需要的模具多，设备生产效率低，制造成本随之增高。为解决这一不足，Siporex 工艺在水泥-砂配料中加入水泥用量 30％～45％ 的生石灰，不但使浇注稳定，坯体硬化加快，浇注后 2.5～3h 便可切割，模具周转加快，生产效率提高。还可以减少水泥用量，降低生产成本。在原材料（水泥、砂）质量相同情况下，Siporex 的抗压强度可达 3.3～3.7MPa。

　　对于用水泥、石灰混合胶结料的 Hebel 工艺，其产品抗压强度可达(4.5±0.5)MPa。

　　鉴于上述原因，Ytong 工艺、Siporex 工艺的配料都已改用"水泥＋石灰"混合胶结料生产。

　　"水泥＋石灰"混合胶结料已成为当今蒸压加气混凝土生产普遍采用的混合钙质材料。

2. 中国不同工艺生产配方

（1）中国蒸压加气混凝土生产原材料组合类型

　　在中国蒸压加气混凝土发展过程中，曾先后试验研究了多种原材料组合配制生产蒸压加气混凝土制品。其具体组合如下：

　　① 单一钙质材料

石灰-砂、石灰-粉煤灰、水泥-砂、水泥-粉煤灰

② 混合钙质胶结料

水泥-石灰-砂、水泥-石灰-铁尾矿、水泥-石灰-黄金尾矿、水泥-石灰-玻璃用砂尾矿、水泥-石灰-粉煤灰、水泥-矿渣-砂

其中石灰-砂、石灰-粉煤灰、水泥-砂、水泥-粉煤灰，不仅在试验室做过试验研究、工业性试验，而且投入过工艺生产，生产过一批产品，目前已经没有人生产了。在中国广泛用于生产的主要是水泥-石灰-砂组合和水泥-石灰-粉煤灰组合，也有少部分水泥-石灰-铁尾矿、黄金尾矿组合在工厂生产。至于水泥-矿渣-砂组合，因矿渣已被广泛用作水泥掺合料磨制普通硅酸盐水泥、矿渣水泥以及磨成超细矿渣粉配制商品混凝土，使矿渣来源受限，加上水泥-矿渣-砂制造成本高于水泥-石灰-砂和水泥-石灰-粉煤灰组合，时至今日已没有企业用矿渣生产蒸压加气混凝土制品了。

(2) 中国蒸压加气混凝土生产配方的基本材料组合

经过多年探索和生产实践以及根据中国原材料资源的现状，到目前为止，中国蒸压加气混凝土生产以水泥-石灰-粉煤灰和水泥-石灰-砂组合为主。前者约占全国蒸压加气混凝土生产总量的80％以上。

在生产实践中基本组成材料的组合比例如下：

① 水泥-石灰-粉煤灰组合

水泥　　　　8％～15％
生石灰　　　15％～25％
石膏　　　　3％～5％
粉煤灰　　　65％～70％

② 水泥-石灰-砂组合

水泥　　　　10％～20％
生石灰　　　10％～20％
石膏　　　　0％～5％
砂　　　　　65％～70％

③ 水泥-矿渣-砂组合

水泥　　　　18％
矿渣　　　　32％
砂　　　　　50％

配方的确定需要综合考虑原材料的特性及供应条件、膨胀料浆的稳定性、坯体的稳定性、生产工艺、设备条件以及对所制造的制品性能的要求。

4.1.5 蒸压加气混凝土生产配方发展方向

(1) 在保证产品使用性能前提下，尽可能减少胶结料使用量。

(2) 在保证产品使用性能前提下，尽量少使用高品质、高价格、贵重的原材料。

(3) 尽量使用可利用的含硅工业固定废弃物。

(4) 生产中废品少。

(5) 向低干密度、超轻、低收缩值、相对高比强度、低生产能源、低资源消耗发展，例

如：生产干密度为 400kg/m³ 和 100kg/m³ 的蒸压加气混凝土制品。

4.2　蒸压加气混凝土浇注料浆配料计算

蒸压加气混凝土浇注料浆的配料计算是根据已确定的经验配方计算出成型一立方米制品或一模制品所需要各组分的数量。

4.2.1　配料计算的程序

（1）首先确定计划生产制品的干密度和所需要成型坯体的体积。

（2）根据所需成型坯体体积以及经验确定的配方，分别计算出基本组成材料各组分的用量，并除以各组分材料的密度，计算出这些材料的体积。

（3）按配方确定的水料比，计算用水量。

（4）计算上述物料的体积之和。

（5）计算铝粉用量。

① 将所需成型坯体体积减去各干物料体积与水体积之和，即所需要铝粉反应产生氢气的体积。

② 将所需铝粉发气产生的体积除以 1g 铝粉在发气环境温度下所产生的氢气体积，即得到铝粉用量。

但在这一计算过程中，要考虑蒸压加气混凝土制品中有 10%～12% 化学结合水。因此，在配料计算干物质原料时，应将这部分水从干密度中减去并将这部分水计入按水料比计算的用水量中。

4.2.2　生产一模蒸压加气混凝土制品各种物料用量计算

1. 配制条件设定

配制一模干密度为 500kg/m³ 的蒸压加气混凝土制品所需各种物料用量计算举例。

（1）设定基本组成材料配合比

设定配方为：水泥 10%、石灰 20%、石膏 3%、粉煤灰 67%。

（2）若设定水料比为 0.55～0.65。

（3）成型坯体体积

设生产尺寸为 6000mm×1500mm×600mm 的坯体，体积为 5.4m³。在坯体侧立切割的情况下，需要成型尺寸为 6100mm×1560mm×670mm、体积为 6.375m³ 的坯体。生产切除掉废料 0.975m³，约占生产制品体积的 18%。

2. 配料计算

1）基本组成材料用量计算

（1）基本组成材料总量

① 6.375m³ 干密度（干容重）为 500kg/m³ 蒸压加气混凝土制品的质量为：

6.375m³/模×500kg/m³＝3187.5kg/模

② 设定蒸压加气混凝土制品中含有 10% 结合水，配制 6.375m³ 干密度为 500kg/m³ 的蒸压加气混凝土所需干物料为：

3187.5kg/模－3187.5kg/模×10％结合水＝2869kg/模

（2）各种基本组成材料用量

按设定基本组成材料配合比计算：

① 水泥用量：2869kg/模×10％＝286.9kg/模

② 石灰用量：2869kg/模×20％＝573.8kg/模

③ 石膏用量：2869kg/模×3％＝86kg/模

④ 粉煤灰用量：2869kg/模×67％＝1922kg/模

考虑到切除掉占坯体体积18％的废料可代替粉煤灰。因而，在配料时实际使用粉煤灰量为：

$$1922kg/模－0.975m^3/模×500kg/m^3＝1434.5kg/模$$

2）铝粉用量计算

（1）需铝粉发气的体积

① 浇注料浆体积

a. 基本组成材料体积

基本组成材料体积按式（4-1）计算：

$$V_{基} = C/d_C + L/d_L + G/d_G + F/d_F \qquad (4\text{-}1)$$

式中　C——水泥用量；

　　　L——石灰用量；

　　　G——石膏用量；

　　　F——粉煤灰用量；

　　　d_C——水泥密度，3.15g/cm³；

　　　d_L——石灰密度，3.15～3.4g/cm³；

　　　d_G——石膏密度，2.3g/cm³；

　　　d_F——粉煤灰密度，1.9～2.9g/cm³。

$V_{基}＝$286.9kg/模/3.1kg/L＋573.8kg/模/3.2kg/L＋86kg/模/2.3kg/L

　　　＋1922kg/模/2.1kg/L

　　＝92.5L/模＋179L/模＋37L/模＋915L/模

　　＝1223.5L/模

b. 水的体积

用水量按水料比为0.55计算用水量为：

$$2869kg/模×0.55＝1577kg/模$$

该用水量为配料总水量，其中包括砂浆（或粉煤灰浆）、废料浆、铝粉液中所含水量以及外加水量。

② 需铝粉发气体积

$$6.375m^3－1.223m^3－1.577m^3＝3.575m^3$$

（2）每模铝粉用量计算

在温度为40℃时1g铝粉在料浆发气的理论产气量为1.4L氢气。

$$一模铝粉用量 = \frac{需铝粉发气的体积}{1.4L/g} = \frac{3.575×10^3L}{1.4L/g} = 2553g$$

（3）每立方米蒸压加气混凝土的铝粉用量

$$\frac{2553\text{g}/\text{模}}{6.375\text{m}^3/\text{模}} = 400\text{g}/\text{m}^3$$

4.3　蒸压加气混凝土原材料计量配料

蒸压加气混凝土是由多种物料按生产配方要求配制而成的，故必须通过计量来实现配料。进行计量的物料有固体粉末和液体（悬浮液体、水）两种物态。在加气混凝土发展早期，以人工机械计量配料为主，液状物料用计量罐按体积计量，见图 4-1。粉状物料用机械杠杆秤进行质量计量。随着自动化技术的发展，现在普遍使用质量传感器自动质量计量，采用计算机控制，实现计量配料完全自动化。

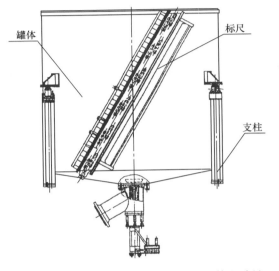

图 4-1　砂浆、粉煤灰浆、废料浆、水体积计量罐示意图

4.3.1　蒸压加气混凝土原材料计量配料要求

（1）计量精确。要能及时准确地按配方计量各种物料，对各种物料计量精度要求误差±0.5%～1%。

（2）按规定程序进行。

（3）在原材料条件变化或改换配方时，计量值易于调整，保证配方所需求的总干料量和总水量。

（4）为了保证计量准确和提高给料速度，缩短计量时间，粉状物料给料设备应设有快、慢速机构。物料的前 90% 用快速，最后的 10% 用慢速。

（5）在料仓与计量秤之间，宜加一个给料机。给料机可以是螺旋给料机、分格轮式给料机或空气斜槽式给料机。在给料机与计量秤之间最好安装气动蝶阀，可以迅速切断料流，保证配方精确。

（6）自动化程度要高。不仅能对质量、体积进行计量，还要对浇注料浆总热量能进行自动调配，使每模的浇注料浆温度、坯体硬化一致。

4.3.2　蒸压加气混凝土原材料计量方式

目前生产中所使用的计量方式有三种：

（1）各种物料用各自的计量秤分别称量，然后按投料次序加入搅拌机搅拌。

（2）搅拌机计量。即将搅拌机罐体安装在质量传感器上。除砂浆、铝粉单独计量外，水泥、石灰、矿渣浆、废浆、水从贮料仓（罐）通过管道及螺旋输送机直接加入搅拌机，一边计量一边搅拌。这样可省去部分物料计量的装置，减少土建楼层，进一步节省投资，但对生产管理水平要求大大提高。

（3）用电磁流量计代替料浆计量罐对砂浆、粉煤灰浆及废料浆进行计量，直接加入料浆搅拌机中。

4.3.3 计量配料搅拌浇注系统

不同工艺技术均开发有各自的计量配料搅拌系统和技术，但计量配料内容、程序基本相同。只是随着科学技术的进步，计量精度和自动化程度不断提高，各自采用的技术和仪器设备不同而有所区别。

1. 不同工艺、不同时期（发展阶段）的蒸压加气混凝土计量配料搅拌浇注系统

（1）Siporex 工艺早期的计量配料搅拌浇注系统

Siporex 工艺早期的计量配料系统由砂浆贮罐，废料浆贮罐，热水罐，水泥、石灰贮仓，砂浆、矿渣浆、废料浆、水计量罐，水泥、石灰计量秤组成，见图 4-2。

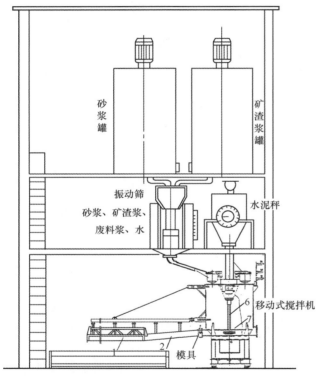

（a）Siporex 工艺早期的计量配料系统示意图

（b）砂浆、矿渣浆、废料浆计量罐

（c）水泥、石灰计量秤

图 4-2　Siporex 早期的计量配料搅拌浇注系统

Siporex 工艺早期计量系统的浆体计量是按体积进行的。在计量罐体上设有计量杆尺来标示计量体积。由人工进行标定计量。在罐体上有振动筛，筛去砂浆、废料浆中的小石子，保证浇注料浆的发气膨胀稳定进行。砂浆、废浆的用量需要根据经常变动的砂浆密度进行调整确定。

粉体材料计量由杠杆斗秤通过人工标定称量值进行称量。每次进料、出料都由人工操作。水泥、石灰由水泥、石灰中间仓通过螺旋输送机送到水泥、石灰斗秤计量。

铝粉用盘秤人工称量，加入铝粉液搅拌罐搅拌使用。

（2）Ytong 工艺计量配料搅拌浇注系统

Ytong 工艺计量配料系统有两种：①传统计量配料系统；②计量搅拌一体系统。

① 传统计量配料系统

Ytong 工艺早期计量配料系统由砂浆贮罐，废料浆贮罐，热水罐，水泥中间仓，石灰中间仓，砂浆、废料浆、水、水泥、石灰计量秤，铝粉液配制计量系统等组成，见图 4-3。

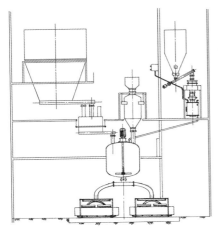

(a) Ytong 工艺计量配料
搅拌浇注系统示意图

(b) Ytong 工艺计量配料搅拌浇注系统

图 4-3　Ytong 工艺早期计量配料系统

Ytong 工艺所有原材料都采用质量进行计量配料，只是在早期采用杠杆秤，根据配方进行人工设定用量后进行自动计量配料，砂浆、废料浆、水由计量罐进行，水泥、石灰由同一计量斗依次进行，并由斗底螺旋输送机加入搅拌机搅拌。随着计量技术设备的发展，计量由杠杆秤改为质量传感器进行。这更便于实现自动化，也使计量配料系统更为简化。但计量配料系统（特别是设备）一直沿用至今没有变化。

② 计量搅拌一体系统

Ytong 于 1992 年前后在原计量配料体系基础上开发了计量搅拌一体系统。该系统由砂浆冷却系统及贮罐，废料浆贮罐，水泥、石灰、石膏贮罐，冷、热水罐，砂浆计量秤，螺旋输送机，计量搅拌机所组成，见图 4-4。

除了砂浆单计量后加入计量搅拌（机）秤外，水泥、石灰、石膏都通过螺旋输送机直接送入搅拌机一边计量一边搅拌。水、废料浆也由管道直接泵入搅拌机进行计量搅拌。

计量搅拌机（秤）有两个搅拌叶和电机，一个为主搅拌器，另一个为辅助搅拌器。前者搅拌叶在搅拌机罐的底部，后者搅拌叶在混合料浆的液面下方，加强液面上干物料的搅拌，促其均匀。

Ytong 计量搅拌一体系统省去了水泥秤、石灰秤、废料浆及水计量秤，简化了工艺，减少了维修工作量，节省了建筑投入和投资。

（3）Hebel 工艺计量配料搅拌浇注系统

Hebel 工艺早期计量配料系统由砂浆、废料浆贮罐，热水罐，水泥、石灰中间仓，螺旋输送机，砂浆、废料浆、水、水泥、石灰计量斗秤，铝粉液计量秤所组成，见图 4-5。

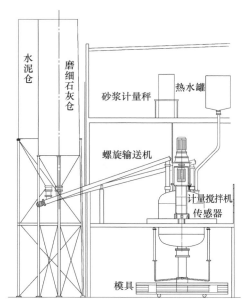

（a）Ytong 计量搅拌一体系统示意图

（b）Ytong 计量搅拌机

图 4-4　Ytong 计量搅拌一体系统

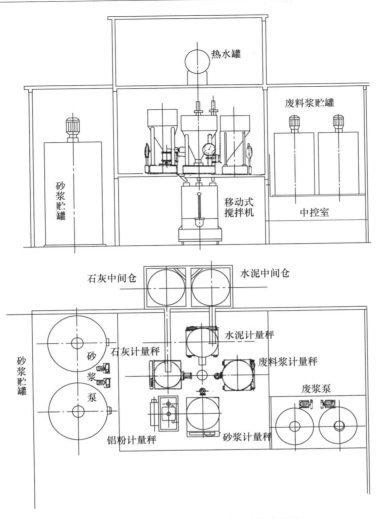

（a）Hebel 工艺计量配料搅拌浇注系统示意图

（b）Hebel 工艺配料站

图 4-5　Hebel 工艺计量配料搅拌浇注系统

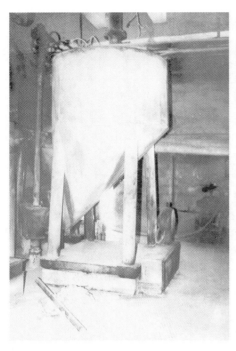 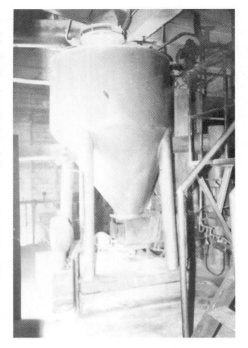

（c）砂浆计量秤　　　　　　　　　（d）磨细生石灰计量秤

图 4-5　Hebel 工艺计量配料搅拌浇注系统

砂浆、废料浆用泵打入砂浆、废料浆计量斗秤，水加入废料浆计量斗秤计量，水泥、石灰分别用螺旋输送机送入水泥、石灰计量斗秤计量，铝粉有独立的计量及铝粉液配制系统进行。

所有物料均采用杠杆秤进行质量分别计量，分别加入搅拌机。在水泥秤斗下有短螺旋加料，而在石灰秤斗下装有风送斜槽下料机构向搅拌机均匀加入生石灰。

（4）Wehrhahn 工艺计量配料搅拌浇注系统

Wehrhahn 工艺计量配料系统由砂浆、废料浆贮罐，冷、热水贮罐，石灰、水泥贮仓，铝粉液罐，螺旋输送机，砂浆、废料浆、水计量秤，石灰计量秤，水泥计量秤，铝粉液计量秤等组成，见图 4-6。

全部物料计量均采用质量传感器进行全自动质量计量。而且进行配热，保证浇注料浆温度保持在 38～40℃。

（5）Masa 工艺计量配料搅拌浇注系统见图 4-7。

（6）茂源工艺计量配料搅拌浇注系统见图 4-8。

2. 铝粉计量系统

目前，在蒸压加气混凝土生产实践中铝粉计量并加入料浆搅拌机大体有五种方式。

（1）人工用盘秤称量铝粉，加入铝粉悬浮液搅拌机，搅匀后再加入料浆搅拌机，一模一计量。

（2）人工用盘秤称量铝粉，称量后仍由人工直接加入料浆搅拌机，一模一计量。

（3）铝粉或铝粉膏由铝粉贮罐（或小仓）经螺旋给料机加入铝粉计量秤，称量后卸至铝粉液搅拌机搅拌均匀，最后由此加入料浆搅拌机，一模一计量，见图 4-9（a）。

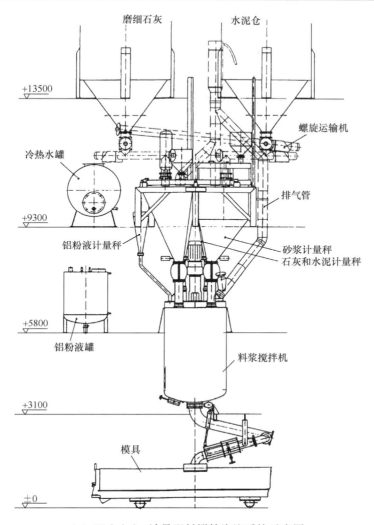

磨细石灰　水泥仓

螺旋运输机

冷热水罐

排气管

+13500

+9300

铝粉液计量秤

砂浆计量秤
石灰和水泥计量秤

+5800

铝粉液罐

料浆搅拌机

+3100

模具

±0

（a）Wehrhahn 计量配料搅拌浇注系统示意图

（b）Wehrhahn 配料楼

（c）Wehrhahn 物料计量

图 4-6　Wehrhahn 计量配料搅拌浇注系统

（d）Wehrhahn 物料搅拌

图 4-6　Wehrhahn 工艺计量配料搅拌浇注系统

图 4-7　Masa 工艺计量配料搅拌浇
注系统

图 4-8　茂源工艺计量配料搅拌浇注系统

(a)

图 4-9　铝粉称量搅拌系统及示意图

图 4-9　铝粉称量搅拌系统及示意图

（4）将铝粉或铝粉膏加入铝粉悬浮液搅拌罐，按铝粉或铝粉膏：水＝1∶9或1∶10的比例搅拌成铝粉悬浮液备用，见图4-9。一次配料供一个班生产使用。

铝粉搅拌罐罐体为双层夹层结构，其间通有17～20℃的冷却循环水使铝粉悬浮液温度保持在20℃以下，防止铝粉在水中长时间与水接触反应放出氢气引起爆炸。

配好的铝粉液由隔膜泵或管道泵送到铝粉液计量秤，经计量后加入料浆搅拌机。

（5）将W-201C铝粉膏加入设于地面的混料搅拌机中悬浮分散配成1∶10的铝粉悬浮液，再用隔膜泵或管道泵送到配料平台的铝粉悬浮液贮罐中（不加冷水夹套），然后用隔膜泵或管道泵送到铝粉悬浮液计量秤中使用。

3. 计量配料搅拌浇注系统的土建安排

生产蒸压加气混凝土物料的计量配料系统的土建安排有两种形式：

（1）将砂浆贮罐，废料浆贮罐，水泥、石灰仓等设置在框架结构的三层，热水罐有时可设置在四层，二层为计量容器及料浆浇注搅拌机。

采用物料自上而下、由高到低的方式运动，即将砂浆（或粉煤灰浆、矿渣浆）、废料浆用泵打到三层罐体，水泥、石灰粉用斗式提升机、仓式泵或散装汽车直接送到三层贮存，再通过螺旋输送机送到计量秤。

这种方式将质量很大的浆罐和粉体材料仓放在最高层，增加了土建的工作量和投资，也增加了吊运、安装的困难。

（2）将砂浆（或粉煤灰浆、矿渣浆）、废料浆罐设置在地平面上，或者挖坑于地下。用泵将砂浆、废料浆送到砂浆、废料浆计量秤进行计量，而水泥、石灰贮仓用钢架另立于车间墙外地面上，用螺旋输送机直接将水泥或石灰送到设于二层的计量秤。

这种方式使建筑结构简化，施工简单，建设速度快，投资节省，使用维修方便，已成为当今蒸压加气混凝土生产线主流技术方案，被普遍应用。用于物料计量配料系统的建筑一般是钢筋混凝土框架，也可以是钢框架。随着钢材采购供应条件的改善，采用钢框架结构的逐渐增多。

4.4 蒸压加气混凝土料浆搅拌

搅拌是使两种或多种不同的物料（如固体、液体、气体）在彼此之中互相分散而达到均匀的混合。

搅拌的目的及作用：

（1）强化传质

将一种物质迅速地分散到另一种物质中去，使之混合均匀，并加速反应。

（2）强化传热

使热量均匀地分散到介质的各个部分去，获得一定温度的均匀混合体。

（3）有效制备物料的混合体（如悬浮液、乳状液、溶液、糊状物、固体物）并防止搅拌液体中的固体颗粒沉淀，保持混合料均匀。

4.4.1 搅拌设备

搅拌设备由罐体、转子、动力、动力传动装置（包括电机、减速装置及转轴）以及各种附属设备（如阀门、人孔与各种测量装置等）组合而成。

不同性质物料的混合及对实现不同目的、要求的混合，需要有不同搅拌功能和形式的搅拌器来实现。不同搅拌器的搅拌适应性和搅拌效率不同。

1. 搅拌器

搅拌器是使搅拌介质获得所需的流动状态而向其输入机械能量的装置。不同形式的搅拌器可以制造出用于不同搅拌目的的搅拌设备。

对于液体的搅拌有机械搅拌和气流搅拌，在生产中应用最多的是机械搅拌。机械搅拌器的种类很多，实际应用的有几十种。尽管种类很多，主要区别在于搅拌器形式、转速、罐体几何尺寸及附属装置不同。转子的不同体现在转子的叶片形式不同。不同类型的搅拌器具有不同形式叶片的转子。

1）搅拌器叶片形式

目前普遍使用的叶片有以下几种：桨式、框式、锚式、螺带式、螺旋推进式、涡轮式、行星式、螺杆式、布尔玛金式。

2）不同叶片的搅拌器

（1）桨式搅拌器

① 桨式搅拌器适用于传质、传热及液体的混合。

多用于线速度较低的液体搅拌。一般情况下，线速度在 $0.5 \sim 3.0 \mathrm{m/s}$，转速一般在 $20 \sim 80 \mathrm{r/min}$。如在罐体内部增加挡板，可以产生一定的轴向搅拌效果。在料层较高的情况下，为了使物料搅拌均匀，常装有几层桨叶，呈多桨式，而相邻两层桨叶常呈 $90°$ 角。

② 平桨式平直叶叶面旋转方向互相垂直（图 4-10），主要使物料产生切线方向流动。桨式搅拌器有平桨可折、平桨对开可折、平桨整体焊接等形式。

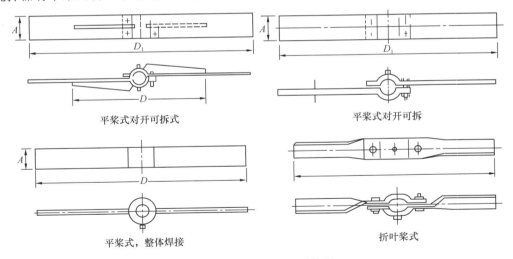

图 4-10　不同叶片的搅拌器

平桨式折叶叶片与旋转方向呈一定角度，常见角度为 $45°$，有上斜折叶、下斜折叶及弯叶折叶，使物料有一定的轴向分流。

叶片一般采用扁钢制造，对开式安装较多，尺寸大时需在叶片上附加筋板。

③ 桨叶安装位置

一层桨叶，安装在下封头焊缝高度线上，如是平底罐则按封头尺寸折算；

二层桨叶，一层安装在下封头焊缝高度线上，另一层安装在下封头焊缝与液面的中间高度稍高一些的位置上；

三层桨叶，第一层安装在下封头焊缝高度线上，第二层安装在液面下 200mm 处，第三层安装在两者中间的位置上。

④ 桨叶的几何尺寸

桨叶的回转直径 d 一般为罐体内径 D_0 的 0.35～0.8 或平直叶宽度 b 的 8～10 倍。搅拌器的功率消耗与叶片回转半径的 5 次方成正比，故叶片不宜太长。

⑤ 液面高度及桨叶下缘与罐底的距离

直叶双桨式：

$$D=3d；H=3d；y=0.33d；b=0.25d \qquad (4-2)$$

折叶双桨式：

$$D=3d；H=3d；y=0.33d；b=0.25d$$

直叶三桨式（根据前苏联莫斯科化工研究院资料）：

$$D=1.11d；H=1.11d；y=0.11d；b=0.066d \qquad (4-3)$$

式中　D——罐体内径（mm）；

　　　H——液面高度（mm）；

　　　y——桨叶下缘与罐底的距离（mm）；

　　　d——桨叶的回转直径（mm）。

（2）框式与锚式搅拌器

① 框式搅拌器

框式搅拌器由桨式搅拌器演变而来，是将水平桨叶与垂直桨叶连接成一个刚性较好的框子，有单框、多框、行星三角框等形式，见图 4-11。

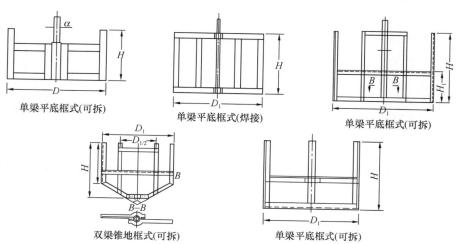

图 4-11　框式搅拌器示意图

② 锚式搅拌器

锚式搅拌器是框式搅拌器的一个特例，有锚式和带齿锚式两种，见图 4-12。

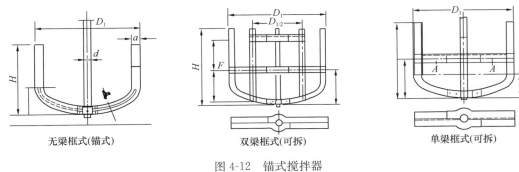

图 4-12　锚式搅拌器

③ 行星框式和行星桨式搅拌器

行星框式和行星桨式搅拌器构造见图 4-13。

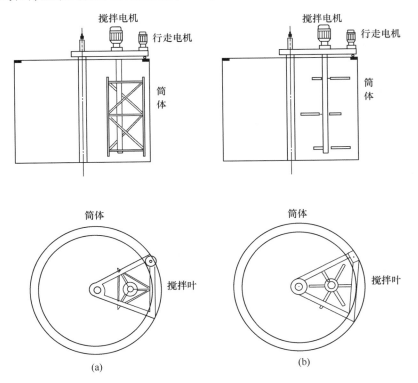

图 4-13　行星框式和行星桨式搅拌器

（a）行星框式；（b）行星桨式

行星框式和行星桨式搅拌器主要用于更大体积液体的搅拌贮存。

④ 框式及锚式搅拌器桨叶尺寸及转速

框式及锚式搅拌器的框架较大，其直径接近罐体内径，其外缘与罐体内壁的间隙为25～50mm。通常框架或锚架的直径 d 取罐体内径 D 的 2/3～9/10。其运行速度较低，一般线速度为 0.5～1.5m/s，转速范围为 50～70r/min。

框式及锚式搅拌器的桨叶一般采用扁钢或角钢制造。框式和锚式搅拌器所产生的流型基本上是切线型，当框的横梁有斜角时产生一部分轴向流动，主要防止悬浮液下沉。

框式及锚式搅拌器桨叶直径与液面高度及桨叶下缘与罐底的距离的关系见式（4-3）。

（3）螺带式搅拌器

螺带式搅拌器见图4-14。

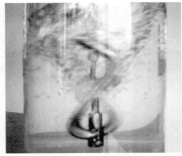

图4-14　螺带式搅拌器

（4）螺旋推进式（或称旋桨式）搅拌器

螺旋推进式搅拌器叶片类似于飞机和轮船的螺旋桨推进器的桨叶，分二叶、三叶和四叶，可铸造、可焊接，有玫瑰叶状，也有一字型、三叶型和十字型，见图4-15。

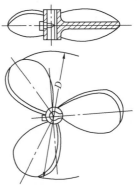

在搅拌时使物料在罐内作轴向循环运动，以容积循环为主。剪切作用较小，上下翻腾效果良好。在湍流区无挡板时生成涡流，有挡板时漩涡消失，上下翻腾效果更好。当有更大的流速及液体循环时，需安装导流筒。

螺旋推进式搅拌器的转速范围一般在 $300\sim600\mathrm{r/min}$，切向线速度可达 $5\sim15\mathrm{m/s}$，与电机直连时最大线速度可达 $25\mathrm{m/s}$，当叶片直径大时应降速，而直径小时可取高速，可与电机同转速。

三叶式推进搅拌器
（整体铸造）

图4-15　螺旋推进式搅拌器

桨叶尺寸与罐体尺寸关系如下：

$$D:D_0 = \frac{1}{4}\sim\frac{1}{3};\ S:D=1;\ z=3\sim4 \qquad (4\text{-}4)$$

式中　D——叶片直径；

D_0——罐体直径；

S——叶片螺距；

z——叶片数目。

（5）涡轮式搅拌器

涡轮式搅拌器桨叶种类繁多。从构造形式上看有开式、半开式，闭式之分；从桨叶形式上看有直叶、折页、弯叶、箭叶之别；另外有带导轮及不带导轮区别；在制造上有铸造和焊接两种。

有关符号含义

D_J——桨叶回转直径；

d——轴径；

Q——桨叶折角；

  L——浆叶长度；

  d_g——圆盘直径；

  δ——浆叶厚度；

  υ——叶轮线速度。

① 开启式平直叶涡轮

  开启式平直叶涡轮构造类似于平直叶桨式搅拌器，两者没有什么原则上的差别，只是桨叶较多，见图 4-16。习惯上把四桨以下的称为桨式，四桨以上的称为涡轮式。开启式平直叶涡轮一般采用扁钢制成浆叶焊在轴套上，然后固定在搅拌轴上，在轴套较厚时，轴套外围需铣槽，叶片嵌入后再焊。

  铸造的叶片比较均匀，稳定性好，表面硬度大，耐磨，但较重，不适合单台或少量生产。其通用尺寸为：

$$\frac{D_T}{h} = 5 \sim 8; \quad z = 6$$

$$\frac{D_J}{D_0} = 1/6 \sim 2/3(常用\ 1/4 \sim 1/2) \tag{4-5}$$

$$\upsilon = 3 \sim 8\mathrm{m/s}$$

② 开启式折叶涡轮

开启式折叶涡轮构造见图 4-17。

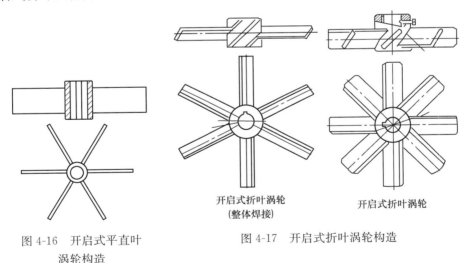

图 4-16　开启式平直叶
涡轮构造

开启式折叶涡轮
（整体焊接）

开启式折叶涡轮

图 4-17　开启式折叶涡轮构造

  开启式折叶涡轮尺寸与开启式平直涡轮相同，其折叶之折角为 45°。

③ 开启式弯叶涡轮

开启式弯叶涡轮构造见图 4-18。

开启式弯叶涡轮尺寸比例与平直叶涡轮相同。

④ 圆盘平直叶涡轮

圆盘平直叶涡轮构造见图 4-19。浆叶与圆盘相连，而搅拌轴与圆盘相连。浆叶通常用

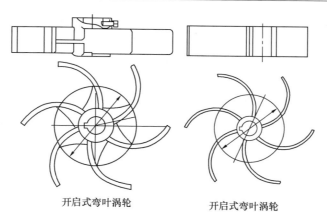

开启式弯叶涡轮　　　　　　　开启式弯叶涡轮

图 4-18　开启式弯叶涡轮构造

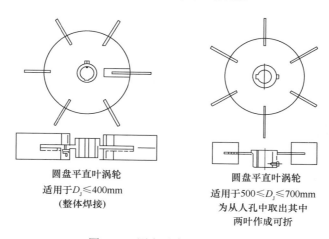

圆盘平直叶涡轮　　　　　　　圆盘平直叶涡轮

适用于$D_J \leqslant 400mm$　　　　适用于$500 \leqslant D_J \leqslant 700mm$

（整体焊接）　　　　　　　　为从人孔中取出其中

两叶作成可折

图 4-19　圆盘平直叶涡轮构造

螺钉或焊接固定在圆盘上，需要做静平衡试验。

其通用尺寸为：

$$D_J : L : h : d = 1 : \frac{1}{4} : \frac{1}{5} : \frac{2}{3}; \quad D_J/D_0 = \frac{1}{6} \sim \frac{2}{3} \ \text{（通常为}\frac{1}{4} \sim \frac{1}{2}\text{）}; \qquad (4\text{-}6)$$

$z = 6$；$v = 3 \sim 8m/s$

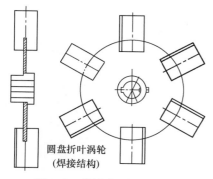

圆盘折叶涡轮

（焊接结构）

图 4-20　圆盘折叶涡轮构造

⑤　圆盘折叶涡轮

圆盘折叶涡轮构造及通用尺寸都与平直叶涡轮相同，见图 4-20。

⑥　圆盘弯叶涡轮

圆盘弯叶涡轮构造与圆盘平直涡轮相同，见图 4-21。

其通用尺寸为：

$D_J : L : h : d : R = 1 : 1/4 : 1/5 : 2/3 : 3/8$；

$D_J/D_0 = 1/4 \sim 1/2$（常用）；$z = 6$；　　　(4-7)

$\alpha = 45°$；$v = 3 \sim 8m/s$。

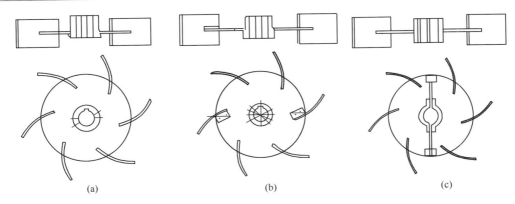

图 4-21　圆盘弯叶涡轮构造

（a）圆盘弯叶涡轮；（b）圆盘弯叶涡轮；（c）对开圆盘弯叶涡轮

圆盘弯叶式涡轮图 4-21（a）适用于 $D_J \leqslant 400mm$，图 4-21（b）适用于 $D_J = 500 \sim 700mm$，图 4-21（c）适用于 $800 \leqslant D_J \leqslant 1000mm$。

⑦ 圆盘箭叶涡轮

圆盘箭叶涡轮构造见图 4-22。采用焊接，制作较为复杂，制作后应做静平衡试验。其通用尺寸为：

$$D_J : L : h : d_8 : R : b = 1 : 1/3 : 1/5 : 3/5 : 1/6 : 1/6$$
$$z = 6 \tag{4-8}$$
$$v = 3 \sim 8m/s$$

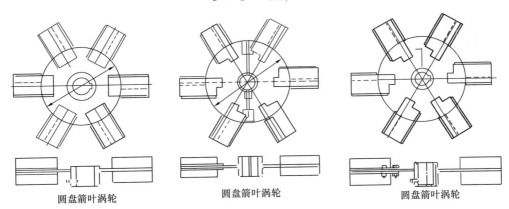

圆盘箭叶涡轮　　　　　　　圆盘箭叶涡轮　　　　　　　圆盘箭叶涡轮

图 4-22　圆盘箭叶涡轮构造

⑧ 封闭平直叶涡轮

封闭平直叶涡轮构造见图 4-23。其尺寸比例为：

$$D_S : c : h : d_5 : d_3 = 1 : 0.1 : 0.2 : 0.68 : 0.7;$$
$$v = 6 \sim 8m/s. \tag{4-9}$$

封闭平直叶涡轮一般采用焊接，要做静平衡试验。

⑨ 封闭单吸后斜叶涡轮

封闭单吸后斜叶涡轮采用焊接构造，见图 4-24。

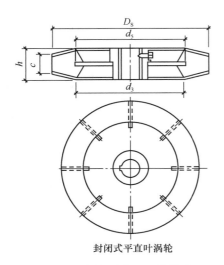

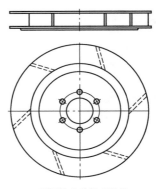

图 4-23　封闭平直叶涡轮构造　　　　　图 4-24　封闭单吸后斜叶涡轮构造

涡轮搅拌器的流体特性：涡轮搅拌器通常有 6 片桨叶，线速度较大，一般的切线速度为 3～8m/s，可达 8～12m/s（最大 15m/s）。涡轮搅拌器主要产生径向流，自涡轮流出的高速液流沿圆周运动的切线方向散开。能将流体均匀地由内垂直方向运动改变为水平方向运动。当流体碰到罐壁时，改变为轴向流动，进行容积循环。在圆形罐内不装挡板时产生漩流，液面常产生很深的漩涡，加装挡板后漩涡消失。在整个液体体积内产生激烈搅拌，对于开式涡轮产生上下两个容积循环。液面高度一般为桨叶回转直径的 3 倍。

（6）布尔玛金式搅拌器

布尔玛金式搅拌器构造见图 4-25，分三叶、六叶、平底耙几种形式，适用于糊状物及易沉淀的液体搅拌。

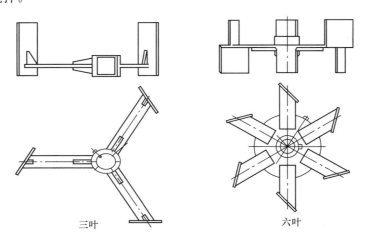

三叶　　　　　　　　　　　　　　六叶

图 4-25　布尔玛金式搅拌器构造

搅拌叶片的转速应根据料浆对流型要求而定。如以总体流动和湍流运动来实现搅拌效果的话，叶片总数可以按照判断流型的雷诺数确定的最低转速来确定。

（7）螺杆式搅拌器

一般用于黏度较高、磨损性小的液体搅拌。叶片是由钢板按一定螺距焊制的螺旋面。螺杆式搅拌器的螺旋头数可为 1～3 个。叶片头数为 3 时，螺旋直径一般取罐体直径的 2/5～1/2，螺距为 240～270mm，转速为 750～800r/min，见图 4-26。螺旋线速度为 12m/s（最大 14m/s），可强制液体产生很大的轴向流动，一般都设有导流筒。

图 4-26　三头螺杆式搅拌器

2. 挡板及导流筒

1）挡板

为了加强搅拌效果，更严格地控制流型，或需要有较大的液流剪切及容积循环速率，或需要被搅拌的液体作上下翻滚运动，在只靠上述叶型搅拌不能满足要求时需在罐内壁上加装挡板。

罐内设置的挡板有竖挡板和横挡板两种形式，见图 4-27、图 4-28。

挡板可以避免在旋转的搅拌轴中心形成液面中央下陷、四周隆起的漏斗状回转区。

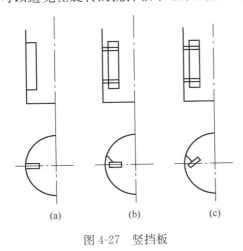

图 4-27　竖挡板

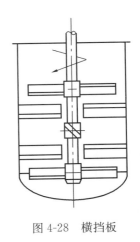

图 4-28　横挡板

对于桨式搅拌器在搅拌高黏度的物料时，在罐壁上安装横挡板增加剪切力与掺合作用。挡板宽度可与桨叶相同，见图 4-28。

对涡轮式、螺旋推进式、螺杆式搅拌器及黏度不大的物料，一般选用均布直立焊接在罐壁上的竖挡板，与环向流呈直角，见图 4-27（a）。黏度较高时，挡板离壁安装。挡板离罐壁的距离一般为挡板宽度的 1/5～1，见图 4-27（b）。当黏度更高时，可将挡板斜一定角度，见图 4-27（c），这样可以有效防止黏滞液体在挡板处形成死角与堆积。

一般在罐内壁安装 4 块挡板，挡板宽度为罐内径的 1/12～1/10。如罐体直径过大或过小，可根据具体情况增加或减少挡板数量。小直径一般用 2～4 个，大直径用 4～8 个。

竖挡板的上端可与静液面相平，下端可略低于封头与罐底的焊缝。对于平底罐，其下端与罐底留有与挡板宽度相同的间隙。对于固体悬浮液，在固-液比及固-液密度差都较大时，固相容易沉淀，该距离不宜太小，以免淤塞。当液面上有轻而易漂浮及不易润湿的固体物料时，则会在液面上形成漩涡，这时挡板上缘可高于液面 100～150mm，挡板下缘可到罐底。

2）导流筒

导流筒是装在螺杆外缘的、能引导液流的圆柱形筒体。螺杆旋转将浆液拉入导流筒，控制液体流型，并在罐体中产生漩涡，使搅拌作用激烈，显著增强混合效果。

对于螺旋推进式、涡轮式、螺杆式搅拌器均可增设导流筒组成导流筒搅拌器，以达到特定的搅拌效果。搅拌物料不同，搅拌器不同，其导流筒各部分尺寸也不相同。

导流筒构造见图 4-29、图 4-30。

3）导流筒搅拌器

（1）螺旋推进式导流筒搅拌器

螺旋推进式导流筒搅拌器构造见图 4-31。

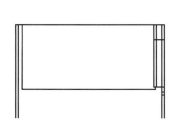  

图 4-29 柱体导流筒　　　　　图 4-30 锥形导流筒　　　　图 4-31 螺旋推进式
导流筒搅拌器

螺旋推进式搅拌器的导流筒的中段为直段，上下部呈喇叭状，桨叶一般置于筒体直段部分或筒体下端内部。筒体上部放在静液面之下。如筒体上部位置恰当，就能获得良好的拉下上浮固体的作用。

（2）螺旋推进式搅拌器导流筒的几何尺寸

$$D \approx (0.3 \sim 0.33)D_0 \tag{4-10}$$

液面高度 H 为搅拌罐高度 H_0 的 3/4 时，桨叶安装高度（离罐底）$C \approx 1.2D$；导流体总高 H_2 为罐体圆筒部分高度 H_1 的 1/2，导流筒的内径 $D_1 = 1.1D$，导流筒的上段高度 $H_4 \approx D_1$，上段喇叭口角度为 14°，导流筒下移喇叭口角度为 30°。导流筒下缘离罐底高度 $C \approx 0.8D$，导流筒直段高度可取为桨叶轮毂高度。

（3）涡轮导流筒搅拌器

涡轮与导流筒的间隙为 0.05，罐体内径导流筒高度 ≥ 0.25 罐体内径。

（4）螺杆式导流筒搅拌器

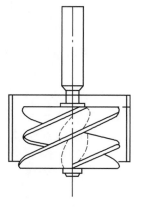

图 4-32 螺杆式导流筒搅拌器

螺杆式导流筒搅拌器见图 4-32。

螺杆式搅拌器的导流筒是一个圆柱形直筒，其筒径略大于螺杆直径，筒体上端高于螺杆上螺面，筒体下端亦高于下螺面，即螺杆下端低于筒体下缘。

3. 罐体

搅拌器的罐体由顶盖、筒体和罐底组成。筒体为圆柱形，由钢板焊接而成。罐底有平底、锥形底和椭圆形底，见图 4-33。设有卸料口，其中椭圆形底更为优越。顶盖用以支承搅拌器及传动装置，有开口和封闭两类，并设多种物料进料口。罐内可有加热装置，罐壁开有检修用人孔、手孔等。

（1）罐体的容积根据搅拌液浆的体积确定

搅拌料浆体积通常占罐体容积的 $60\% \sim 85\%$，一般为罐体几何容积的 70%。物料黏度大，液面平稳时，取最大值。

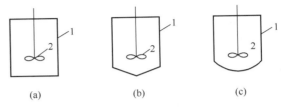

（a）　　　　（b）　　　　（c）

图 4-33　搅拌器的罐体类型
1—罐体；2—搅拌器

（2）罐体直径

罐体直径与所选转子的直径以及罐体内径与转子直径的比例有关，鉴于搅拌功率与转子回转直径的 5 次方成正比。故转子直径越大，所需功率越大。在相同搅拌容积下，转子直径不宜太大。

（3）罐体高度

罐体高度对于液-固相及液-液相流体而言，其高度与罐内径之比为：

$$H_0/D_0 = 1.0 \sim 1.3; \quad H_0 = (1.0 \sim 1.3)D_0 \tag{4-11}$$

式中　H_0——罐体高度（mm）；

D_0——罐体内径（mm）。

一般选择罐体内径与高度之比为 1。

料浆液面高度与罐体内径的关系为：

$$H = 0.6 \sim 0.85D_0 \tag{4-12}$$

式中　H——液面高度（mm）。

4. 搅拌器的传动与密封

（1）搅拌器的传动方式

搅拌器的传动方式有直接传动、齿轮转动、皮带传动三种。

① 直接传动

将转子轴与电动机轴直连，或采用行星摆线减速机轴与转子轴直连传动。其结构紧凑，安装方便，工作条件好。

② 齿轮传动

齿轮传动有两种类型：一种为通过伞点轮传动，电动机经齿轮减速带动搅拌轴（多为开式传动），结构简单，易于制造，一般用于低转速场合，有噪声，基本被淘汰；另一种是电动机通过减速箱传动带动搅拌轴。

③ 皮带传动

由电机通过皮带及皮带轮驱动搅拌轴，多用于中小型搅拌设备。其结构简单，造价低，有一定过载保护作用，但工作条件差，使用寿命短。

（2）传动动力安装位置

从传动位置看有上传动、下传动两种安装位置，生产中使用最多的是上传动。

① 上传动

传动装置装在罐体上部，罐的中心部位被搅拌轴及其附件所占，影响加料开口的布置，增加设备高度，影响空间安排及安装维修。转子在罐体下部，搅拌轴较长，如搅拌器需移动，因重心加高而影响稳定。

② 下传动

下部传动有其优越性，可缩短搅拌轴长度，容易实现动平衡，有利于罐上部管道开口布置，克服上传动的不足，但致命弱点是密封困难，处理不好搅拌介质会沿着轴与轴封的间隙渗进轴承，导致轴承损坏。下传动搅拌系统见图 4-34。

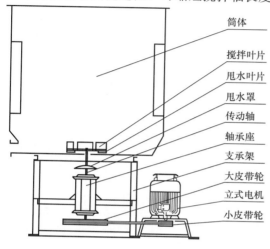

图 4-34 下传动搅拌系统

筒体
搅拌叶片
甩水叶片
甩水罩
传动轴
轴承座
支承架
大皮带轮
立式电机
小皮带轮

5. 搅拌器功率

机械搅拌器的功率消耗主要取决于搅拌器叶片型式、料浆在罐体内所形成的流型（运动状态）及罐体形状、规格、料浆性能（密度、黏度、稠度、温度、压力）等。

1）功率计算

（1）机械搅拌器的功率计算公式有许多，基本上可采用式（4-13）计算：

$$N = f \cdot d^5 \cdot m \qquad (4\text{-}13)$$

式中　N——功率（kW）；

　　　f——系数；

　　　d——转子回转直径（m）；

　　　m——常数值。

（2）搅拌器功率也可按式（4-14）估算：

$$N = \frac{k \cdot r \cdot n^3 D^5}{10^2 g} \qquad (4\text{-}14)$$

式中　N——功率（kW）；

　　　k——搅拌器型式与流型的比例系数；

　　　D——叶轮回转直径（m）；

　　　n——叶轮转速（r/s）；

　　　r——料浆密度（kg/m³）；

　　　g——重力加速度（9.81m/s²）。

不同型式搅拌器的 k 值大致如下：

涡轮式有挡板时 $k=1.3$，有导流筒时 $k=1.2\sim1.3$；桨叶式有导流筒时 $k=0.15\sim0.3$；螺杆式有导流筒时 $k=0.6\sim0.7$。

k 值随雷诺数 R_e 的变化而变化。料浆为湍流运动时，k 为一定值，湍流区的 $R_e > 10^4$；当料浆为层流运动时，层流区的 $R_e \leqslant 10$；在两者之间为过渡值，k 值随 R_e 值增加而减小。

$$R_e = \frac{D^2 n \cdot r}{\mu g} \tag{4-15}$$

式中　g——重力加速度（9.81m/s^2）；

　　　μ——料浆动力黏度系数（kg·s/m^2）。

2）影响搅拌功率消耗的因素

（1）叶片回转直径及转速

从式（4-14）中可看出，搅拌器功率与转速的三次方成正比，与直径的五次方成正比，因此提高搅拌机转速必须充分考虑功率消耗的急剧增加。

（2）搅拌器叶片叶型、高度。

（3）罐体内液面高度。

（4）罐体内径。

（5）罐内附加装置，如管道、蛇形加热管、冷却管、温度计插管、挡板等。

（6）罐底形状，平底、椭圆型封头。前者消耗的能量大，但在液面高时其影响减小，后者效果较好。

（7）罐壁及叶面粗糙度。

4.4.2　蒸压加气混凝土生产用搅拌机

蒸压加气混凝土生产过程中的搅拌作业有：磨细砂浆的搅拌贮存、粉煤灰浆的制备与搅拌贮存、铝粉悬浮液的制备与搅拌贮存、稳泡剂的制备与搅拌贮存、钢筋防锈剂的制备与搅拌贮存、蒸压加气混凝土浇注料浆的搅拌混合。

1. 原材料制备和贮存

原材料制备和贮存所用搅拌机的搅拌叶叶型分别有：桨叶式、框式、锚式、行星框式、行星桨叶式、涡轮式、布尔玛金式等。其中，磨细砂浆、粉煤灰浆、废料浆大多采用框式。

（1）砂浆、粉煤灰浆及废料浆的搅拌贮存

砂浆、粉煤灰浆及废料浆搅拌贮存罐见图 4-35。

在储存容积比较大的（如 50m^3、100m^3 甚至更大体积的）砂浆、粉煤灰浆时贮罐采用行星框式，见图 4-36。

（2）铝粉浆、稳泡剂、碱液一般采用涡轮式、螺旋推进式或桨叶式搅拌机，见图 4-37。

（3）防腐剂制备采用行星框式、锚式或布尔玛金式搅拌机。

防腐剂储存采用行星框式搅拌机，见图 4-38。

2. 料浆浇注搅拌机

料浆浇注搅拌机是蒸压加气混凝土生产的专用设备。对于不同的原料、不同生产工艺技术，料浆浇注搅拌机结构及搅拌器形式也不尽相同。

蒸压加气混凝土料浆浇注搅拌机罐体容积根据成型模具体积、一次浇注的模具数和制品密度而定。

1）蒸压加气混凝土浇注料浆搅拌机种类

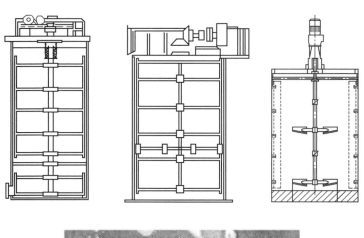

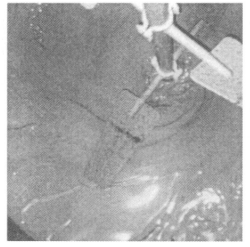

图 4-35 砂浆、粉煤灰浆或废浆桨叶式搅拌贮存罐

图 4-36 50～100m³ 砂浆、粉煤灰浆行星框式搅拌贮罐

国内外所采用的浇注搅拌机按不同的生产工艺要求可分为移动式和固定式两种。

（1）移动式搅拌机

移动式浇注搅拌机（习惯上称为浇注车）由行走机构、搅拌装置、浇注管或浇注筛、卸

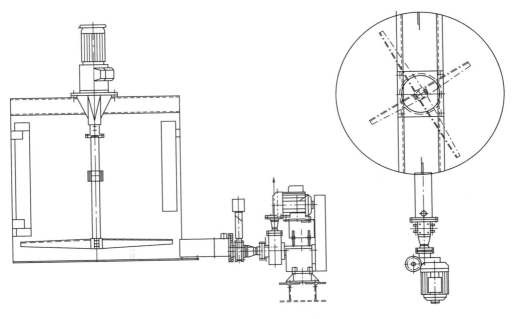

图 4-37　铝粉浆搅拌罐

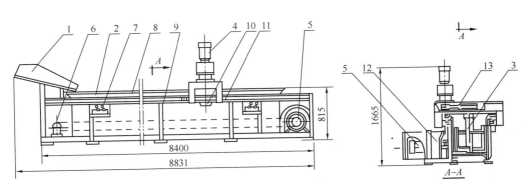

图 4-38　防腐剂浸渍槽外形图

1—进料溜槽；2—浸渍槽体；3—防腐剂搅拌器；4—搅拌器电动机；5—搅拌器往复运动传动组；

6—链轮；7—行程开关；8—底架；9—支架；10—撞块；11—搅拌器行走轮组；

12—电机护罩；13—皮带轮

料阀门、铝粉搅拌机（碱液罐）等几部分组成。搅拌罐体安装在行走机构上，在轨道上来回行走，行走至每个模位进行浇注，模具固定。为了保证浇注车运行平稳，浇注车的运动速度不宜过快，在满足浇注周期的前提下，速度小于 50m/min 为宜。Siporex 工艺Ⅰ、Hebel 工艺均采用移动式浇注。

　　移动式浇注的优点是浇注后模具静止不动，有利于坯体进行发气；只需一台天车进行模具吊运，而不需要用较多数量的辊道、小车等设备；比定点浇注简单，浇注后有漏浆等问题出现时易于处理。

　　缺点是搅拌机结构复杂，需要有一套行走机构；浇注车上的铝粉搅拌贮罐（碱液罐）与配料工段的铝粉搅拌机重复设置；坯体不易实现热室静停。

（2）固定式搅拌机

固定式搅拌机安装在有一定高度的楼层或平台上，模具运行到搅拌机下方接收料浆。

固定式浇注搅拌机没有行走机构，罐体部分与移动式搅拌机相同，没有铝粉搅拌贮罐（碱液罐）。

其优点是结构比较简单，节省电力，加料产生的粉尘除尘较容易。可实现坯体热室静停，成型模具采用辊道或小车等设备运送。

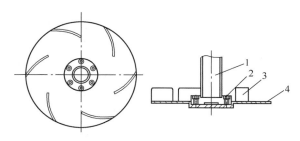

图 4-39　Siporex 工艺Ⅰ涡轮搅拌叶及其改进
1—搅拌轴；2—螺栓；3—叶片；4—圆盘

缺点是由于模具刚浇注完就要移动，在移动过程中如产生过大的振动或碰撞，会产生塌模。要求模具移动平稳，速度不宜过快。

2）浇注搅拌机采用搅拌叶型种类

（1）涡轮型见图 4-39。

（2）桨叶型见图 4-40。

（3）螺杆导流筒型见图 4-41、图 4-42。

（4）螺旋叶推进型见图 4-43。

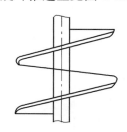

图 4-41　单头螺杆

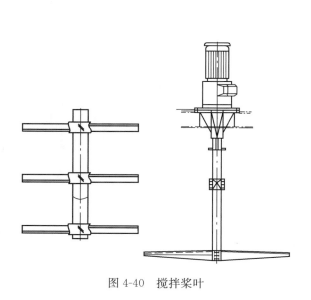

图 4-40　搅拌桨叶

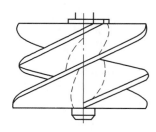

图 4-42　Unipol 工艺搅拌用
三头螺杆

3）各种叶型搅拌机

（1）涡轮式搅拌机

涡轮式搅拌机见图 4-44。

涡轮式搅拌是瑞典 SiporexⅠ技术所使用的搅拌形式，该搅拌形式在中国蒸压加气混凝土发展初期被广泛使用。由该形式制造的搅拌机一般用于移动式浇注，亦可固定使用。

搅拌机的结构如图 4-44 所示。其搅拌器的叶片形式是圆盘弯叶（涡轮式），在圆盘上焊

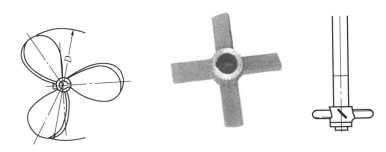

图 4-43　螺旋叶推进搅拌

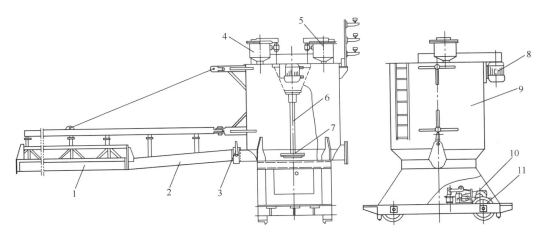

图 4-44　Siporex 工艺 I 涡轮式搅拌机

1—浇注筛；2—浇注管；3—放料阀门；4—铝粉搅拌机；5—碱液罐；6—搅拌轴；

7—涡轮；8—电动机；9—罐体；10—行走驱动装置；11—车轮

有六个叶片。它的工作原理是：搅拌器以一定速度旋转，料浆在圆盘叶轮的带动下，产生很大离心力，从桨叶排出的液体把来自桨叶的能量传递到罐内各处，并沿弯叶叶轮表面甩向罐壁。罐壁有四个垂直挡板，罐内各处液体顺次循环到具有强烈搅拌作用的桨叶近旁，形成沿筒壁及搅拌轴的上下环流。通过这种循环，液体内部产生相互的剪切，随之产生总体流动和强烈的湍流团，并在罐体内扩散，从而达到搅拌目的。

涡轮式搅拌机的特点是对流循环能力、湍流扩散和剪切能力都比较强，但搅拌机动力消耗较大；罐底为平封头，平底阻力较大，降低料浆运动速度；叶轮圆盘下易产生死区，使部分料浆不能参加总体流动；挡板与罐壁间的死角容易粘结料浆，影响湍流运动，从而减弱了总体流动效果；各种阻力也明显地降低湍流运动速度，影响搅拌效果。料浆密度、黏度和浓度越大，料浆上升高度越小；料浆越深，静压力越大，料浆上升的高度和速度也变小，对于以石灰为主要原料较稠的料浆搅拌效果不好。为了适应使用生石灰黏度较大的料浆，需对其改进，即在料浆液面下方一定距离上加装带有三个短桨叶的搅拌罐，见图 4-45。

涡轮式搅拌器适用于黏度、稠度较低的料浆，如水泥-矿渣-砂料浆、水泥-砂料浆、低石灰用量的水泥-石灰-砂料浆。

（2）桨叶式搅拌机

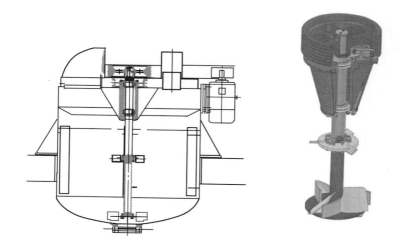

图 4-45　改进后的涡轮式搅拌机的搅拌叶和搅拌轴

桨叶式搅拌机见图 4-46、图 4-47。

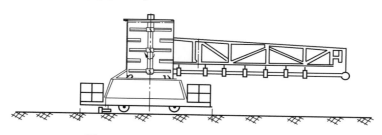

图 4-46　Hebel 工艺用移动式桨叶搅拌机

桨叶式搅拌是 Hebel 技术所使用的搅拌形式。该形式除在引进的三条 Hebel 生产线使用外，在我国没有得到推广。

桨叶式浇注搅拌机由电动机、减速器、搅拌轴、搅拌桨叶、罐体、铝粉搅拌机、行走小车及行走制动装置等几部分组成。用于移动式浇注，亦可用于定点浇注。如用在定点浇注的工艺上，只需取消行走小车部分和铝粉搅拌贮罐即可。

工作原理为：搅拌轴上的多层旋转桨叶与固定桨叶使罐内的料浆被分割成若干层方向相反的环向层流。每个层流间产生很大的剪切作用，由于桨叶为折叶形，相邻的旋转桨叶与固定桨叶的折角方向是相反的。这样料浆在环向流动的同时两流层间产生相反方向的轴向流动和轴向剪切作用，使料浆上下搅动，层流间互相融合、穿透，使料浆颗粒不断被切断。对粉状物料有很强的分散作用，可有效地防止因粉状物料不能及时搅开而结成团块状的现象。粉浆物料加入料浆后形成的结团或粘结现象可基本消除，使料浆内的各组充分混合，达到搅拌的要求。

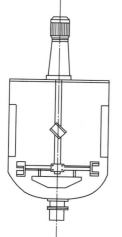

图 4-47　Wehrhahn 工艺所用固定式桨叶搅拌机

图 4-47 是 Wehrhahn 工艺所用又一种桨叶式搅拌机。

由于搅拌轴的转速较低，料浆的流型以水平环流为主，轴向流动较弱，因此该搅拌机不适用于固体颗粒密度较大的料浆搅拌。

桨叶式搅拌器适用于低中黏度、稠度料浆的搅拌。

（3）螺旋推进式搅拌机

螺旋推进式搅拌机见图 4-48。

螺旋推进式搅拌是 Ytong 技术使用的主要搅拌形式。

螺旋推进式搅拌机因其转速较高，将物料推向椭圆封头并甩向罐壁，沿封头曲线及罐壁上推产生涡流，将料浆混合均匀。螺旋推进式搅拌器适用于黏度较低的料浆搅拌，如石灰用量较低的水泥-石灰-砂混合料浆，在我国水泥-石灰-砂蒸压加气混凝土生产中使用较多。

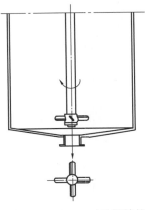

图 4-48　Ytong 工艺螺旋推进式搅拌机

（4）螺杆导流筒式搅拌机

螺杆导流筒式搅拌机见图 4-49。

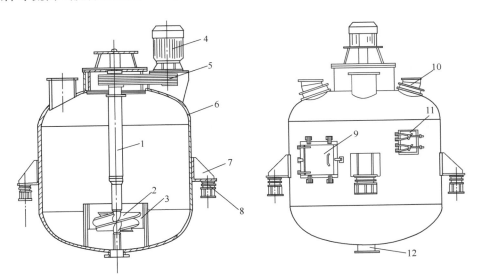

图 4-49　Unipol 工艺螺杆导流筒式搅拌机

1—搅拌轴；2—搅拌器；3—导流筒；4—电动机；5—皮带；6—罐体；7—托架；
8—减振器；9—人孔；10—进料口；11—栓视孔；12—放料口

螺杆导流筒式搅拌是波兰 Unipol 工艺所使用的搅拌形式，由于其搅拌效果较好，在我国得到普遍推广，特别是在水泥-石灰-粉煤灰蒸压加气混凝土生产中。

工作原理为：搅拌器旋转将液流拉向导流筒内产生很大的轴向流，在出口处推向椭圆封头，沿封头曲面及罐壁强制向上推动。而伸出导流筒出口部分的螺杆又将料浆挤抛向四周，产生水平环向流和径向流沿罐壁向上翻腾，料浆几乎全部通过导流筒参加总体流动和湍流运动，对料流有很大的强制作用。这样往复循环，使物料搅拌均匀。

在罐内可安装双层可调节的导流筒，升降导流筒的套管可在一定范围内调节搅拌强度。

为了加强搅拌轴的刚度，其连接搅拌器的传动轴是空心结构，在空心轴内部衬有一固定不转的实心轴。

由于物料对螺旋叶面有很强的冲刷作用，磨损比较严重，比较适用于磨琢性小的物料。该搅拌机特别适合黏稠度较大的水泥-石灰-粉煤灰料浆。

螺杆导流筒搅拌机主要用于固定浇注，亦可用于移动浇注。

4.4.3 蒸压加气混凝土浇注料浆的搅拌混合

1. 加料次序

（1）砂浆或粉煤灰浆及废料浆

（2）凉热水

（3）生石灰

（4）水泥

（5）稳泡剂

（6）铝粉（铝粉膏）或铝粉悬浮液

如料浆温度达不到 40℃，需通入蒸汽加热或加热水。

2. 搅拌工艺参数

（1）加入石灰、水泥开始计时，搅拌 3min。

（2）加入铝粉搅拌 25～40s。

3. 搅拌料浆温度

放料浇注时的料浆温度控制在 38～42℃。

4. 影响料浆搅拌效果（料浆均匀度）的因素

（1）被搅拌料浆的性能

主要有密度、黏度、浓度、稠度等。

（2）搅拌器型式

（3）加料顺序、加料速度及各阶段搅拌时间

先投入液体（浆体）物料和水，其次投入干粉煤灰、生石灰及水泥，最后投入稳泡剂及铝粉。

5. 料浆搅拌中的问题及解决办法

1）生石灰结团，搅拌不匀。

（1）现象

搅拌分散不均匀，生石灰加入搅拌罐后浮在搅拌料浆液面上或形成块状物，严重时结成壳皮，不易进入料浆中，或者经搅拌一段时间后成 1～4mm 的石灰团粒分散于料浆中，浇注发气膨胀后，继续存在于坯体内及成品中。

（2）产生这种现象的原因

粉状生石灰加入料浆遇水吸水，水化生成熟石灰是产生这种现象的基本原因。生石灰消化瞬间吸收消耗周边大量水分，粉状生石灰遇少量水会凝结成团，改变了附近料浆的黏稠度而结成团块。影响结团和搅拌均匀的因素有：

① 配料中生石灰的用量。

用量大，比例高，易发生。

② 生石灰燃烧质量。

欠烧或过烧一般不发生。前者实际获得的有效生石灰数量减少，后者消化速度慢。

消化速度快、发热量高、产浆大的轻烧快速石灰料浆黏稠，容易发生结团。

③ 水料比低，料浆稠。

④ 加料操作不当，生石灰由计量秤直接集中快速倾入，使生石灰堆积在液面上来不及分散搅匀。

⑤ 搅拌强度不够，搅拌器叶型不合适。

⑥ 料浆液面高度与罐内径、搅拌叶直径比例不当。

⑦ 搅拌叶受损。

（3）解决办法

① 正确选择搅拌器，特别是搅拌叶型。

② 采用螺旋输送机或风动溜槽连续均匀加入物料，见图 4-50。

③ 调整配合比的生石灰用量及水料比。

④ 选择性能稳定的中速生石灰。

⑤ 在液面上方的轴上增加倾斜带叶圆盘搅拌，将浮块划碎，使干粉料不能集积。

⑥ 在液面下的轴上加装风扇状装置，对液面处料浆进行搅拌，防止干粉在液面上结团。

⑦ 在搅拌罐上封头增加辅助搅拌装置，其圆盘状搅拌叶倾斜要设置在液面下方，对液面位置料浆进行搅拌。

2）搅拌罐振动。

（1）原因

制造粗放，搅拌也不够平衡。

（2）解决办法

提高加工水平，调试时做好动静平衡测试。

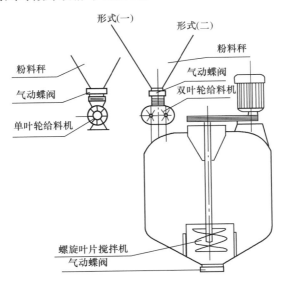

（a）采用单叶轮或双叶轮给料机给料

浆搅拌机加水泥、生石灰

图 4-50　螺旋输送机和风动溜槽加料

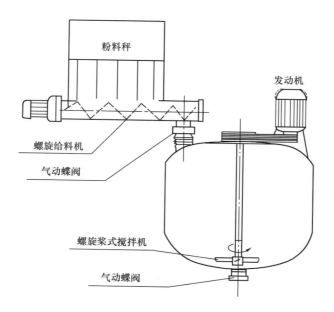

（b）采用螺旋输送机给料浆搅拌机加水泥、生石灰

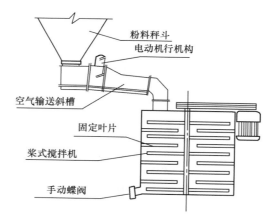

（c）采用空气输送斜槽给料浆搅拌机加生石灰

图 4-50　螺旋输送机和风动溜槽加料

3）搅拌叶转速、搅拌机功率、罐内径与叶轮回转直径选择不当，造成能源浪费。

第5章 蒸压加气混凝土坯体成型

5.1 模具和浇注

5.1.1 模具

模具是蒸压加气混凝土生产过程中坯体成型和运送的设备。

蒸压加气混凝土生产从料浆搅拌浇注、发气膨胀、坯体静停硬化、运送、切割到蒸压养护直至成品出釜，均离不开模具或其中一部分。

在蒸压加气混凝土生产中，模具不是孤立运行的设备，它是与切割机、吊具、运输车等配套使用的，形成一个有机整体，即什么样的切割机就得配备相应结构型式的模具及吊具。

自蒸压加气混凝土问世以来，蒸压加气混凝土生产所用模具不断发展，随着蒸压加气混凝土生产工艺技术进步而不断改进。

1. 模具类型

到目前为止，在蒸压加气混凝土生产发展过程中曾出现过三种类型模具。

（1）平模

所谓平模是指模具高度为 20～24cm，类似于生产混凝土墙板、楼板的钢模，见图 5-1。该模一次浇注成型体积小，便于生产配筋的板材类产品，不宜用于生产砌块，因为无法对坯体进行切割。

（2）成组立模

成组立模是指高度为 60～80cm 的模具，模内用多块隔板分隔（图 5-2），可适用于板材类产品生产，一次浇注可同时生产几块配筋的板材。但生产效率低，工人劳动强度大，不适合生产砌块，因为不便切割。

图 5-1 平模

图 5-2 成组立模

（3）大体积模具

为了提高生产能力和生产效率，减少模具数量和单位产品钢材用量，便于对坯体采用切割机进行切割，使产品品种、规格、尺寸多样灵活，蒸压加气混凝土生产由平模、成组立模发展为大体积模具。现在蒸压加气混凝土生产中已普遍使用大体积模具。

2. 蒸压加气混凝土生产用模具

不同生产工艺技术使用不同型式的模具。模具的型式及构造与坯体切割方式、切割机类型及构造有着紧密的联系。

1）蒸压加气混凝土用模具类型

目前，蒸压加气混凝土生产所使用的模具分类情况如下：

（1）按搬运方式分，有带轮和不带轮。带轮的模具由推动机构在钢轨上运行，不带轮的模具用吊具搬运或在专用模车上运行。

（2）按构造型式及其组合方式不同，正在使用的模具主要有以下六种：

Ytong 型、Siporex 型、Hebel 型、Durox（Aircrete）型、Unipol 型、中国地面翻转型六种。

2）模具的构造

模具一般由模框和底板组成。不同构造型式的模框和不同构造型式的底板组成不同型式和功能的模具。

（1）模框

模框有固定模框和开合模框两种。

① 固定模框

由两块长侧板与端板焊接而成的一个整体。

② 开合模框

a. 模框的长侧板与端板之间，或长侧板及端板与底板之间由铰连接，可以开合。

b. 由底板与两块端板、一块长侧板焊接而成的簸箕形模框。

（2）模底板

模底板有整体底板和组合底板两种。

组合底板有多块板条及算式条框与活动板条所组合的两种形式的底板。

3）不同型式的模具

（1）Durox（Aircrete）工艺模具

Durox（Aircrete）工艺模具是由两块长侧板及两块端板通过铰与整体底板连接而成，长侧板和端板可以用人工或机械进行自动开合。长侧板与端板之间由销键或钩头锁接，在侧板与端板、侧板及端板与底板的接缝处有橡胶条密封。

Durox（Aircrete）工艺模具带有 4 个轮子，在钢轨上运行或不带轮子在滚轮上运行。Durox（Aircrete）工艺模具不参加坯体切割操作，也不参与蒸压养护作业。当今使用 Durox（Aircrete）工艺模具的有 Durox（Aircrete）工艺、SiproxⅡ工艺、Wehrhahn 工艺，见图 5-3、图 5-4。

（2）Ytong 工艺模具

Ytong 工艺模具是由两块端板、一块长侧板与底板焊接成的簸箕形整体模框与可拆合的活动长侧板组成的模具车。模具底板安装有 4 个车轮和摩擦输送梁，在轨道上由设在地下的摩擦轮带动在轨道上行走。活动长侧板通过安装在底板上可转动的两个轴端销钩与簸箕形模框锁紧及分离。活动长侧板载运坯体切割，蒸压养护。活动长侧板与簸箕形模框开合由模框上导向块定位。模具通过端板上的两个销轴进行翻转，见图 5-5。

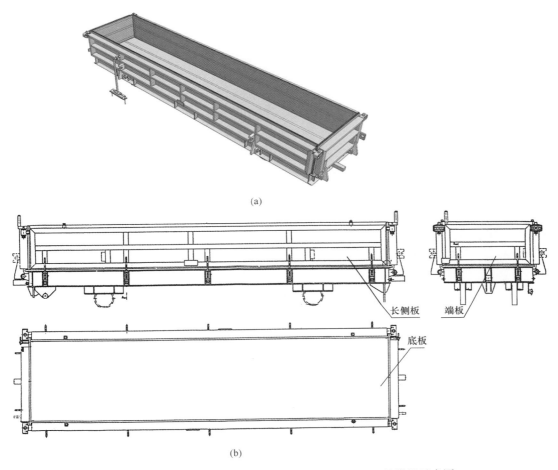

(a)

长侧板　　端板

底板

(b)

图 5-3　Durox（Aircrete）、SiporexⅡ、Wehrhahn 工艺模具示意图

图 5-4　Durox、SiporexⅡ、Wehrhahn 工艺模具

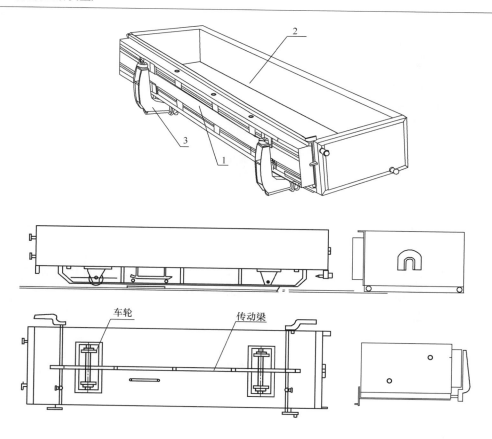

图 5-5　Ytong 工艺模具示意图

1—活动侧板；2—由两个端板、一个长侧板与底板焊接而成的簸箕形模框；3—锁紧钩

（3）Hebel 工艺模具

Hebel 工艺模具分固定式和移动式两种。

固定式 Hebel 工艺模具是由固定在车间地面的整体底板与两块可夹运坯体的长侧板及两块与底板铰接的端板组成。长侧板由销钉定位于底板上，与端板用铰连接紧固。其中有一块端板可以不与底板铰接，而在模具不同长度位置上卡定，从而调整浇注坯体体积和坯体长度。坯体通过吊具夹持两块长侧板夹运至切割机切割。

移动式模具是由固定式模框与下部安装有 4 个轮子的底板组成，可在轨道上行走。固定模框及坯体用负压吊具搬运。

Hebel 工艺模具不参与坯体切割操作和蒸压养护，见图 5-6。

（4）Unipol 工艺模具

Unipol 工艺模具由固定模框与组合底板组成。组合底板由格栅状底板框与可抽插的活动板条拼合而成，格栅状底框是由 31 根固定条板用螺栓固定在底框四边而成。底框两侧下面焊有方轨。32 根活动条板由专门的装置插入或拉出格栅底框的固定条板之间，组成一个平面。底框两端装有偏心轮和手柄，用以夹紧条板达到底板密封。格栅状底框参与坯体运送和切割过程，抽去活动板条的格栅底框载运切好的坯体进入蒸压釜养护，见图 5-7。

（5）Siporex 工艺 I 模具

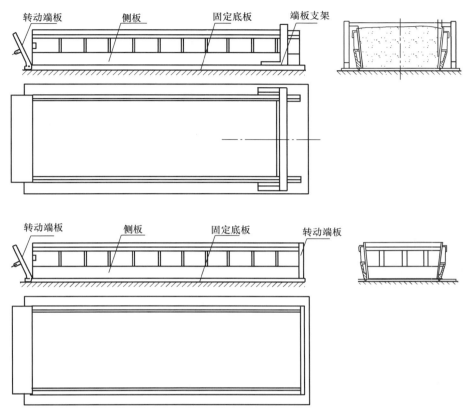

图 5-6　Hebel 工艺模具示意图

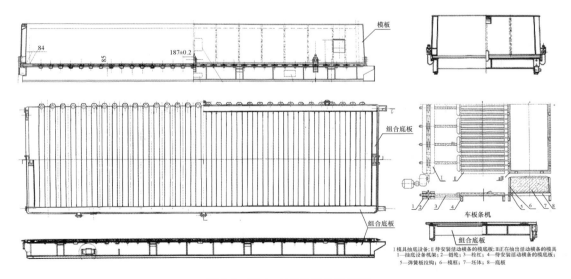

图 5-7　Unipol 工艺模具示意图

Siporex工艺Ⅰ模具是由螺栓和铰将两块箱形长侧板和两块箱形端板连接而成的，可开合的模框与可挂在长侧板下部的24块□□□型活动板构成。该模具在浇注时需停放在25根贴有泡沫橡胶的带有弹簧的槽钢上，堵塞活动底板间的缝隙，以防漏浆。

Siporex工艺Ⅰ模具全程参加坯体搬运切割及蒸压养护，见图5-8。

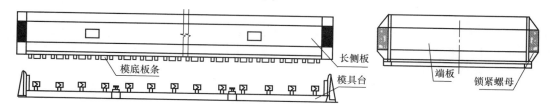

图 5-8　Siporex工艺Ⅰ模具示意图

（6）中国地面翻转工艺模具

中国地面翻转工艺模具由两个箱形长侧板与两个箱形端板焊接而成的上小下大整体模框与整体底板组成。底板有带轮与不带轮两种，由吊具吊运或在轨道上运行，见图5-9、图5-10。

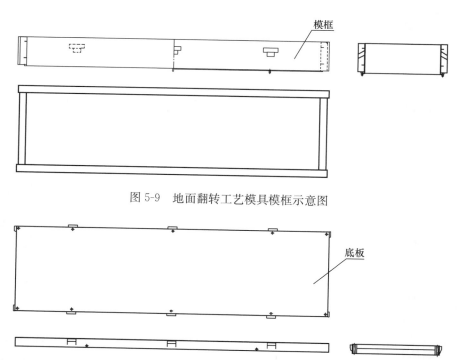

图 5-9　地面翻转工艺模具模框示意图

图 5-10　地面翻转工艺模具底板示意图

除上述六种常用的模具外，也还有一些上述模具的衍生品和不同规格尺寸、体积的模具。

3. 国内生产常用模具规格

国内生产常用模具规格见表5-1。

表 5-1　国内生产常用模具规格

规格（m×m×m）	切割后坯体净尺寸		
	长（mm）	宽（mm）	高（mm）
4.2×1.2×0.6	4200	1200	600
4.2×1.5×0.6	4200	1500	600
4.8×1.2×0.6	4800	1200	600
4.8×1.5×0.6	4800	1500	600
6.0×1.2×0.6	6000	1200	600
6.0×1.5×0.6	6000	1500	600

注：表中参数为切割后坯体净尺寸。模框内净尺寸（即毛坯尺寸）都大于切割后净尺寸。模框高度不小于 640mm，
　　模框长度制作尺寸应大于切割砌体净尺寸 40～60mm，宽度制作尺寸应大于切割坯体净尺寸 60mm。

4. 对模具的要求

模具为生产蒸压加气混凝土而设计、制造，服务于蒸压加气混凝土坯体的浇注成型、搬运、切割和蒸压养护。模具应符合下列要求：

（1）要有适当的几何形状

不同工艺技术有不同几何形状的模具。其搬运、脱模方式不同，模具几何形状亦不同。如 Hebel 工艺，用长侧板夹运坯体，其形状为上大下小；而中国地面翻转模具为便于固定模框的脱模，其形状为上小下大；Ytong 工艺的簸箕形固定模框也是一边大一边小，以便坯体翻转 90°后侧立脱模；而 Durox 工艺、Siporex Ⅱ 工艺，坯体虽然也夹运，但其断面却为矩形断面。

（2）要有足够的制造精度

为保证模具在浇注时不漏浆，坯体具有符合要求的几何形状，组合部件有很好的互换性，坯体在搬运及加工过程中不损坏，模具必须有足够的加工制造精度。

（3）要有好的密封

模具是由不同部件组合而成，在接合部有许多接缝必须做好密封，以防料浆在浇注及发气膨胀过程中渗漏，导致塌模。密封一般采用橡胶条或发泡橡胶条。

（4）要有足够的强度和刚度

模具是由钢结构件组成，钢结构件在运行中都会产生一定的变形，而蒸压加气混凝土坯体又是强度很低的塑性体，承受不了太大的变形，而且模具各部件之间又需经常频繁的互换，所以要保证坯体在搬运和切割过程不变形，不损坏，模具必须有足够的强度和刚度。

（5）结构构造相对简单，便于制造、组合和搬运。

（6）钢材用量少，节约材料。

5. 模具用密封条

模具各部件间接合部一般用橡胶条或海绵发泡条等进行密封，见图 5-11。

6. 不同工艺技术模具比较

不同工艺技术的模具各具自己的特点，都适应各自工艺的需求并与之相配套。

综合上述六种类型模具，以中国地面翻转工艺模具结构构造最简单，制造容易，模具与底

图 5-11　模具用密封条

板组合方便，密封良好，合分简便，模具质量相对较轻，单位体积坯体耗钢较少，维修量小。其模框不进蒸压釜，仅在浇注和切割机之间往复循环。其底板载着坯体参加切割和蒸压养护。

Unipol 型模具的结构构造与中国地面翻转型模具相似，其模框构造与中国地面翻转工艺模框几乎一样，不进蒸压釜而在浇注与切割机之间往返循环。底板不是整体的，而是拼装组合体。底板结构比中国地面翻转型模具底板复杂，制造要求高，操作复杂，活动条板反复抽插磨损较快，时间长了容易漏浆，维修工作量大，用钢量大。底板承托坯体在辊道上运行进行切割及蒸压养护。

Durox（Aircrete）型模具是四块侧板与底板铰连在一起组成一个整体。四块侧板可通过机械向四面打开与底板成一平面，便于自动清理和涂油，随后仍通过机械组合成模腔。长侧板与端板之间由销衔接，模底板下安有车轮，可在轨道上运行。模具在浇注与切割机之间往返循环，不参与切割及蒸压养护，便于实现浇注切割自动化。

Hebel 型模具构造比较简单，其底板固定在车间地面不动。吊车通过两块长侧板夹运坯体至切割机进行切割，长侧板不参与坯体切割及蒸压养护由吊车吊回重组模具进行下一次浇注。

Siporex 工艺 I 型模具结构构造比较复杂，组合部件数量多，制造要求高，开合操作复杂，模具整体参加浇注、切割、蒸压养护全过程。维修工作量大，增加产品蒸压养护能耗。由于模底由 24 块底板条组成，底板条之间缝隙多，底座上橡胶密封条长时间反复使用容易疲劳，更换不及时容易漏浆。

5.1.2　浇注

浇注是将搅拌好的料浆通过浇注管浇到模具的过程。蒸压加气混凝土浇注在工艺安排上主要有移动式浇注和固定式浇注两种方式。

1. 移动式浇注

移动式浇注是模具固定在车间的模位上，配有行走装置的搅拌浇注车沿着轨道行走到模位前放料浇注。浇注完毕后返回搅拌配料楼下料口处，再次接料搅拌进行下一轮浇注，如此往复循环。

（1）移动式浇注的优点与不足

优点：

① 模具静止不动，有利于料浆发气膨胀。

② 只需一台吊车在模位与切割机之间吊运，不需在地面设置运送小车、摆渡车及数量众多的轨道。

不足：

① 搅拌机需配一套行走机构，结构相对复杂。

② 需在搅拌机上重复设置铝粉（碱液）搅拌容器。

③ 搅拌浇注机需来回往返于搅拌楼与切割机之间，返回时间长，降低了利用率，增加电耗。

④ 模具摊铺于车间地面，占地面积大。牛腿吊车，占用车间空间大，土建费用高。

⑤ 不便进行坯体加热静停硬化，而且车间温度不可能太高。供热能源消耗大，而且不可能达到 45～60℃。如温度太高，操作人工承受不了。

⑥ 为保证搅拌浇注车运行平稳，其运行速度不能太快，在满足浇注周期前提下，行走速度不能大于 15m/min。

（2）料浆浇模方式

移动式料浆浇注方式见图 5-12。

图 5-12　移动式浇注

2. 固定式浇注

固定式浇注是将料浆搅拌机固定在一定层高的楼层或钢（钢筋混凝土）框架平台上。模具由辊道、摆渡车或运模小车运至料浆搅拌机下方接受料浆。

带坯模具可横向移动也可纵向移动。横向移动由摆渡车进行，纵向移动可用小车轨道或辊道进行。

固定式浇注的料浆浇注方式见图 5-13、图 5-14。

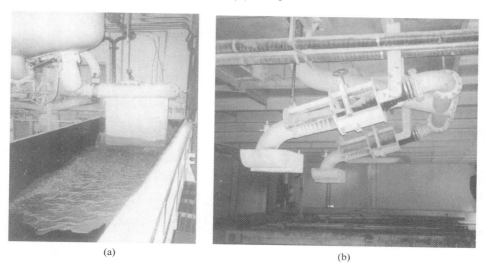

(a)   (b)

图 5-13　固定式浇注——Wehrhahn 工艺浇注

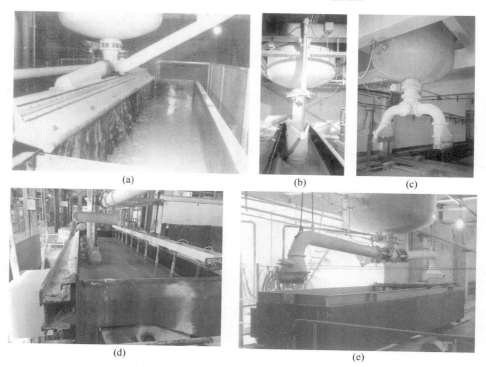

(a)   (b)   (c)

(d)   (e)

图 5-14　固定式浇注——Ytong 工艺浇注

优点：

① 搅拌机不在轨道上往返运行，节约了时间，大大提高了搅拌机工作效率和利用率。

② 方便搅拌机给粉料时收尘，环境卫生良好。

③ 拆模、清理、涂油及吊入钢筋网片均在固定工位进行，形成流水，有利于实现机械化。

④ 便于坯体热室静停硬化。

⑤ 土建面积少，经常电耗低，投资节省。

不足：

① 需增加模具移动设备。

② 要求生产控制更严格，以保证坯体硬化程度和节拍更稳定。

③ 刚浇注完毕的料浆立即移动，控制不好（如模具在运动中碰撞振动）容易导致膨胀料浆坍塌。

3. 浇注高度

蒸压加气混凝土料浆浇注高度随浇注料浆体和模具高度而定。目前世界上最常用的模具高度是 650～700mm，最高的可达到 1500～1600mm。随着模具增高料浆浇注高度增加，对料浆发气膨胀的稳定性要求越高，其技术难度也越大。

Ytong 工艺在 20 世纪 80 年代以前使用多石灰配方。为使生产能正常进行，采用二次浇注工艺，仍按一个模具体积配料，但每次同时浇注两个模具，每模料浆发气膨胀到模具的一多半高度，间隔 20min 后，在第一次膨胀的坯体上浇注另一半料浆，发气膨胀至整模高度。为了实现二次浇注，要求第一次浇注的坯体能在短时间内凝结硬化到一定程度，能承受住第二次料浆浇注的冲击和料浆的质量。为此工艺中要求料浆发气膨胀结束后坯体快速升温至 95℃，以加快其硬化。在这种情况下，测量每模坯体温度成为调整、控制配料的重要参数。

4. 浇注要求

不同工艺、不同技术采用了不同浇注形式，根据各自的经验和需要而定。有的用一个浇注口浇注一模，有的用两个浇注口浇注一模，也有的用二至六个浇注口一次浇注二至六个模具，有的两次浇注一个模具。不管哪种形式都需要先慢后快，先使模底铺满料浆后再打开全部阀门，快速放料直至完毕。以免模底涂油被冲刷，导致坯体粘连在底板上给坯体造成损坏。

5. 浇注搅拌机清洗

浇注搅拌机在每次浇注完成后，尽可能用水清洗。每次清洗后的废水排到废料制浆系统，制备废料浆。

6. 浇注发气料浆的振动处理

为了改善料浆发气膨胀的条件和坯体气孔结构，部分企业对浇注至模具中的发气膨胀料浆进行振动处理。通过振动器振动使料浆触变而变稀，减少料浆发气膨胀阻力，使膨胀顺畅，改善坯体气孔结构，见图 5-15。

通过振动改善坯体气孔结构形成是该措施有益的一面。对稠度较大和稠化速度快的料浆较为有利，但该措施需增设振动装置，增加日常管理工作量，增加铝粉用量。因为在已经发气膨胀的料浆中进行振动，会导致许多已形成的气泡被破坏，使已产生的 H_2 从料浆中逸出，在得到相同密度制品的情况下，经振动的制品铝粉消耗要高于不加振动的制品。而通过

(a)   (b)

图 5-15 发气膨胀料浆振动器

控制料浆流动度及黏度可以完全不用振动措施就能形成气孔结构优良的坯体。因此能不用则不用，减少工序，节省消耗，降低成本。

5.2 蒸压加气混凝土气孔结构形成

蒸压加气混凝土的使用性能在很大程度上取决于它的多孔结构质量。而蒸压加气混凝土多孔结构质量的好坏取决于两个方面：①料浆组分之间相互反应放出气体的发气动力特性；②矿物胶结材料与含硅材料所组成的料浆水化、凝结、硬化的结构力学特性。

通过上述两个过程的协调同步形成不同品质的多孔结构坯体。

5.2.1 铝粉发气

蒸压加气混凝土生产中所使用的铝粉是在碱性（pH12～pH14）料浆中发气的。

铝粉在料浆中的发气动力特性取决于铝粉自身的物理化学性能和料浆的性能。

1. 铝粉性能对其发气动力特性的影响

不同生产方法所生产的不同性能的铝粉的发气动力特性不同。

（1）铝粉颗粒形态对其发气动力特性的影响

铝粉颗粒形态对其发气动力特性的影响见图 5-16。

从图 5-16 看出，干法磨细铝粉不论其颗粒尺寸大小，在水泥浆液中仅 24min 发气反应就全部结束。而喷雾铝粉即使颗粒小于 $60\mu m$，发气反应延续 4h 还不能反应完，不能达到应有的产气量。两者发气动力特性相差如此之大，分析原因关键在于颗粒形态不同，磨细铝粉是阔叶型鳞片状，反应表面大，活性高。喷雾铝粉呈水滴状、蛹状，厚度大，是磨细铝粉厚度的几十倍，反应持续时间长，无法用于蒸压加气混凝土生产。

（2）干法磨细铝粉颗粒尺寸对其发气动力特性的影响

不同孔径分样筛筛分的不同颗粒尺寸干法磨细铝粉的发气动力特性见图 5-17。

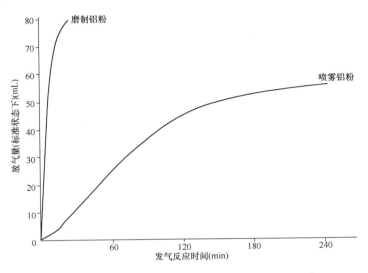

图 5-16　铝粉颗粒形态对其发气动力特性的影响

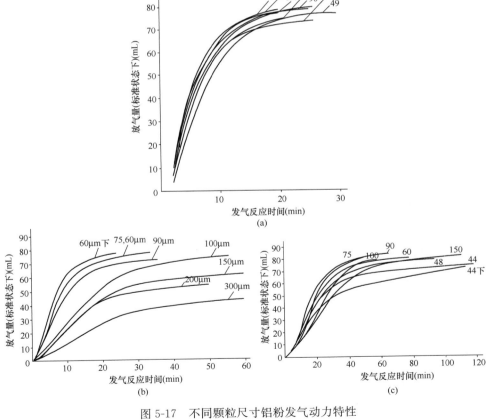

图 5-17　不同颗粒尺寸铝粉发气动力特性

图 5-17 列出了不同厂家不同批次、质量的磨细铝粉不同颗粒尺寸发气动力特性。其中图 5-17（a）表明，发气速率、发气时间相差不大，一般都在 20min 全部发气完毕。而图 5-17（b）显示，随着颗粒尺寸的减小，发气速度越快，发气结束时间缩短，60μm、75μm、90μm 颗粒发气结束时间在 30min 左右，100μm 以上的颗粒发气时间达 1h。对于图 5-17（c）却出现了另一种情况，即颗粒尺寸在 75μm 以上的铝粉随尺寸增大，发气速度逐步减慢，发气持续时间延长，达 1h 之久，而大于 150μm 和小于 60μm 的颗粒发气时间长达 1.5～2h。

从图 5-17 结果看出，同为磨细铝粉，不同尺寸颗粒发气动力特性差别很大。这和磨细技术的控制水平有很大关系。当进料颗粒度均匀，钢球（段）级配好，操作控制严格，可以获得颗粒厚度比较均匀的铝粉，这样的铝粉发气量、发气速率及持续发气时间基本相近。但是干磨铝粉是通过气流将达到一定尺寸的颗粒带至旋风分离器分级搜集，装筒供应客户的。如果喂入的喷雾铝粉颗粒尺寸及级配波动大，磨细操作不规范，旋风分离器级数不同，会使铝粉颗粒形状和尺寸级配变化不定，导致每批质量波动很大。表现在每桶铝粉的松散容量、色质、水面遮盖面积都不一样。水面遮盖面积会从 2000～14000cm²/g 之间变动。另外在干磨铝粉生产中，一般都采用分样筛筛分细度控制质量。一些厂家为了抢产量，在铝粉磨细过程中掺入很细的喷雾铝粉，由于这些喷粉颗粒太细，在磨细中一方面不易被研磨体锻延，另一方面被气流带出磨机进入产品中造成图 5-17（c）的结果。

由此看出，对于铝粉颗粒尺寸并非越小越好，越小发气速率就越快，关键还在于颗粒的形状，特别是厚度。在正常生产条件下，铝粉颗粒越薄，发气速率越快，发气持续时间越短。

（3）铝粉的水面遮盖面积对其发气动力特性的影响

铝粉的水面遮盖面积对其发气动力特性的影响见图 5-18。

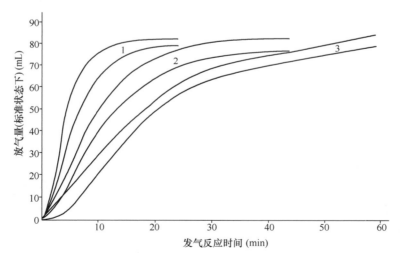

图 5-18　铝粉的水面遮盖面积对其发气动力特性的影响

1—水面遮盖面积 4000～7000cm²/g；2—水面遮盖面积 2000～4000cm²/g；3—水面遮盖面积＜2000cm²/g

图 5-18 显示，水面遮盖面积＜2000cm²/g 的铝粉发气延续时间达 1h；水面遮盖面积在 2000～4000cm²/g 的铝粉发气延续时间在 40min 左右；水面遮盖面积在 4000～7000cm²/g 的铝粉发气速率快，发气延续时间短，能满足蒸压加气混凝土生产需要。

从图 5-18 看出，铝粉水面遮盖面积大小与发气动力特征之间有一定相关性。由此，可以将铝粉水面遮盖面积大小作为判断其是否可以作为蒸压加气混凝土发气剂，是否适用于蒸压加气混凝土生产的一个指标。用于蒸压加气混凝土生产的铝粉水面遮盖面积要大于 $4000 cm^2/g$。

上述试验研究结果表明，从发气动力特性看用于蒸压加气混凝土生产的铝粉应该是被延展的鳞片状粉末，而不是普通认知的粒状粉末。只有鳞片状铝粉才能符合蒸压加气混凝土生产要求。因此，简单用筛分法筛分普通认知的粉状颗粒粒径及其级配来判定该铝粉是否适用于蒸压加气混凝土生产是没有太多意义的。在破碎或延展情况不好而导致性能变差时，用筛子将大颗粒筛掉也是无济于事的。在这种情况下，用单位质量的铝粉在水面自由覆盖面积或发气特性曲线进行评价比较合适。在上述研究中还发现，尽管同样都是延展鳞片状铝粉，其发气动力特性也有一定差别，甚至差别还较大，甚至达不到蒸压加气混凝土生产要求。分析其原因，是鳞片厚度变化所致，其中有薄有厚，厚的水面自由覆盖面积比较小，发气时间比较长。因此作为蒸压加气混凝土生产用，不仅必须是鳞片状的，而且厚度要薄而均一。除此之外，鳞片尺寸还应具有一定比例。

（4）铝粉含脂量对其发气性能的影响

铝粉粒子表面的硬脂酸含量低于 0.3％时，对其放气反应不产生影响。当超过 0.3％时，反应动力特征变差。硬脂酸的存在阻碍粒子润湿，会减慢铝粉初期发气。

不同含脂量铝粉的发气动力特性见图 5-19。

从图 5-19 看出，热脱脂铝粉在水泥浆中发气，其发气速率最快，发气结束时间也最早，10min 发气量就超过 75mL，13min 就到达最高发气量。含硬脂酸 0.4％时，虽存在少量硬脂酸包覆，在水泥浆中发气，其发气速率比热脱脂铝粉稍慢，发气量略少，但 10min 发气量也达 70mL，15min 发气也接近结束，在碱性介质中反应正常，发气特性良好。含 0.4％硬脂酸的铝粉在静置情况下，可分散浮于水面上，而在搅拌情况下，可很好地分散于料浆中。

当含硬脂酸量达 2.5％以上时，发气速率显著减慢，发气量明显减少，25min 发气量仅达到 60mL，发气反应进行不完全。原因是在铝粉颗粒表面全部包覆了一层憎水的硬脂酸，使铝粉浮于水面上，而不能分散于水中。但硬脂酸膜在外力（如强力搅拌）作用下会受到破坏而脱落，在

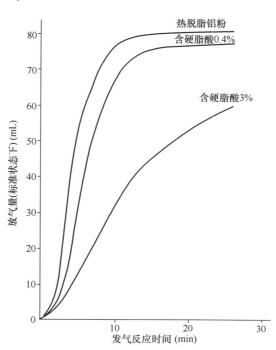

图 5-19　不同含脂量铝粉的发气动力特性

碱介质中仍会有少部分产生放气反应。当有表面活性剂存在情况下，硬脂酸会被分散、乳化。在这种情况下，铝粉在碱性介质中可进行反应，放出氢气。

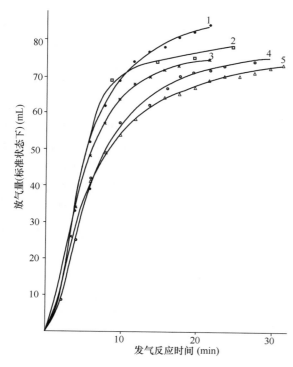

图 5-20　不同国家蒸压加气混凝土厂所用
铝粉的发气动力特性

1—瑞典生产用铝粉；2—罗马尼亚生产用铝粉；3—日本生产
用铝粉；4—波兰生产用铝粉；5—德国 Eckart

所以干磨带脂铝粉在用于蒸压加气混凝土生产时，必须进行脱脂处理。

（5）不同国家蒸压加气混凝土厂所用铝粉的发气动力特性

不同国家蒸压加气混凝土厂所用铝粉的发气动力特性见图 5-20。

从图 5-20 看出，不同国家蒸压加气混凝土厂所用铝粉的生产厂家不同，其发气特性也有所不同。

2. 反应介质环境对铝粉发气动力特性的影响

除了铝粉自身性能影响其发气动力特性外，铝粉所在反应介质环境对铝粉发气动力特性也有很大影响。例如介质温度、碱度、离子的种类和浓度、介质黏度以及这些因素的变化梯度等。

（1）介质温度对铝粉发气动力特性的影响

温度对所有反应的速度都有很大影响。反应温度对反应速度的影响主要是温度改变引起反应常数变化。范特荷甫提出了反应常数随温度变化的近似经验公式：

$$K_{t+10}/K_t \approx 2 \sim 4 \tag{5-1}$$

式中　K_{t+10}——$t+10$ 温度时的反应常数；

　　　K_t——温度 t 时的反应常数。

从公式（5-1）中看出，温度每上升 10℃，反应速度为原来的 2～4 倍。

因为温度升高，分子平均运动速度增大。另外温度改变，使"活化"分子数增加。

阿累尼乌斯于 1889 年又提出了更为准确的反应方程式：

$$K = K_0 e(E_a/RT) \tag{5-2}$$

将式（5-2）变换成式（5-3）：

$$d\ln K/dT = E_a/RT^2 \tag{5-3}$$

式（5-3）中，$\ln K$ 随 T 的变化率与活化能 E_a 成正比。

由此看出，活化能 E_a 越高，随温度升高，反应速度越快，反应速度对温度越敏感。这也解释了油性铝粉膏在相同介质环境中比干磨带脂铝粉反应开始快的原因。表面活化能高，对温度敏感程度高。

（2）反应温度对铝粉发气动力特性的影响

反应温度对铝粉在 NaOH 和石灰溶液中发气动力特性的影响见图 5-21、图 5-22。

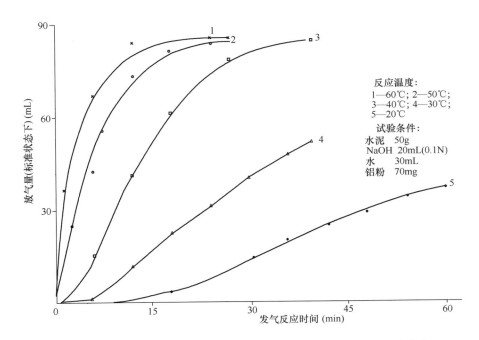

图 5-21　不同反应温度对铝粉发气动力特性的影响（在 NaOH 溶液中）

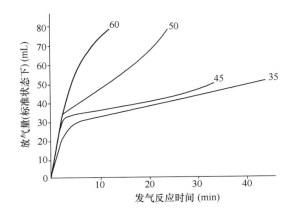

图 5-22　不同反应温度对铝粉发气动力特性的影响（在石灰溶液中）

从图 5-21 和图 5-22 看出，不论是在 NaOH 溶液中还是在石灰浆中，反应速度都随反应温度升高而加快，温度越高反应越快。

（3）介质碱度对铝粉发气动力特性的影响

① 铝粉在不同浓度氢氧化钠溶液中的发气动力特性见图 5-23。

② 铝粉在不同浓度石灰溶液中的发气动力特性见图 5-24。

图 5-23 和图 5-24 表明，铝粉在碱性溶液中随着介质碱浓度的增加（即碱度提高），反

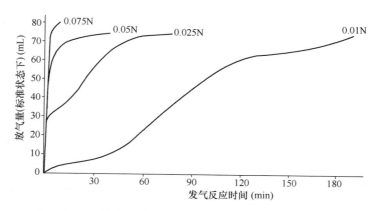

图 5-23　铝粉在不同浓度氢氧化钠溶液中的发气动力特性

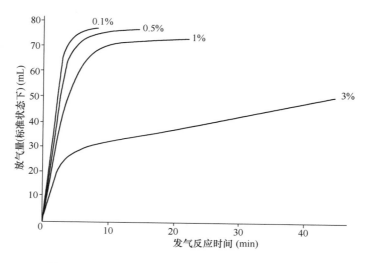

图 5-24　铝粉在不同浓度石灰溶液中的发气动力特性

应速度迅速加快，反应时间大大缩短。以铝粉在氢氧化钠溶液中的反应为例，当 NaOH 溶液浓度为 0.01N 时，发气延续时间长至 200min 左右，在 600min 时，发气量还不超过 30mL。当溶液浓度提高到 0.075N 时，经历 8min 发气就结束了。由此可见，提高碱度是提高铝粉在反应介质中发气速率和缩短发气结束时间的有效途径之一。

③ 铝粉在碱性介质中的反应速率与碱度的关系

铝粉在不同碱性介质中的反应式如下：

$$2Al + 6H_2O \longrightarrow 2Al(OH)_3 + H_2 \uparrow \tag{5-4}$$

$$2Al + 6NaOH + nH_2O \longrightarrow 3Na_2O \cdot Al_2O_3 \cdot nH_2O + 3H_2 \uparrow \tag{5-5}$$

$$2Al + 3Ca(OH)_2 + nH_2O \longrightarrow 3CaO \cdot Al_2O_3 \cdot nH_2O + 3H_2 \uparrow \tag{5-6}$$

在蒸压加气混凝土生产中铝粉在水泥浆或在水泥-石灰浆中反应发气，其反应方程式如下：

$$2Al + 6OH^- + 6Ca^{2+} + 3SO_4^{2-} + aq \longrightarrow 3CaO \cdot Al_2O_3 \cdot 3CaSO_4 \cdot (31\sim32)H_2O + 3H_2\uparrow$$

$$\tag{5-7}$$

$$a=1 \qquad\qquad a=1 \qquad\qquad\qquad a=1 \qquad\qquad\qquad\qquad a=PH_2$$

式 （5-7） 可改写为：

$$K_1 = PH_2^3 \cdot 1/1 \cdot 1(OH^-)^6 \cdot (Ca^{2+})^6 \cdot (SO_4^{2-})^3$$

$$PH_2 = \sqrt[3]{K_1} \cdot (OH^-)^2 \cdot (Ca^{2+})^2 \cdot (SO_4^{2-}) \tag{5-8}$$

式中　a——有关化合物的活度；

$\quad K_1$——反应常数；

$\quad PH_2$——发气反应速率。

反应式中铝为固相，摩尔浓度对其没有意义。

反应在碱性水溶液中进行，反应中水是过量的，可以认为摩尔浓度不变。另外，反应中具有多余的 Ca^{2+} 和 SO_4^{2-}，所使用的原材料相同时，可以认为 Ca^{2+}、SO_4^{2-} 能保持恒定的浓度。而其他离子在溶液中浓度变化是微小的。因此，式 （5-5） 可简化为 （5-6）

$$PH_2 = K_1(OH^-)^2 \tag{5-9}$$

从式 （5-9） 可以看出，在碱性介质中，铝粉的发气速率与碱浓度的二次方成正比。

（4） 铬离子 （Cr_2O_4） 对铝粉发气动力特性的影响

水泥中一般都会有一定数量的铬酸盐，一般都不超过 20mg/kg，铬酸盐是一种强氧化剂。铬酸盐的存在，一方面使在介质中反应的铝颗粒表面氧化形成一层氧化铝钝化层；另一方面，六价铬离子消耗介质中的 OH^-，降低介质碱度。其反应如下：

$$2Al + 2CrO_4^{2-} + 5H_2O \longrightarrow Al_2O_3 + 2Cr(OH)_3 + 4OH^- \tag{5-10}$$

$$a_{Al} \qquad a_{CrO_4^{2-}} \qquad a=1 \qquad\quad a=1 \qquad\quad a=1 \qquad a_{OH^-} = (OH^-)$$

$$K_2 = \frac{1 \cdot 1 \cdot (OH^-)^4}{a_{Al}^2 \cdot (CrO_4^{2-})2 \cdot 1} \tag{5-11}$$

$$a_{Al} = K_2 \frac{(OH^-)^2}{CrO_4^{2-}} \tag{5-12}$$

一般情况下，铝的活度不能达到 1，只有当 $a=0$ 的三氧化二铝表面层被侵蚀掉后，铝金属的活度才能很快上升到 1。CrO_4^{2-} 的存在，使铝金属表面的暴露点 （活性点） 很快被氧化，使反应减慢。由此，前式 （5-11） 可变换成：

$$PH_2 = K_1 \cdot (OH^-)^2 \cdot \sqrt[3]{a_{Al}^2} \tag{5-13}$$

将式（5-12）代入（5-13）中，得式（5-14）：

$$PH_2 = K_1 \cdot (OH^-)^2 \cdot \sqrt[3]{K_2} \cdot \sqrt[3]{\frac{(OH^-)^4}{(CrO_4^{2-})^2}} = K_3 \sqrt[3]{\frac{(OH^-)^{10}}{(CrO_4^{2-})^2}} = K_3 \frac{(OH^-)^{10/3}}{(CrO_4^{2-})^{2/3}}$$

$$\tag{5-14}$$

式 （5-14） 表明，铝粉在酪酸盐碱溶液中的反应速度与 CrO_4 离子浓度的 2/3 次方成反比，与碱浓度的 10/3 次方成正比。因而，在溶液中的酪酸盐的含量越高，对铝粉发气特性影响越大，发气开始时间越晚。

铬酸盐对铝粉在石灰溶液水泥浆和水泥-石灰浆中发气动力特性的影响见图 5-25～图 5-27。

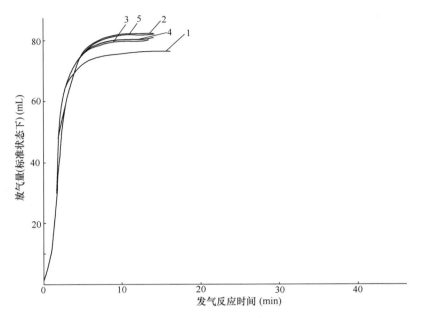

图 5-25　不同铬酸盐量对铝粉在石灰浆溶液中发气动力特性的影响
1—0.7g；2—1.05g；3—1.4g；4—1.75g；5—2.1g

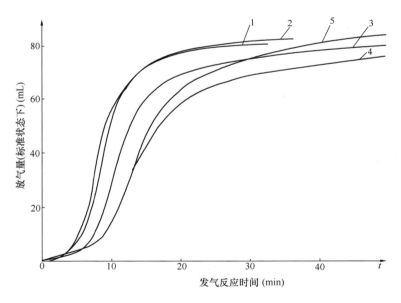

图 5-26　不同铬酸盐量对铝粉在水泥浆中发气动力特性的影响
1—0.7g；2—1.05g；3—1.4g；4—1.75g；5—2.1g

从图 5-25 看出，铬酸盐对铝粉在石灰浆溶液中的发气动力特性影响不明显，发气速度

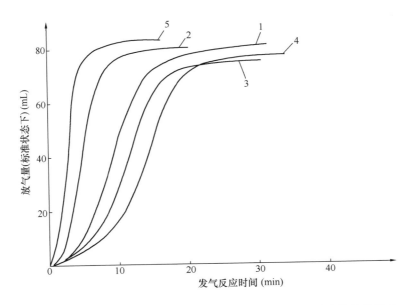

图 5-27　不同铬酸盐量对铝粉在水泥-石灰混合浆中发气动力特性的影响

1—0.7g；2—1.05g；3—1.4g；4—1.75g；5—2.1g

很快，铬酸盐含量不同对发气开始时间及发气速度均无影响。

从图 5-26 和图 5-27 看出：

① 铬酸盐对铝粉在水泥浆、水泥-石灰浆中的发气动力特性影响明显。铬酸盐的存在使铝粉在介质中发气开始时间明显推迟。随着铬酸盐含量增加，铝粉发气开始时间推迟更长，但发气速率基本不变。当数量超过一定值后，发气时间相应减慢，发气量也有所降低。

② 重铬酸钾（$K_2Cr_2O_7$）、重铬酸钠（Na_2CrO_4）对铝粉在介质中发气动力的特性影响相同或相近。

③ 铬酸钾（K_2CrO_4）对铝粉在水泥浆及水泥-石灰浆中发气开始时间及发气速率影响不大。在石灰浆中发气开始快，发气速率快，发气结束时间短。

蒸压加气混凝土生产一般都使用不同数量的水泥，因水泥品种不同，生产水泥所用原材料品质不同，每种水泥中含有铬酸盐数量不同。如水泥中含铬酸盐高，而且在生产配料中使用水泥数量多，将对铝粉在料浆中发气动力特性产生影响。

（5）二水硫酸钙（石膏）对铝粉在介质中发气动力特性的影响

蒸压加气混凝土生产所用的水泥中都掺有 3％～5％的二水硫酸钙（即 $CaSO_4 \cdot 2H_2O$）。除此，水泥-石灰-砂以及水泥-石灰-粉煤灰组合的蒸压加气混凝土在生产时，还另加入一定数量的二水硫酸钙。硫酸钙的存在，对铝粉的发气动力特性有一定影响。

硫酸钙对铝粉在 NaOH 溶液、石灰浆、水泥浆、水泥-石灰浆等介质中发气动力特性的影响见图 5-28～图 5-31。

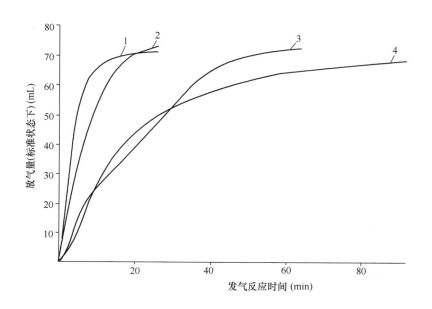

图 5-28　硫酸钙对铝粉在 0.1N NaOH 溶液中发气动力特性的影响

1—50mg；2—200mg；3—600mg；4—1g

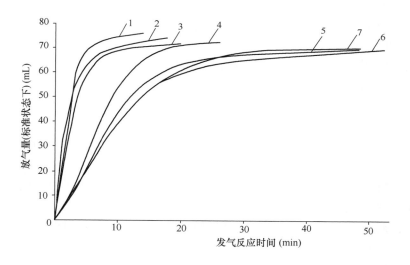

图 5-29　硫酸钙对铝粉在石灰浆中发气动力特性的影响

1—0；2—50mg；3—100mg；4—200mg；5—600mg；6—1000mg；7—2000mg

图 5-28～图 5-31 表明：

① 由于二水硫酸钙存在，铝粉在介质中发气开始时间略有推移，发气速率减慢，发气结束时间延长。

② 二水硫酸钙对铝粉发气动力特性影响的程度随介质的性质不同而有变化。

硫酸钙对铝粉在氢氧化钠溶液、石灰浆及水泥-石灰浆中的发气动力特性影响比较明显。发气速度随着硫酸钙数量增加而进一步减慢，发气结束时间更长。

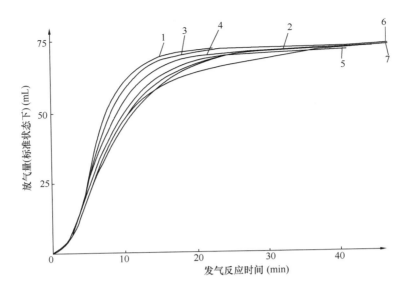

图 5-30 硫酸钙对铝粉在水泥浆中发气动力特性的影响
1—50mg；2—100mg；3—200mg；4—600mg；5—1g；6—2g；7—3g

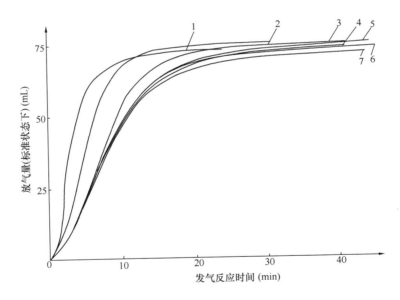

图 5-31 硫酸钙对铝粉在水泥-石灰浆中发气动力特性的影响
1—50mg；2—100mg；3—200mg；4—600mg；5—1g；6—2g；7—3g

在石灰浆中，硫酸钙对铝粉发气动力特性也有一定影响，但不特别明显。

③ 硫酸盐对铝粉发气动力特性影响主要是其中硫酸根离子所起的作用。凡是含有硫酸根离子的硫酸铝、硫酸锌、硫酸铜等都有相同的规律，但程度有所不同。特别是加入硫酸铝，由于产生硫铝酸钙沉淀覆盖于铝粉颗粒表面，使反应受阻，因而对铝粉发气速率影响更为强烈，见图 5-32～图 5-34。

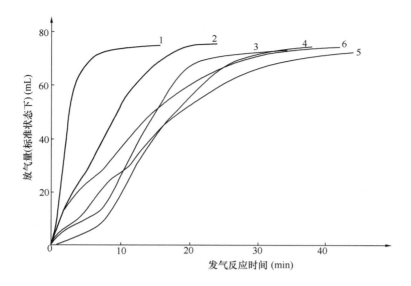

图 5-32　硫酸铝对铝粉在石灰浆中发气动力特性的影响

1—130mg；2—260mg；3—760mg；4—1290mg；5—2600mg；6—3880mg

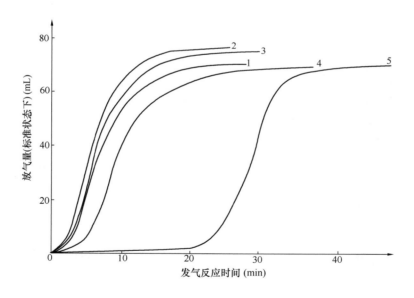

图 5-33　硫酸铝对铝粉在水泥浆中发气动力特性的影响

1—130mg；2—260mg；3—760mg；4—1290mg；5—2600mg

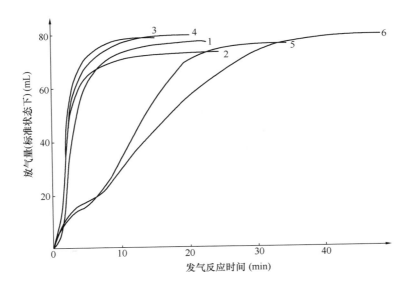

图 5-34　硫酸铝对铝粉在水泥-石灰浆中发气动力特性的影响

1—130mg；2—260mg；3—760mg；4—1290mg；5—3880mg；6—2600mg

（6）硼酸盐对铝粉发气动力特征的影响

硼酸钠对铝粉在石灰浆、水泥浆、水泥-石灰浆中发气动力特性的影响见图 5-35～图 5-37。

图 5-35～图 5-37 表明，硼酸钠对铝粉在石灰浆、水泥浆以及水泥-石灰浆中的发气动力特性有明显影响。随其数量的增加，铝粉发气开始时间明显推迟。发气速率有不同程度的放

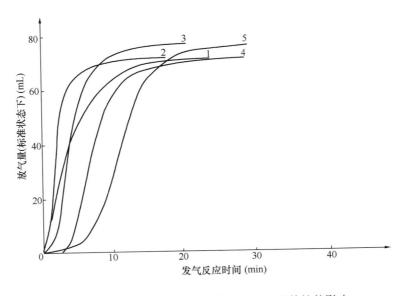

图 5-35　硼酸钠对铝粉在石灰浆中发气动力特性的影响

1—100mg；2—300mg；3—600mg；4—1g；5—2g

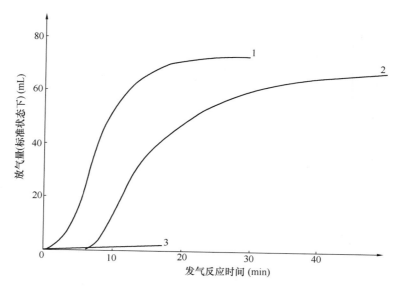

图 5-36　硼酸钠对铝粉在水泥浆中发气动力特性的影响

1—250mg；2—500mg；3—1.5g

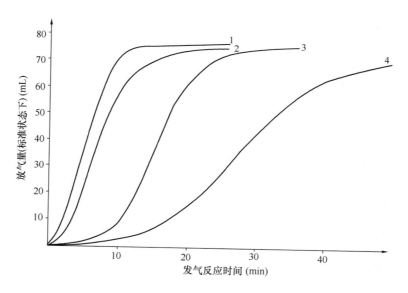

图 5-37　硼酸钠对铝粉在水泥-石灰浆中发气动力特性的影响

1—150mg；2—300mg；3—900mg；4—1.5g

慢，发气结束时间明显延长。其影响的程度随介质性质不同而不同，对水泥浆和水泥-石灰浆的影响更强烈。

（7）硅酸钠（硅酸钾）对铝粉发气动力特性的影响

硅酸钠对铝粉在氢氧化钠溶液、石灰浆、水泥浆、水泥-石灰浆中发气动力特性的影响见图 5-38～图 5-41。

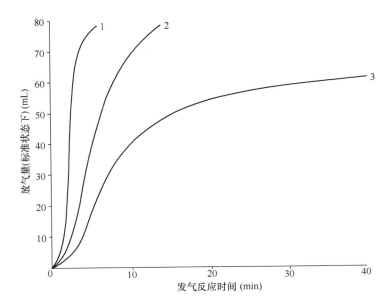

图 5-38　硅酸钠对铝粉在氢氧化钠溶液中发气动力特性的影响

1—掺加 1mL 水玻璃；2—掺加 1.5mL 水玻璃；3—掺加 2mL 水玻璃

实验条件：铝粉 70mg，0.1N NaOH，反应温度 45℃，水玻璃浓度 1∶10。

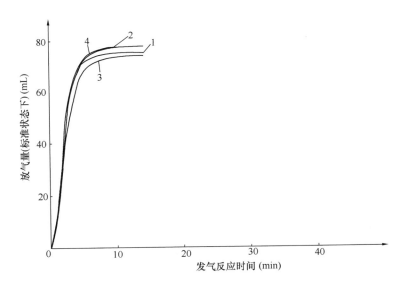

图 5-39　硅酸钠对铝粉在石灰浆中发气动力特性的影响

1—1.5mL(1∶15)；2—1mL(1∶25)；3—1.5mL(1∶25)；4—2.5mL(1∶15)

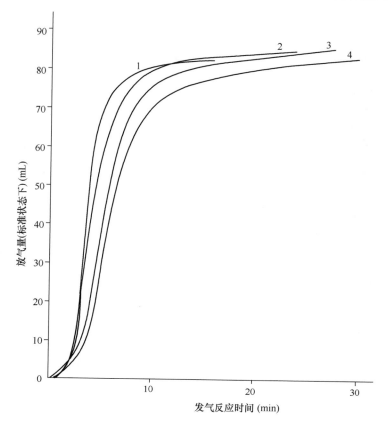

图 5-40　硅酸钠对铝粉在水泥浆中发气动力特性的影响

1—1.05mL(1∶100)；2—1.75mL(1∶100)；3—2.10mL(1∶100)；4—0.7mL(1∶10)

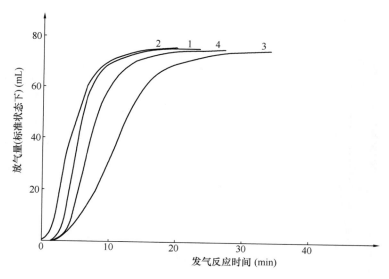

图 5-41　硅酸钠对铝粉在水泥-石灰浆中发气动力特性的影响

1—1.5mL(1∶150)；2—1mL(1∶25)；3—2.5mL(1∶25)；4—2.5mL(1∶15)

图 5-38～图 5-41 表明，硅酸钠对铝粉在氢氧化钠溶液中发气动力特性的影响明显。

（8）三乙醇胺对铝粉发气动力特性的影响

三乙醇胺对铝粉在石灰浆、水泥浆以及水泥-石灰浆中发气动力特性明显，见图 5-42～图 5-44。

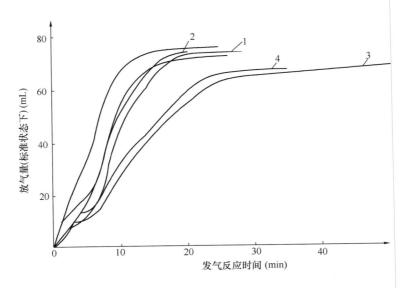

图 5-42　三乙醇胺对铝粉在石灰浆中发气动力特性的影响

1—1 滴；2—2 滴；3—6 滴；4—10 滴

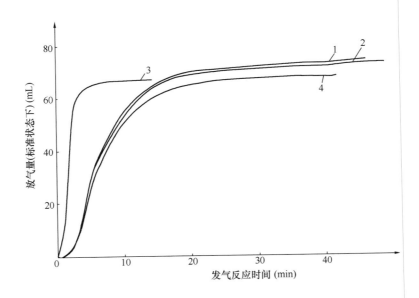

图 5-43　三乙醇胺对铝粉在水泥浆中发气动力特性的影响

1—1 滴；2—2 滴；3—6 滴；4—10 滴

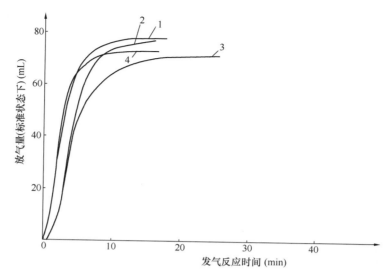

图 5-44　三乙醇胺对铝粉在水泥-石灰浆中发气动力特性的影响

1—1 滴；2—2 滴；3—6 滴；4—10 滴

图 5-42～图 5-44 表明，三乙醇胺对铝粉的发气动力特性有一定影响，使铝粉发气反应开始时间有所延迟，发气速率有所减慢，发气结束时间延长。在石灰浆中尤为明显，在水泥浆中次之，在水泥-石灰浆中不太明显，三乙醇胺对铝粉发气动力特性的影响在于它会抑制石灰的消化，使介质碱度受影响。

（9）蔗糖对铝粉发气动力特性的影响

蔗糖对铝粉在石灰浆、水泥浆、水泥-石灰浆中发气动力特性的影响见图 5-45～图 5-47。

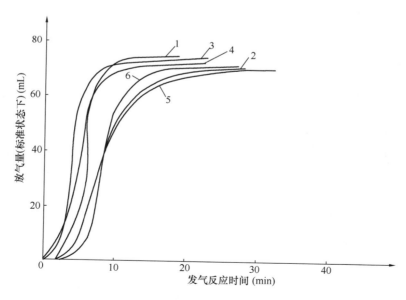

图 5-45　蔗糖对铝粉在石灰浆中发气动力特性的影响

1—50mg；2—150mg；3—250mg；4—500mg；5—1000mg；6—1500mg

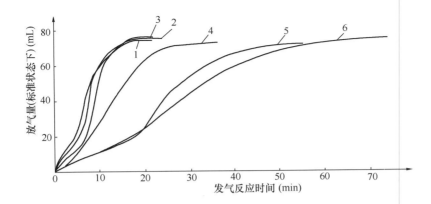

图 5-46　蔗糖对铝粉在水泥浆中发气动力特性的影响
1—20mg；2—60mg；3—100mg；4—200mg；5—400mg；6—600mg

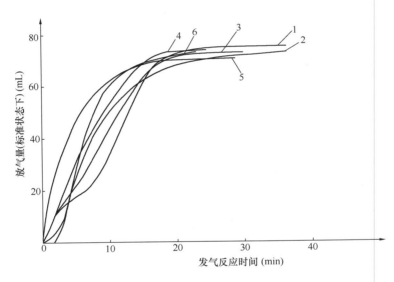

图 5-47　蔗糖对铝粉在水泥-石灰浆中发气动力特性的影响
1—30mg；2—90mg；3—150mg；4—300mg；5—600mg；6—900mg

图 5-45～图 5-47 表明，蔗糖对铝粉发气动力特性有比较明显的影响，表现为反应发气开始时间推迟，发气速率有不同程度的减慢，发气结束时间有不同程度的延长，其中在石灰浆中的影响最为突出。其原因是蔗糖与石灰或水泥水化生成的氢氧化钙反应生成蔗糖钙，阻碍石灰、水泥进一步水化，影响介质碱度的变化。

（10）水泥品种对铝粉发气动力特性的影响

不同厂家所生产的水泥对铝粉发气动力特性的影响见图 5-48。

图 5-48 表明，水泥对铝粉的发气动力特性有不小的影响。在其他各种条件保持不变时，不同水泥厂家所生产的不同品种的水泥对铝粉发气动力特性影响不同。因为不同厂家不同品种水泥的熟料性能不同，熟料含量不同，所掺加混合材料种类不同（如矿渣、

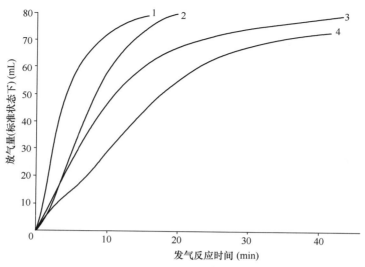

图 5-48　不同生产厂家水泥对铝粉发气动力特性的影响
1—衡阳水泥；2—哈尔滨水泥；3—呼和浩特水泥；4—鞍山水泥

粉煤灰、火山灰、石灰石粉等），每种混合材的品质不同，掺加量不同等都有不同程度的影响。它们决定着该水泥的物理化学性能和水化性能，如水化速度、水化热、碱度、Ca^{2+}、SO_4^{2-} 离子浓度及其变化，继而影响铝粉发气特性。因而使铝粉在介质中的反应机理变得比较复杂。

5.2.2　蒸压加气混凝土料浆的流变性能

1. 物体的流变

自然界中的物质在适当的外力作用下会产生流动和变形，从而具有流变特性。物质的流动和变形有三种形式：弹性变形、塑性变形、黏性流动。

流动是在剪应力不变的情况下物体随时间产生的连续变形。

流变所表示的是物质内部结构（微观）与力学特性（宏观）之间的关系。

以上三种形式的物质形态均为理想状态，在自然界中并不单独存在。自然界中的物质流变特性是三种理想物质形态的综合效果。

（1）胡克弹性体

胡克弹性体是一种理想的完全弹性物体。其特点是物体受到外力作用时，它的变形与所受的外力大小成正比。当外力取消后，其变形也随之消失，物体恢复原来状态，见图 5-49。

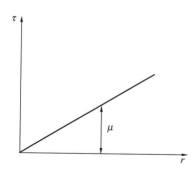

图 5-49　理想弹性体的流变曲线

胡克弹性体的流变方程见式（5-15）：

$$\tau = \mu \gamma$$

$$(5-15)$$

式中　τ——物体受到的剪切应力；

γ——在剪切应力 τ 作用下物体的位移；

μ——该弹性物体的刚性模量，即在弹性物体的弹性范围内产生位移所需的剪应力。

但当外力超过某一数值时，应力和应变不再服从上述胡克方程，发生不可恢复的变形，应变也不再恢复，应变与应力不符合上述规律。这个限度叫弹性极限，相应的剪切应力叫极限剪应力（τ_0）。

（2）圣维南塑性体

圣维南塑性体是理想塑性体。其特点是当物体受外力作用，开始时产生弹性变形，当外力超过其极限剪切应力 τ_0 后，在应力不变情况下，仍继续产生塑性变形，出现塑性流动。如果外力等于极限剪切应力（τ_0）时，物体将以匀速流动，见图 5-50。

圣维南塑性体的流变方程见式（5-16）：

$$\tau = \tau_0 \tag{5-16}$$

式中　τ_0——极限剪切应力。

（3）牛顿黏性流体

当流体（包括气体和液体）流动时，在流动着的液体中，可以沿着流动的方向将其分成若干层，则发现每层流动速度不同，这说明相邻两层间存在着与流动方向相反的阻力，这种阻力称为黏性或内摩擦。

牛顿黏性液体是一种理想状态的黏性液体。它的剪切应力（τ）与速度梯度 γ 之比为一常数，即黏性系数，简称黏度（η），见图 5-51。

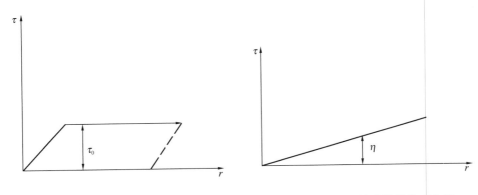

图 5-50　理想塑性体的流变曲线　　　图 5-51　理想黏性液体的流变曲线

牛顿黏性液体的流变方程见式（5-17）：

$$\tau = \eta \gamma \tag{5-17}$$

式中　γ——速度梯度；

η——黏度。

（4）E. C. 宾汉姆体

严格地说，上述三种理想物体在自然界并不存在。大量存在的是介于这三种理想物体之间的非均质物体，又称之为 E. C. 宾汉姆体，见图 5-52。

E. C. 宾汉姆在研究弹-塑-黏性物体的形变过程时，发现当所施加的外力较小，它所

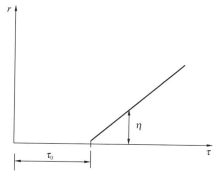

图 5-52　宾汉姆体的流变曲线与模型

产生的剪切应力小于极限剪应力 τ_0 时，物体将保持原状不发生流动。当剪切应力超过极限剪切应力 τ_0 时，物体就产生流动现象。这类物体后来称之为宾汉姆体。

其流变方程见式（5-15）：

$$\tau = \tau_0 + \eta\gamma \qquad (5\text{-}15)$$

式中　τ_0——极限剪切应力；

　　　γ——速度梯度；

　　　η——塑性黏度系数。

2. 蒸压加气混凝土料浆

蒸压加气混凝土料浆是由水泥、石灰、砂、粉煤灰、石膏等材料按不同组合和比例组成，经加水搅拌而成的一种流动性较大的固-液悬浮体。在此悬浮体中，水是连续相，固体颗粒是不连续的分散相，彼此构成均质的机械混合物。搅拌混合初始阶段的料浆没有任何结构强度。

随着混合物中的水泥、石灰遇水水化生成各种水化硅酸钙凝胶结晶以及氢氧化钙，这些产物数量不断增加，在液相中不断积累，体系中的自由水分逐渐减少，混合物浓度逐渐增加，很快达到过饱和成胶体并析出晶体，胶体凝聚，晶体成长，形成连生体，使整个系统具有一定结构浓度。料浆变浓，变稠，变黏，能够支承自重，并成为随时间不断变化的、具有一定结构黏度的弹-黏-塑性物体，当受到外力作用时，产生流变。

3. 蒸压加气混凝土料浆的流变

（1）蒸压加气混凝土料浆及膨胀料浆的流变性测定

不少研究者曾分别利用同轴圆筒回转黏度计、超声波黏度计、拔片法塑度计等仪器，测定并研究加气混凝土料浆及膨胀料浆黏度随时间变化的曲线。

这些方法都可以测定料浆的黏度，但不同方法适应的时间区段不同。拔片法塑度计只能测定膨胀料浆发气结束后的黏度变化。同轴筒回转黏度计虽可全程测定，由于回转筒的启动，使已形成的具有一定的初始黏度浆体的网状结构遭到破坏，但所测得的黏度随时间变化的曲线，在一开始时随时间而降低，当降低到最小值后又缓慢增加至一定值，随后黏度迅速增长。

相比之下，仅有超声波黏度计较适于加气混凝土料浆及膨胀料浆黏度的测定。它不仅可以连续进行，而且没有黏度下降现象。

（2）蒸压加气混凝土料浆的流变

蒸压加气混凝土料浆的原料组合类型多样，有水泥-石灰-砂、水泥-石灰-粉煤灰、水泥-砂、石灰-粉煤灰、水泥-矿渣-砂组合等。组合类型不同，其流变性能不同。

4. 水泥-石灰-粉煤灰料浆的流变性

采用超声波黏度计对粉煤灰 70％、水泥＋石灰 27％、石膏 3％的混合料浆的流变性能进行测定、研究。不同因素对水泥-石灰-粉煤灰加气混凝土料浆流变性能的影响如下：

1）水料比为 0.62～0.72 时，水泥-石灰-粉煤灰料浆的扩散度和流出时间

水料比为 0.62～0.72 时，水泥-石灰-粉煤灰料浆的扩散度和流出时间见表 5-2。

表 5-2 水料比为 0.62～0.72 时，水泥-石灰-粉煤灰料浆的扩散度和流出时间

水料比	0.62		0.64		0.66		0.68		0.70		0.72	
	扩散度 (mm)	流出时间 (s)	扩散度 (mm)	流出时间 (s)	扩散度 (mm)	流出时间 (s)	扩散度 (mm)	流出时间 (s)	扩散度 (mm)	流出时间 (s)	扩散度 (mm)	流出时间 (s)
A	180	11.9	200	8.9	211	7.8	222	5.6	241	5.3	—	—
B	177	12.0	200	8.9	204	7.2	215	5.8	255	5.1	—	—
C	172	12.6	184	10.7	184	8.5	214	7.2	230	5.6	244	4.7
D	152	13.6	171	9.5	171	9.4	202	6.4	232	5.8	—	—

2）水料比为 0.62～0.72 时，水泥-石灰-粉煤灰加气混凝土料浆流变性能

不同水料比对水泥-石灰-粉煤灰加气混凝土料浆的表观黏度的影响见图 5-53。

从图 5-53 看出：

① 随着水料比增大，表观黏度减小。水料比愈大，表观黏度减小的幅度变小；水料比愈小，表观黏度增长幅度愈大。

② 随着水料比增加，黏度缓慢增长的初始阶段的时间延长，迅速增长的速度亦慢。水料比减小，黏度缓慢增长的时间短，而迅速增长的速度亦大。

3）胶结料中水泥与石灰比值对水泥-石灰-粉煤灰加气混凝土料浆流变性能的影响

胶结料中水泥与石灰比值对水泥-石灰-粉煤灰加气混凝土料浆流变性能的影响见图 5-54、图 5-55。

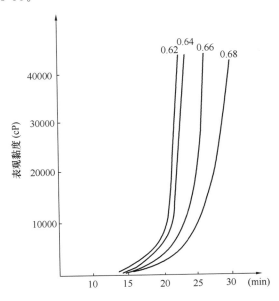

图 5-53 不同水料比对水泥-石灰-粉煤灰加气混凝土料浆的表观黏度的影响

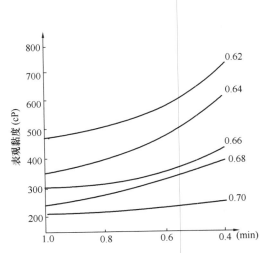

图 5-54 水泥/石灰与料浆表观黏度的关系

图 5-54 表明，水泥/石灰与表观黏度的关系与水泥/石灰的流变关系相似。

从图 5-55 看出：

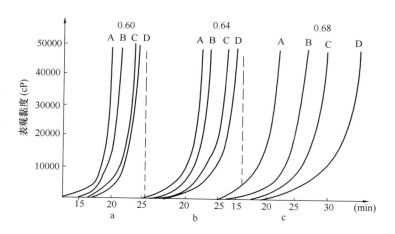

图 5-55　不同水泥/石灰比的水泥-石灰-粉煤灰料浆表观黏度随时间的变化

（1）水泥-石灰-粉煤灰料浆的黏度随时间增长，分初始的缓慢增长和快速增长两个阶段。水泥/石灰的比值增加，黏度增长的初始阶段和快速增长阶段的时间都延长；反之则缩短。

（2）胶结料中，石灰用量对料浆黏度大小的影响比水泥显著。因为石灰消解吸收了较多的水分，很快使料浆变稠。这一点可以从水泥和石灰浆达到相同扩散度的需水量看出。当扩散度都达到 200mm 时，水泥浆的水灰比为 0.42，而石灰浆的水灰比达到 2.50 左右。另外石灰消解时放出大量热量，石灰用量愈多，料浆温度愈高，因而黏度也愈高。

（3）从图 5-53～图 5-55 还可以看出：

① 当水料比较小时，石灰用量的变化对料浆黏度的影响较大；当水料比增大时，石灰用量的变化对料浆黏度的影响较小。

② 当石灰用量较小时，水料比的变化对黏度的影响虽不及石灰用量多时大，但水料比对料浆黏度的影响比石灰对料浆黏度的影响更显著。

4）不同粉煤灰细度对水泥-石灰-粉煤灰流变性的影响

（1）不同细度粉煤灰配制的水泥-石灰-粉煤灰料浆的扩散度、流出时间及表观黏度

不同细度粉煤灰配制的水泥-石灰-粉煤灰料浆的扩散度、流出时间及表观黏度见图 5-56。

图 5-56 表明：

① 粉煤灰细度对水泥-石灰-粉煤灰料浆的流变性有一点影响。细度达 22% 的原灰黏度大，流出时间长；细度磨到筛余

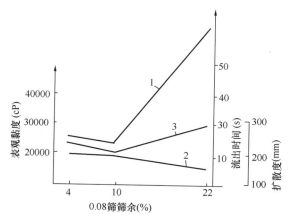

图 5-56　不同细度粉煤灰配制的水泥-石灰-粉煤灰料浆的扩散度、流出时间和表观黏度
1—流出时间；2—扩散度；3—表观黏度

10％时，料浆黏度降低，流出时间缩短；当细度达到 4％时，黏度和流出时间又有所增加。流出时间和黏度变化规律相似。

② 水泥-石灰-粉煤灰料浆的扩散度随粉煤灰细度增加而增大。其原因为：原灰细度较粗，而且其中部分颗粒结成具有较多孔隙的焦渣状团粒。它们吸收贮存着较多的水分，使需水量增大。在相同的水料比时，颗粒表面及之间的水层较薄，摩擦增大，致使黏度增加。稍经磨细，破坏了粉煤灰颗粒间的粘结和团聚，使存于孔隙中的水分释放出来，颗粒及之间的水膜增厚，摩擦相对减弱，料浆黏度降低，流动性增加。若粉煤灰太细，其比表面积大大增加，粘结加强，内摩擦增大，料浆黏度又有所增加。因此对于细度较粗的粉煤灰，最好稍加磨细，可降低水泥-石灰-粉煤灰料浆的水料比，并改善料浆的黏度，提高流动性。

（2）不同细度粉煤灰对水泥-石灰-粉煤灰料浆流变性的影响

不同细度粉煤灰对水泥-石灰-粉煤灰料浆流变性的影响见图 5-57。

图 5-57 表明：

① 不同细度粉煤灰的水泥-石灰-粉煤灰料浆的流变曲线也分为黏度初始缓慢增长和迅速增长两个阶段。

② 在水料比相同情况下，4900 孔筛的筛余细度为 22％和 4％的料浆黏度增长速度均大于细度为 10％的料浆。

5）粉煤灰用量对水泥-石灰-粉煤灰料浆流变性的影响

（1）粉煤灰用量对水泥-石灰-粉煤灰料浆扩散度的影响见图 5-58。

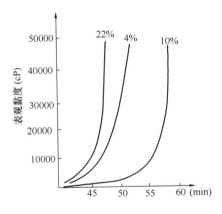

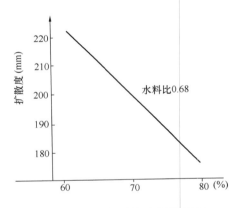

图 5-57　不同细度粉煤灰的水泥-
石灰-粉煤灰料浆的流变性

图 5-58　粉煤灰用量对水泥-石灰-
粉煤灰料浆扩散度的影响

从图 5-58 中看出，水泥-石灰-粉煤灰料浆扩散度随粉煤灰用量增加而减少。

（2）粉煤灰用量对水泥-石灰-粉煤灰料浆流变性的影响

粉煤灰用量对水泥-石灰-粉煤灰料浆流变性的影响见图 5-59。

图 5-59 表明，随着粉煤灰用量增加，水泥-石灰-粉煤灰料浆黏度增长速度变慢。这由以下两个因素所作用：

① 粉煤灰用量增加，胶结料用量就相应减少。胶结料用量减少，料浆的水化、稠化、硬化变慢，而胶结料的数量决定着料浆水化、稠化、硬度性能的发展。

② 粉煤灰用量多，料浆需水量加大，使料浆黏度增长速度减慢，稠化、硬化时间延长。

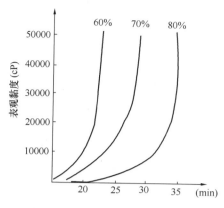

图 5-59 粉煤灰用量对水泥-石灰-
粉煤灰料浆流变性的影响

粉煤灰用量少，料浆需水量减少，致使浆黏度增长速度加快，稠化、硬化时间缩短。因为在水泥-石灰-粉煤灰料浆中，粉煤灰和胶结料（水泥＋石灰）分别达到相同稠度（或扩散度）时的需水量是不同的。以两者都达到 200mm 扩散度为例，胶结料所需水料比仅为 0.54，而粉煤灰所需水料比则要 0.78 左右。粉煤灰用量对水泥-石灰-粉煤灰料浆黏度增长影响是由两个因素叠加作用的结果。

6）温度对水泥-石灰-粉煤灰料浆流变性的影响

（1）温度对水泥-石灰-粉煤灰料浆的扩散度、流出时间和表观黏度变化的影响

不同水温配置的水泥-石灰-粉煤灰料浆的扩散度、流出时间和表观黏度变化见图 5-60。

图 5-60 表明，随料浆温度升高，其扩散度近似于直线减小，流出时间和表观黏度呈指数函数增大。

（2）不同水温配置的水泥-石灰-粉煤灰料浆的流变性

不同水温配置的水泥-石灰-粉煤灰料浆的流变性见图 5-61。

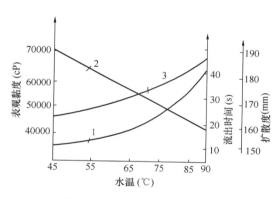

图 5-60 不同水温配置的水泥-石灰-粉煤灰料浆的
扩散度、流出时间和表观黏度
1—流出时间；2—扩散度；3—表观黏度

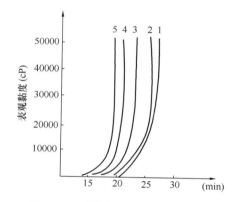

图 5-61 不同水温配置的水泥-石灰-
粉煤灰料浆的流变性

从图 5-61 看出：

① 温度对水泥-石灰-粉煤灰料浆流变性的影响分黏度缓慢增长和快速发展两个阶段。

② 温度越高，料浆黏度增长速度越快。在快速发展阶段尤其明显。

分析原因主要为：温度升高加速了料浆中胶结料组分的水化和水化生成物结构的形成和发展。加速了黏度增长，可见温度可改变料浆的流变性能，特别对料浆的稠化、硬化影响更显著。

水泥-砂、水泥-石灰-砂、水泥-粉煤灰、石灰-粉煤灰及水泥-砂渣-砂料浆的流变性能与水泥-石灰-粉煤灰料浆的流变性能变化有相同的规律性，只是程度不同。水泥-石灰-粉煤灰料浆流变性能变化的影响因素更多、更复杂、更有代表性。

5. 蒸压加气混凝土（发气）膨胀料浆的流变性

没有掺加铝粉的料浆是固-液两相体系，是固相悬浮体。

在蒸压加气混凝土料浆中加入铝粉后，铝粉在料浆中反应放气形成气泡，使料浆膨胀形成多孔坯体，由固-液二相体系变为气-液-固三相体系。

加入铝粉而膨胀的料浆，其流变性与未加铝粉的料浆有着密切的关系，而且变化规律相似。未加铝粉的料浆流变性能决定并影响着掺加铝粉的膨胀料浆性能。所不同的是料浆的黏度增长速度在铝粉发气膨胀阶段，由于铝粉发气使料浆触变，导致料浆变稀，其黏度增长速度比没有加铝粉的慢，黏度比没有加铝粉的料浆低，而且不易测定。一旦发气结束，膨胀停止，料浆黏度增长速度逐步回复到原来水平，进入正常稠化。

1）水泥-石灰-粉煤灰料浆膨胀、稠化过程的流变性

料浆的基本配比为粉煤灰 70％、水泥＋石灰 27％、石膏 3％，铝粉为总干物料的0.06％。

（1）水料比对生产中水泥-石灰-粉煤灰膨胀料浆流变性的影响

水料比对生产中水泥-石灰-粉煤灰膨胀料浆流变性的影响见图 5-62。

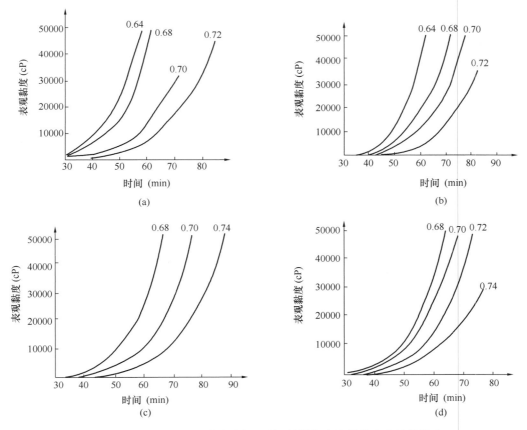

图 5-62　水料比对生产中水泥-石灰-粉煤灰膨胀料浆流变性的影响
（a）水泥：石灰＝1.0；（b）水泥：石灰＝0.8；（c）水泥：石灰＝0.6；（d）水泥：石灰＝0.4

从图 5-62 看出：

① 水料比小，发气膨胀料浆黏度增长速度快，达到相同黏度值所需时间短。水料比大，

273

发气膨胀料浆黏度增长慢，达到相同黏度值所需时间长。另水料比减小，料浆碱浓度提高，料浆发气膨胀速度可能加快。

② 加入铝粉的水泥-石灰-粉煤灰料浆流变性与未加铝粉的水泥-石灰-粉煤灰料浆流变规律极为相似。料浆黏度随时间的增长也分为初期缓慢增长和后期迅速增长的发展阶段。增大水料比，使这两个阶段的时间都延长，反之缩短。

③ 同一个时间的黏度随水料比增加而减小，见图5-63。

④ 由于铝粉发气的动力作用，使膨胀料浆产生触变，因此在发气膨胀阶段的料浆黏度较低，而且增长变化很慢，目前还没有适当的仪器对该阶段的黏度变化进行准确测定。

另外，水料比对不同水泥与石灰比值的水泥-石灰-粉煤灰膨胀料浆流变性的变化影响规律相同，也与未加铝粉的水泥-石灰-粉煤灰料浆流变性的变化结果基本一致。

（2）胶结料中水泥与石灰比例不同对水泥-石灰-粉煤灰膨胀料浆流变性的影响

胶结料中水泥与石灰比例不同对水泥-石灰-粉煤灰膨胀料浆流变性的影响见图5-64。

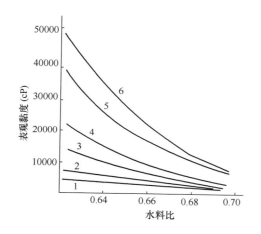

图 5-63　不同水料比同一时间的黏度

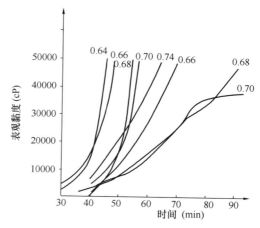

图 5-64　胶结料中水泥与石灰比例不同对水泥-
石灰-粉煤灰膨胀料浆流变性的影响

图5-64表明，水泥与石灰比例愈小，即石灰多，水泥少，在发气膨胀阶段黏度增长速度愈快，达到相同黏度所需的时间愈短。比值愈大，膨胀料浆黏度增长速度愈慢，达到相同黏度所需时间长。

料浆黏度随水泥、石灰比值变化的差异在初期小，后期大。即在胶结料中增加石灰用量、减少水泥用量时，料浆黏度增长速度加快。相反，减少石灰用量、增加水泥用量时，料浆的黏度增长速度减慢，时间延长。在同一时间，膨胀料浆黏度增长速度随水泥与石灰比值增大而减小。因此，调节料浆中水泥与石灰比值可以调节膨胀料浆黏度增长速度，延长或缩短膨胀料浆的稠化时间。但随着水泥用量增加、石灰用量减少，料浆在膨胀结束后的静停期间硬化加快，静停时间愈短，反之亦然。

另外，胶结料中石灰用量多、水泥用量少，膨胀料浆碱度、温度增长快，导致发气膨胀速度加快。而石灰用量少、水泥用量多，料浆发气膨胀速度相对变慢。但在发气膨胀初期，水泥与石灰比值不同对料浆黏度影响差别较小。不同水泥与石灰比值对水泥-石灰-粉煤灰膨胀料浆流变性影响与未加铝粉的水泥-石灰-粉煤灰料浆流变性变化规律相同。

（3）粉煤灰用量对水泥-石灰-粉煤灰膨胀料浆流变性的影响

粉煤灰用量对水泥-石灰-粉煤灰膨胀料浆流变性的影响见图 5-65。

图 5-65 看出，粉煤灰用量多，胶结料含量就少，膨胀料浆黏度低，黏度增长速度慢。反之亦然。其变化规律与未加铝粉的水泥-石灰-粉煤灰膨胀料浆流变特性相同。

（4）粉煤灰细度对水泥-石灰-粉煤灰膨胀料浆流变性的影响

粉煤灰细度对水泥-石灰-粉煤灰膨胀料浆流变性的影响见图 5-66。

图 5-66 展示了不同细度粉煤灰对水泥-石灰-粉煤灰膨胀料浆黏度变化的影响规律。

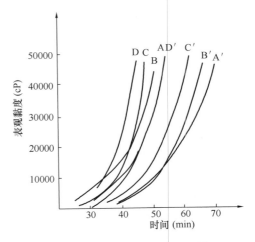

图 5-65　粉煤灰用量对水泥-石灰-
粉煤灰膨胀料浆流变性的影响

① 三种不同细度粉煤灰配置的水泥-石灰-粉煤灰膨胀料浆黏度在初期增长都慢，而后期阶段都迅速发展。筛分细度 22% 的粉煤灰配制的膨胀料浆黏度增长速度在三者中最快，筛分细度 4% 的粉煤灰配制的料浆次之，筛分细度 10% 的粉煤灰在配制的膨胀料浆中最慢。

② 在同一时间，随粉煤灰细度不同，膨胀料浆的黏度变化见图 5-67。

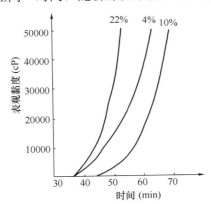

图 5-66　粉煤灰细度对水泥-石灰-粉煤
灰膨胀料浆流变性的影响

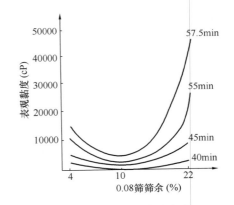

图 5-67　膨胀料浆黏度随
粉煤灰细度的变化

图 5-67 表明，粉煤灰细度不同对膨胀料浆稠化过程黏度增长速度有一定影响。早期黏度小，到后期差别加大。粉煤灰对膨胀料浆黏度增长的影响与粉煤灰颗粒细度、颗粒结构、空隙状况、需水量大小等有关。

（5）温度对水泥-石灰-粉煤灰膨胀料浆流变性的影响

不同水温对水泥-石灰-粉煤灰膨胀料浆流变性的影响见图 5-68。

图 5-68 表明，温度高，膨胀料浆黏度增长速度加快，温度低，膨胀料浆黏度增长速度减慢。因为速度直接影响胶结料水化反应速度、水化生成物形成和发展速度。与此同时，温

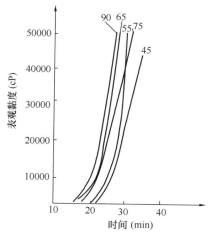

图 5-68 不同水温对水泥-石灰-粉煤灰膨胀料浆流变性的影响

度高，铝粉发气速度、料浆体积膨胀速度也快，体积膨胀值在一定条件下也有不同程度的增加。

综上所述，实验室研究和工厂生产实践表明，超声波黏度计可以用于测定加气混凝土料浆从浇注入模具至膨胀结束的稠化过程的黏度变化规律以及随后的坯体硬化过程，并可用其测定和反映各种因素对稠化过程中黏度变化规律的影响。如能再配以对料浆发气膨胀过程的测定，就可以用膨胀料浆黏度和料浆膨胀值随时间的变化来认识和掌握料浆发气与黏度随时间变化的关系。即用流变学方法直接反映料浆发气和稠化过程的规律，从而通过调节和控制料浆的黏度增长、铝粉发气和料浆膨胀速度，以获得良好气孔结构的坯体和物理-力学性能的蒸压加气混凝土制品。

5.2.3 蒸压加气混凝土多孔坯体成型

蒸压加气混凝土多孔坯体成型是将铝粉在混合料浆中反应放气，形成气泡，使料浆膨胀，并将气泡固定在膨胀稠化失塑的料浆中成为多孔坯体。

1. 蒸压加气混凝土料浆的膨胀

1）料浆膨胀机理及过程

料浆膨胀要求在铝粉加入料浆搅拌均匀并浇注至模具内开始，即铝粉发气料浆膨胀应在料浆完成浇注后开始。

铝粉自加入搅拌的加气混凝土料浆中，立即与料浆中的水泥、石灰水化产生的氢氧化钙〔$Ca(OH)_2$〕或配料中加入的氢氧化钠（$NaOH$）接触，首先在铝鳞片的一个或多个活性点上反应放出氢气（H_2），并迅速在铝鳞片的全部表面上展开和迅速集中进行，见图5-69。

铝粉反应生成的氢气（H_2）立即溶解于料浆悬浮液中。由于氢气（H_2）在水中溶解度不大，在 20℃时，1L 水中仅能溶解 $18\sim19cm^3$，并很快达到饱和。而铝粉反应在连续不断地进行着，氢气（H_2）数量迅速增加并与相邻的氢气（H_2）聚集。当达到一定的数量并形成气泡核，脱离铝粉表面以气泡形式进入料浆，分布并悬浮于正在水化的料浆中被液膜所包裹，此时

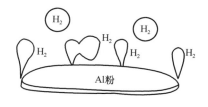

图 5-69 铝粉发气状态

气泡直径很小。随着反应所产生的氢气（H_2）不断充斥到微泡中，使气泡内气体压力迅速增加。当气泡内气体压力未超过料浆极限剪切应力时，料浆仍处在静置状态没有流动。当气泡中气体压力一旦达到足以克服并超过料浆随时间增长的极限剪切应力及上层料浆的重力时，气泡随之扩大开始推动料浆膨胀，料浆便处于运动之中。气泡扩张的速度取决于铝粉在料浆中发气的速度。只要铝粉发气反应继续，气泡中气体便得到不断补充，气泡中压力就会一直大于上层料浆的重力和不断增长的料浆极限剪切应力，料浆膨胀就会继续下去，直至铝粉发气反应结束，料浆膨胀完成。膨胀要求平稳，模内各部分料浆

的上涨速度基本均匀一致。

另外，料浆不得在浇注完成之后很长时间才开始膨胀或膨胀很少，也不得在料浆未浇注完成之前，已浇入模具内的料浆就开始膨胀上涨。

2）料浆膨胀过程中的不稳定现象

在蒸压加气混凝土料浆膨胀过程中经常发生的不稳定现象有：

（1）膨胀料浆冒泡

蒸压加气混凝土料浆在膨胀过程中经常有气泡从料浆内部上浮至表面破裂，气体散失。冒泡有时只发生在模具的个别角落、磨边或部分区域，有时发生在膨胀料浆的整个表面。

冒泡发生在料浆膨胀的不同时段，甚至贯穿膨胀的全过程，直至发气结束后的一段时间。

冒泡是料浆膨胀过程中比较常见和普遍的不稳定现象。料浆出现冒泡的时间不同，持续的时间长短不一，对膨胀料浆及硬化坯体造成的损坏程度不同。

由不同程度冒泡导致的不稳定现象和缺陷主要有膨胀料浆及硬化坯体下沉收缩、沸腾塌缩、稠化硬化坯体裂缝或内部裂口。

（2）膨胀料浆及稠化硬化坯体下沉收缩

冒泡常常会导致膨胀料浆及稠化硬化坯体下沉，下沉又引起稠化硬化坯体横向收缩，使坯体脱离模具侧板和端板，形成一定宽度的间隙。冒泡时间不同、程度不同，下沉收缩的严重程度也不一样。

也有未见冒泡但也出现稠化硬化坯体下沉收缩的现象。

（3）膨胀料浆沸腾塌缩

料浆在膨胀过程中沸腾，一般发生在膨胀开始不久，也有发生在料浆膨胀过程中，少数发生在铝粉发气基本结束后，甚至在膨胀料浆稠化之后。

膨胀料浆沸腾像煮开的米粥一样激烈翻腾。膨胀料浆沸腾是冒泡的最严重的后果，也是剧烈冒泡所致。

膨胀料浆沸腾有的从模具内个别角落或部分少量慢速冒泡开始，然后逐步或迅速扩展，冒泡不止，气泡破裂，大量气体在短时间内从膨胀料浆中溢出。局部膨胀料浆下沉并牵动其他部位料浆失稳，连锁形成不断的破坏，以致整个膨胀料浆中的气泡迅速破裂归并，整体塌缩，气孔结构完全破坏，使膨胀料浆不能形成正常坯体。

有的由一点或小范围冒泡逐步形成像"趵突泉"一样的、呈一团一团的、涌流状沸腾或向另一部分横流，并迅速扩大至整模。

膨胀料浆沸腾、下沉收缩容易发生在料浆较稀、扩散度较大或者低密度制品的料浆中。在水泥-矿渣-砂配料的膨胀料浆中发生的概率要比水泥-石灰-砂和水泥-石灰-粉煤灰配料的膨胀料浆要高。

（4）硬化坯体裂缝裂口

在硬化坯体的两个侧面产生宽 1mm 左右、长达十几厘米甚至几十厘米的裂缝，见图 5-70，以及宽可达几毫米至两三厘米、直径可达概至十几厘米的"铁饼状"裂口，见图 5-71。

裂缝裂口使砌块的抗折强度下降或丧失，产品合格率降低。

图 5-70　硬化坯体裂缝

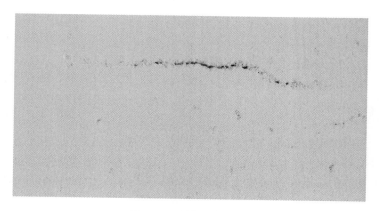

图 5-71　硬化坯体裂口

（5）坯体中大气泡

在膨胀坯体的中上部出现扇形分布的小如"绿豆"、大如"黄豆"，甚至似"蚕豆"的非铝粉发气所形成的大气泡。有时不仅分布于坯体中上部还分布于整个坯体的各个部分，见图 5-72。

图 5-72　坯体中的大气泡

大气泡的出现和存在破坏了坯体的气孔结构，影响坯体的透气性能和蒸压养护效果。近十年来，大气泡问题在我国加气混凝土生产企业中普遍存在，但并未引起足够重视。

以上不稳定现象与问题在不同原材料组合的膨胀料浆中表观的程度各不一样，但产生原因基本相同。

3）膨胀料浆不稳定的原因

（1）铝粉在碱性料浆中反应放出氢气，水泥、石灰水化稠化变成糊状浆体，氢气在糊状料浆中形成气泡，使料浆由液-固二相体系成为其中分布着大量气泡的固-液-气三相体系。体系的内表面积和表面能（表面积乘以表面张力）迅速增大，这种体系有自动降低表面能的趋势。从理论上讲，该体系处于不稳定状态。

铝粉在料浆中反应放气形成气泡。料浆膨胀稠化形成坯体是多种因素共同作用、多个反应（化学的、物理的）在同一体系中同时连续进行的结果，是互为条件、互相依存、互相影响、互相作用及互相制约所形成的矛盾对立统一体。当体系内诸多反应不协调、不适应，特别是铝粉在发气料浆中的发气动力特性与料浆流变特性不相适应、不协调时就会发生各种不稳定问题。

（2）在生产实践中发生上述不稳定现象的原因具体如下：

① 铝粉在料浆中反应发气过快。

料浆浇注时的初始黏度低、增长慢，大量均匀分布于搅拌料浆中的铝粉颗粒在料浆浇注到模具中以后，同时集中反应产生大量氢气生成众多气泡分布于料浆中，而料浆太稀或料浆中水泥、石灰水化相对较慢，黏度低，跟不上铝粉发气速度。虽然发气舒畅但来不及形成足够的保气及承受上层料浆自重能力的气泡和气泡壁，此时氢气泡穿壁合并。同时，料浆中小气泡又有破壁嵌入大气泡的趋势，使大气泡变得更大，上浮直至从表面溢出破裂，膨胀料浆缩瘪下沉。如果不均匀下沉会发生坯体表面龟裂。

如铝粉发气太快而料浆浇注后初始黏度太低，增长过慢，就发生膨胀料浆沸腾、塌缩。

② 铝粉在料浆中开始发气过早。

铝粉在料浆搅拌过程中就开始发气，造成一边浇注一边发气膨胀，后进入模具的料浆破坏已膨胀料浆所形成的气泡。在料浆稀、黏度低、铝粉发气速度正常的情况下，料浆就会发生沸腾或下沉收缩。在料浆浇注初始黏度高时，浇注料浆裹入空气会在膨胀料浆中形成不同程度和数量的大气泡。

③ 铝粉在料浆中开始发气晚、发气速度慢。

料浆浇入模具内较长时间不开始发气或能发气但速度很慢，料浆泌水沉淀，即使发气，料浆也膨胀不到模高，成为废次品。

④ 料浆发气速度正常，但浇注后的初始黏度高、增长快、稠化早于铝粉发气结束时间。料浆失去流动性，膨胀受到较大的阻力，出现气泡憋气膨胀不到模高或者"面包头""竖立"坯体内部产生裂缝或裂口。

4）膨胀料浆的稳定

所谓稳定是指料浆在膨胀过程中及膨胀即将结束和结束后的一段时间内，铝粉发气形成的气泡能稳定地存在于不断水化稠化的膨胀料浆中，固定于坯体内。料浆稠化后内部不再有未发完的余气，保持体积稳定。料浆在膨胀过程中及膨胀结束后不发生冒泡、沸腾塌缩、裂缝裂口、大气泡等不稳定现象。成型坯体不发生明显的体积变形和内部缺陷，形成性能稳定、结构良好的细小而尺寸均匀的加气混凝土多孔坯体和具有良好物理力学性能的制品。

（1）气泡在膨胀料浆中的稳定

要使膨胀料浆中气泡稳定首先需要满足以下条件：

① 降低料浆的界面张力以降低体系的表面能

② 提高气泡膜的强度

气泡中的气体是由气泡膜包裹着的。因此需要在界面上形成具有一定结构和机械强度的表面膜，一方面使气泡壁不易被穿透、破裂，另一方面阻止液膜在地心引力与曲面压力下变薄从气泡间流走。

③ 足够分散介质的黏度

即构成气泡壁的料浆需有一定的黏度和黏度增长速度，使其形成具有支撑自重能力的保气骨架（气泡壁），以固定住已成型的气泡结构在相对长的时间内不流动、不变形、不破裂。

④ 适当的分散相浓度

即膨胀料浆中气泡体积与气泡壁的固体物质体积的比例。其比值越大，制品密度越低，膨胀料浆稳定越难。

⑤ 分散介质的电荷

按上述要求要使膨胀料浆稳定，首先要降低料浆的表面张力和体系表面能。同时要使气泡膜有足够的强度，使气泡壁具有足够的并不断增长的黏度。为此需要加入特定的表面活性物质。如果分散介质浓度较低及料浆浇注初始黏度较高、增长较快，亦可不加或加少量表面活性物质。

（2）使铝粉发气动力特性与膨胀料浆的流变特性相适应相协调。

5）对料浆膨胀及膨胀料浆的调节

对料浆膨胀及膨胀料浆的调节就是对铝粉在料浆中发气动力特性（过程）和料浆流变特性及两者相适应相协调过程的调节。

（1）对铝粉在料浆中的发气动力特性（过程）的调节

① 影响铝粉在料浆中的发气动力特性（过程）的因素

ⅰ．铝粉的品种、性能、质量及其稳定性的影响

铝粉的品种、性能、质量及其稳定性不同，在相同性能的料浆中发气动力特性（过程）不同。

ⅱ．浇注料浆性能不同对铝粉发气动力特性（过程）的影响

浇注料浆性能不同，相同品种、性能、质量的铝粉发气动力特性（过程）不同。

铝粉是在料浆中发气的，料浆是铝粉发气的载体，为铝粉发气提供了必要的条件和相应的环境。因此料浆性能的任何变动都将影响铝粉在其中的发气动力特性（过程）。

a．浇注料浆温度的影响

浇注料浆温度影响铝粉反应发气快慢。温度高，开始发气早，发气快，发气结束早；温度低，则相反。

b．浇注料浆碱度的影响

浇注料浆碱度高，开始发气早，发气快，发气结束早；碱度低，则相反。

c. 浇注料浆中离子浓度的影响

浇注料浆中含有较高的铬离子，铝粉发气受到抑制。含有一定量硫酸根离子，会在一定程度上延缓铝粉发气。

d. 浇注料浆流变特定的影响

浇注料浆流动度大（或扩散度大），初始黏度低，黏度增长慢，气泡形成的阻力小，铝粉发气顺畅，气泡直径较大。

浇注料浆黏度小（或扩散度小），初始黏度高，黏度增长快，气泡形成的阻力大，铝粉发气不顺畅，气泡直径较小。

② 对铝粉在料浆中发气特性的调节

ⅰ. 充分了解所选用铝粉的品种、性能、质量，特别是铝粉的形貌、细度、级配及其稳定性并严格进行进场管理。

ⅱ. 选择与所配料浆流变特性相适应相协调的铝粉品种。如果单一品种不能满足要求则通过两种或两种以上的铝粉混配使其满足要求。

（2）对浇注料浆性能的调节

在加气混凝土生产中浇注料浆的性能主要表现为料浆浇注初始温度及温度增长速度、碱度、初始黏度及增长速度、稠化时间等。

① 对料浆浇注温度的调节

料浆温度是加气混凝土生产中非常重要的参数。对加气混凝土生产而言，铝粉反应发气的最佳温度为（40±1）℃。如有特殊需要又有有效调节控制措施也可以达到 45℃。但是，在加气混凝土生产中生产环境及各种要素都在变化。这些变化使搅拌料浆的温度时高时低。

ⅰ. 导致搅拌料浆温度波动的原因

a. 进场原料（包括生产用水）的温度随着季节气候变化。

b. 原材料磨细加工温度升高并波动。

c. 钙质材料种类、质量、组合、用量变化，特别是生石灰的质量和用量。

ⅱ. 为了使搅拌料浆温度保持（40±1）℃，必须对上述变化进行控制和调节

a. 随时监测各种物料的温度。尤其是进行配料的各种物料温度，并根据需要控制并调节这些物料的温度，通过自动计算总热焓对其实行自动调节和控制。

b. 控制生石灰的质量，调整生石灰用量以控制生石灰水化热总量。

c. 通过加热和制冷控制调节配料水温。

d. 用低温水磨细砂子和粉煤灰，或对已磨砂浆进行冷水冷却降温，或用大体积贮罐搅拌冷却。

② 对料浆碱度进行调节

配有生石灰的料浆，石灰水化后为料浆提供了较高的碱度，无需再调节。对于仅有水泥或水泥加矿渣的配料中，由于水泥、矿渣水化较慢，经水化形成的料浆碱度不能满足铝粉发气的要求，通常要外加一定数量的氢氧化钠（NaOH）和碳酸钠（Na_2CO_3）来提高料浆的碱度。

③ 对料浆流变性能的调节

料浆流变性能对气泡的形成、气泡在料浆中的稳定度及坯体硬化至关重要。

ⅰ. 料浆的流变性能

料浆的流变性能是料浆中水泥、石灰连续水化过程所形成的，可分为两个阶段。

第一阶段从浇注开始至铝粉在料浆中反应发气结束。在这一过程中，一方面料浆黏度不断增长，另一方面铝粉反应放气使料浆触变变稀。

第二阶段膨胀料浆稠化失去流动性并具有支撑自重的能力。料浆稠化时间是从料浆浇注完毕到具有支撑自重能力、能稳定保持气泡的时间。

目前还没有一种仪器能在生产实践中定量测定膨胀料浆的稠化时间。生产实践中有一种"划痕法"对其进行定性描述。借用一根类似火柴、牙签类的小棒，在膨胀着的料浆表面"划痕"。如果"划痕"会合拢、流平闭合，被视为没有稠化，如果"划痕"不能合拢闭合，可见到破裂的气泡，则视为稠化。

水泥、石灰、砂或粉煤灰加水成浆，就有流动性。但只有水泥、石灰遇水水化生成具有结合水、附着水的硅酸盐凝胶和石灰膏才使料浆成为具有黏性的糊状浆体。在搅拌料浆刚浇入模具时，料浆较稀，流动度较大，流动性较好。随着水泥、石灰水化深入，料浆中自由水减少，黏度不断增加，极限剪切应力不断增长，但仍保持着一定的流动性，直至发气膨胀结束，形成骨架结构稠化。由可流动的黏性体变成具有支撑自重能力、能够保持新建多孔结构的黏-塑性体。膨胀料浆的稠化有时会发生在铝粉发气结束前，有时会发生在铝粉发气膨胀结束后较长时间，以铝粉发气结束立即稠化为最好。

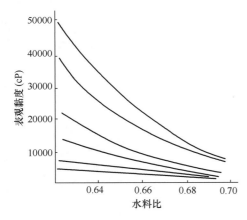

图 5-73　料浆黏度随水料比变化的曲线

ⅱ. 影响料浆流变特性的因素

a. 水料比

在其他条件和因素不变的情况下，水料比大，用水量多，料浆稀，流动度大，浇注料浆初始黏度低，黏度增长变慢，料浆保持气泡的能力变差，一般而言料浆不太稳定；水料比小，则相反（图5-73）。

b. 砂子磨得越细，搅拌料浆黏度越高，生产需较大水量。料浆中需多加水，料浆稠化硬化时间加长，但可减少20%的铝粉用量。

c. 料浆中的含泥量

料浆中的含泥量主要来源于砂子。含泥量大，在同样水料比下，料浆浇注时的初始黏度高，但黏度增长并不快，有利于膨胀料浆的稳定。但容易生产大气泡，使坯体稠化硬化时间延长。

d. 水泥品种和用量

水泥性能好（如没有添加混合材的纯熟料水泥），用量多，在相同水料比时，料浆浇注时的初始黏度稍高，但后期增长快、稠化早、坯体硬化快。

e. 生石灰性能和用量

生石灰性能和用量对铝粉在料浆中的发气反应、动力特性和料浆流变特性（极限剪切应力）以及膨胀料浆的稳定有极大影响，其影响远超过水泥及其他因素。

石灰与水反应形成氢氧化钙，同时放出大量的反应热。提高了料浆碱度和温度，保证了铝粉反应发气。温度升高又促进石灰自身的水化稠化和膨胀料浆的稠化以及坯体硬化。

同时，生石灰水化消解生成了大量颗粒极细小的、以氢氧化钙为主的石灰膏，吸附了大量的自由水，使料浆具有较好的浇注初始黏度以及整个膨胀料浆的黏度，有利于气泡的成型。

生石灰消化太快，放热过高，料浆温度和初始黏度上升也快，石灰消化太慢，放热量低，不利于铝粉发气和气泡生成及稳定。

生石灰用量高，水化放热量大，浇注时料浆温度及整个料浆膨胀过程中的温度都高。在水料比不变的情况下，料浆浇注初始黏度及整个发气膨胀过程中黏度都高。料浆浇注时的温度又影响生石灰的消解进程，进一步加快生石灰的消解。

f. 消石灰的影响

生石灰在运输、储存及加工过程中受潮，部分生石灰消解成熟石灰 $Ca(OH)_2$，消解熟石灰的存在对生石灰性能有一定的改变，使石灰放热量减少，温升变慢，影响料浆流变性能，会使初始黏度增高，但对料浆在整个膨胀过程中的黏度影响不大。如要降低浇注料浆初始黏度就要增加水料比，结果料浆稠化和坯体硬化变慢。

g. 石膏

一定量的石膏可抑制生石灰的消解速度，从而适当降低料浆浇注时的初始黏度，有利于料浆的流变。

h. 废料浆

废料浆中的水泥、石灰经过较长时间的充分水化，具有较高的碱度和黏度，会影响新拌加气混凝土料浆的流变性能，改善膨胀料浆的稳定性。

i. 表面活性物质

表面活性物质能降低膨胀料浆的表面张力，增加料浆的流动性，改善料浆的流变性能。不同的表面活性物质对生石灰消解放热也会有一定的抑制，一般会延缓甚至会消解，如植物性表面活性物质。

j. 料浆搅拌

料浆搅拌的均匀程度影响水泥、石灰在其中的分散均匀和流变特性。

k. 外部环境对膨胀料浆的影响

膨胀料浆所处环境对其膨胀性能有一定的影响。例如：模具、环境温度等。

模具在不同环境和不同工态时有不同温度，模具底板、模帮温度也有所不同。模具温度忽高忽低，料浆浇入模具，接触底板及模帮会降温。当遇到温度高于料浆的部分，发气加快。当接触到温度过低的部分，铝粉发气就会推迟。料浆温度在高度方向上是不均匀的。一般而言，顶部散热快，膨胀坯体表面温度低。模具底部温度也低，散热次之。坯体中部不易散热，温度最高，因而膨胀坯体气泡压力比底部大，上部小。压力梯度沿高度方向也不均匀，顶部变化大，底部小，极限剪切压力模具中部最大，坯体内气泡大小也有所不同。在高度上，下部气泡小，上部偏大，中部最大。这也就说明，同一模具中料浆各部分发气膨胀是会不一致的。

因此，在工业生产中要关注模具的温度状况，要在工艺上创造条件，尽可能保持每个模具中各个部分温度均匀、稳定，以实现膨胀料浆的稳定。

ⅲ. 对料浆流变特性的调节

对料浆流变特性的调节主要是对料浆浇注时的初始黏度、发气膨胀过程中黏度增长速度以及稠化时间的调节。料浆流变特性的稳定是膨胀料浆稳定特性的基础和关键。

在蒸压加气混凝土生产中要做到搅拌料浆的稳定以及膨胀料浆的长期稳定并不困难。欧洲发达国家的蒸压加气混凝土生产中早已完全做到。关键是生产用原材料性能的高度稳定及原材料供应商保证按质按量及时供货，在进场原材料抽样检测中，如发生质量不合格立即退货罚款。另外，对生产过程中各项工艺参数和操作实行高度自动化，并严格管理和监控。但在中国目前还不具备这样的条件，或者说还没有可能。因此，在生产中膨胀料浆不稳定现象经常发生，司空见惯成为常态，不足为奇。除了原材料不稳定，波动大，工艺装备相对落后，配备不全，加上很多工厂技术人员缺乏，技术力量不足，技术水平不高，所以要经常对料浆流变特性和铝粉发气动力特性进行调节使其互相适应、协调。

鉴于影响料浆流变特性的因素较多，必须对各种因素的影响进行分析，根据其影响的严重程度分清主次和难易，分别采取措施加以控制和进行调节。

总结生产实践，对料浆流变特性影响最大的是钙质材料的性能和用量，其中生石灰的影响更为突出，其次是水料比。受它们影响的料浆初始温度、膨胀料浆温升速度及硬化坯体达到的最高温度至为关键。对于其他因素虽有影响，但比较容易控制和调节。

a. 生石灰的控制

（a）改进和加强生石灰生产管理，严格控制生石灰的生产过程，保证稳定生产供应高品质石灰。

（b）保证使用生石灰的性能稳定均一，如不能得到性能稳定均一的生石灰供应，可在工厂内通过配料磨细或对磨细生石灰在筒仓中进行均化处理。

（c）加强建厂生石灰的检验，了解每批进场生石灰的消解特性和有效氧化钙含量，根据生石灰品质性能的变化有针对性地采取相应措施加以调节。如调整水温、水料比、控制和调节生石灰用量、添加外加剂等。

b. 注意调节水料比、控制外加水水温，使料浆在浇注时的初始温度在±1℃。

c. 适当添加一些合适的外加剂，辅助调节料浆流变特性。

结论：要使膨胀料浆稳定，必须使铝粉发气动力特性与料浆流变特性相适应相协调，要使两者适应和协调必须进行调节，在这两者当中要调节的主要方面是料浆的流变特性，以料浆的流变特性适应铝粉发气动力特性。

2. 坯体硬化

膨胀料浆稠化后就进入硬化阶段。坯体硬化是从浇注入模到形成可切割坯体的连续过程的一个阶段，是水泥水化反应的继续及料浆流变的延续和发展，是料浆由分散的悬浮体经弹-黏-塑性演变成具有一定结构强度的凝聚结构，是坯体成型的最后一个过程。影响坯体硬化的因素有：

（1）料浆温度

料浆浇注的初始温度高，坯体硬化快，硬度高（结构强度），增长快。温度对坯体硬化的影响见图5-74。

在硬化过程中，坯体温度分布均匀，坯体硬化程度就趋于均匀，坯体内温度差小，其硬度差也就小。

（2）钙质材料种类、性能、质量及用量

① 只用单一的水泥

水泥品种性能不同虽然对膨胀料浆的稠化影响不太明显，但对坯体硬化程度的影响不同。高强度等级的水泥，特别是纯熟料波特兰水泥，使坯体硬化比掺有混合材的水泥硬化快，硬化程度高（结构强度）。

水泥用量高，坯体硬化也加快，坯体硬化程度高（结构强度）。

② 只用单一的生石灰

生石灰对稠化后的坯体硬化贡献不大，只用生石灰的坯体硬化较慢。

③ 水泥、石灰混合钙质材料

在水泥、石灰混合钙质材料总用量不变的情况下，其中水泥用量比例高，坯体硬化快，硬度高；水泥用量低则相反。石灰与水反应放热对坯体温升及坯体最高温度影响较大。生石灰放出的热量进一步加速水泥水化、凝结、硬化，从而进一步加快了坯体的硬化。

（3）水料比

在其他条件都相同的情况下，料浆的水料比大，含水量高，坯体硬化减慢；反之则硬化较快。水料比对坯体硬化的影响见图 5-75。

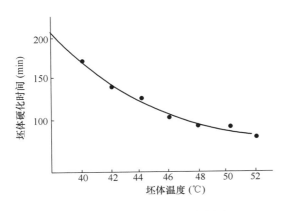

图 5-74 温度对坯体硬化的影响

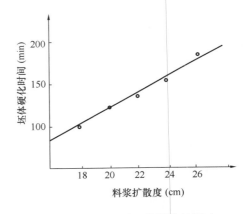

图 5-75 水料比对坯体硬化的影响

（4）废料浆

废料浆的使用可在一定程度上影响坯体硬化，使坯体硬化趋于均匀。如果废料浆用量太多，可能因为减少了钙质材料的用量而使坯体温升降低，坯体硬化有所减慢。

3. 影响制品气泡尺寸形成的因素

（1）气泡尺寸测量与体积计算

仔细观察蒸压加气混凝土制品的气孔发现，同一个工厂用同一种铝粉生产的同一品种、同一规格的蒸压加气混凝土制品的气孔结构和尺寸不相同，往往相差很大，即使同一班生产的相邻两个模块的制品气孔尺寸、气孔分布有时也不尽相同。

表 5-3 列出了 4 个蒸压加气混凝土制品样品的孔径尺寸和计标体积。

表 5-3　4个蒸压加气混凝土制品样品的孔径尺寸和计标体积

1		2		3		4	
ϕ (mm)	V (mm³)	ϕ (mm)	V (mm³)	ϕ (mm)	V (mm³)	ϕ (mm)	V (mm³)
3.15	16.36	1.73	2.71	1.5	0.76	1.02	0.55
2.66	9.85	1.63	2.26	1.22	0.95	0.92	0.44
2.33	6.62	1.55	1.94	1.15	0.79	0.86	0.33
2.21	5.65	1.50	1.76	1.10	0.69	0.83	0.30
1.98	4.06	1.45	1.59	1.07	0.64	0.80	0.268
1.95	3.88	1.41	1.46	1.03	0.57	0.75	0.22
1.87	3.42	1.39	1.40	1.00	0.52	0.71	0.187
1.80	3.05	1.29	1.12	0.98	0.49	0.64	0.137
1.75	2.80	1.20	0.90	0.93	0.42	0.60	0.113
1.73	2.71	1.16	0.81	0.90	0.38	0.58	0.102
1.68	2.40	1.12	0.73	0.85	0.32	0.55	0.087
1.59	2.10	0.92	0.40	0.80	0.268	0.53	0.077
1.49	1.73	0.87	0.34	0.78	0.248	0.51	0.069
1.44	1.56	0.83	0.30	0.75	0.22	0.48	0.057
1.36	1.31	0.77	0.24	0.70	0.18	0.44	0.044
1.33	1.23	0.74	0.21	0.67	0.157	0.42	0.038
1.31	1.17	0.70	0.18	0.62	0.124	0.37	0.026
1.26	1.04	0.67	0.157	0.60	0.113	0.35	0.022
1.22	0.95	0.65	0.14	0.56	0.09	0.33	0.018
1.13	0.75	0.62	0.124	0.53	0.77	0.30	0.014
0.90	0.30	0.58	0.10	0.50	0.065	0.29	0.012
0.85	0.32	0.55	0.087	0.45	0.047	0.27	0.010
0.61	0.11	0.52	0.073	0.41	0.036	0.24	0.007
0.47	0.05	0.48	0.057	0.38	0.028	0.20	0.004
0.29	0.012	0.39	0.03	0.34	0.020	0.18	0.003
0.25	0.008	0.32	0.017	0.27	0.010	0.16	0.002
0.20	0.004	0.27	0.010	0.21	0.0048	0.15	0.0017
0.17	0.002	0.20	0.004	0.15	0.0017	0.13	0.0011
0.10	0.0005	0.15	0.0017	0.10	0.0005	0.10	0.0005
0.07	0.00017	0.07	0.00017	0.08	0.00026	0.06	0.00011

注：1. 此表孔径尺寸是用放大镜肉眼观测而得，并不十分准确和精准。

　　2. 所见气孔并非全部圆形，即气泡并非完全正球体，很多孔的孔型和气泡都不是规则的圆截面和球体。

　　3. 所观察的圆截面并非全部在最大直径上。

鉴于上述现状，表 5-3 中所列孔径及所计算的气泡体积仅仅为了表述所给出的一个大概概念。

从表 5-3 看到，不同样品气孔尺寸不一样，变化较大。其中 1 号样品气孔尺寸较大，大

部分在 $\phi0.8mm$ 以上，最大的达 $\phi3.15mm$，其气泡计算体积在 $0.38\sim16.36mm^3$，在气泡之间的孔壁中存在着大量直径小于 0.8mm 的各种尺寸的小气泡。而 4 号样品气孔尺寸几乎都在 $\phi1mm$ 以下，绝大部分在 $\phi0.2\sim0.6mm$ 之间，其气泡体积在 $0.004\sim0.55mm^3$ 之间。不仅不同样品气泡尺寸相差很大，即使同一个样品上的气泡尺寸也相差很大。

（2）制造上述制品所用铝粉的颗粒尺寸及级配

制造上述制品所用铝粉的颗粒尺寸及级配列于表 5-4。

表 5-4　铝粉颗粒尺寸、级配及计算产气体积

序号	颗粒尺寸（长×宽）（$\mu m \times \mu m$）	不同颗粒尺寸铝粉在 45℃时计算产气体积（mm^3）		
		$0.1\mu m$	$0.9\mu m$	$1.8\mu m$
1	250×100	0.0087	0.0783	1.8
2	200×100	0.007	0.063	0.156
3	150×100	0.0052	0.0486	0.132
4	100×100	0.0035	0.0315	0.093
5	200×50	0.0035	-0.0315	0.063
6	80×50	0.0014	0.0126	0.063
7	70×50	0.0016	0.0104	0.025
8	60×50	0.001	0.009	0.020
9	50×50	0.00087	0.00783	0.018
10	50×30	0.00052	0.00468	0.0153
11	50×20	0.00035	0.00315	0.009
12	25×20	0.000175	0.00157	0.006
13	20×20	0.000014	0.00126	0.002
14	20×10	0.00070	0.00315	0.006
15	10×10	0.000035	0.00063	0.001
16	5×5	0.0000087	0.00078	0.0001

按颗粒最小边通过和最长边通过，其最大尺寸也不过 $100\mu m\times250\mu m$，用放大照片测量最小尺寸的颗粒为 $5\mu m\times5\mu m$。这些颗粒在 45℃温度下反应放气，按最大厚度为 $1.8\mu m$ 计算，$100\mu m\times200\mu m\times1.8\mu m$ 颗粒理论产气体体积仅为 $0.156mm^3$。而 $5\mu m\times5\mu m\times1.8\mu m$ 颗粒的理论产气体积仅为 $0.0001mm^3$。即使 200 目筛孔，筛上最大颗粒 $200\mu m\times350\mu m\times1.8\mu m$ 的理论产气体积也只有 $0.44mm^3$。体积为 $0.156mm^3$ 和 $0.44mm^3$ 的气泡直径分别为 0.67mm 和 0.94mm。何况大量的铝粉颗粒均远远小于这一尺寸，其理论产气体积更少，相应气泡直径也就更小。

（3）结论

由此看来，在加气混凝土制品中，虽然会有由一颗铝粉反应放气产生一个气泡，但绝大部分气泡不是由一个铝粉颗粒所产气体形成，而是由多颗同时发气的铝粉产气所形成。气泡的大小尽管与铝粉颗粒尺寸有一定联系，但没有必然的相关性，坯体中气泡大小并不取决于铝粉颗粒尺寸大小和所产生的气体体积多少。在更大程度上取决于膨胀料浆的黏度和黏度增长速度，及加气混凝土膨胀料浆流变特性。铝粉反应产生的氢气通过连续变化的料浆调整，整合合并最终形成了加气混凝土多孔结构。因此,使用同一种铝粉,采用相同原材料,同一配方在不同工厂或同一工厂,甚至同一生产班次随工艺参数和环境变化所生产的加气混凝土制品气孔尺寸及结构会大不相同。

不同工艺技术、不同浇注方式、不同产品密度、不同生产管理水平所产生的气泡孔径大小、孔径分布、孔的形状、总孔隙率及孔壁厚度差别很大,导致产品成品率及各项物理力学性能也有所差别就不奇怪了。

5.3 蒸压加气混凝土膨胀坯体的硬化

浇注后的料浆经历一个发气膨胀、凝结变硬的过程,在这个过程中胶凝材料经过一定时间水化凝结,形成一个具有均匀气孔结构,并达到可以切割要求强度的坯体,这一过程称之为硬化,完成这一过程的时间称之为硬化时间。不同原材料品质、不同配合比、不同原材料组合、不同密度的坯体达到同一硬化程度的硬化时间不同。不同工艺技术、不同切割方式对坯体的硬化程度(或称坯体强度)要求也不同。

在现有的工艺技术中,坯体硬化大部分在静止状态下进行,亦称静停硬化(或静停养护)。但也有个别工艺,如 Unipol 工艺技术,在移动状况下完成坯体硬化。

5.3.1 对坯体硬化的要求

(1)在最短时间内达到切割要求的硬化程度,这样可以加快模具周转,在相同产能下可以节省模具数量和投资。

(2)有一个匀质的坯体,即在切割前坯体的各部分具有相同或相近的硬度(或称坯体强度)以利于切割,减少切割过程的损失。

5.3.2 硬化环境对坯体性能的影响

硬化环境是指静停期间坯体所处的温度环境。坯体硬化环境分两种。

1. 在浇注车间室温环境中静停硬化

如:Siporex I、Hebel、Durox(Aircrete)、Ytong 早期均在温度不低于 25℃ 的环境下静停硬化。如低于此温度,甚至更低,坯体硬化时间加长,模具周转变慢,影响产量。(事实上 25℃ 也是较低的)由于车间较长,空间又高,体量很大,车间门又经常敞开,空气流动大,温度不易均匀,致使在不同位置的各模具内坯体硬化条件不一致。每当季节变化,往往发生质量事故,导致生产不稳定。如果提高车间温度,一方面操作工人工作环境变坏,甚至无法工作;另一方面能源消耗增加,很不经济。即使能如此,同样解决不了车间温度不均匀所带来的问题。

2. 热室静停

国外最早采用热室静停的只有 Unipol。当今 Ytong、Siporex、Hebel、Wehrhahn 等也都全部采用热室静停。

1)用于静停硬化的热室

(1)通道式(或称隧道式)热室

热室两头贯通,浇注完的模具从热室一端进入,硬化好后从热室另一端拉出。

通道长短和数量不一，根据产能及建筑平面布置而定。通道内停放 5～10 个模具不等，通道两端均有各种形式的帘子封挡，见图 5-76。

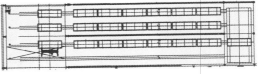

图 5-76　隧道式静停

（2）室式热室

室式热室有单间室和连通室两种。带坯模车由摆渡车单个从室口推进和拉出。

① 我国小型加气混凝土企业早在 20 世纪 80 年代就采用一模一室的静停，见图 5-77。

② 连通式见图 5-78。

（3）将刚完成切割的坯体用摆渡车直接送入刚刚拉出制品的蒸压釜中。

2）静停温度

静停热室的温度一般为 45～60℃。

3）热室静停的优点与不足

（1）优点

① 改善并提高坯体硬化质量，热环境稳定，可使模具中坯体各部分硬化程度更加均匀；

② 有利于坯体的切割和蒸压养护，大大缩短坯体静停硬化时间，加快模具周转，减少模具数量和减少静停的面积；

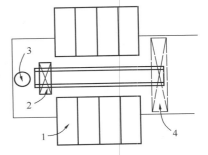

图 5-77　室式静停示意图
1—室式静停室；2—模具车；
3—搅拌机；4—天车

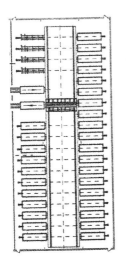

图 5-78　室式静停热室

③ 模具在地面移动，静停热室可建得很矮。土建费用大大降低，节省能源消耗；

④ 可充分利用蒸压釜排出的蒸汽或冷凝水，不需额外热源。

由于上述优点，当今各种工艺技术基本不采用浇注车移动浇注敞开车间静停，而采用定点浇注热室静停。

（2）不足

① 需要较多的模具移动设备；

② 如设计不合理，空模返回浇注点的通道需要较大面积。

5.3.3 国外不同工艺技术对加气混凝土坯体静停硬化的要求

国外不同工艺技术对加气混凝土坯体静停硬化的要求见表 5-5。

表 5-5 国外不同工艺技术对加气混凝土坯体静停硬化的要求

工艺技术	Ytong		Unipol	Wehrhahn	Siporex				Durox（Aircrete）	Hebel
原材料组合	水泥	石灰	水泥-石灰-粉煤灰	水泥-石灰-砂	水泥-矿渣-砂	水泥-石灰-砂			水泥-石灰-砂	
运至切割机的搬运方式	带模		脱模框	带模	带模		夹运		夹运	夹运
搬运要求坯体强度（N/mm）	0.1	0.2~0.25	0.2~0.3	0.2~0.25	0.2~0.25	0.2~0.25	0.3~0.45		0.3~0.45	0.3~0.45
切割要求坯体强度（N/mm）	0.1	0.25	0.2~0.25	0.2~0.25	0.2~0.25	0.2~0.25	0.2~0.25		0.2~0.25	0.2~0.25
静停时间范围（h）	1.5	2~3.5	2~4	2~3	6~10	2~3	3~5		3~5	3~5
可切割时间（h）	1.5	2.5~3	1.75	2~2.5	8	2.5	4		4	4

不同工艺技术对加气混凝土坯体硬化提出了相应要求。主要有两点：①满足搬运要求的坯体强度；②满足切割的要求。对于带模搬运两者基本一致，以切割要求为依据。对于夹运坯体，要求坯体硬化强度更高，如坯体太软，达不到夹运要求，将会使坯体夹坏或在夹运中掉落。如果太硬，虽对夹运有利，但可能导致切割机切不动或断钢丝。对侧立养护的制品在靠底托板处常常切不透。对于带模搬运，其坯体硬化程度可相对较低，满足切割机切割要求即可。

5.3.4 预热静停对坯体硬化速度的影响

在一般生产环境中，当坯体最高温度为 70℃时，如环境温度为 3℃，达到坯体落锥直径 22~25mm 时需 3.5~4h；如环境温度在 10~12℃，坯体最高温度仍为 70℃，落锥直径仍为 22~25mm，仅需 2~2.5h；当坯体温度在 60~65℃，在 40~50℃热室中静停，达到同样落锥直径也只 2～3h。

5.3.5　坯体切割硬度对产品外观的影响

坯体太软，产品在养护过程中切缝或水平切缝处发生粘连。坯体越软，粘连越严重，或出釜后表面出现较深而多的鱼鳞片状碎屑，影响产品上墙后砂浆粉刷质量。随坯体切割硬度提高，坯体切割粘连减轻直至完全消除。鱼鳞片深度减小、减轻直至消除，表面逐渐平整。如坯体太硬，对侧立养护坯体在切割时靠底板处切不透，见图 5-79。

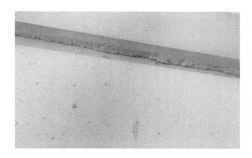

图 5-79　坯体太硬导致切割时靠底板处切不透

出釜后，与底边板相连的制品棱角损坏，见图 5-80。

图 5-80　与底边板相连的制品棱角损坏

但水泥用量少的 Ytong 坯体例外，其在车间温度下静停 1.5h 坯体相当软，送去切割效果良好。

第6章 蒸压加气混凝土坯体切割

6.1 坯体切割概述

6.1.1 蒸压加气混凝土坯体切割工艺及切割机的发展历程

回顾蒸压加气混凝土发展历程，最早是用平模成型坯体生产整块制品。由于劳动强度大，效率太低，单位产品耗钢量高，未能发展使用。

蒸压加气混凝土坯体比较软，可以较容易地进行切割加工。经多种方法试验，发现使用钢丝进行切割最为有效。最终发展了以钢丝切割为主要方式的切割工艺和相应的各类切割机，使蒸压加气混凝土生产工艺成为有别于其他混凝土制品生产的独具特色的工艺。坯体切割与坯体浇注成型、蒸压养护一样，成为蒸压加气混凝土生产的三大关键性技术和工序之一。

采用钢丝切割可以将坯体做得较大，并能按照建筑需要对其进行长、宽、高三个方向的切割，生产不同规格、尺寸和不同用途的产品，而且产品尺寸精度很高。

采用钢丝切割后，坯体成型由小块向大块发展，大大提高了生产效率，降低了工人劳动强度，减少了用工量，节省了模具数量，降低了单位产品的钢材耗量，提高了生产自动化程度。

国外早在20世纪30年代就研制成功了切割机并投入工业化生产使用。经过多年发展和不断改进完善，至今在世界各地蒸压加气混凝土工厂使用的切割机有十种之多。如 Durox 工艺切割机、Ytong 工艺切割机、Siporex 工艺切割机、Hebel 工艺切割机、Unipol 工艺切割机、Stema 工艺切割机、Wehrhahn 工艺切割机等。

中国在1965年引进 Siporex 工艺 I 型切割机后，在消化并吸收引进技术的基础上，从1970年开始研制了多种切割机。1974年，哈尔滨工业加工厂研制成功6m地面翻转切割机；1975年，上海煤渣砖厂研制成功负压吸运卷切式切割机；1976年，哈尔滨硅酸盐制品厂研制成功3.3m切割机，齐齐哈尔铁路局蒸压加气混凝土厂研制成功4m切割机，北京加气混凝土厂试制了3.6m负压吸运坯体切割机；20世纪80年代，常州建材设备厂研制成功3.9m预铺钢丝提升切割的切割机。20世纪70年代及80年代是中国蒸压加气混凝土切割机研发和发展的活跃时期和高潮期。

6.1.2 蒸压加气混凝土坯体切割系统

切割机是一个工具，是实现坯体切割的重要手段。不同的切割方式决定了切割机的特点。不管哪种切割方式都要能对坯体长、宽、高三度空间进行任何尺寸的切割。

坯体切割不是一台切割机所能完成的，它是一个系统，由坯体搬运、坯体切割、坯体编组码垛三部分组成，需要模具、模具开合装置、养护托板、吊车、吊具、摆渡车、输送链条、滚道、切余废料处理系统等与之配套，形成一个切割机组。

不同的切割机和切割方式需要有不同的模具、不同的坯体搬运方式及相应的设备与之配套，形成互相配合、互相适应的最佳组合。不同组合形成不同的蒸压加气混凝土生产和工艺特色。

6.1.3　坯体切割

蒸压加气混凝土坯体是个长方体，一般长度在 4300～6300mm 之间，宽度在 1260～1560mm 之间，高度在 650～700mm 之间，其体积在 3～6m³ 之间。也有少数尺寸为 2200mm×2500mm×650mm 和 8300mm×1660mm×1650mm 的坯体。为了在相当大的范围内能灵活地获得任意尺寸和规格的制品，必须对坯体在长、宽、高三个方向上进行纵向、横向、水平切割。这么大块坯体的切割，必须在有承托体（床或台）支撑的情况下才能进行。而此承托体（床或台）便成为钢丝进行切割的障碍。只有采取相应技术措施，克服承托体（床或台）所形成的障碍，才能实现对坯体的全方位切割。

1. 钢丝切割方式

1）坯体不动，切割钢丝运动（包括自身振动或摆动）

（1）切割钢丝由上向下压入坯体进行切割。

切割钢丝由上向下压入坯体进行切割有两种形式。

① 切割钢丝由上向下平行压入坯体进行切割，见图 6-1。

② 安装有切割钢丝的铡刀框绕轴旋转按顺时针由上向下弧形压入坯体完成切割，见图 6-2。

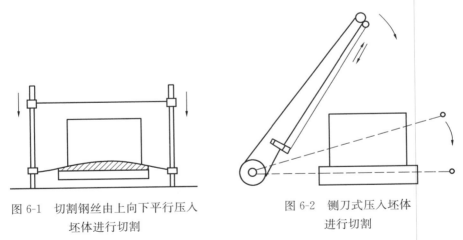

图 6-1　切割钢丝由上向下平行压入　　　　图 6-2　铡刀式压入坯体
　　　　坯体进行切割　　　　　　　　　　　　　进行切割

切割钢丝由上向下压入坯体，可以用于纵向或横向尺寸相差不大的坯体切割和大尺寸坯体的横向切割。

切割钢丝由上向下压入坯体切割存在三大问题：

① 坯体底部切不透。

由于钢丝在切割过程中受到阻力而形成弧度，在钢丝切到坯体底部时，遇到承托体（切割床、切割台或养护底板）而使坯体切不透。钢丝越长固定得越松，弧的弦高就越大；钢丝越短绷得越紧，弧的弦高就越小。但钢丝绷得再紧也不可能没有弧度，因此必须将切不透的部分切除，使坯体留下的部分都是切透的制品，未切透的部分最好能在蒸压养护前清除，制成废料浆并将其回收利用。但在未切透的坯体蒸压养护前清除一方面要增加废料浆数量，另一方面要增加专门的工序和相应的设备。而且，不是所有情况都可在蒸压养护前清除的，需在蒸压养护后清除，此时会增加废品的数量。

使坯体切透的做法是在钢丝对应的承托体支撑面上开出宽度为 2～4mm 的沟槽，使切割钢丝进入对应的沟槽内，但这一做法不适用于长钢丝的切割。另外，使钢丝摆动可减小弧的弦高和切不透的厚度。

② 钢丝返回时可能产生"双眼皮"。

钢丝由上向下压切完成以后，还要返回原位。如果钢丝不沿原轨迹返回将切出一层俗称"双眼皮"的薄片。

③ 钢丝出坯体时，会崩掉一个角或崩坏整个上表面。

因此，要对切割机构进行严格导向控制，使切割钢丝往返在同一个轨迹内。

（2）切割钢丝由下向上提升进行切割。

切割钢丝由下向上提升切割有以下几种方式：

① 切割钢丝预铺在模具底板上，一端固定于底板的一边，坯体静停硬化后脱去模框，人工从另一端提起钢丝向上完成切割，见图 6-3。

② 在模框下边挂有钢丝，坯体硬化后，提升模框完成切割，见图 6-4。

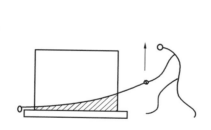

图 6-3　人工向上提起钢丝完成切割

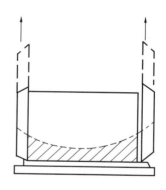

图 6-4　提升模框完成切割

③ 将装有切割钢丝的铡刀式钢丝切割框落在承托体（切割床、切割台或养护底板）上，然后用吊具（负压吸罩或夹具）将不带模底板的坯体吸运或吊运其上，将切割框绕轴由下向上逆时针转动，完成切割，见图 6-5。

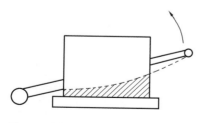

图 6-5　铡刀式钢丝切割框切割坯体

④ 将安装于升降柱横梁上的切割钢丝落在承托体（切割床、切割台或养护底板）上，然后用吊具（负压吸罩或夹具）将无底板支撑的坯体吸运或吊运其上，平行提升切割钢丝由下向上完成切割，见图 6-6。

⑤ 切割钢丝安装在固定或移动的切割机架上，钢丝一端固定于机架的一边，而另一端固定在机架上可提升的横梁或卷绕的轴上。钢丝先预铺于养护底板上，然后用吊具（负压吸罩）将坯体不带模底板调入切割机内的养护底板上，提起或卷起钢丝完成切割，见图 6-7。

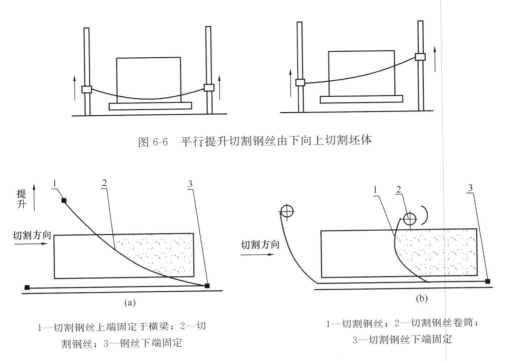

图 6-6　平行提升切割钢丝由下向上切割坯体

(a)　1—切割钢丝上端固定于横梁；2—切割钢丝；3—钢丝下端固定

(b)　1—切割钢丝；2—切割钢丝卷筒；3—切割钢丝下端固定

图 6-7　提起或卷起钢丝切割坯体

预铺钢丝不但可以用于横向和纵向尺寸相差不大的坯体切割，也可用于大尺寸坯体的横向和纵向切割。它的优点是钢丝不走回头路，不会产生"双眼皮"薄片，而且可以比由上向下压入切割节省时间，但钢丝从坯体出来时，会将坯体弹出崩角。若崩角的高度大于"面包头"的厚度，那么 600mm 高的制品上表面将被破坏。在切割钢丝分布较密，间距较小时，特别是在水平平行切割时更为严重。对于长钢丝提切或卷切时一般不会出现这种现象。

（3）切割钢丝垂直或倾斜通过坯体纵横断面进行切割。

切割钢丝垂直或倾斜通过坯体纵横断面进行切割时需克服钢丝通过承托体支撑的障碍，途径有三：

① 将承托体做成可让杆件带着钢丝从其中来回穿梭的切割床或切割台。将切割钢丝的上端固定在切割车上部的横梁上，下端安装在位于切割床内的杆件端头或梭杆上，再将无底板支撑的坯体用负压吸罩或夹具吊放在切割床或切割台上进行切割，见图 6-8。

要实现上述功能，切割床必须有许多条可让钢丝通过的缝以及固定钢丝下端的能穿越孔洞中的杆件。由于坯体纵向尺寸较长，故必须采用长杆拉引和推顶。该方法虽可切透坯体，但切割床的构造复杂，安装调试和生产过程中维护保养也很麻烦。另外切割过程中的碎屑容易掉落在切割床的缝隙中，硬化后不易清除干净，久而久之形成硬渣，影响杆件的行走甚至使杆件弯曲变形而不能工作。

② 将承托体做成由若干可升降的切割台所组成的切割床，再将坯体吊运放在切割床上，通过切割台组件的依次升降让切割钢丝通过，或者让挂着钢丝的杆件通过切割台组件之间的缝隙完成切割，见图 6-9。

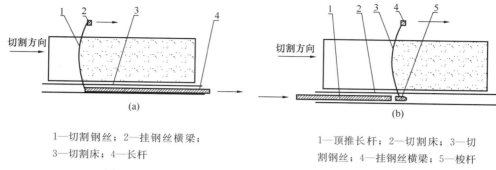

1—切割钢丝；2—挂钢丝横梁；
3—切割床；4—长杆

1—顶推长杆；2—切割床；3—切
割钢丝；4—挂钢丝横梁；5—梭杆

图 6-8　安装带有切割钢丝杆件的切割床（台）切割坯体

以上两种方式多用于坯体的纵向切割。

③ 用夹具夹住坯体，夹具的两块夹板上镶有若干根格栅条，装在夹具上的切割钢丝框在夹具夹运坯体的过程中从夹具一侧夹板中走出，向另一侧运动进入另一侧夹板的格栅条缝中，完成横向（垂直）切割，见图 6-10。

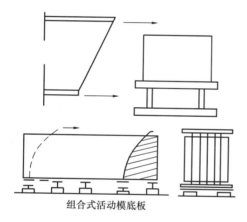

组合式活动模底板

图 6-9　可升降切割台组成的
切割床切割坯体

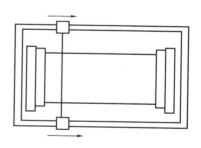

图 6-10　通过装有切割钢丝框的
夹具切割坯体

此法仅适用于坯体的横向切割。

2）切割钢丝不动，坯体移动完成切割

切割钢丝不动，坯体移动的切割形式有三种：

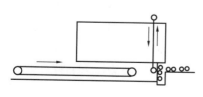

图 6-11　传送带式
纵切装置

（1）将不带模框及支撑底板的坯体用夹具夹运放在输送皮带上，由皮带输送坯体通过切割钢丝完成纵向（垂直）切割，见图 6-11。

（2）将不带模框及支撑底板的坯体用夹具夹运放在嵌有若干钢条的带槽托辊上，由托辊驱动薄钢条托着的坯体通过钢丝完成切割，见图 6-12。

（3）由蒸压养护底板载着坯体通过切割钢丝完成切割，见图 6-13。

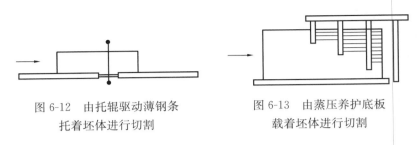

图 6-12　由托辊驱动薄钢条　　　　图 6-13　由蒸压养护底板
托着坯体进行切割　　　　　　　载着坯体进行切割

以上三种方式主要适用于坯体的纵向切割。

2. 坯体六面切削及切除废料的清理利用

为了保证制品切割精度及表面平整和没有油渍污染，一般要将浇注成型的坯体外形尺寸做得大于最终所需的尺寸，即毛体积大于净体积。为此在切割过程中要将多余部分切除。

（1）坯体"面包头"及对应底面的切除

所谓"面包头"是指料浆在模具中发气膨胀所高出坯体净高的凸形上表面。"面包头"对应底面是指坯体接触模具底板的部分，对"面包头"及对应底面的切除不仅是简单的切除问题，同时要考虑在切割的终端防止对坯体破坏及切割后切割废料的清除、制浆利用和输送。

对"面包头"及对应底面的切除方法有三种：

① 采用钢丝切除"面包头"及对应底面。

这种方法简单，但要求坯体发气膨胀高度控制得比较准确。当高度不够时，切割钢丝在切割过程中发生漂移。为此要在"面包头"及对应底面切割钢丝的中部加 1～2 道支撑，以保证钢丝在尽可能绷直的情况下切割。对于翻转 90°侧立切割的切余废料可直接掉落于下面的沟槽中搅拌成浆被泵送到废料浆储罐中。而当坯体在平置状态切割时，要设置专门的负压吸罩吸走"面包头"，而对应底面无法切除。但荷兰 Aircrete 将坯体夹吊起来，在下面用刮削机构进行刮除。

② 采用螺旋铣刀铣削"面包头"。

所谓螺旋铣刀类似一般螺旋输送机，只不过其壳体的下部开有豁口，使螺旋体直接接触"面包头"，旋转螺旋铣削"面包头"，同时将铣削下来的废料输送到螺旋管的一端，通过溜管掉落于废料槽中搅成废浆，泵送到废料浆储罐。

在螺旋管开口处的下部还装有切削刀片对铣削后的表面进行精切。为了防止螺旋铣刀行进到坯体终端处推坏坯体上表面的棱角，常常在坯体中端处设一月牙铲封住螺旋管开口。

螺旋铣刀的维护工作量大，每班交接时必须清洗。

③ 采用旋转钢丝刀具铣削"面包头"。

将钢丝和薄钢片弯成若干个"冂"形零件，按要求安装在一个旋转的轴上组成一组铣刀。旋转铣刀对正在行进中的坯体进行"面包头"铣削。但当"面包头"太厚时，导致铣削困难。在这种情况下，通常在铣削前用钢丝先切掉高出的部分。

铣刀刀具易磨损和易粘连切削料，必须经常清洁才能保证切削正常进行和削出表面光洁、尺寸精确的坯体。其维护清理工作量比较大，而且只有铣削而无输送废料的功能。因此只能用于翻转侧立坯体的"面包头"及对应底面的铣削。铣削下来的废料直接落入其下方的沟槽中，搅拌成浆泵送至储罐。

（2）两长侧边及两端面的切削

两个长侧边在坯体纵向切割时，同时切出。两端面在横向切割时切除，但前者不能同时自行清理，需另行处置。后者可自己掉落或人工辅助清理。

3. 钢丝在切割坯体时的状态

钢丝在切割坯体时呈现三种状态：

（1）钢丝保持静止不动；

（2）钢丝在切入坯体后来回摆动；

（3）两根钢丝摆动同时切一条缝。

4. 坯体切割时的不同姿态

1）坯体被切割时所呈姿态分为两类：

（1）平置切割

所谓平置切割即将坯体处于水平放置状态，也就是在模具中发气膨胀后的坯体所处状态，见图 6-14。如 Durox 工艺，Hebel 工艺，Siporex 工艺 I 、II 型，Unipol 工艺，Stema 工艺，Wehrhahn 工艺 I 型等。

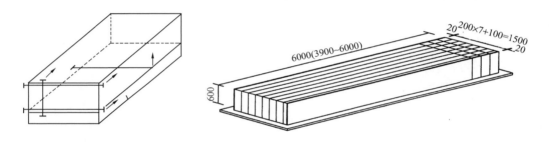

图 6-14　坯体平置切割示意图

（2）侧立切割

所谓侧立切割是指将坯体由浇注成型时的平置状态翻转 90°呈侧立状态进行切割，见图 6-15。如 Ytong 工艺，Wehrhahn 工艺 II 、III 型，Siporex 工艺 III 型等。

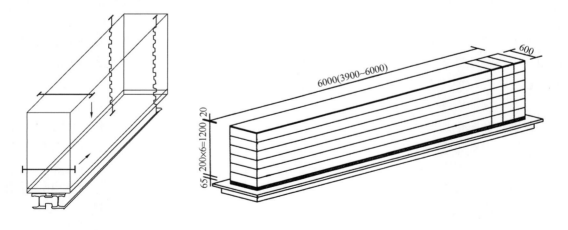

图 6-15　坯体侧立切割示意图

2）不同姿态切割的比较

（1）平置切割的特点

① 切割时坯体呈水平状态，能比较方便地生产厚度为 5cm 的薄砌块和板材，甚至可切 3.5cm 厚的砌块和板材。

② 纵向（垂直）切割和横向（垂直）切割都垂直于平置坯体；在养护也是平置的情况下，切缝不承受坯体自重的压力；在蒸压养护过程中一般不产生切缝两边制品粘连，在制品出釜后不用增设掰分机掰分。

③ 成型坯体的宽度一般为 1560mm，大的可达 1700mm，生产效率高，一次成型体积可比宽 1260mm 的坯体高 25%～33%。当生产线生产规模相同时，可相应减少模具用量。

④ 通过纵向（水平）切割可以生产宽度为 1500mm 的配筋大板和配筋门窗过梁。

⑤ 由于水平切缝少（2～3 条），平置时坯体不高，仅 600mm，在养护过程中一般不会产生粘连。

⑥ 坯体较宽，垂直（横向）切割钢丝较长（通常 2m 左右），影响制品切割精度。当切割钢丝从上向下压切时，产生一定弦高的弧形切不透，钢丝返回时还可能产生"双眼皮"。当预铺钢丝从下向上提切时，在钢丝出坯体时会生产崩料。

⑦ 当用夹具夹运坯体由静停处至切割机的过程中，要求坯体有较高的硬度（塑性强度），这样需要加长静停硬化时间，增加模具数量和静停硬化场地。

⑧ 在坯体切割过程中不便于（或不能）对两个大面进行手持孔加工、榫槽、倒角、铣削及对于接触切割台（床）底面坯体的切割更加困难。即使设法加工，其精度也不高，切余的废料清理也很困难。

⑨ "面包头"及两个长侧边和两个端面的切余废料清除比较麻烦，而底面切除层在蒸压养护前无法清理。

（2）侧立切割的特点

① 坯体侧立后，便于对"面包头"及对应的底面进行大面铣削及手持孔加工、榫槽、倒角铣削；而且铣削下来的废料直接掉落在沟槽中，清理容易。

② 切割钢丝很短，最大限度地保证了制品切割精度，最小可小于 ±0.5mm。

③ 坯体切割硬度要求高于平置切割。

④ 坯体在侧立 1200mm 高度下进行纵向（水平）切割，切割缝较多；在坯体自重压力下，切缝两边的坯体在蒸压养护过程中产生不同程度的粘连，越向下越严重；在制品出釜后，需增设掰分机将粘连的制品掰分。

⑤ 侧立坯体顶层的切余物需设专门的机构或工位进行清除。

⑥ 坯体在侧立切割时，其下部需要留有 4～6cm 厚的垫层以保证最下一层制品切透。切除的底层废料需在进釜蒸压养护前去除再利用，否则在蒸压养护后将成为硬料，无法再利用。

5. 切割过程中坯体的防护

（1）设置坯体支撑

在切割钢丝走出坯体的末端增设支撑体。当在同一个断面安装有多而密的切割钢丝又同时走出坯体时，由于切割钢丝推力会使坯体的末端破坏。轻者崩出三角形豁口，其大小与切割钢丝的粗细、坯体的强度有关；重者把坯体整个端部推裂。鉴于此，为了消除或减轻这一损坏，增设一个与切割钢丝位置相对应的带有纵、横缝隙的支撑体，让切割钢丝在坯体被夹持或有支撑的情况下，通过坯体完成切割。如平置切割的纵向（垂直）切割、横向（垂直）切割。

（2）不设支撑体

当在同一个平面上布置的切割钢丝比较少，切割钢丝又比较细及切割钢丝与被切坯体呈一定角度时，可以不设支撑体，但坯体会有不同程度的崩角。在这种情况下，需要将坯体适当加长，以便将被损坏部分切割废除，以保证制品外观质量。

（3）坯体在搬运中变形的控制

蒸压加气混凝土膨胀坯体在蒸压养护前经常搬运、翻转、编码等。在搬运过程中会产生不同程度的变形。当变形量超过一定数值后会使坯体产生裂纹，例如坯体在翻转过程中的断裂。

坯体允许的变形量与其特性有关，影响因素较多。如原材料特性、材料配方、静停时间、坯体硬化程度、制品的密度等。切割方式不同、运载工具不同、搬运方式不同，允许的坯体变形性和变形量不同，故载具要有足够的刚度，坯体需有适合的硬度。

（4）坯体载具支撑点的位置

坯体在搬运和堆放过程中，必须保持原来的全部支撑点位置不变，避免反复弯曲。

（5）配套设备要有很好的一致性、适应性、互补性。

6.1.4 坯体性能与切割的关系

1. 切割坯体要有足够的硬度（强度）

首先要有支撑自重的能力，脱模后才能够保持原有的几何形状。

吊运时，特别是"裸体"夹运时，坯体硬度（塑性强度）要高一些，这样在搬运和切割过程中才能保证坯体不产生体积变形和裂缝。但切割又需要坯体的硬度（塑性强度）相对低一些，这样钢丝切割阻力小，功率消耗少，不易拉断切割钢丝和拉裂坯体。两者是矛盾统一体。不同的搬运方式对坯体有不同的硬度（塑性强度）要求，为此对每一种坯体要选择一个适宜的硬度（塑性强度）。既要满足搬运也要满足切割的要求。

2. 坯体硬度（塑性强度）要均匀

膨胀坯体在静置停放过程中，水泥、石灰的水化使坯体温度不断上升。而环境温度相对较低，而且变化较大，坯体与环境之间产生不同的温差。坯体四周尤其是四角（表面）、模底部温度因冷却而降低，其内部因坯体自身保温好，热量不易散发而温度较高。各部分温度不同，其硬度（塑性强度）也不同。内部硬得快、硬度高；四周（表面）温度低、硬化慢、硬度低。当表面适宜切割时，内部早就较硬了。坯体硬化不均匀会给切割增添不少麻烦。

（1）使坯体在翻转侧立时断裂。

（2）坯体中部硬会使钢丝拉断和切不断。

（3）坯体翻转侧立切割后，两个端面立不稳，会向外部分离，其上部尤其明显，严重时会塌落。

（4）太软部位蒸压养护过程中会发生疏松、裂缝甚至垮塌。

3. 坯体在静停中收缩对切割的影响

如果坯体在静停养护过程中产生不同程度的下沉收缩，会使坯体几何尺寸发生变化，如下沉收缩太大，形成坯体上小下大的正梯形断面。坯体在翻转后侧立落在切割台（床）会产生倾斜。如倾斜过大会使两个大面，特别是与"面包头"对应的底面切不全。如坯体中有板材，会使钢筋网在板材中的位置发生变化，影响板的性能。

6.2　坯体搬运

坯体搬运是指将经静停硬化的坯体从热静停室或车间浇注处运到切割机上，以及切割完成后从切割机运送到蒸养车上。不同的工艺技术、不同的切割机与切割方式，所配套的搬运方式和所用搬运机具不一样。在切割前和切割后搬运坯体的方式有的相同，有的不同。

6.2.1　坯体搬运方式

1. 从静停硬化室或浇注车间到切割机的搬运

（1）用吊车吊着整个模具将坯体从浇注车间模位直接运至切割机，将坯体放在切割台（床）或切割小车上，如 Siporex 工艺Ⅰ型，见图 6-16，Ytong 工艺，见图 6-17，中国地面翻转工艺，见图 6-18。

图 6-16　Siporex 工艺Ⅰ型坯体搬运方式

（2）用吊车上的吊夹通过模具的两个长侧板夹住坯体，将坯体从浇注车间的模位运至切割机的切割台（床）上，如 Hebel 工艺，见图 6-19。

（3）用吊车上的负压吸罩吊吸住模框及坯体，从浇注车间模位运到切割机的切割台（床）上，如 Hebel 工艺，见图 6-20。

图 6-17　Ytong 工艺坯体搬运方式

图 6-18　中国地面翻转工艺坯体搬运方式

图 6-19　Hebel 工艺侧板夹持坯体搬运方式

图 6-20　Hebel 工艺负压吸罩坯体吸运方式

（4）载有坯体的模具车或整个模具，通过轨道或滚道运输到切割机旁，打开模具侧板和端板，再用专用夹具夹住坯体，吊运至切割机的切割台（床）上，如 Durox 工艺，见图 6-21。

（5）载有坯体的模具车或整个模具，通过轨道或滚道运输到切割机旁，打开模具侧板和端板，再用专用夹具夹住坯体，在夹具上先进行垂直（横向）切割，随后运到输送皮带上进行垂直（纵向）切割，如 Siporex 工艺 II 型，见图 6-22。

图 6-21　Durox 工艺整模滚道坯体搬运

图 6-22　Siporex 工艺 II 型算板夹运兼横向切割

（6）载有坯体的模具车通过轨道直接走上翻转机，翻转 90°落在切割托板上，如 We-hrhahn 工艺，见图 6-23。

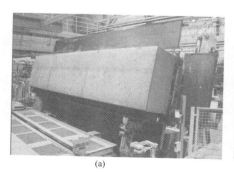

(a)

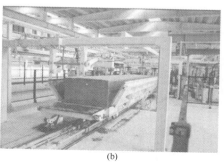

(b)

图 6-23　模具车通过轨道直接走上翻转机

2. 坯体从切割机到蒸养车的搬运

（1）用整个模具将切割好的坯体吊运到蒸养车上，如 Siporex 工艺 I 型，见图 6-16。

（2）用原模具侧长板或专用长条板托着切割完成的坯体吊运到蒸养车上，如 Ytong 工艺、Wehrhahn 工艺、Siporex 工艺Ⅲ型，见图 6-24。

图 6-24　用原模具侧长板或专用长条板搬运坯体

（3）用原模具底板载着坯体吊运到蒸养车上，如中国地面翻转工艺、Unipol 工艺，见图 6-18。

（4）由专用格栅式托板、钢条式托板或矩形钢梁载着切好的坯体吊运到蒸养车上，如 Hebel 工艺、Durox 工艺、Wehrhahn 工艺，见图 6-25。

（5）用带有多组长臂吊爪的吊具钩住多块条状底板，载着切割好的坯体吊运到养护车架上，如 Siporex 工艺Ⅱ型，见图 6-26。

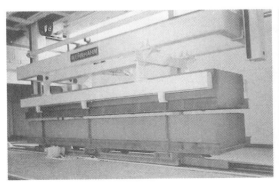

(a)

(b)

图 6-25　用箅式托板搬运坯

(c)

图 6-25　用算式托板搬运坯体

图 6-26　Siporex 工艺 II 型长臂吊爪搬运坯体

6.2.2　搬运方式与坯体性能的关系

　　不同的搬运方式对坯体性能有不同的要求，尤其是对坯体硬化程度（塑性强度）和硬化均匀度的要求。

　　采用整体模具搬运时，坯体可以相对软一点。可以软到什么程度，以切割时坯体不塌陷、蒸压养护过程中不产生切缝粘连作为判定标准，如 Siporex 工艺 I 型、Ytong 工艺。

　　采用夹运，无论是带着模具侧板还是直接用夹具的夹板，都要求坯体硬化程度较高，否则坯体夹不起来或者在夹运中坯体掉落。

　　对于负压吸罩吸运，坯体搬运硬度要求介于整个模具搬运与夹运之间。坯体太软以及膨胀后的坯体收缩下沉严重也不能吸运。勉强吸运会在运送过程中掉落。

　　因此，坯体在搬运时要很好地掌握硬化程度。可以这样说，坯体硬化程度与搬运方式及切割方式有一定的内在关联性和相关性，是相互依存而不可分割的一个整体。即一种切割方式需要相应的搬运方式与之相配套，而另一种搬运方式以及切割方式又受坯体硬化程度的制约。如果选择不当，配合不好，将使坯体的搬运和切割受到不同程度的影响。

6.3　切割机及切割技术

6.3.1　切割机对切割技术的要求

（1）切割尺寸精确，能够满足建筑物建造要求。

（2）切割制品规格灵活，尺寸调整方便，尺寸的改变范围受切割机本身的限制尽可能少。

（3）功能较全，不仅能对坯体六面进行加工，清除各面多余的边料，而且可以根据建筑需要在坯体上加工各种榫槽和手持孔。

（4）切割过程对坯体不造成损坏，坯体外观质量好，成品率高。

（5）与坯体性能和特性的适应性强。

（6）能与前后工序及模具、吊运具、滚道等进行很好的配合。

（7）用工少，生产效率高，自动化程度高，运行可靠。

（8）结构、构造简单，易于加工制造，便于安装，易于维修。钢材耗量应尽可能少，装机容量应尽可能小，以节省材料和能源消耗。

6.3.2　Durox 工艺切割机及切割技术

Durox 工艺切割机是蒸压加气混凝土工业开发应用较早的一种切割机。它有两种类型：基本型和简化型。荷兰 Aircrete 公司又对 Durox 工艺及切割机进行了继承和发展。

1. Durox（Aircrete）工艺基本型切割系统

Durox（Aircrete）工艺基本型切割系统由模具车、夹坯运坯吊车、切割机、养护托架、负压吸运装置、釜前编组吊车、废料接收及制浆系统等组成。

2. Durox 工艺基本型切割机

Durox（Aircrete）工艺基本型切割机由多辊承坯台（床）、纵向切割装置、横向切割装置、养护托架输送机构组成，见图 6-27。

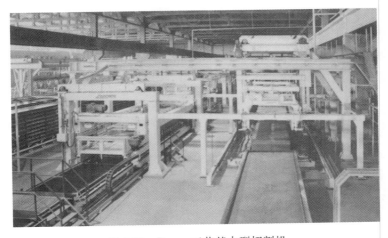

图 6-27　Durox 工艺基本型切割机

（1）多辊承坯台（床）

多辊承坯台（床）由若干个可升降带有凹槽的圆辊、辊架以及动力装置所组成，分设在纵向（垂直）钢架的两侧，见图 6-28（a）。圆辊上开有 5mm 宽的凹槽，可接纳若干根 5mm×3000mm 的托坯钢条，见图 6-28(b)，其中一个用于承托待切坯体，另一个承接切割好的坯体。

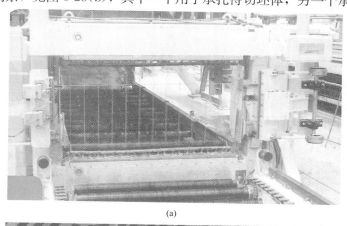

(a)

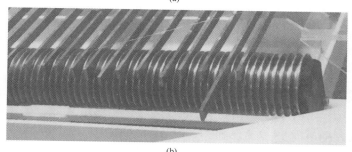

(b)

图 6-28　纵切钢丝两端的槽型托辊台

（2）纵向（垂直）切割装置

纵向（垂直）切割装置由竖向钢架、可更换的纵向垂直切割钢丝框、推坯支撑体以及悬挂推坯支撑体的行走轨道梁、可提升和下降的接坯支撑体及支撑体行走轨道梁、纵向（水平）切割钢丝架、动力装置组成。

推坯支撑体和接坯支撑体是由若干根宽 25mm 的钢条支撑片组成，每片钢条之后留有 5mm 的间隙，以便切割钢丝进出。

接坯支撑体的构造与推坯支撑体的构造相同，供切完坯体的切割钢丝进入。

（3）横向（垂直）切割装置

横向（垂直）切割装置由横向（垂直）切割钢丝框架、框架升降装置、钢丝摆动机构及动力所组成。

（4）养护托架输送机构

养护托架输送机构由两根 30 多米长的型钢组成，共 5 个养护托架工位，型钢内侧安装有若干滚轮和滚轮驱动装置。

（5）负压吸运装置

负压吸运装置由吊车、"面包头"吸罩及坯体两端吸罩、风机等组成。

（6）养护托架

养护托架由两根长槽钢和多根焊在长槽钢上开有凹槽的扁梁组成。

（7）废料收集及运输系统

由钢板焊成的斗槽和搅拌制浆机废浆泵组成。

3. Durox 工艺基本型切割机切割过程

Durox 工艺基本型切割机切割过程见图 6-29、图 6-30。

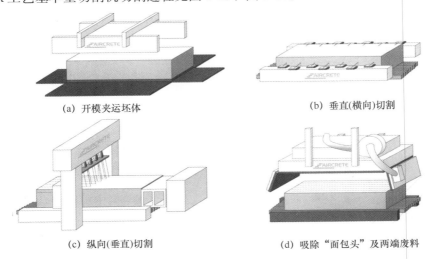

(a) 开模夹运坯体　　　　　　　　　　(b) 垂直（横向）切割

(c) 纵向（垂直）切割　　　　　　　　(d) 吸除"面包头"及两端废料

图 6-29　Durox（Aircrete）工艺基本型切割机切割过程示意图

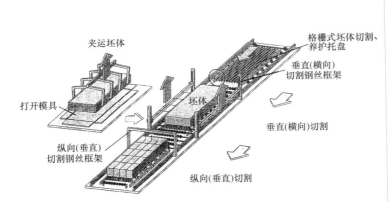

图 6-30　Durox 工艺基本型切割机切割过程示意图

（1）将多辊承坯台（床）和接坯台（床）降至最低位置。

（2）将养护托架用吊车吊至型钢滚轮上并滚送到多辊承坯台（床）的位置。

（3）横向（垂直）切割框架落下。

（4）多辊承坯台（床）升起将养护托架上的托坯钢条嵌入棍槽中，并紧贴横向（垂直）切割钢丝，见图 6-28。

（5）开动运坯吊具将坯体从模具中夹运到多辊承坯台（床）的钢托条上，见图 6-31，放下坯体后运坯吊具回复原位。

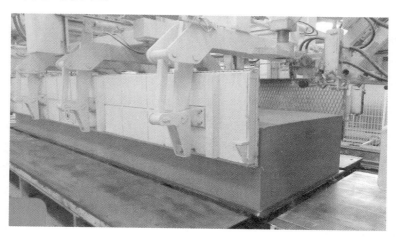

图 6-31　坯体夹运

（6）开动横向（垂直）切割装置，横向（垂直）切割钢丝框由下向上提升进行横向（垂直）切割，见图 6-32。

（7）横向（垂直）切割完后，接坯台端支撑体落下，并进入纵向（垂直）切割钢丝，见图 6-33。

（8）开动推坯支撑，推动坯体和托坯钢条通过纵向（垂直）切割钢丝框，进行纵向（垂直）切割和纵向水平切割，切除"面包头"，见图 6-34。将完成纵向（垂直）切割的坯体连同托坯钢条推到多辊接坯台（床）上，接坯台端支撑提升，推坯支撑体返回原位。在坯体纵向（垂直）切割过程中，坯体两侧切除的边料在切割进行中掉入底料斗槽中，见图 6-35。

（9）多辊接坯台（床）和多辊承坯台（床）一道下降，使托坯钢条连同坯体落在已预先置于多辊承坯台处的养护托架上，托架在滚轮的驱动下移至下一工位，在多辊接坯台（床）处的养护托架随着移动到多辊接坯台（床）处，等待接受下一个切好的坯体。

（10）开动负压吸罩，吸走"面包头"及坯体两端切除的废料，运至废料斗槽，见图 6-36。

（11）吸完"面包头"的坯体沿着滚轮移动到下一工位。用码垛吊车进行养护前编组，在坯体移动过程中，由负压吸头吸除留在坯体上表面的碎渣。

（12）出釜制品见图 6-37。

4. Durox（Aircrete）工艺特点

（1）坯体平置切割和蒸压养护，纵向切缝是垂直的，养护时不承受坯体自身质量，蒸压养护制品不粘连，不用设掰分机掰分。

（2）纵向（垂直）切割，切割钢丝不动，坯体移动。

（3）模具不参加切割工序，也不进入蒸压釜，仅在切割机和浇注工序之间循环。

（4）先横向（垂直）切割，后纵向（垂直）切割。横向（垂直）切割钢丝预铺由下向上完成横向（垂直）切割，不走回头路，不存在"双眼皮"问题。

(a)

(b)

图 6-32　横向（垂直）切割

图 6-33　切割钢丝出口支撑车

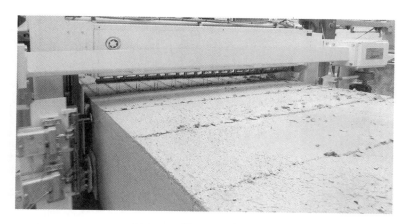

图 6-34 纵向（垂直）切割

图 6-35 边废料掉落

图 6-36 吸除"面包头"和两端废料

图 6-37　出釜制品

（5）纵向（垂直）切割的移动切割台（床）由宽 5mm 的钢条组合而成。制品厚度的规格更多，更灵活，最小可切 35mm 厚的砌块和板材。

（6）养护架及钢条在切割机和蒸压釜之间循环。

5. Durox 工艺简化型切割机

1）Durox 工艺简化型切割系统

Durox 工艺简化型切割系统由模具车、夹运坯体吊车、切割机、横向（垂直）切割装置、纵向（垂直）切割门架、多根矩形钢和托梁组成的型钢载具、坯体编组吊车等组成，见图 6-38。

图 6-38　Durox 工艺简化型切割系统

（1）Durox 工艺简化型切割机

Durox 工艺简化型切割机由切割台车、横向（垂直）切割装置、纵向（垂直）切割门架、纵向（垂直）切割钢丝出口支撑、轨道动力系统等组成，见图 6-39。

图 6-39　Durox 工艺简化型切割机

① 切割台车

切割台车上安装有 4 道液压支撑梁及纵向（垂直）切割钢丝进、出口支撑，切割台车可在纵向切割线的轨道上来回行走，见图 6-40。

② 横向（垂直）切割装置

横向（垂直）切割装置由两个门架和横向（垂直）切割钢丝框及动力装置所组成。钢丝切割框由链条传动升降，切割钢丝框上的横向（垂直）切割钢丝可以摆动，见图 6-40。

图 6-40　切割台车横向切割钢丝框架和坯体纵向（垂直）切割钢丝的出口支撑

③ 纵向（垂直）切割门架

纵向（垂直）切割门架上装有可升降的切割钢丝框、"面包头"螺旋铣刀、吹风口、风机、废料接收输送装置，见图 6-41。

(a)　　　　　　　　　　　　　　　　　　　(b)

图 6-41　纵向（垂直）切割门架

④ 坯体切割养护底板

坯体切割养护底板由多根矩形型钢组成，见图 6-42。

图 6-42　坯体切割养护底板

（2）型钢载具

（3）夹坯运坯吊车（图 6-43）。

图 6-43　夹坯运坯吊车

2）Durox 工艺简化型切割机切割过程

（1）切割台车上液压升降梁落下，将型钢载具吊放在切割台车上。

（2）横向（垂直）切割钢丝框下降，将横向（垂直）切割钢丝铺在型钢载具表面。

（3）用吊车夹具夹住坯体，吊起运到切割台车上。

（4）提升横向（垂直）切割钢丝框，钢丝摆动对坯体进行横向（垂直）切割。

（5）纵向（垂直）切割钢丝出口支撑顶住坯体一端，切割台车前进，切割台车上液压支撑梁依次下落和升起，型钢载具托着坯体通过纵向（垂直）切割框的纵向（垂直）切割钢丝水平切割钢丝和螺旋铣刀完成纵向（垂直）、纵向（水平）切割和"面包头"铣削，吹吸坯体端头和两长侧面切余废料使其落入切割台（床）两边的沟槽中。

（6）用专用吊具将型钢载具连带坯体吊运编组。

（7）落下切割台车上的液压切割梁，回到接收型钢载具的工位，准备下一模的切割。

3）Durox 工艺简化型切割机与基本型切割机的差异

（1）Durox 工艺简化型切割机与基本型切割机的切割原理、切割方式、切割工艺、切割系统以及切割机结构构造基本相同，特点相同或相近。

（2）Durox 工艺简化型切割机与基本型切割机的切割、养护载具不同，因而切割制品厚度规格、尺寸的灵活性不同。前者规格尺寸受型钢规格、尺寸的制约，厚度规格较少。后者载具是由许多厚度为 5mm 的钢条构成，可按 5mm 的倍数进行组合，厚度规格多而灵活，可生产 5mm，甚至 3.5mm 厚的板材和砌块。

（3）前者构造简单，制造、维修容易。后者多辊切割台的槽辊加工制造精度高，安装维护比较复杂。养护架上的钢条数量多，加工要求高。

（4）Durox（Aircrete）工艺切割系统自动化程度和投资都比简化型高得多。

6.3.3　Ytong 工艺切割机及切割技术

Ytong 工艺切割机与 Durox（Aircrete）工艺切割机、Siporex 工艺切割机一样，同属研发应用较早的一种切割机。

Ytong 工艺切割机在其发展的历程中，先后出现原创型和改进发展型两个系统。

1. Ytong 工艺原创型切割机

1）Ytong 工艺原创型切割系统

Ytong 工艺原创型切割系统由模具车、传动摩擦轮、模具吊运翻转脱模吊车、切割机组、长侧模板返回滚道、切割坯体编组吊车等组成，见图 6-44。

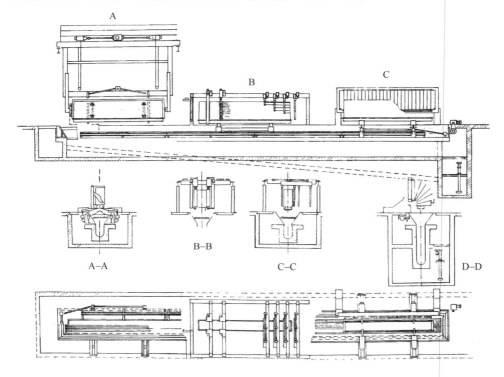

图 6-44　Ytong 工艺原创型切割系统

2）Ytong 工艺原创型切割机

Ytong 工艺原创型切割机由液压支座，运坯切割车，"面包头"及其对应底面、榫槽铣削装置，纵向（水平）切割装置，垂直（横向）切割装置，切削废料集收沟槽及冲浆搅拌输送系统等组成。

（1）液压支座

液压支座设在坯体切割线运坯切割车接坯位置及坯体垂直（横向）切割装置的地面、废料集收输送沟的两侧，其动力部分设在地下沟内，见图 6-45。

（2）运坯切割车

运坯切割车在废料集收输送沟上部两侧的轨道上，由钢丝绳拖动或齿轮、齿条传动及动力装置组成。

运坯切割车由钢丝绳拖动时其动力为直流电动机，见图 6-46。

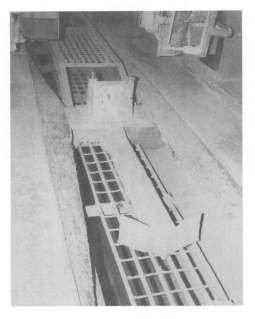

图 6-45　液压支座　　　　　　　　图 6-46　运坯切割车

（3）"面包头"及其对应底面、榫槽铣削装置

"面包头"及其对应底面、榫槽铣削装置安装在切割线的最前面。它由"面包头"切割钢丝架、4 个可进退的铣削刀架（其中一组铣削"面包头"和对应底面，另一组用于铣削榫槽）所组成，通过铣削刀轴的高速旋转进行铣削，见图 6-47～图 6-51。

图 6-47　面包头及其对应底面、榫槽铣削装置

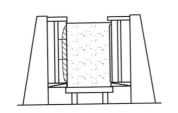

图 6-48　切削"面包头"及其对应地面

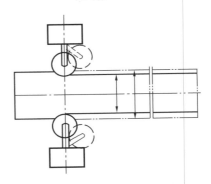

图 6-49　旋转铣削榫槽

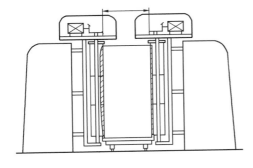

图 6-50　旋转精铣切削面

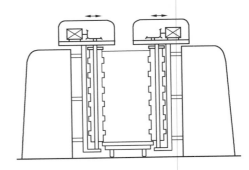

图 6-51　旋铣榫槽

　　随铣刀安装方式不同，分别铣削"面包头"及对应底面和榫槽。铣削刀组可进退，对不同厚度的坯体进行切割。

　　（4）纵向（水平）切割装置

　　纵向（水平）切割装置由刻有线槽的水平切割钢丝挂线柱和安装固定挂线柱的钢框架组成。

　　钢框架上安有两组，每组四排挂柱的机构。两组挂柱可以互相切换，挂柱上设有标尺。每排挂柱上挂 2～3 根切割钢丝，见图 6-52。

图 6-52　纵向（水平）切割装置

（5）垂直（横向）切割装置

垂直（横向）切割装置由基座、可围绕固定轴旋转的钢框架以及推动框架的油缸所组成。框架上挂有可来回摆动的垂直（横向）切割钢丝，见图 6-53。

图 6-53　垂直（横向）切割装置

2. Ytong 工艺改进发展型切割机

1）Ytong 工艺改进发展型切割系统

Ytong 工艺改进发展型切割系统仍由模具车、转动摩擦轮、模具吊运翻转脱模吊车、切割机组、长侧模板返回滚道、切割坯体编组吊车等组成，见图 6-54。

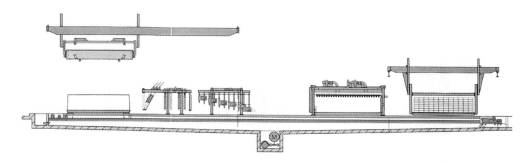

图 6-54　Ytong 工艺改进发展型切割系统

2）Ytong 工艺切割机的改进发展型

Ytong 工艺改进发展型切割机由运坯切割车、"面包头"及其对应底面和榫槽刮削装置、纵向（水平）切割装置、带液压支座的垂直（横向）切割装置、切削废料集收沟槽及冲浆搅拌输送系统等组成。改进发展型切割机的基本组合未变，只是对各个装置在原创型切割机基础上进行了不同程度的改进、改变，见图 6-55、图 6-56。

图 6-55　Ytong 工艺改进发展型
切割机 1

图 6-56　Ytong 工艺改进发展型切割机 2

（1）运坯切割车改进

运坯切割车改进有两处：

① 由齿轮、齿条带动；

② 在切割线上配备 2～3 辆车，见图 6-57、图 6-58。

图 6-57　改进型运坯切割车改进

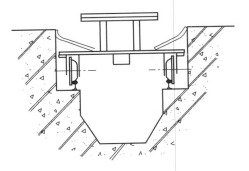

图 6-58　改进型运坯切割车改进示意图

（2）"面包头"及其对应底面的榫槽刮削装置

"面包头"及其对应底面的榫槽刮削装置由旋转铣刀改为钢丝挂线柱＋刮刀＋刮槽刀组成，见图 6-59。

（3）纵向（水平）切割装置

纵向（水平）切割装置由两组四排切割钢丝挂柱改为一组 4～7 排最多达 9 排挂柱组成，见图 6-60。

（4）垂直（横向）切割装置

① 垂直（横向）切割装置由旋转铡刀式切割改变为切割钢丝框或坯体在钢丝框架内上下运动进行垂直（横向）切割，见图 6-61。切割钢丝由板弹簧或气缸张紧，在钢丝框架上

图 6-59　改进型"面包头"及其对应底面、榫槽刮削装置

图 6-60　改进型纵向（水平）切割装置

往复运动。

　　② 在垂直（横向）切割装置上加装负压吸罩或专门增设一个负压吸罩工位，吸除侧立坯体上部切除的边皮废料，见图 6-62、图 6-63。

　　③ 在垂直（横向）切割装置的切割钢丝框上加装手持孔铣刀或增设一个手持孔加工工位对坯体进行手持孔加工，见图 6-64。

　　④ 在垂直（横向）切割工位的地面上，或在横向切割装置的钢架上装设四个液压支座，见图 6-65。

3. 中国对 Ytong 工艺切割系统的改进与发展

　　在 Ytong 工艺原创性切割工艺中，对侧立坯体切割后的上部和下部切除边皮废料在蒸

图 6-61　改进型垂直（横向）切割装置

图 6-62　垂直（横向）切割机上的负压吸罩

压养护前不加清除，而带入蒸压釜一同进行蒸压养护。制品养护出釜后，这两部分成为废料。

　　为了节省资源，降低成本，解决废料利用的困难，中国在现有 Ytong 工艺切割系统基础上，在垂直（横向）切割后、蒸压养护前增加了翻转去上下边皮装置和工序，清除上下边皮废料。主要由两种方式：

　　（1）在坯体完成切割后的编组吊车上增设翻转去上下底皮的机构，见图 6-66。

　　（2）在切割机和蒸压釜之间增设一台地面翻转台，见图 6-67。

　　如果坯体在垂直（横向）切割过程中已由负压吸罩吸除了上边皮废料，翻转去皮吊车和

图 6-63　专用负压吸罩

图 6-64　负压吸罩＋手持孔铣削刀

地面翻转台只用于去除下边皮废料。

（3）经过翻底去皮的坯体不再翻转侧立而平置进釜蒸汽养护。如中国地面翻转工艺、茂源工艺及 Wehrhahn 改进工艺。

4. Ytong 工艺切割机功能

（1）可以进行纵向（水平）切割、横向（垂直）切割和纵向（垂直）切割。

（2）可对坯体进行六个面切割加工，没有多余的部分进釜养护。

图 6-65　设置在垂直（横向）切割钢架上的液压支座

图 6-66　空翻去底

（3）可铣削榫槽、倒角，加工手持孔。

（4）可加工 6000mm×1200mm×600mm 的坯体。

5. Ytong 工艺切割机切割过程

Ytong 工艺坯体切割过程见图 6-68。

静停硬化的坯体，用翻转吊具从静停工位吊至切割线的运坯切割车上方，在空中翻转 90°，将载着坯体的模具准确地落在切割线始端的液压支柱上（或直接落在运坯切割车上），落稳后，转动（或升降）模具车上的钩头，使长侧板与模具车本体分开。提升吊具使模具车

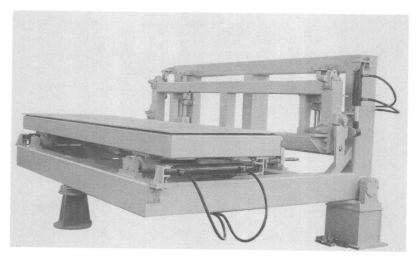

图 6-67　地面翻转台

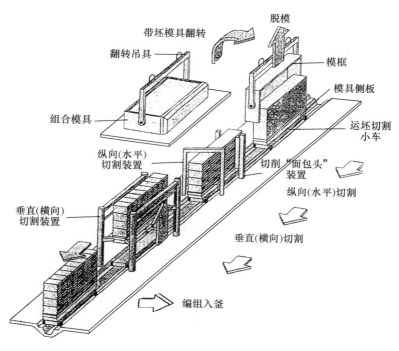

图 6-68　Ytong 工艺坯体切割过程示意图

本体与长侧板及坯体脱离。液压支座下降，使脱模后的坯体连同长侧板落在已停在切割线始端的运坯切割车上。对于未设液压支座的工艺，坯体连同长侧板直接落在运坯切割车上（图6-69）。链条、轮齿、齿条或钢丝绳牵引坯体切割车走进切割线，依次通过"面包头"及对应底面铣削、榫槽和倒角铣削、纵向（水平）切割、垂直（横向）切割、铣削手持孔、吸除上侧边废料、翻转去底边工位，对坯体进行切割加工。

1）"面包头"及其对应底面铣削、榫槽和倒角铣削见图 6-70。

图 6-69　坯体翻转脱模

图 6-70　"面包头"及其对应底面铣削、
榫槽和倒角铣削

2）纵向（水平）切割见图 6-71、图 6-72。

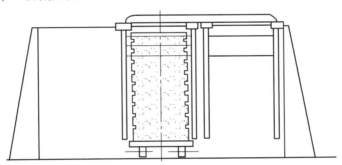

图 6-71　纵向（水平）切割示意图

图 6-72　纵向（水平）切割

3）垂直（横向）切割

垂直（横向）切割有两种方式：

（1）钢丝框垂直（横向）切割

垂直（横向）切割钢丝框，在钢架上由上向下运动并摆动，对坯体进行垂直（横向）切割、手持孔加工（如需要）。横向（垂直）切割钢丝框返回到上位后，可开动负压吸罩风机，吸住上边皮，待已切坯体移至下一工位后，关闭风机，撤除负压，使废料直接落在废料输送槽中。亦可专设一工位，吸住上边皮废料。两者过程相同，仅是工艺不同，见图6-73。

图6-73　垂直（横向）切割及除去上边皮废料

在垂直（横向）切割时，最好用液压支柱将长侧板抬起，这样坯体侧立比较稳定。切割钢丝最好双向交错摆动，这样坯体在切割过程中不会使坯体像单向摆动切割那样产生晃动。

除了垂直（横向）切割钢丝框架由上向下运动进行垂直（横向）切割外，也可以固定垂直（横向）切割钢丝框架不动，用框架将待切坯体连同载坯长侧板由下向上提升，完成垂直（横向）切割，见图6-74。

图6-74　垂直（横向）切割钢丝固定，坯体上升完成切割

（2）铡刀式切割

坯体在完成纵向（水平）切割后，移至下垂直（横向）切割工位。液压支座抬起，托住载着坯体的长侧模板，载运坯体切割车立即返回切割线始端。切割钢丝框由上向下运动，同时钢丝摆动，对坯体进行垂直（横向）切割，切至底部返回，见图 6-75、图 6-76。

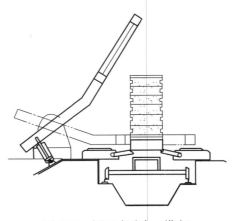

图 6-75　铡刀式垂直（横向）
切割示意图

在垂直（横向）切割钢丝返回过程中，如果钢丝不沿原道返回就会切出一块薄片形成俗称的"双眼皮"。因此要设有严格导向，保证垂直（横向）切割钢丝往返于同一条轨迹上。

4）除去上边皮废料见图 6-73。

5）在制造配筋板材时，开动榫槽铣削装置进行加工。在砌块需有手持孔时，开动手持孔装置进行手持孔加工，见图 6-77。在这一过程中，切割下来的废料落入沟槽中，一般用高压水流冲至设于切割线某一部位（中部或端部）的搅拌罐中搅拌成浆，送至配料楼重复使用。

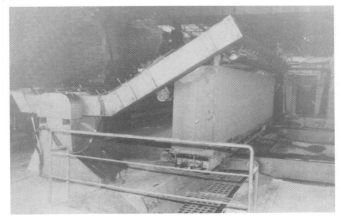

图 6-76　铡刀式垂直（横向）切割

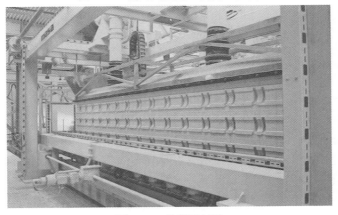

图 6-77　铣削手持孔

根据需要可通过调整平面铣削装置、榫槽铣削装置的"进刀"或"退刀"尺度,加工不同宽度的板材和不同长度的砌块。

6)在生产板材时,当同一坯体中既有板材又有砌块,榫槽铣削装置在板材切割完成后应立即退出。当要求板材和砌块的厚度尺寸不一致时,在纵向(水平)切割前需将坯体停止运行,停在某一部位上,在板块的分界过渡处,切削出宽200mm的槽,在完成板材切割后让切割板材的钢丝挂柱退出,切割不同厚度砌块的纵向(水平)切割钢丝挂柱推进200mm的槽进行砌块切割。

7)坯体翻转去底边层

(1)完成切割的坯体运行至切割线终端。用装有翻转机构的釜前编组吊车,将载着坯体的长侧模板吊起,翻转90°,使侧立坯体呈平置状态,让长侧板和坯体脱离,底边层废料在自重作用下掉落在废料沟槽中,用高压水流冲走。如在坯体切割中,上边皮未做清除,在坯体翻转90°放平过程中,亦可在自重作用下掉落在沟槽中。去完底边废料后再翻回侧立,吊至釜前编组,见图6-78。

(2)在切割线终端的一侧地面,增设一台中国地面翻转工艺的翻转台,将已切好的坯体,用釜前吊车调至翻转台上翻转90°放平,使坯体和模具长侧模板分离,上边切余废料和底边层在自重下掉落沟槽中。此后,再翻回90°侧立,由吊车吊去编组,见图6-79。

6. Ytong工艺特点

(1)Ytong工艺切割机是由具有各种作业功能的单机组合而成。各部分单机(或装置)的构造相对比较简单,易于加工制造、装配和维修。

(2)切割钢丝固定,坯体运动,坯体在运动中通过不同功能的单体装置进行机组流水作业完成切割。在前一个坯体进行垂直(横向)切割时,后一个坯体又可以进入切割机组内,生产效率较高。

(3)坯体经翻转90°侧立于长侧模板上,在切割过程中可以将与模具接触而被模油污染的所有表面及"面包头"切除并进行铣削加工。

(4)由于坯体侧立,纵向(水平)切割和垂直(横向)切割钢丝调整变动范围大,不受某些条件限制(如支撑体结构、承托体构造等),这样产品规格、尺寸灵活,可满足建筑对制品多样化的要求。横向(垂直)切割钢丝较短,易于保证制品切割精度。

(5)由于坯体侧立,便于对大面("面包头"及相对应的底面)进行铣削加工,便于板材的榫槽加工和对砌块两端加工手持孔。当坯体内同时有板材和砌块,并要求加工厚度不同时,通过附加装置让挂有不同间距的水平切割钢丝的挂柱在过渡槽处换位,使其能切出不同厚度的砌块和板材。

(6)垂直(横向)切割方法简单,但垂直(横向)切割钢丝切不到底,坯体切不透,需留有一定厚度的垫层。此垫层的厚度取决于坯体的硬化程度和托板的宽度。坯体越硬切割钢丝阻力越大,垫层越厚。托板越宽,同样硬度的坯体垫层也越厚。另外,垂直(横向)切割钢丝也要往返,处理不好也会产生"双眼皮"。

(7)Ytong工艺的坯体是侧立养护的,在坯体自重压力下,切割缝两边的坯体在蒸压养护过程中产生不同程度粘连。制品出釜后,需要对粘连的切缝进行掰分。

早期的Ytong切割工艺铣削平面与榫槽是用旋转刀具进行的,而垂直(横向)切割采用铡刀式钢丝框进行,切割钢丝较长,尺寸精度略差,而且有产生"双眼皮"的可能。

(a)

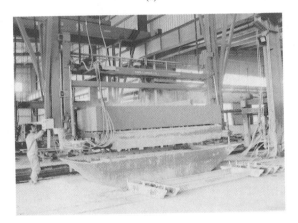

(b)

(c)

图 6-78　编组吊具空翻去底皮

图 6-79　底面翻转台翻转去底皮

1992 年前后将铡刀式垂直（横向）切割改为切割钢丝框由上向下运动进行垂直（横向）切割，或切割框架不动，坯体由下向上通过垂直（横向）切割钢丝完成垂直（横向）切割。

Ytong 工艺工厂都不去除侧立坯体切除的上部边皮与下部垫层，坯体带着上下边料进釜养护，出釜后成为不便利用的废料。

6.3.4　Siporex 工艺切割机及切割技术

Siporex 工艺先后研发过三种类型的切割机：Siporex Ⅰ 型、Siporex Ⅱ 型、Siporex Ⅲ 型。其中 Siporex Ⅰ 型切割机制造使用最多，并有两种衍生型号。Siporex Ⅱ 型切割机使用不超过 5 台。Siporex Ⅲ 切割机制造不超过 3 台，正式使用的仅 2 台。

1. Siporex 工艺 Ⅰ 型切割机

Siporex 工艺 Ⅰ 型切割机由 Göransson 和 Gösta Olsson 于 1952 年发明，并在瑞典北部 Shelleftahamn 加气混凝土厂开发成功，投入使用。

1）Siporex 工艺 Ⅰ 型切割机构造

Siporex Ⅰ 型切割机由主框架、切割台（床）、模框提升架、纵向（垂直）切割车、螺旋铣刀、纵向（垂直）切割进出口支撑、横向（垂直）切割车、横向（垂直）切割出口支撑及切除废料搅拌输送装置组成，见图 6-80。

（1）切割台（床）

切割台（床）由 24 组单体台板组成，安装在主架框内的工字钢上。每组台板由固定台座、气缸、限位导杆等组成，一组台板对应一块模具活动底板，见图 6-81。

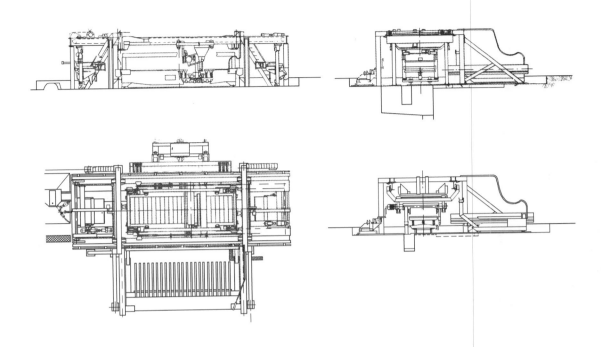

图 6-80　SiporexⅠ型切割机构造示意图

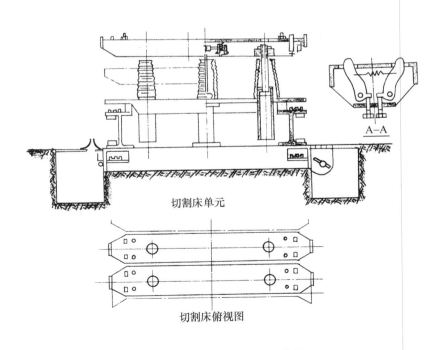

图 6-81　切割台（床）示意图

（2）主架框

主架框由型钢组成，用于安装开合模框升降架、纵向（垂直）切割车及纵向（垂直）切割钢丝进出坯体的支撑。

（3）开合模框升降架

开合模框升降架由升降架和升降传动机构组成。

升降架架体的四角设有四个松紧模具螺母的风动套筒扳子，架体上安装了4个导向轮、定位板、可伸缩导向杆。导向杆的另一端固定在主框架上，见图6-82。

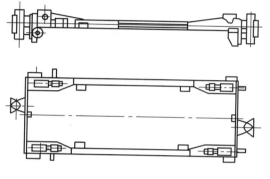

图6-82 开合模框升降架示意图

升降架的升降机构由链条、链轮、油泵、油缸组成。

（4）纵向（垂直）切割装置

纵向（垂直）切割装置包括纵向（垂直）切割车、纵向（垂直）切割钢丝进出口支撑、"面包头"铣削装置、动力传动机构，上述装置与机构全部悬挂在主框架上。

① 纵向（垂直）切割车

纵向（垂直）切割车由机架、纵梁、安装切割钢丝的框架、控制切割台升降的装置、螺旋铣刀、行走轮、安全装置组成，见图6-83。

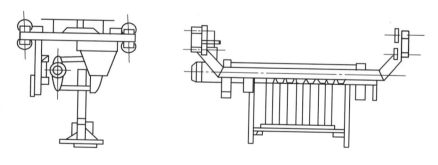

图6-83 纵向（垂直）切割车示意图

纵向（垂直）切割车挂在主框架上，由链条拖动，在行走过程中可对坯体进行纵向（垂直）切割、水平切割、铣削"面包头"、输送清理废料。

为了实现纵向（垂直）切割，安装切割钢丝的框架下梁必须低于切割台上平面，否则不能通过活动台板进行切割。

② 纵向（垂直）切割支撑

纵向（垂直）切割支撑有进、出口之分。其构造及工作程序基本相同，见图6-84～6-87。支撑分设于被切坯体的两个端头，在出口支撑体上设有一个螺旋铣刀的筒体弧形挡泥板。

纵向（垂直）切割支撑由支撑体、锁紧机构、行走机构、链传动机构组成。支撑体由多根宽度小于25mm的方形钢条通过同样宽度的方形钢管竖向安装在竖向钢架上，每个方钢

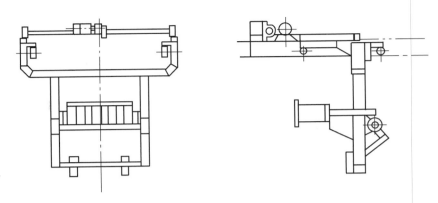

图 6-84　切割钢丝进口纵向（垂直）切割支撑示意图

图 6-85　切割钢丝进口纵向（垂直）切割支撑

条之间留有 5mm 的缝，以便钢丝通过。为了能进行水平切割，每根方钢条分为两截，在两截之间留有缝隙以便水平切割钢丝通过。

（5）横向（垂直）切割装置

横向（垂直）切割装置由横向（垂直）切割车和横向（垂直）切割出口支撑两部分组成。

① 横向（垂直）切割车

横向（垂直）切割车由可行走的车体和电动的丝杆箱体组成，见图 6-88。

车体上有挂钢丝的横梁和 22 根长杆，杆端用于固定切割钢丝。

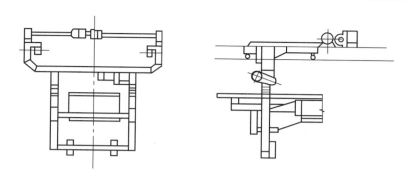

图 6-86　切割钢丝出口纵向（垂直）切割支撑示意图

图 6-87　切割钢丝出口纵向（垂直）切割支撑

长杆的中心距为 250mm，正常可切割 250mm 厚的制品。在特制需要时在两个长杆之间安装可挂钢丝的活动卡具，挂钢丝最小距可为 10mm。

长杆在活动台板下方进入切割台。在丝杠驱动下切割车带着钢丝通过两个切割台间的缝隙，对坯体进行横向（垂直）切割。

② 横向（垂直）切割钢丝出口支撑

横向（垂直）切割钢丝出口支撑由 25 个支撑体、横梁、长轴、4 连杆机构和油缸组成，见图 6-89。每个支撑体中间有 10mm 的缝隙，以防横切钢丝出坯体时崩料。两个支撑体缝隙之间的距离为 250mm，与切割车长杆中心线相对应。每个支撑体表面粘有泡沫橡胶条以保护坯体，见图 6-90。

（6）切除废料搅拌输送装置

"面包头"铣削废料由螺旋铣刀输送至一端，通过垂直橡胶管落到切割台一边的沟槽中。由料浆泵冲水循环搅拌，再由料浆泵送至废料浆储罐。

2）Siporex 工艺 I 型切割机坯体切割过程

Siporex 工艺 I 型切割机坯体切割过程见图 6-91。

（1）各部分都停留在原定位置上，即升降架在上顶位，纵向（垂直）切割车在坯体切割进口端，纵向（垂直）切割支撑在两个尽端，横向（垂直）切割车在进口端，横向（垂直）切割支撑在下垂位置，切割台活动台板在升起位置。

（2）落下升降架至切割台活动台面。

（3）将待切的坯体用吊车连模具一道吊入切割机主框架内，落在切割台上。

（4）开动升降机上的风动螺母套筒扳手，松开模具四角螺丝，将模框向四面张开。

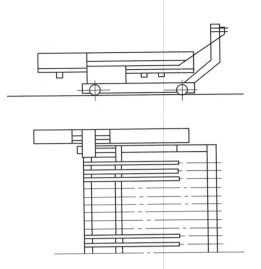

图 6-88　横向（垂直）切割车示意图

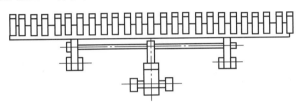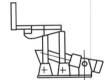

图 6-89　横向（垂直）切割钢丝出口支撑示意图

图 6-90　横向（垂直）切割钢丝出口支撑

（5）升起升降架将模框提升高出坯体。

（6）开动坯体两端纵向（垂直）切割支撑，从两头夹紧坯体。同时开动纵向切割车和切割车上的螺旋铣刀。当纵向切割车走到第一块切割台台板前一定距离时，切割车控制杆接触行程开关，切割台第一块台板连同模具底板一起落下。切割钢丝进入坯体切割，见图 6-92。

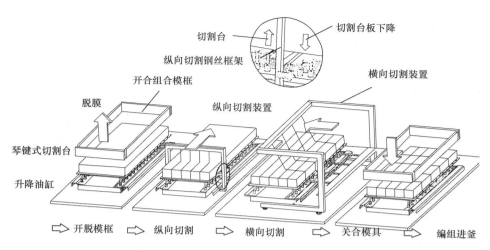

图 6-91　Siporex 工艺 I 型切割过程示意图

图 6-92　切割钢丝进入坯体切割

随着切割车的前行，依次落下第二块、第三块台板。当第三块台板降落时，第一块台板升起至原来位置。在有两块台板处于降落位置时，钢丝顺利通过坯体进行切割，见图 6-93。

（7）在进行纵向（垂直）切割的同时，纵向（垂直）切割车上的螺旋铣刀对"面包头"进行铣削清理，见图 6-94，直至出口端。在纵向（垂直）切割出口支撑上的弧形挡泥板伸向螺旋铣刀管的开口处，将管体封住，保证铣削的泥料从管中排净和用清水洗净。

（8）切割完毕，螺旋铣刀停止，纵向（垂直）切割进入出口支撑。

（9）抬起横向（垂直）切割支撑体，开动横向（垂直）切割车，对坯体进行横向切割，见图 6-95。切割完毕，横向（垂直）切割支撑体回落原处，横向（垂直）切割车退回。

（10）模框升降架带着模框落下，开动风动螺母套筒扳手，拧紧螺丝，合上模具，用吊具连模带坯一起吊出切割机主框架，运至釜前三模一车堆垛编组养护，见图 6-96。

图 6-93　纵向（垂直）切割

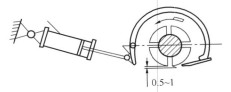

图 6-94　"面包头"切刮装置示意图

图 6-95　横向切割

（11）切割床落至最低位置，纵向（垂直）切割车返回。

3）Siporex 工艺Ⅰ型切割机切割工艺特点

（1）坯体是水平放置在切割台上进行切割的。切割缝是垂直的，不承受坯体质量的压力。在养护过程中，坯体切块之间的切缝不易产生粘连现象。坯体尺寸可以做得较宽，可以切割 1500mm 宽的坯体生产大板及配筋门窗过梁。

（2）所有切割动作都集中在一台机器上，占地小，废浆槽短，但切割机构造相对复杂，制造加工要求高。各机构停歇时间长，致使一模坯体切割周期较长（需 5～7min）。切割效率

图 6-96　三模一车编组养护

低，影响生产能力。

（3）制品切割规格、尺寸不够灵活。纵向（垂直）切割只能按25mm累进变动，而横向（垂直）切割一般只能按250mm模数递进变动。

（4）模具构造相对复杂，加工要求高，而且带模养护，故所需模具数量多，还会在养护过程中锈蚀。

（5）只能对坯体进行五面切削加工，对坯体底面不能铣削加工。对板材两边不便铣削刮槽，需在蒸压养护成制品后，再铣磨加工。对砌块不便进行手持孔加工。

2. Siporex 工艺Ⅱ型切割机

该切割机首先在芬兰 Ikalis Siporex 工厂开发，后来在法国南部 Bernon Siporex 公司继续开发，研发了两种类型，1971年用于生产线建设。

Siporex 工艺Ⅱ型切割系统由侧板可向四面展平的模具车、纵向（垂直）切割机、横向（垂直）切割吊车养护底板、切完坯体搬运吊具及养护架组成，见图6-97。模具车与 Durox 工艺相同。

1）Siporex 工艺Ⅱ型切割机构造

Siporex 工艺Ⅱ型切割机由横向（垂直）切割吊车、纵向（垂直）切割装置、专用吊具及叉具、蒸汽养护架等组成。

（1）横向（垂直）切割吊车

Siporex 工艺Ⅱ型切割机横向（垂直）切割装置有两种形式。

① 由一台可升降并能回转90°的专用夹具和可偏心摆动横向（垂直）切割钢丝的框架

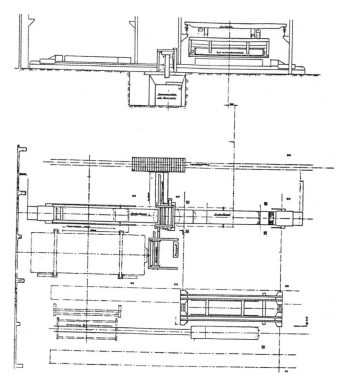

图 6-97　Siporex 工艺Ⅱ型切割系统示意图

组成。

② 由一台桥式吊车、一套夹坯体的专用夹具和一套横向（垂直）切割机构组成。

吊车上有两根导向杆以保证坯体在夹运及横切时的稳定和位置准确。横切机构的升降由油缸驱动。

专用夹具可夹长 7600mm 的坯体。夹具分成几组，以适应不同长度的坯体，各组夹具分别用油缸驱动，见图 6-98。

图 6-98　切割不同长度的坯体

夹板上每隔 1cm 开一条宽约 2～3mm 的缝，以容纳横切钢丝进出。故横向（垂直）切割模数为 1cm，见图 6-99、图 6-100。

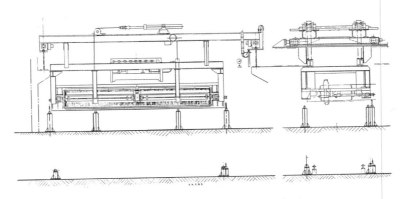

图 6-99　横向（垂直）切割装置示意图

横向（垂直）切割机构是由两根长钢梁挂有切割钢丝框架及钢丝框架横向运动的导杆、驱动机构和钢丝框架升降装置组成，钢丝由油缸张紧。

（2）纵向（垂直）切割装置

纵向（垂直）切割装置由待切坯体传送机构、切完坯体承接机构和纵向切割龙门架组成，见图 6-101、图 6-102。

图 6-100　横向（垂直）切割机构

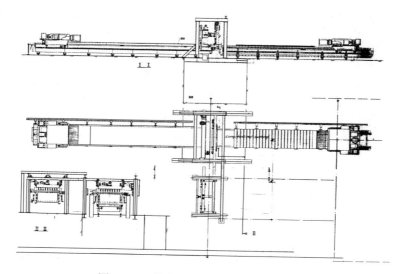

图 6-101　纵向（垂直）切割装置示意图

图 6-102　纵向（垂直）切割装置

① 坯体传送机构

坯体传送机构有两种形式。

a. 钢带传送

钢带传送由机架、特种薄钢带、托辊、驱动机构组成。承托待切坯体的钢带用间距很小的托辊支承，以保持平稳。钢带上面设有一个纵向（垂直）切割钢丝出口支撑（类似 Sip-orex 工艺 I 型切割机）驱动钢带载着坯体纵向运动。

b. 链板传送

链板传送由机架、链轮、链板、纵向（垂直）切割钢丝出口支撑、驱动机构组成。在链板上安装有槽钢，承托坯体在加工得很精确的轨道上移动。

由于坯体切割时强度不高，为保证坯体在传送过程中不被破坏，在采用钢带传送时需要有密度很高的托辊，这给制造、安装、调整维护提出更高的要求。

链板传送机的构造较为简单，制造也相对容易，调整、维护也较方便。

② 切割坯体接坯机构

切割坯体接坯机构由机架、接坯履带、钢丝进口支撑、动力装置所组成。

切割坯体接坯机构与坯体切割后的搬运方式及养护架的构造形式有关，可分为两种类型。

a. 蒸压养护托架为凸格栅式。切割坯体用叉具搬运，其接受机构的履带构造也为格栅。叉具悬臂杆与履带格栅及养护格栅相契合。切好的坯体由叉具的长臂伸至坯体下的履带格栅中，将坯体提起运出，送至格栅养护托架上。

坯体无论是在接坯履带格栅上，还是在叉具臂杆上或养护格栅上，其实际承托面积减小一半，当坯体较软时，易使坯体发生压陷。对开有榫槽的板材承压面积更少，更易发生压陷。因此，切割时坯体硬度相对要高一些。

b. 接坯机构为可嵌装养护条板的传送链架，见图 6-103。养护架为可嵌装养护条板的钢构架，见图 6-116。切割坯体用多臂吊具从接坯机构吊至养护架进行养护。

③ 纵向（垂直）切割门架

纵向（垂直）切割门架位于坯体传送推坯机和切完坯体接坯机之间。其上装有纵向（垂直）切割钢丝

图 6-103　接坯格栅面板

框架、铣削"面包头"的螺旋铣刀、两组铣榫槽刀组、废料输送机构。铣槽机上装有不同形状榫槽的铣刀，转动铣槽机组便可更换刀架。

（3）切割坯体养护搬运装备

切割好的坯体从坯体接收机上取出，并搬运至养护架和蒸养车上，亦有两种方法。

① 叉具吊

叉具吊是由多根 L 形叉具和吊车组成的专用工具。这些 L 形叉具正好可以插入履带上的凸型格栅间隔处，将坯体托起运去码架，见图 6-104。

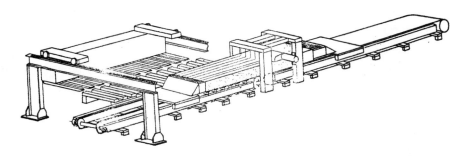

图 6-104　L 形叉具示意图

②专用吊具

专用吊具由四对下部钢梁上装有多块钩状铁块和护板的吊臂及架体所组成，或由四个长臂吊钩与多对长吊臂钩所组成。

2）Siporex 工艺Ⅱ型切割机切割过程

Siporex 工艺Ⅱ型切割机切割过程示意图见图 6-105。

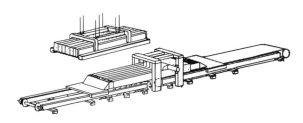

图 6-105　Siporex 工艺Ⅱ型切割机切割过程示意图

（1）切割前准备

① 根据要求挂好横向（垂直）切割钢丝和纵向（垂直）切割钢丝，调整好铣槽刀具，见图 6-106、图 6-107。

图 6-106　挂横向（垂直）钢丝

图 6-107　铣槽刀具

② 将养护用底板由专用吊具夹运到切割坯体接坯机履带上，见图 6-108。

③ 将接坯机履带随着进口支撑逆时针往前移动，使养护底板转到履带架下侧，以便于接运坯体。

④ 传送推坯侧的出口支撑体连同钢带（或链板）回复到初始位置，准备接纳横向（垂直）切割后的坯体，见图 6-109。

图 6-108　将养护用底板由专用吊具夹运到切割坯体接坯机履带上

图 6-109　坯体吊放在传送带上

⑤ 将横向（垂直）切割框架倒回横切的初始位置，并向上提升横向（垂直）切割框架，使框架的下横梁的下沿高于夹板的下沿，使其不妨碍对坯体夹持。

（2）切割过程

① 打开模具四面侧板，将横切吊车开至坯体上方，落下夹具，夹起坯体。

② 使横向（垂直）切割框架复位，让横向（垂直）切割框架从夹板的一边移向另一边，当钢丝进入另一边的夹板后，坯体就切透了，见图 6-110。

③ 将横向（垂直）切割完毕的坯体吊放在纵向（垂直）切割机的推坯传送机钢带或链

图 6-110　横向（垂直）切割

板上。推坯支撑体推动坯体一起向前移动，承托坯体的钢带或链板也随着向前移动，坯体通过纵向（垂直）切割门架，见图6-111。

④ 当坯体的前端移动到离铣削"面包头"机构前一定距离时，铣削"面包头"的铣刀开始运转，铣削"面包头"。

⑤ 当坯体前端到达钢带或链板端部时，接坯履带架上的支撑穿过门架上的纵向切割钢丝，与推坯传送机上的支撑一道夹紧坯体进行纵向切割和铣槽加工。铣削下来的废料送入搅拌机搅拌成浆。

⑥ 通过纵向（垂直）切割钢丝的坯体被接坯履带上的养护底板或履带格栅托持，直至坯体全部落在养护底板或栅格上，见图6-112。

图6-111 纵向（垂直）切割、铣削
"面包头"及铣槽加工

图6-112 坯体落在养护底板或栅格上

图6-113 编组吊具

⑦ 用专用长臂吊爪挂住养护底板或用叉具叉着坯体吊起，运到养护车上的养护架上，编组养护，见图6-113～图6-117。

（3）夹运坯体翻转90°切割

横向（垂直）切割装置的液压夹具夹住坯体后吊起，并使坯体翻转90°。直立在有缝的下夹板上，然后上压板升起一定距离后向一侧偏转。同时吊挂在吊具上的横向（垂直）切割框架转入切割位置。然后坯体在下夹板的托持下上升，通过横向（垂直）切割钢丝完成横向（垂直）切割。然后坯体下移，横向（垂直）切割框架复位。上夹板复位，再次夹住已切完的坯体返回转90°，使坯体仍呈水平状态，进入纵向（垂直）切割钢带或链板传输机上，见图6-118、图6-119。

图 6-114　夹吊坯体

图 6-115　在养护车上

图 6-116　码放

图 6-117　釜前码垛编组

图 6-118　坯体翻转 90°横向（垂直）切割方式

图 6-119　坯体翻转 90°横向（垂直）切割方式

3）Siporex 工艺Ⅱ型切割工艺特点

（1）Siporex 工艺Ⅱ型切割工艺采用与 Durox 切割工艺结构构造一样的模具车。模具的两个长侧板和两个端板用铰链与整体底板连接，可作 90°回转展开，与整块底在同一平面上。模具没有互换配合问题。

（2）模具车在浇注、切割机之间循环。模具任何一部分不参与切割和以后的工艺过程。

（3）采用有缝的夹板夹住坯体，并在吊运过程中用设置于夹具上的横向切割机构对坯体进行横向（垂直）切割。使横切与纵切分别在两个设备和工位上完成流水作业。有利于提高切割效率，具有较大的生产能力，夹运坯体时，呈水平状，横向（垂直）切割钢丝不返回，

347

不会产生"双眼皮"。夹运坯体翻转 90°进行横向（垂直）切割后坯体要下降，相当于切割钢丝返回有可能产生"双眼皮"。

（4）可适应不同规格的坯体切割。在夹具所设计的规格内夹运的坯体，在一定范围内可长可短。

（5）纵向切割装置上，装有加工刀具的储架，可按不同规格要求自动更换刀具，提高切割效率。

（6）对坯体加工彻底，除铣削"面包头"和榫槽外，对两个长侧边、端面及底面都可进行加工。进釜养护的坯体没有不需要的部分。

（7）坯体所有切缝都是立缝。制品出釜后无粘连，不需要配制掰分机。

（8）横向（垂直）切割装置比较复杂，制造要求高，维护工作大，坯体养护托架大，消耗钢材多。

3. Siporex 工艺Ⅲ型切割机

1968 年，Siporex 公司开始了新一代切割机即 Siporex 工艺Ⅲ型切割机的构思与研究，并进行了以负压吸运为技术核心的坯体切割实验。1969 年申请了专利。1973～1974 年，进一步提出在对坯体切割同时要能对坯体切割表面进行加工。在该实验中发现，该方案只能进行水平切割，而当水平切割的板材坯体叠加到一起时，在蒸压养护过程中，两块相邻的板材有发生粘连的问题。后来，通过在每层之间加铺塑料薄膜，使得每层坯体分割开来，方才获得成功。

1984 年，第一台样机在挪威奥斯陆附近的卓尔菲市 Siporex 工厂试用。

负压吸运板坯技术是实现 Siporex 工艺Ⅲ型切割机及切割技术的基础。铺装塑料薄膜及其技术是 Siporex 工艺Ⅲ型切割机实现坯体翻转侧立切割经养护而不粘连的必要条件和手段使去掉掰分机和掰分工序、简化工艺成为可能。

Siporex 工艺Ⅲ型切割系统由 Ytong 工艺的模具、翻转吊车、Ⅲ型切割机、釜前编组吊车组成。Siporex 工艺Ⅲ型切割机见图 6-120。

1）Siporex 工艺Ⅲ型切割机构造

Siporex 工艺Ⅲ型切割机由输送小车、轨道、摩擦轮、主框架、纵向（水平）切割车、横向（垂直）切割梁、负压吸罩、废料接收输送系统、接坯升坯桁架、接坯降坯桁架、塑料薄膜供给铺设装置、载坯模侧板输送装置、电气控制及动力装置组成，见图 6-121。

图 6-120 Siporex 工艺Ⅲ型切割机

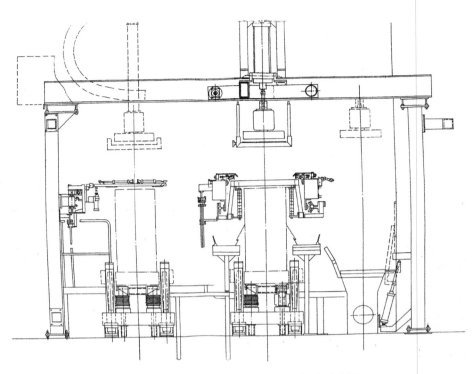

图 6-121　Siporex 工艺Ⅲ型切割机构造示意图

（1）输送小车

输送小车由车轮、钢梁组成，用于传送载有坯体的长侧板进入切割机及载着切割好坯体的侧板出切割机，见图 6-122。

图 6-122　输送小车

（2）主框架

主框架由工字钢和槽钢构成。其上安装有纵向（水平）切割车、横向（垂直）切割框架、负压吸罩、塑料薄膜铺设机构、切削"面包头"的长钢丝，以及装有接坯升坯桁架和接坯降坯桁架的提升、下降机构及其动力装置。

（3）接坯升坯桁架

接坯升坯桁架是由型钢焊接而成，桁架上有轨道，摩擦胶轮和定位机构，用于进入长侧板及坯体进行水平切割和送出长侧板，接坯升坯桁架升降由计算机控制，见图6-123。

（4）纵向（水平）切割车

纵向（水平）切割车呈"⌂"形，在机架上的两根圆管上滑行（三个滚轮分120°抱住钢管）。挂有一根纵向（水平）切割钢丝和刮边、刮槽钢丝。切割钢丝与坯体纵轴线呈70°夹角，见图6-124。

图6-123　接坯升坯桁架

图6-124　纵向（水平）切割车

（5）横向（垂直）切割梁

横向（垂直）切割梁固定安装在主框架上，其上挂有横向（垂直）切割钢丝，见图6-125。

图6-125　横向（垂直）切割梁

（6）废料处理系统

废料处理系统由钢焊成的废料接收斗、槽外侧的搅拌机和废浆泵组成。

（7）负压吸罩

负压吸罩由带孔的板、罩腔体、阀门、开关、排送气管、抽气泵（或风机）以及升降和行走机构所组成，见图6-126。

（8）接坯降坯桁架

接坯降坯桁架构造同接坯升坯桁架，接受切好的坯体，并送出切割机，见图6-127。

（9）塑料薄膜供给铺设装置

塑料薄膜供给铺设装置由塑料薄膜储存槽和送料器及铺薄膜小车三部分组成。

图 6-126　负压吸罩

图 6-127　接坯降坯桁架

塑料薄膜储存槽和送料器位于接坯降坯桁架外侧。塑料薄膜卷设有张紧辊，当小车铺塑料薄膜时，下辊升起一段距离，以减少牵引阻力，不铺时下辊下降。小车上还设有夹持薄膜的两根细长棒，由两个小气缸带动，两个夹持棒置于同一根长杆上。长杆水平放置，可以水平摆动和扬起 90°。在铺薄膜时夹紧薄膜向前水平牵引，到达终结位置，便被下一块坯体压住，夹持棒松开，长杆扬起返回至起始位置。再次夹紧薄膜，由电热丝切断薄膜。铺薄膜小车设于机架上，由链条牵引在滑道上运行，运行速度同纵向（水平）切割车。

（10）载坯模侧板输送装置

在切割机出口端相对于接坯升坯桁架和接坯降坯桁架的方位设有两条轨道台和两条链式输送装置，用于输送模具长侧板进出切割机，见图 6-128。

（11）电气控制及动力装置

坯体进入切割机后，可根据选定的程序按所需制品规格、尺寸自动进行切割，如在切割过程中出现故障可以自动报警。

2）Siporex 工艺Ⅲ型切割机的切割过程

Siporex 工艺Ⅲ型切割机的切割过程示意见图 6-129。

图 6-128　切完的坯体及长侧模板回送装置

（1）翻转吊将带坯模具车翻转 90°定位在切割机前的小车上方，脱去模框把坯体连同托着坯体的长侧模板落在小车上，见图 6-130。

（2）小车载着长侧模板和坯体进入接坯升坯桁架，挂在机架上的斜钢丝对"面包头"进行切割，切割下的"面包头"落入斗槽中。

（3）切完"面包头"的坯体进入接坯升坯桁架并定位，水平切割钢丝进行顶层（上侧边皮）切割。

（4）负压吸罩移动到坯体的上方后，下降吸起已切的 25mm 厚的长侧边皮，随后升起并移至废料接料的斗槽位置，将 25mm 厚的顶部长侧边废料卸入废料斗槽内，再返回并停

351

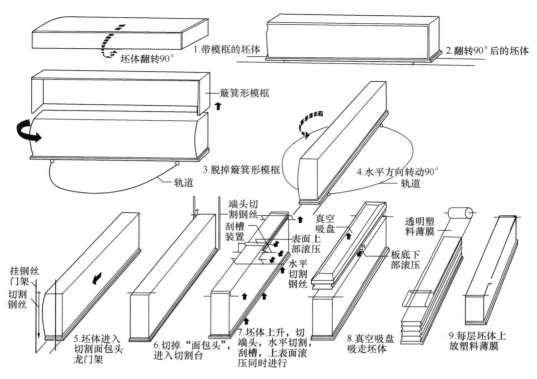

图 6-129　Siporex 工艺Ⅲ型切割机的切割过程示意

于待切割的坯体上面。

（5）接坯升坯桁架上升，将坯体提升一个板厚或砌块厚的高度，上升过程中已完成横向（垂直）切割，见图 6-131。

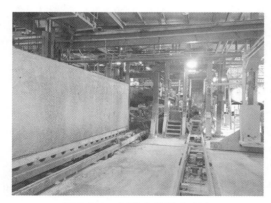

图 6-130　坯体在输送小车上

图 6-131　横向（垂直）切割

（6）纵向（水平）切割车回程，同时完成两侧边切割和开槽，纵向（水平）切割完成一个切割行程，见图 6-132。

（7）负压吸罩下降吸起已切坯体，运至接坯降坯桁架处，将坯体卸在长侧板上，见图 6-133。

图 6-132 纵向（水平）切割

图 6-133 负压吸罩下降吸运坯体

（8）铺膜设备铺塑料薄膜的同时，接坯升坯桁架再升高一个预切高度（一个板或砌块厚），如此重复，直至切完一模坯体，负压吸罩吸走剩余在长侧板上的长侧边皮送至废料斗槽中，见图 6-134。

（9）切好的坯体由输送小车运出切割机，由吊车运至蒸压编组线。

（10）切完坯体的长侧板和小车从切割机另一端推出进入切割机外的轨道台上，由装在链条上的两个气囊托起，并由链条横向运动送到接坯降坯桁架出口端，最后由小车运到切割机的接坯降坯桁架处，接受下一模切割的坯体。

3）Siporex 工艺Ⅲ型切割机特点

（1）所有切割过程都在同一台设备中完成。设备数量少，工艺紧凑，构造简单；部件少，功率小，仅 22kW，自动化程度高；占地省，仅有 50 多平方米；制造容易，质量轻，耗材少。

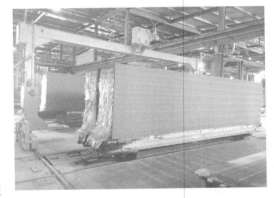

图 6-134 塑料膜隔离

（2）生产效率高，产能大。

本技术是以切割钢丝架单根钢丝来回往复一片一片地对坯体进行纵向（水平）切割，没有进出口支撑，切割架运动速度快，可在 0～60m/min 范围内调整，最快可达 2m/s。6m×12m 的坯体切割周期为 3.5～6min，日产可达 1500m³。

（3）切割规格灵活。制品厚度能在 75～400mm 范围内任意变动。可按 1mm 递进，最薄可切 35mm 厚的板材与砌块。在坯体长度方向可按 10mm 进位进行切割。制品尺寸误差，长度＋2mm，宽度＋1mm，高（厚）0.5mm，铣槽 0.5mm。承坯升坯切割台端的输送小车返回，穿过切割机回到翻转吊具下接受下一个切割坯体。

（4）横向（垂直）切割不会产生"双眼皮"。

本技术的横向（垂直）切割是在坯体上升过程中一次完成的，没有钢丝来回运动，故没有"双眼皮"。

（5）纵向（水平）切割时，坯体翻转90°侧立切割，每一个切缝因铺有塑料薄膜作为隔离层，使两层坯体隔离开，在蒸压养护中不发生粘连，制品出釜后不用配置掰分机，见图6-134。这便是Siporex公司解决坯体侧立切缝蒸压粘连的成功关键所在，也是其专利创新的核心内容之一。

（6）对坯体可进行六面加工。如果需要可按建筑设计图在切割过程中对板材表面进行加工。在切割过程中损坏的板材可以去除其中的钢筋网片重新使用。

6.3.5 Hebel工艺切割机及切割技术

Hebel工艺切割系统由夹坯吊具、切割机、算式格栅养护托（底）板、负压吸罩组成，见图6-135。

图6-135 Hebel工艺切割系统

1. Hebel工艺切割机构造

Hebel工艺切割机由凹凸切割台、纵向（垂直）切割车、纵向（垂直）切割出口支撑、横向（垂直）切割装置、驱动机构、轨道梁、废料接收输送皮带、废料搅拌机组成，见图6-136。

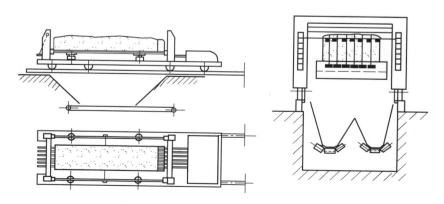

图6-136 Hebel工艺切割机构造示意图

（1）切割台（床）

Hebel 工艺切割机切割台由若干条"T"形凸台所组成，见图 6-137、图 6-138。每条凸台又由多块"T"形铁块组合而成。每两个"T"形铁块下有一空间可穿过长杆，两个"T"形铁块之间留有宽 2mm 左右的缝隙，供切割钢丝通过。每条凸台都相隔一定距离，形成一条凹槽，便于算式格栅养护托板落入。

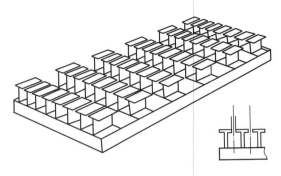

图 6-137 切割台（床）示意图

所有凸条都固定安装在切割机坑的钢梁上，形成切割台（床）面。切割台（床）两边设有升降机构，由油缸通过链条使升降柱带动算式格栅养护托板上升或下降。

（2）纵向（垂直）切割车

纵向（垂直）切割车是一个装有门架的"凵"形车体，在其上安装挂有横向（垂直）切割钢丝的升降摆动梁和固定长杆的横梁及驱动装置。

图 6-138 切割台（床）

切割车在燕尾形轨道上来回行走进行坯体切割。纵向（垂直）切割钢丝挂在门架横梁和长杆的自由端，见图 6-139。

（3）横向（垂直）切割装置

横向（垂直）切割装置安装在切割车上。由 8 组齿轮齿条和两根横切摆动轴组成，随切割车往复行走。安装在切割车上的齿条与齿轮咬合，使两根挂有横向（垂直）切割钢丝的横向切割轴上升下降，见图 6-140。

（4）纵向（垂直）切割出口支撑

纵向（垂直）切割出口支撑由支撑体、支架、油缸所组成。

支撑体由多根金属杆件组成。每两根杆件之间留有纵向缝，每根杆件又分为几段，每段之间形成水平缝，以便纵向（垂直）切割钢丝和纵向（水平）切割钢丝进入。支撑体油缸推动在轨道上行走，见图6-141。

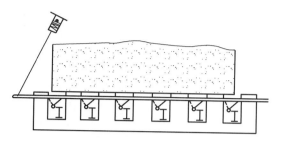

图6-139　纵向（垂直）切割装置示意图

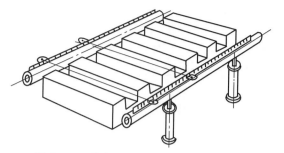

图6-140　横向（垂直）切割装置示意图

图6-141　纵向（垂直）切割出口支撑

（5）废料系统

废料系统设置在切割机坑中，由接料斗、输送皮带、废浆搅拌罐组成，用于处理切割后落下来的废料，见图6-142。

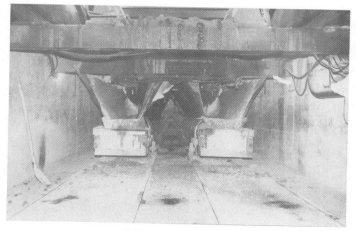

图6-142　废料系统

（6）算式格栅养护底板

算式格栅养护底板由两条长的角钢与多条小槽钢用螺丝连接而成，见图 6-143。

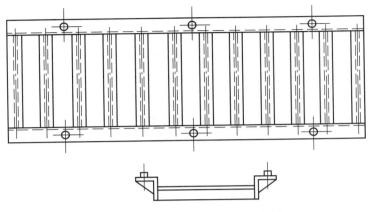

图 6-143　算式格栅养护底板示意图

2. Hebel 工艺坯体切割过程

Hebel 工艺坯体切割过程见图 6-144。

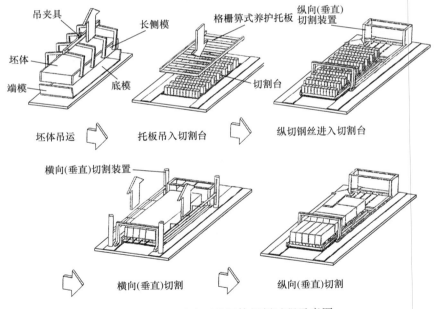

图 6-144　Hebel 工艺坯体切割过程示意图

（1）用吊具将算式格栅养护底板放在升降柱上，升降柱带着算式格栅养护底板落在切割台的凹槽中。切割床两侧的挡料板盖挡在算状托板的两根长槽钢上。

（2）启动切割车带动长杆、横向（垂直）切割装置行走到准备切割工位，见图6-145。

（3）开动横向（垂直）切割架，将横向（垂直）切割钢丝下降到切割台台面上。

（4）打开待切坯体模具的两端。用液压夹具夹住两侧模板，连同坯体从模具台吊运放在

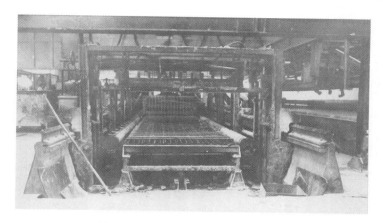

图 6-145　纵向切割车达到切割工位

切割台上，见图 6-146、图 6-147。再把两侧模板吊回模位，清理、组装、除油后待用。或用负压吸罩吊车吸着坯体及模框吊至切割机，将坯体放在切割台上，见图 6-148。

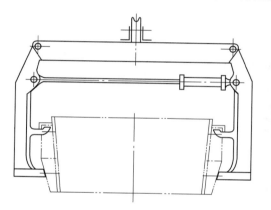

图 6-146　夹运坯体示意图

图 6-147　夹运坯体至切割台

图 6-148　负压吸运至切割台

（5）开动横向切割架，使垂直（横向）切割钢丝上升，进行垂直（横向）切割，见图 6-149。钢丝在上升过程中摆动，完成对坯体的垂直（横向）切割。

图 6-149　横向切割

（6）开动纵向（垂直）切割车和支撑体。固定在长杆端和门架上的纵向切割钢丝对坯体进行纵向（垂直）切割、"面包头"切割和开槽。当纵向（垂直）切割钢丝进入支撑体时，即完成对坯体的纵向（垂直）切割，见图 6-150、图 6-151。

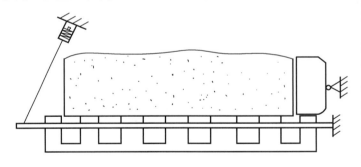

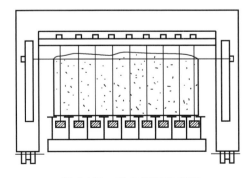

图 6-150　纵向切割示意图

纵向（水平）切割钢丝和纵向（垂直）切割钢丝固定在同一个切割车架上，纵向（水

图 6-151　纵向切割

平）切割和纵向（垂直）切割同时完成。

（7）开动负压吸罩吊车至切割台上，吸走"面包头"运至接料斗，见图 6-152。

图 6-152　负压吸罩吸运面包头

（8）升起升降柱，将算式格栅托板上升并贴紧坯体底面，用模具吊车吊起算式格栅托板，带着切好的坯体送至釜前摆渡车上编组入釜，见图 6-153。

（9）两个端面切割废料和两长侧边切割废料自动掉落在切割台下的废料皮带上，送入废料搅拌罐中制浆，再送至配料楼的废料浆储罐中。

图 6-153 完成切割的坯体吊运

（10）清理切割台面，除油，进行下一模切割。

3. Hebel 切割工艺的特点

（1）坯体固定，钢丝移动。预放算式格栅养护托板，预铺钢丝，先垂直（横向）切割，后纵向（垂直）切割。垂直（横向）切割过程中，"面包头"被切碎，纵向（垂直）切割同时切"面包头"。垂直（横向）切割和纵向（垂直）切割都不走回头路，不发生"双眼皮"。

（2）坯体水平放置，切割缝是垂直的不承受坯体重力，不易产生坯体之间切缝的粘连。可以制作宽度为 1500mm 的坯体和板材。纵向（垂直）切割可切 5cm 的薄制品。

（3）模具侧板带有斜度（上大下小），切割时可对四周边料进行切割清除。两长侧边废料可自动掉落到接料皮带上。

（4）"面包头"用负压吸罩吸运至废料斗处置。

（5）坯体底面不易铣削，在蒸压养护出釜后用铣磨机铣削 3mm。

（6）模具不进切割机和蒸压釜，仅在浇注工段和切割机之间循环。

（7）算式格栅养护托板在切割机与蒸压釜之间循环。

6.3.6　Unipol 工艺切割机及切割技术

Unipol 工艺切割机及切割技术与 Hebel 工艺切割机及切割技术极为相似，有异曲同工之处。工作原理相同而实现方法有异。从研发时间顺序向上看，Hebel 工艺切割机及切割技术早于 Unipol 切割机及切割技术，Unipol 工艺切割机是在学习 Hebel 工艺切割机原理，借鉴、模仿 Hebel 工艺切割机构造技术上开发的。

1. Unipol 工艺切割机系统

Unipol 工艺切割机系统由抽底板模具、脱模框吊车、抽装模底板装置、切割机、"面包头"负压吸运装置、滚道、釜前编组吊车所组成，见图 6-154。

图 6-154　Unipol 工艺切割机系统

2. Unipol 工艺切割机

Unipol 工艺切割机由切割台（床）、推杆车组、纵向（垂直）切割车、梳齿和润滑装置、纵向（垂直）切割出口支撑、垂直（横向）切割装置、滚道输送机、液压泵站及废料接收输送系统组成，见图 6-155。

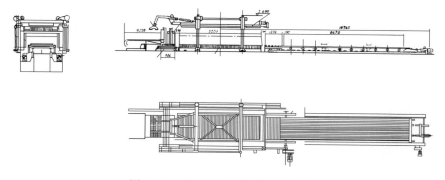

图 6-155　Unipol 工艺切割机示意图

（1）切割台（床）

切割台（床）是由两根纵梁及上面固定的 32 根条形横向钢梁组成的凸凹台。梁上有 27 个圆孔，圆孔上方开有一定宽度的缝隙，引导挂有纵向（垂直）切割钢丝的短梭杆通过切割坯体。

切割台（床）分前切割台（床）、主切割台（床）、后切割台（床）三部分。前后切割台（床）是短杆及长杆的导向部分，也是纵向（垂直）切割车停车的位置。切割台（床）两侧有滚道，格栅式模底板可在滚道上行走。

主切割台（床）是坯体切割的位置。主切割台（床）两侧设有可升降的滚道，通过液压缸和连杆机构进行升降。当格栅式模底板带着坯体就位于主切割台（床）时，滚道下降，带着格栅式模底板下落，坯体落在主切割台（床）上，格栅式模底板落在主切割台（床）的凹槽中。

（2）推杆车组

推杆车组由一辆推杆车、两个支撑车、27 根长杆组成。

推杆车组横跨在切割台（床）上，长杆和支撑车由链条拖动，固定在推杆车组上长杆的前端，支撑在切割台（床）的圆孔中。推杆车通过安装在凸台圆孔中的短梭杆带着钢丝对坯体进行纵向（垂直）切割。切割完成后，推杆车组立即返回，见图 6-156、图 6-157。

图 6-156　推杆车 1

图 6-157　推杆车 2

（3）纵向（垂直）切割车

纵向（垂直）切割车包括门式车架、纵向（垂直）切割装置、纵向（水平）切割装置、梳齿和清理机构。

纵向（垂直）切割车横跨在切割台上，由单独的传送链条带动。门架是由型钢和钢板焊接而成，中空腹腔中贮藏有润滑油。门架横梁及门框上挂有纵向（垂直）切割钢丝、纵向（水平）切割钢丝、钢丝张紧和摆动装置。纵向（垂直）切割钢丝的下端固定在短梭杆上。短梭杆在切割台（床）的凸台圆孔里，穿梭完成纵向（垂直）切割，见图 6-158、图 6-159。

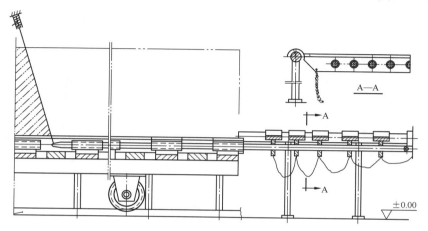

图 6-158　短梭杆穿梭切割示意图

图 6-159　纵向（垂直）切割车及短梭杆

纵向（垂直）切割车的功能有以下几点：

① 将已经抽去活动板条、脱去模框待切的坯体拉入主切割台（床）上。

② 纵向（水平）切割"面包头"。

③ 纵向（垂直）切割坯体。

④ 消除粘在主切割台（床）上的废料并对主切割台（床）涂油。

（4）纵向（垂直）切割出口支撑

纵向（垂直）切割出口支撑是由多个窄条组成的支撑体。通过油缸和杠杆使其在纵向（垂直）切割时由上向下支撑于坯体端面。当钢丝走出坯体就进入支撑体的缝隙，以防止钢丝走出坯体时崩坏坯体，见图 6-160。

图 6-160　纵向（垂直）切割出口支撑

（5）横向（垂直）切割装置

横向（垂直）切割装置是由 4 个圆形导向柱、可升降横梁组成的机架、横向（垂直）切割机架的传动装置所组成，见图 6-161。

装有横向（垂直）切割钢丝的切割框由传动装置转动丝杠带动。

图 6-161　横向（垂直）切割装置

（6）梳齿和润滑装置

在拉入（或推出）载坯模底车时，梳齿和润滑装置落下，利用梳齿将短梭杆推向始端，用刮板清除粘在凸台上的废渣，圆形油辊在凸台面上滚动，对凸台涂油。在纵向（垂直）切割时，该装置由链条传动升至上部。

（7）负压吸罩见图6-162。

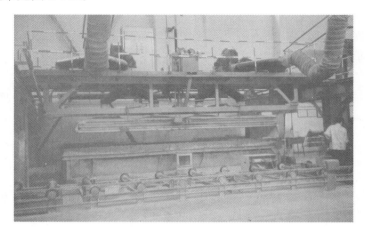

图6-162　负压吸罩

（8）废料接收输送系统

在主切割台（车）两侧下方，布置有两条长螺旋输送机，接收和输送切割下来的边废料。

3. Unipol 工艺坯体切割过程

Unipol 工艺坯体切割过程示意图见图6-163。

（1）完成静停硬化的坯体送至抽装模底板机组，将底板活动条从带有坯体的模具中抽出，同时对抽出的活动条进行清理、润滑，插入另一个模底板中。

（2）抽出活动条后，模具沿滚道移动至脱模位置，用吊具脱去模框。

（3）纵向切割车停在切割机的左端，小车上的挂钩钩住待切割的坯体向右端移动（即纵向切割车返回），带坯体的模底板进入主切割台（床）两侧的升降滚道上。升降滚道带着底板下落，使坯体落在主切割台的凸台面上。底板进入主切割台的凹面内，见图6-164。

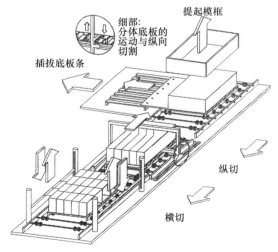

图6-163　Unipol 工艺坯体切割过程示意图

图 6-164　模底板带坯进入切割台（床）

启动纵向（垂直）切割车和推杆车，切割车和推杆车以同样速度向左端移动推动短梭杆，带动与门架之间的纵向（垂直）切割钢丝对坯体进行纵向（垂直）切割。安装在切割床前部的门架立柱上的水平切割钢丝摆动，进行水平切割和切"面包头"，见图 6-165。

图 6-165　进行纵向（垂直）切割

（4）在进行纵向切割和水平切割的同时，纵向（垂直）切割支撑体下落，支撑在坯体端面上。当钢丝走出坯体后，纵向（垂直）切割车停止，支撑体抬起，推杆车快速向右返回。

（5）横向（垂直）切割架向下运动，钢丝摆动对坯体进行横向（垂直）切割，切至终点（最低点），立即返回到上部原位，见图 6-166。

（6）切下的两边废料落入主切割台（车）两侧的螺旋输送机内，搅碎并输送切下的废料至打浆搅拌机，制成废浆。

至此，坯体切割完毕，主切割台（床）两侧的滚道托着格栅式模底板上升，将切完的坯体托起。此时，一个切割周期完成下一个周期开始，见图 6-167～图 6-168。

纵向（垂直）切割车勾着待切坯体，推着已切完的坯体向右移动，把切完的坯体推到后切割台（车）输送到轨道上，用负压吸罩将"面包头"和端头废料吸走，见图 6-169。

图 6-166　横向（垂直）切割

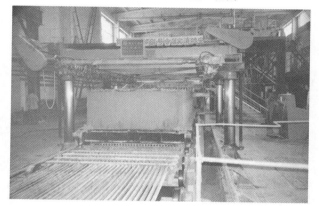

图 6-167　切割完毕，坯体升起 1

图 6-168　切割完毕，坯体升起 2

图 6-169　负压吸除"面包头"

4. Unipol 工艺切割特点

（1）平置切割，坯体不动，钢丝移动，切割缝是垂直的，不承受坯体重力，不易产生坯体之间的粘连。

（2）纵向（垂直）切割钢丝下端固定在短梭杆上，由长杆推动。钢丝通过凸台导向孔正上方的缝隙对坯体进行纵向（垂直）切割。可进行纵向（垂直）切割、纵向（水平）切割，切割"面包头"、不同规格砌块及 1500mm 的板材。

（3）对带有斜度（上小下大）的坯体进行四周边料的切除清理。

（4）"面包头"用负压吸罩吸运至接料斗，送至废料浆搅拌机中。

（5）垂直（横向）切割，坯体切不透，但坯体的底面可以用纵向（水平）切割钢丝切割，在蒸压养护出釜后清除。

（6）可产生门窗过梁。

5. Unipol 工艺切割机及切割工艺与 Hebel 工艺切割机及切割工艺的不同之处

（1）模具构造形式不同，坯体搬运方式不同

Unipol 工艺模具是由上小下大断面呈梯形的固定模框、组合模底板组成。底板由格栅式固定板条和活动板条组合而成。活动板条可以从格栅式模底板中抽出。格栅式模底板带着未切割坯体沿着滚道进入主切割台（车）进行切割。

Hebel 工艺的模具有两种：一种是由上大下小呈倒梯形断面的活动模框与固定底板组成；另一种是由整体模框与固定底板组成。前者用专用夹具通过活动的长侧板夹住坯体运至切割台（床）上进行切割，后者用负压吸罩将整体模框带着未切坯体吸运到切割台（床）上。

（2）纵切钢丝下端固定方式不同

Unipol 工艺切割机与 Hebel 工艺切割机纵向（垂直）切割钢丝上端都是固定在纵向（垂直）切割车门架横梁上。Unipol 工艺切割机纵向切割钢丝下端固定在短梭杆上，Hebel 工艺切割机纵向切割钢丝下端固定在长杆端头。

（3）长杆杆体不同

Unipol 工艺切割机和 Hebel 工艺切割机都是通过长杆在切割台（床）的凸台孔中运动，实现纵向（垂直）切割。

Hebel 工艺切割机是长杆拉着钢丝进行切割，而 Unipol 工艺切割机是切割车上的长杆顶着短梭杆进行纵向（垂直）切割。

两者断面尺寸不同。Unipol 工艺切割机长杆直径为 5～8cm，而 Hebel 工艺切割机长杆为方形，尺寸为 1～1.5cm。

（4）切割程序不同

Unipol 工艺切割不在切割台（床）的台面上预铺垂直（横向）切割钢丝。在切割程序上，先垂直（横向）切割，后纵向（垂直）切割。垂直（横向）切割由上到下压切，切完返回，要走回头路，存在切不到底和"双眼皮"的可能。

Hebel 工艺切割在切割台（床）的台面上预铺垂直（横向）切割钢丝。由下向上提切，先垂直（横向）切割，后纵向（垂直）切割。钢丝不走回头路，完全切透，不会产生"双眼皮"。

（5）坯体蒸压养护托板不同

Unipol 工艺的坯体养护托板是抽出活动板条的格栅式底板。

Hebel 工艺的坯体养护托板是专用的格栅式托板，它是在预铺钢丝前放入切割台（床）的凹槽中。

6.3.7 Wehrhahn 工艺切割机及切割技术

1. Wehrhahn 工艺切割机开发简介

Wehrhahn 公司曾先后制造销售过三种类型切割机。

第一类同 Stema 工艺。

第二类是简化了的 Durox 工艺切割机，并在此基础上有所改进和完善。

第三类是 Wehrhahn 公司 Klaus Bohnemann、Peter Daschner 两位经理于 1985 年来中国参加南京国际建材展览会期间，由陶有生陪同前往合肥建华建材厂参观中国 6m 地面翻转切割机后，在学习借鉴中国地面翻转工艺及装备技术基础上采用翻转台在地面将坯体翻转 90°侧立水平切割，综合移植集成了 Durox 工艺模具技术和 Ytong 工艺机组流水切割装置及技术，于 1988 年前后开发形成的基本型切割机和切割系统。

Wehrhahn 工艺基本型切割机和切割工艺技术保留了 Ytong 工艺切割系统中的锄刀式（垂直）横向切割技术和设备，但其纵向（水平）切割并非 Ytong 工艺纵向（水平）切割那样，坯体移动，切割钢丝不动，而是坯体停在纵向（水平）切割工位不动，由切割小车移动进行纵向（水平）切割。根据市场需求不断变化，Wehrhahn 公司不断完善、提高和发展其技术，但基本形式与格局未变。最后完全接受采用了 Ytong 工艺流水机组的切割形式及工艺过程，改坯体固定，纵向（水平）切割为坯体移动切割。并进一步改进了地面翻转机，改锄刀式垂直（横向）切割为框架垂直（横向）切割，增加切割蒸养托板更换喂送机构、负压吸罩、手持孔加工和去底边废料的翻转机。在蒸压养护方面又吸收移植了 Hebel 公司的算式格栅养护方案进行平置养护，使生产线的日生产能力可达到 1300～2000m³，形成了发展型技术系统。

2. Wehrhahn 工艺发展型切割机

1）Wehrhahn 工艺发展型切割系统

Wehrhahn 工艺发展型切割系统由四面模侧板可向四面翻转 90°展平的模具车、模具自动开合装置、模具清理和涂油设备、装有推拉机构运送模具车的摆渡车、地面翻转机、切割装置及切割养护底板喂送及传送机构、负压吸罩及手持孔加工装置、去底边翻转机、编组吊车等组成，见图6-170、图 6-171。

图 6-170　Wehrhahn 工艺发展型切割系统 1

图 6-171　Wehrhahn 工艺发展型切割系统 2

2）Wehrhahn 工艺发展型切割机

Wehrhahn 工艺发展型切割机由地面翻转机、切割养护托板、纵向（水平）切割装置、横向（垂直）切割装置、负压吸罩、手抓孔、铣削机构、去底边翻转机等组成，见图6-172。

（1）地面翻转机

Wehrhahn 工艺地面翻转机是以中国 6m 地面翻转机为原形进行改进、完善、提高而成。

地面翻转机由机座、"L" 形翻转机架、油缸、油泵组成。"L" 形机架的长臂上设有可由油缸推动的移动台架。短臂上设有可以承接切割、养护托板的带滚支架、输送底板及坯体的小车及多个油缸、齿轮、齿条和油泵站。

（2）切割装置

切割装置由大面切削机构、榫槽加工刀架、纵向（水平）切割机架、横向（垂直）切割架及其上的切割钢丝框架、手持孔铣削机构、液压托板、负压吸罩等组成。完全与 Ytong 工艺技术系统相同，此处不再详述。

图 6-172　Wehrhahn 工艺发展型切割系统 3

（3）去底边料翻转机

去底边料翻转机构造同坯体切割翻转机，只是工作程序相反。

3. Wehrhahn 工艺坯体切割过程

Wehrhahn 工艺坯体切割过程见图 6-173。

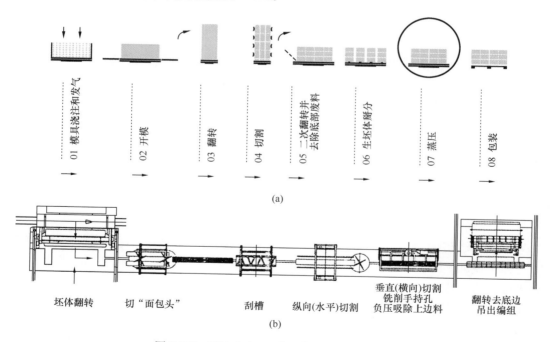

01 模具浇注和发气　　02 开模　　03 翻转　　04 切割　　05 二次翻转并去除底部废料　　06 生坯体掰分　　07 蒸压　　08 包装

(a)

坯体翻转　　切"面包头"　　刮槽　　纵向(水平)切割　　垂直(横向)切割铣削手持孔负压吸除上边料　　翻转去底边吊出编组

(b)

图 6-173　Wehrhahn 工艺坯体切割过程示意图

（1）将切割养护托板用吊车、抓钩输送机或旋转臂杆送到翻转机短臂上的支架或输送小车上，见图 6-174。

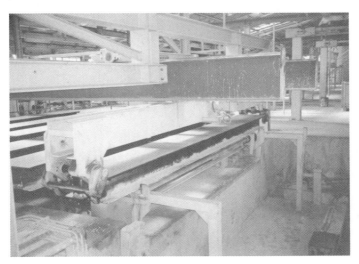

图 6-174　切割、养护底板的输送装置

（2）将模具 4 个侧模框打开，下翻 90°，见图 6-175，使其与模底板展平为一个平面，并推动模具车带着坯体进入地面翻转机"L"形机架长臂上的移动台架上。

图 6-175　模具开模

（3）移动台架带着模具车及坯体向短臂上的切割养护托板移动，直到坯体的一个长侧面贴紧切割养护托板。

（4）翻转机翻转 90°，使坯体侧立在切割养护底板上，见图 6-176、图 6-177。

（5）切割养护托板带着坯体离开长臂上的移动台架上的模具车。

（6）输送小车带着坯体及切割养护底板进入切割装置，见图 6-178。

（7）手持孔加工及负压吸除上边料，见图 6-179。

（8）坯体通过切割装置完成切割后，切割蒸养托板带着已切坯体进入去底边翻转机，翻

图 6-176　坯体翻转 1

图 6-177　坯体翻转 2

(a)

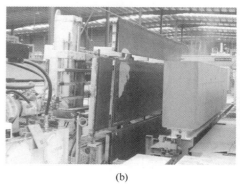

(b)

图 6-178　坯体侧立送去切割

转 90°放平，去除底边，见图 6-180、图 6-181。

图 6-179　手持孔加工及负压吸除上边料

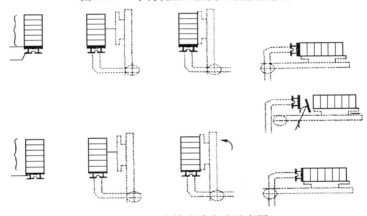

图 6-180　翻转去除底边示意图

图 6-181　去除底边

再翻回侧立于切割养护底板上，用吊车送至釜前编组侧立进釜养护。如需平置养护，坯体直接翻落在箅式格栅养护托板上去底。去底后，用吊车运送至湿坯分坯台上分坯，再吊运到釜前编组平置养护，见图6-182。

图 6-182　用吊车运送至釜前编组平置养护

4. Wehrhahn 工艺切割特点

（1）以地面翻转机代替 Ytong 工艺翻转脱模吊车，将坯体翻转侧立。

（2）模具车结构构造与 Durox 工艺完全相同。所不同的是：Wehrhahn 工艺中，模具车打开模侧板展平后，带着坯体走进地面翻转机翻转，使坯体侧立于专用切割养护托板上；而 Durox 工艺模具车不进入切割线，只将模具车上坯体夹运到切割台（床）上。Wehrhahn 工艺和 Durox 工艺的模具车都是在浇注工段与切割机之间来回循环，切割养护托板在蒸压釜与切割机之间来回循环。

（3）切割钢丝不动，坯体在切割线的不同工位移动进行机组流水切割。但在垂直（横向）切割工位，坯体停止不动，切割钢丝运动。所有切割过程与特点与 Ytong 工艺完全相同。

（4）创新发展了地面翻转去底边皮技术和装备。考虑周到，去底边料干净、利索、彻底，形式多样，自动化程度高。

（5）坯体养护方式灵活，可以侧立养护，也可将侧立坯体翻转 90°平置养护。

（6）Ytong 工艺坯体切割机养护底板（托板）为组合模具的一个部分——长侧板。Wehrhahn 工艺坯体切割机切割用托板和养护托板为专用托板。

Wehrhahn 最早工艺是坯体平置切割，坯体垂直（横向）切割钢丝较长，影响切割精度，也不能在蒸压养护前对坯体进行手持孔加工，铣削榫槽也较麻烦。为此在学习中国地面翻转切割技术后，将坯体在翻转至垂直状态时进行切割，但侧立切割后，坯体在蒸压养护中逐层粘连。为解决这一问题在坯体切割后将坯体再次翻转到水平位置进釜养护，这样减少了产品的粘连并省去掰分机。

6.3.8　Stema工艺切割机及切割技术

Stema工艺是一种比较简单的工艺，见图 6-183。Stema 切割机小而且简洁，Durox 公司、Celcom 公司、Wehrhahn 公司、Industrieanlagen Auerbach—Föro 公司都曾先后制造、销售过该技术设备。

图 6-183　Stema 工艺切割机组

1. Stema 工艺切割机构造

Stema 工艺切割机由水平切割机构、垂直（纵向）切割装置、垂直（横向）切割装置、负压吸罩等组成。

（1）水平切割机构

水平切割机构是位于垂直（纵向）切割装置前的两个立柱，立柱上装有可摆动的钢丝，对坯体进行水平切割和切除"面包头"。

（2）垂直（纵向）切割装置

垂直（纵向）切割装置由钢框架、钢丝摆动机构和切割钢丝、液压升降机构所组成，见图 6-184。

（3）垂直（横向）切割装置

垂直（横向）切割装置与垂直（纵向）切割装置构造相同，见图 6-185。

（4）负压吸罩

负压吸罩由钢框架、风机、罩体和移动吊机所组成，用于吸除"面包头"，见图 6-186。

2. Stema 工艺切割过程

（1）用吊具脱去模框，由液压顶推装置将载有坯体的模底车推至垂直（纵向）切割工位，完成"面包头"或水平切割，见图 6-187。

（2）开动摆动钢丝，由上向下对坯体进行垂直（纵向）切割，见图 6-188。

（3）完成垂直（纵向）切割的模车推至垂直（横向）切割工位，开始摆动钢丝由上向下进行垂直（横向）切割，见图 6-189。

图 6-184　垂直（纵向）切割装置

图 6-185　垂直（横向）切割装置

图 6-186　负压吸罩

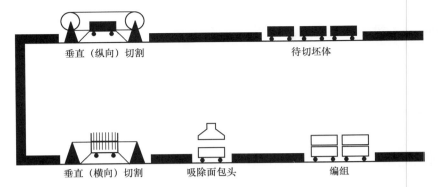

图 6-187　Stema 工艺切割过程示意图

图 6-188　垂直（纵向）切割

图 6-189　垂直（横向）切割

（4）完成垂直（横向）切割后，由负压吸罩吸除"面包头"，再由吊具码垛编组。

3. Stema 工艺切割特点

（1）由模底车带着坯体进行垂直（纵向）、垂直（横向）分工位切割。

（2）垂直（纵向）、垂直（横向）切割钢丝均自上而下摆动进行，切割后钢丝原路返回，基本没"双眼皮"产生。

（3）整机结构构造简单，制造容易，装机容量小。工艺流程短，工序、设备少，投资省，适合年产量在 10 万 m³ 以下的蒸压加气混凝土砌块的生产。

6.3.9 地面翻转工艺切割机及切割技术

1. 中国地面翻转工艺原创型切割机研发

1）中国地面翻转工艺原创型切割机研发背景

为了摆脱完全依靠引进国外技术和装备，发展我国加气混凝土工业，20 世纪 70～80 年代，在集中引进了一批加气混凝土生产工艺技术和设备，建设了一批加气混凝土生产线以后，建筑材料工业部组织各方力量大力开展了以切割机组、蒸压釜为代表的蒸压加气混凝土成套装备的自主研发、试制和生产，其中唯有地面翻转工艺切割机最具中国特色、最具代表性。

2）中国地面翻转工艺原创型切割机研发过程

（1）开发目标

① 年产能力不低于 10 万 m³；

② 坯体净尺寸为 6m×1.5m×0.6m，不带整模养护，以节约钢材和能源；

③ 对坯体进行六面加工，产品表面没有油污；

④ 产品尺寸精确，精度不低于 Siporex 工艺产品，棱角整齐，成品率高；

⑤ 适应当时中国材料、设备供应能力、设计、制造及生产使用管理水平。

（2）技术路线选择与方案确定

经过对 Siporex 工艺及Ⅰ型切割机测绘消化、设计和复制，发现 Siporex 切割机不能完全满足上述目标要求，而且其结构、构造比较复杂，制造要求高，许多零部件如油缸、汽缸、电气控制元件等在国内尚难以自给，又无足够的外汇购买，加上带模具养护耗钢量大、能耗高，在蒸压过程中锈蚀严重。经分析认为，Siporex 切割技术在中国难以普及和推广。在学习 Siporex 工艺的同时，于 1971～1973 年之间辽宁工业建筑设计院开始了多种类型切割机的开发研究，中国地面翻转切割机就是其中最突出的一种。经广泛查阅当时国内极其有限的国外相关技术资料，感觉 Ytong 工艺将坯体翻转 90°进行切割相对比较简单，实现比较容易。但当时并不知道 Ytong 工艺的坯体是怎样实现翻转、切割和养护的。在此启发下，北京加气混凝土厂用铣磨机组的翻转台进行了 3m×1.5m×0.6m 坯体翻转 90°试验，实现了有效翻转，效果良好。便以此为基础，确定了以坯体翻转 90°切割为研发方向。在确定了将坯体翻转 90°切割的方案后，以什么方式进釜养护又是一个需要解决的问题。当时两种意见：①按照 Siporex 工艺Ⅰ型技术将翻转了 90°的切割坯体再翻回原状，平置进釜蒸压养护；②根据有关报道和个别考察人员印象，Ytong 工艺坯体翻转切割后，直接侧立进釜蒸压养护。制品出釜后，须设掰分机掰开粘连的切缝。鉴于当时既不了解掰分机的工作原理、设备构造和操作方法，也限于当时中国整体工业水平，特别是机械制造业水平低下，即使了解掰分机的构造也没有能力和条件制造，更没有财力投资。在这种情况下，经反复研究最终决定避开掰分机采用第一种方案将切割的坯体再翻回原状，平置进蒸压釜养护。这就形成了具有中国特色和独立自主知识产权的地面翻转工艺和切割机技术。

（3）研制过程

在北京加气混凝土厂初步试验的基础上，建筑材料工业部下达计划安排辽宁工业建筑设计院开展地面翻转切割机的设计研制。1974 年 5 月，辽宁工业建筑设计院与哈尔滨工业加工厂组成有工人、工程技术人员、厂院领导参加的"三结合"小组（图 6-190），采取现场设计，边设计、边制造、边安装、边试验的方式，用 8 个月时间，于当年 12 月进行了负荷试车，取得成功并投入生产使用。生产实践证明地面翻转切割是可行的，机器的设计构造是合理的。

图 6-190　"三结合"小组

（4）制造使用

地面翻转工艺原创型切割机经过一年多生产运行后，于 1976 年 10 月建筑材料工业部在哈尔滨工业加工厂组织召开了座谈会，对该机进行了评议，并给予了肯定。决定由辽宁工业建筑设计院对图纸进行整理修改后交陕西玻璃纤维机械厂投入制造。第一台用于天津硅酸盐制品厂加气混凝土生产线，紧接着安排了 16 台制造任务，先后用于长春加气混凝土厂、沈阳加气混凝土厂、鞍山加气混凝土厂、唐山加气混凝土厂、郑州加气混凝土厂、西安硅酸盐制品厂、甘肃省建工局构件公司、内蒙古呼和浩特构件公司、新疆乌鲁木齐红雁池加气混凝土厂、武汉硅酸盐制品厂、合肥建华建材厂、上海硅酸盐制品厂、邯郸华北冶金建材公司加气混凝土厂等加气混凝土生产线的建设。这些生产线都配有钢筋网片加工车间，具备板材生产能力，太原加气混凝土厂、青岛加气混凝土厂因原材料条件和投资问题而未建。

这些生产线成为我国加气混凝土行业的骨干和中坚力量。经过多年的生产，其生产能力都突破了原有的设计能力。其中，有的年生产量达到 30 万 m³，总生产能力可达 280 万～400 万 m³。

多年使用结果证明，地面翻转切割机工艺原理是科学的，方案选择是正确的，技术是可行的，切割机的构造和运行是可靠的，达到了预想目标，研制是成功的。

2. 地面翻转工艺原创型切割机

1）地面翻转工艺原创型切割系统

地面翻转工艺原创型切割系统由模具、带抓具吊车、切割机组组成，见图 6-191。

图 6-191　地面翻转工艺原创型切割系统

2）地面翻转工艺原创型切割机构造

地面翻转工艺原创型切割机由机架、开合模装置、翻转机、纵向（水平）切割车、垂直（横向）切割装置、废料输送装置、液压系统、气动系统、电气系统和操作台等所组成，见图 6-192、图 6-193、图 6-194。

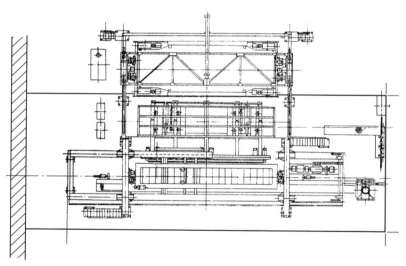

图 6-192　地面翻转工艺原创型切割机构造俯视示意图（1）

（1）机架

机架由型钢焊接而成，见图 6-195。其上安装有纵向（水平）切割车、纵向（水平）切割车的拖动装置（电机、减速机、链条、轨道）、垂直（横向）切割装置。

（2）开合模装置

开合模装置由机架、水平行走小车、升降开合模框组成，见图 6-196。水平行走小车由油缸驱动，开合模框由油缸升降和伸缩导向筒定位，开合模框的四角装有风动套筒扳手、用于上紧和松开模框四角的螺母。

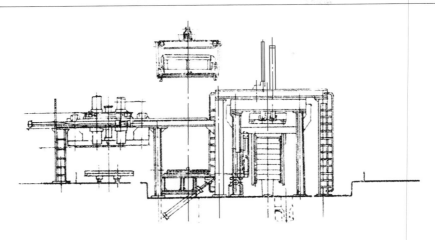

图 6-193　地面翻转工艺原创型切割机构造侧视示意图（2）

图 6-194　地面翻转工艺原创型切割机

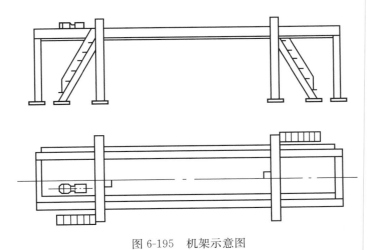

图 6-195　机架示意图

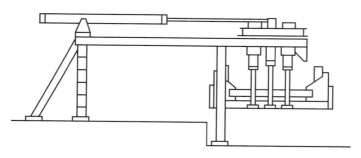

图 6-196　开合模装置示意图

（3）翻转机

翻转机由"L"形翻转架、"L"架长臂上的大移动接坯台、短臂上的小移动接坯台、"L"形翻转架翻转油缸、大移动接坯台和小移动接坯台推动油缸、支座、固定台等所组成，见图 6-197。

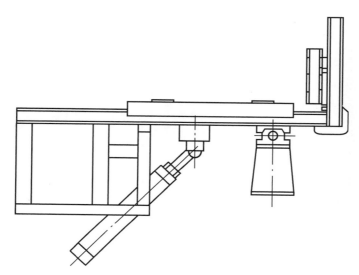

图 6-197　翻转机示意图

"L"架在油缸推动下可做 90°来回翻转。大、小移动接坯台可在"L"架长、短臂上由油缸推动来回移动。固定台作为"L"架长臂的延伸加长，可使大移动台移至其上，以便吊具有足够的空间开合模具和吊运坯体。小移动接坯台是由若干条方钢组成的算状格栅台。

（4）纵向（水平）切割车

纵向（水平）切割车由车架、"面包头"切割钢丝、纵向（水平）切割钢丝挂柱、铣削榫槽、倒角机构等组成，见图 6-198。纵向（水平）切割车挂在机架轨道上由链条拖动来回行走。

（5）垂直（横向）切割装置

垂直（横向）切割装置由垂直（横向）切割钢丝框、垂直（横向）切割钢丝框升降油缸和伸缩导向筒所组成，见图 6-199。升降油缸和伸缩导向筒固定在机架上。

（6）废料输送装置

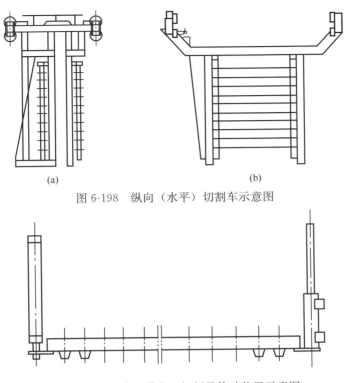

(a)　　　　　　　　　　　　(b)

图 6-198　纵向（水平）切割车示意图

图 6-199　垂直（横向）切割及传动装置示意图

废料输送装置由可来回搓动破碎废料的算形板、废料槽、废浆泵组成。

（7）油泵站及操作台

3. 地面翻转工艺原创型坯体切割过程

（1）将开合模框置于装置翻转"L"架长臂的大移动台上方。

（2）用吊具将符合切割要求的坯体连同模框、模底板吊运到翻转机"L"架长臂的大移动台上。

（3）启动开合模框装置上的风动套筒扳手，松开模框四角螺母，打开模框，使模框与坯体分离，见图 6-200。

（4）提升打开的模框，将坯体及模底板留在大移动接坯台上。随后提升模框并将其合上，再由水平小车运至停在开合模框机架下的小车模底板上。组装好的模具返回浇注车间进行下一轮浇注，见图 6-201。

（5）油缸推动大移动接坯台，使坯体一侧面紧贴小移动接坯台台面。"L"架翻转 $90°$，使坯体侧立于小移动接坯台上。再由小移动接坯台的油缸将坯体推离大移动接坯台到达纵向（水平）切割车的中线位置，见图 6-202。

（6）开动纵向（水平）切割车，同时进行铣削"面包头"、榫槽及倒角，纵向（水平）切割，见图 6-203。

（7）开动垂直（横向）切割装置。垂直（横向）切割钢丝框由上向下运动，进行垂直（横向）切割，钢丝切至小移动接坯台返回，见图 6-204。

（8）小移动接坯台载着切好的坯体返回，贴靠大移动接坯台台面。"L"架反转 $90°$，并

图 6-200　打开模框

图 6-201　提升模框

图 6-202　坯体翻转

图 6-203　纵向（水平）切割

图 6-204　垂直（横向）切割

载着坯体离开小移动接坯台台面，返回原位。

（9）吊具将已切坯体连同模底板吊出切割机，编组养护。

4. 地面翻转工艺及原创型切割机在试运行中暴露出的问题

（1）坯体在翻转90°侧立于小移动接坯台时产生一条或多条大的断裂，见图6-205。分析其原因是坯体硬化不均匀、坯体韧性不够或是模具侧板变形及小移动接坯台刚度不够，从而在运行过程中产生变形等。

（2）坯体在纵向（水平）切割过程中，切过部分常常发生有规律性的断裂。即每隔40～60cm就产生一道断裂，见图6-206。分析其原因为，任何切割钢丝都是有一定直径的，它在切割坯体时，会在被切坯体中留下相当于直径宽度的切缝，随着切割钢丝数量增加，留在坯体中的切缝使已切坯体处在悬臂状态，当切缝叠加到某一宽度，已切坯体无法支撑便发生断裂。

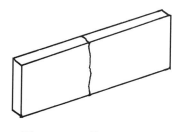

图6-205　坯体翻转产生的
大断裂示意图

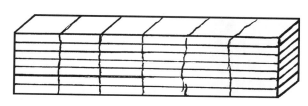

图6-206　每隔60cm左右出现
断裂的示意图

新研发的地面翻转切割机的纵向（水平）切割车仅设置了两排挂线柱。第一排挂切割"面包头"的钢丝，水平切割钢丝集中挂在第二排的同一平面内，在切割缝叠加到一定程度时，使已切坯体下沉就产生规律性的断裂。

（3）纵向（水平）切割钢丝走出坯体时，崩料崩角，甚至推坏坯体端头。分析其原因是，钢丝切割坯体时受到一定阻力，阻力大小与钢丝直径、坯体硬度及钢丝根数有关；当同一平面上钢丝数量较多时，阻力大，就会把坯体端部推坏。

（4）坯体在垂直（横向）切割后，在切缝处出现2～3mm厚的薄片，俗称"双眼皮"，并在钢丝返回出坯体时产生崩角。这一薄片的存在会因破坏墙面粉刷层等原因而不允许。分析其原因为，新研发的地面翻转切割机垂直（横向）切割钢丝框由两个长油缸推动上下升降，两个油缸不易同步；切割钢丝框倾斜使得切割钢丝下降和回升时的轨迹不在同一个切割缝中。当然，"双眼皮"的出现是由多种原因造成的，长期以来一直影响我们的产品质量。

（5）坯体"面包头"对应的大面没有切除，存在油污。

（6）坯体两长侧边未做切除和清理。

（7）坯体侧立切割时的废料落在翻转机的"L"架的移动台行走梁上，不易清理。

（8）大小移动接坯台在"L"架上移动时，生产扭摆。

（9）模具构造复杂，开合麻烦，费时费事，需设专门机构。分析其原因是沿用了Siporex工艺模具。

（10）吊具在吊车行走和升降过程中来回摆动，不易准确快速定位，需人工辅助，增加用工，降低工作效率。分析其原因是沿用了 Siporex 工艺的吊车，用钢丝绳升降吊具。

（11）切割机周围的卫生环境较差。

（12）切割过程未实现自动化。

以上问题的前四者最为严重，它直接影响产品质量和成品率。模具构造和吊运方式也带来不少麻烦，直接影响地面翻转切割机的推广应用。

5. 产生上述问题的原因

（1）中国地面翻转工艺及原创型切割机的研制是在学习 Siporex 工艺及切割机的基础上进行的，在工艺模式、技术路线、切割原理、设备构造及切割过程等方面受 Siporex 工艺及切割机影响较深，在地面翻转工艺和原创型切割机身上留有不少 Siporex 切割机的元素，甚至是原封不动的沿用，如模具、吊具、吊车、模具吊运方式、切割机机架、开合模的方式、水平切割方式及传动等。

（2）没有坯体翻转侧立切割的实践，缺乏这方面知识，不知道在运行中会出现什么问题，出了问题一时不知道如何处置。

（3）蒸压加气混凝土在中国刚刚起步，缺乏经验，又受中国整体工业水平、机械设计制造水平、零配件供应能力等因素制约。

6. 地面翻转工艺及原创型切割机的改进与完善

中国地面翻转工艺及原创型切割机在投入使用以来，对所发现的问题进行了长时间、不间断、连续多次改进。

1）第一阶段改进

（1）坯体翻转侧立断裂

① 调节坯体硬化过程，控制坯体硬化性能，使其硬化均匀并与切割机特性相适应。

② 将坯体置于温度为 40～60℃ 的热室中静停硬化。

③ 在满足切割机对坯体要求的前提下，缩短静停硬化时间。

（2）纵向（水平）切割坯体断裂及崩坯

在坯体两端加装支撑体，在纵向（水平）切割前用支撑体在坯体两端夹住坯体，使其在切割过程中和完成纵向（水平）切割后不会因为切割钢丝缝叠加形成悬臂而断裂，见图 6-207、图 6-208。

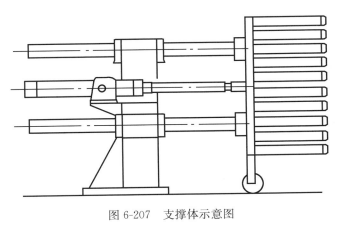

图 6-207　支撑体示意图

图 6-208　支撑体

（3）垂直（横向）切割"双眼皮"

改变垂直（横向）切割钢丝框的升降传动方式是形成地面翻转切割工艺过渡型的重要标志。

① 保留原机型上两端的油缸和导向筒。在垂直（横向）切割钢丝框上加装两根齿条，在切割机架上的相应位置加装同轴齿轮。油缸推动切割钢丝框架带动齿条通过齿轮强制油缸同步，意图是使切割钢丝框水平升降时，保证切割钢丝来回轨迹相同，消除"双眼皮"，见图 6-209。

图 6-209　在垂直（横向）切割钢丝框上加齿条

② 取消驱动油缸，改为螺母丝杠机械传动。螺母安装固定在机架上，丝杠下端吊挂垂直（横向）切割钢丝框，转动螺母带动丝杠升降，保证了垂直（横向）切割钢丝框水平升降，其目的也是解决"双眼皮"问题，见图 6-210、图 6-211。

③ 取消驱动油缸和导向筒，在机架上加装齿轮及带齿升降杆和导向筒。齿轮和导向筒安装固定在机架上，带齿升降杆下端吊着垂直（横向）切割钢丝框，保证垂直（横向）切割钢丝框水平升降，消除"双眼皮"，见图 6-212。

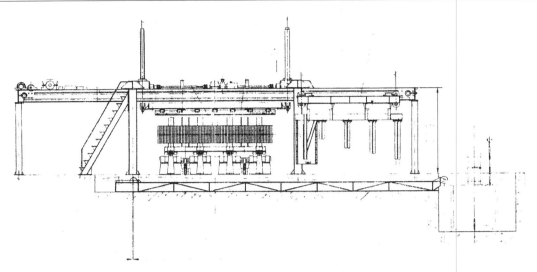

图 6-210　加装螺母丝杠正视示意图

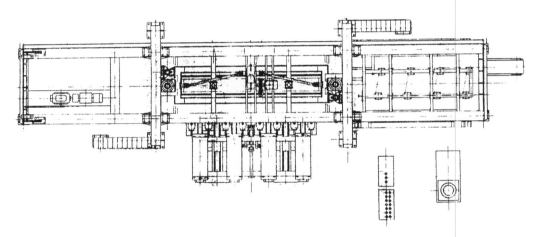

图 6-211　加装螺母丝杠俯视示意图

图 6-212　加装齿轮及带齿升降杆和导向筒设备图

④ 上述三种方案取得了明显的效果，"双眼皮"现象大大减轻或基本消除，但还不够彻底。于是，又尝试将垂直（横向）切割改为铡刀式，形成了地面翻转切割工艺过渡型切割机的又一种典型结构，见图 6-213、图 6-214。

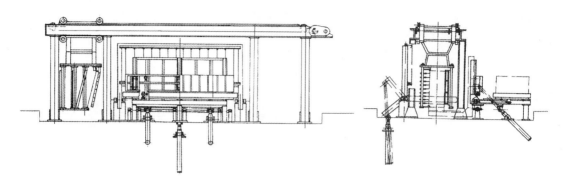

图 6-213　垂直（横向）切割改为铡刀式切割示意图

图 6-214　垂直（横向）切割改为铡刀式切割

⑤ 在切割坯体上方加装算状格栅压框，垂直（横向）切割钢丝回升出坯体后进入格栅缝中消除钢丝出坯体的崩料。

以上措施取得了一定成效，有的得到解决，有的仍不够理想，有的还未得到解决，需进一步改进，但基本可以满足使用要求。无论是有长油缸、长齿条齿轮还是有长带齿导杆，它们在垂直（横向）切割钢丝框架到达坯体最底部过程中，都产生钟摆摆动，仍有因左右摆动形成"双眼皮"的可能，所以需要进一步改进。

2）第二阶段改进

（1）将开合模框改为固定模框，见图 6-215；取消切割机中开合模装置，简化了切割机，减少了动力消耗和切割机操作。在固定模框的斜度、模框的制作工艺等细节方面也作过一些探索。随着固定模框的应用，模底板也必须作相应的改变，由中间突起改为一个整体平面，简化了底板的结构，更简化了加工工艺，降低了加工成本。由于地翻切割工艺中底板的数量相当大，这一改进具有很重要的意义。

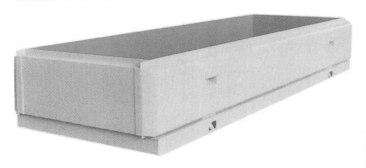

图 6-215　固定模框

（2）在"L"形翻转架的长短臂及大小移动接坯台上加装同步轴齿轮或齿条，解决推动油缸不同步所造成的大小移动接坯台在移动时的扭摆。遗憾的是这一机构中同步轴很短，作用不太理想，但为以后进一步改进打下基础。

（3）改进小移动接坯台的驱动油缸，使坯体实现切去 2cm 厚的底面。在返回大移动接坯台时，使切去 2cm 底料生成的间隙得以补偿而能紧贴大移动接坯台，再翻回 90°。

（4）取消后加的纵向（水平）切割进出口支撑，加长机架，学习 Ytong 工艺切割机挂线柱安排。改仅有两个挂线柱的纵向（水平）切割车为有 4～6 个甚至更多挂线柱的纵向（水平）切割车，每两个挂线柱间的间距为 600～1000mm。这样不仅解决了纵向（水平）切割规格灵活性的问题，也解决了坯体在切割过程中连续断裂和切割钢丝出坯体崩坏坯体的问题。

尽管加装纵向（水平）切割进出口支撑可以解决纵向（水平）切割生产断裂问题，但纵向（水平）切割进出口支撑构造复杂，笨重，耗材多，制作难度高，需另加动力系统，而且支撑体由多块呈水平安装的 25cm 厚的片状体组成。该片状体长超过 1m，其下垂变形使纵向（水平）切割钢丝不能准确进入支撑体内。为使纵向（水平）切割能正常进行，曾将片状体改厚，缝隙扩大，这样虽便利了纵向（水平）切割，但是制品切割规格受到了很大限制。

（5）成品吊具和半成品吊具未进行认真改进。

经过此阶段的改进使地面翻转切割机的性能得到进一步改善和提高。

3）第三阶段改进

（1）切割系统的改进形成地面翻转切割工艺改进型切割机，见图 6-216～图 6-218。

① 将纵向（水平）切割车由外挂于两根纵梁改为内挂在两根纵梁上，其传动由链轮链条改为齿轮齿条，使机体更加紧凑，机构更加简洁，提高了整个机器的刚性。

② 增加去除切割坯体两个大面余料的刮刀装置，提高了砌块表面的平整度。

③ 垂直（横向）切割钢丝框升降由螺母丝杠、油缸导向筒、齿轮齿条或齿轮带齿导杆机构改为在机架柱子上安装齿轮齿条升降，使切割机系统高度大大下降，机构简化，为今后的生产线实现自动化和行车的改进打下坚实的基础。

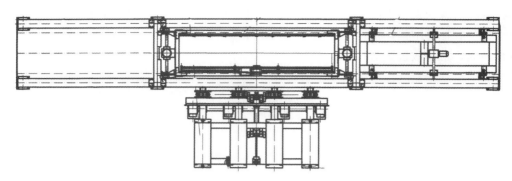

图 6-216　地面翻转工艺Ⅳ型切割机俯视示意图

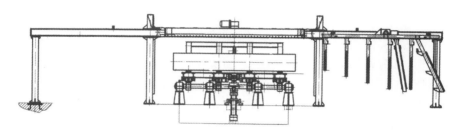

图 6-217　地面翻转工艺Ⅳ型切割机正视示意图

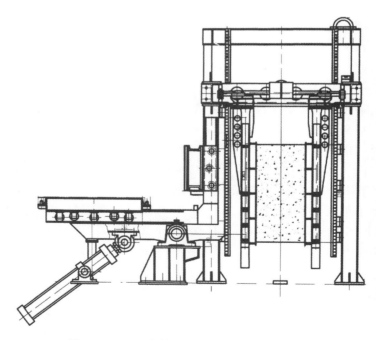

图 6-218　地面翻转工艺Ⅳ型切割机侧视示意图

④ 取消坯体上方的格栅压框的压坯装置，将小移动接坯台上的格栅式台座板改为平板式台座板。这样就根除了因格栅形式对砌块规格的制约，使生产中对砌块规格尺寸变得随心所欲。这一改动受到砌块用户的热烈欢迎。

⑤ 将垂直（横向）切割实现双向摆动，消除了切割过程中坯体晃动的现象，提高了切割精度又有效地保护了砌块。

⑥ 改变传动系统的配置，将每模切割周期由 6～8min 提高到 3～4min，大大提高了生产效率。如果加上行车行走速度和蒸养小车、底板、蒸压釜等数量的适当补充，整个生产线产量可以提高 1000m³/d 以上。

⑦ 进一步改进同步轴的结构，使控制同步的功能更加灵敏、可靠，切去 2cm 坯料间隙得到补偿的方法不再使用机械手段而由控制程序解决，越发使机械结构变得简单和可靠。

⑧ 可在切割后的坯体上作喷墨标记，增加生产板材的刮槽刀具，加工手抓孔等机构。

⑨ 还有一些小型构件的改进，起到了事半功倍的效果。

（2）地面翻转机的再改进

在大移动接坯台上安装轨道，由模具车载着脱了模框的坯体走上大移动接坯台进行翻转切割。

（3）在吊车上加装导向柱和自动定位装置，使吊具沿着导向柱上升和下降，见图 6-219，解决吊具带着模具在行走中摆动的问题，使坯体准确落在大移动接坯台上，不用人工辅助。带导向柱的吊车可吊着坯体跨越切割机，提高效率。

图 6-219　带导向柱的吊车吊运坯体跨越地面翻转切割机

（4）为了适应各种环境的工艺布置，还可设计制造多种规格的脱模吊具及编组吊具。

经过多次改进后，地面翻转工艺及切割机更加成熟更加好用。机型也从 6×1.5×0.6（m×m×m）增加到 6×1.2×0.6、4.2×1.5×0.6、4.2×1.2×0.6、4.8×1.5×0.6、4.8×1.2×0.6 等。切割周期可由每模 6～7min 缩短到 3～4min，产能大大提高。切割精度可达到 ±3mm、±1mm、±1mm，自动化程度也有所提高。各种机型在全国各地普遍使用，对中国蒸压加气混凝土发展发挥了重要作用。

7. 地面翻转工艺切割机的特点和比较优势

（1）切割机组组件少，仅有切割机架和"L"形翻转机两部分组成。所有切割装置及工具都像 Siporex 工艺 I 型一样集成在切割机架上。全部切割过程像 Siporex 工艺 I 型、Hebel工艺、Unipol 工艺一样，都在同一台设备的同一工序上完成，即坯体固定在切割台（床）上不动（对于地面翻转切割机是在"L"形翻转架的小移动接坯台上）。纵向（水平）切割（包括切削"面包头"及底面、铣削榫槽）和垂直（横向）切割由切割钢丝在机架上运动完成。纵横切割钢丝短，切割精度高，克服了 Siporex 工艺 I 型、Hebel 工艺、Unipol 工艺、Durox 工艺因钢丝长而切割精度不高和不能两面铣削榫槽的不足。

因为坯体固定不动，使整机像 Siporex 工艺 I 型和 Hebel 工艺一样机身短（对于 6m长坯体而言），机长不超过 16～20m，机宽仅 4～5m，占地小；而且收集切削废料的沟槽也短，仅 8～10m 长（而 Ytong 工艺需要 24～42m）；土建工程量小，制作废浆的动力消耗也小。

（2）地面翻转工艺仅有三台吊车（包括吊具）、一台地面翻转切割机组和一批模具蒸压小车。生产线设备少，工艺流程短，构成简单，系统紧凑，在国内外相同产能的生产线中设备台数、总用钢量、总装机容量、车间占地面积最少，投资最省。与 Siporex 工艺 I 型相比，年产 10 万 m³ 生产线钢材用量节省 250t，切割机用电动机由 13 台减至 4～5 台，油缸、汽缸由 47 个减少至 6 个，总装机功率降低 60%，机重减轻 30%～40%。

（3）生产线工艺平面安排比较灵活。地面翻转切割机可布置在热静停养护室和蒸压釜之间，也可设在热静停养护室和蒸压釜同一侧。

（4）生产使用的吊车（吊具）数量较少。地面翻转切割机两侧各一台，制品出釜卸车 1～2 台。特别是地面翻转切割机两侧的吊车、吊具构造和功能相同，可跨过切割机架互换共用。在一台发生故障时，不影响生产正常进行。它可避免 Ytong 工艺切割机因两台吊车、吊具构造和功能不同，在一台功能出现故障时，将使生产停顿，造成待切坯体硬化过度而报废。

（5）地面翻转工艺与 Ytong 工艺一样，是将坯体翻转 90°进行切割的。但不同的是，切割后的坯体翻回 90°使其平置进行养护，因坯体切缝在蒸压养护时呈垂直状态，不受自重压力，而不是 Ytong 工艺侧立进釜养护。这样，消除或减轻制品在养护过程中因坯体自重而在水平切缝处产生的粘连。可以省掉制品出釜后因为水平切缝粘连而必须配置的掰分机。而且也可以使坯体的宽度由 Ytong 工艺的 1.2m 增加至 1.5～1.65m。在其他条件相同的情况下，其产能比 Ytong 工艺提高 25%～30%。

（6）与 Wehrhahn 工艺一样，在地面翻转切割机架上可以加装负压吸盘及手持孔加工装置，实现吸除被切坯体上部 1～2cm 厚的切余废料和进行手持孔加工，可克服 Siporex 工艺 I 型、Hebel 工艺、Unipol 工艺、Durox 工艺不能在机器上铣削榫槽的不足。

（7）"L"形翻转架可清除长侧边废料，可弥补 Siporex 工艺 I 型、Hebel 工艺、Unipol工艺不便清理切余废料的缺陷，亦可省掉 Ytong 工艺、Wehrhahn 工艺需增设专门翻转去边料的机构与设备，简化工艺，节省投资和电力。

（8）工艺简洁流畅灵活，占用土地少，见图 6-220～图 6-223。

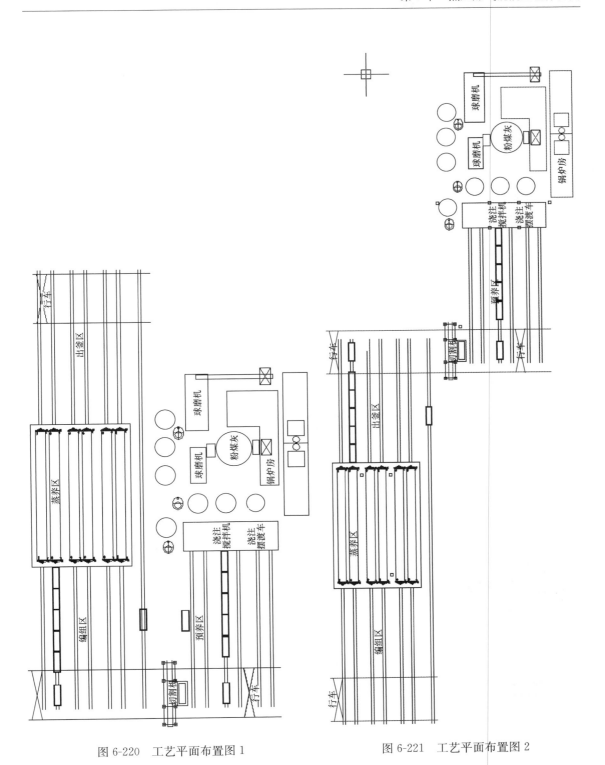

图 6-220　工艺平面布置图 1

图 6-221　工艺平面布置图 2

经过不断改进和完善的中国地面翻转工艺及切割机已逐渐成熟，是具有广泛发展前景和市场竞争力的工艺和机型。

397

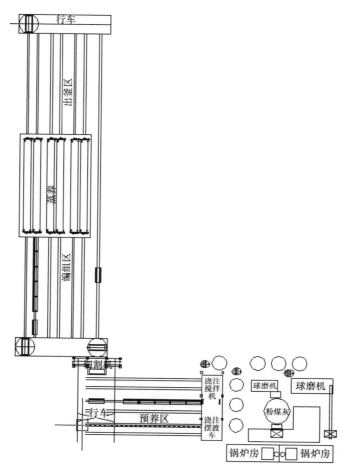

图 6-222　工艺平面布置图 3

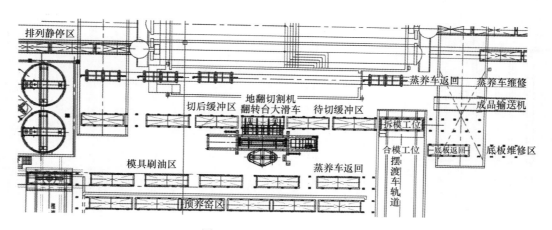

图 6-223　工艺平面布置图 4

6.3.10 钢丝卷绕式切割机及切割技术

钢丝卷绕式切割机分两种类型。

1. 钢丝卷绕式Ⅰ型切割机

钢丝卷绕式Ⅰ型切割机是原上海杨浦煤渣砖厂于1975～1976年间研制的一种简易切割机，是在预铺钢丝人工切割技术基础上发展而来的。所谓"卷绕式"，即将切割钢丝预铺在蒸压养护底板上，然后放上坯体，切割钢丝从一端开始进入坯体，在坯体内呈抛物线状移动切割。

1）钢丝卷绕式Ⅰ型切割工艺系统由模具、负压吸罩、切割机、蒸养小车组成。

2）钢丝卷绕式Ⅰ型切割机构造

钢丝卷绕式Ⅰ型切割机由机架、纵向（垂直）切割车、纵向切割出口支撑、横向（垂直）切割装置、横向（垂直）切割出口支撑、模框导向柱等组成，见图6-224。

图 6-224 钢丝卷绕式Ⅰ型切割机

（1）纵向（垂直）切割车由纵向（垂直）切割钢丝自动收卷轮、铣削"面包头"螺旋铰刀、行走小车组成。

自动收卷轮轮内装有弹簧发条，以其弹簧张力自动收卷钢丝。当切割钢丝受力时，卷轮可以放出余存的钢丝。当外力消除时可以收卷一定长度的钢丝，使钢丝始终处于拉紧状态。

纵向（垂直）切割钢丝的一端固定在纵向（垂直）切割车的自动收卷轮上，另一端固定在纵向（垂直）切割钢丝卷筒上。

（2）横向（垂直）切割装置

横向（垂直）切割装置由铡刀式切割架、钢丝自动收卷轮半圆轮、驱动油缸组成。

横向（垂直）切割钢丝一端固定在铡刀切割架大梁上的自动收卷轮上，另一端固定在半圆轮上。

（3）横向（垂直）切割支撑

横向（垂直）切割支撑设在切割机一侧，由机架和气缸组成。

3）钢丝卷绕式Ⅰ型切割机切割过程

（1）预铺横向（垂直）、纵向（垂直）切割钢丝前一模切割结束后，横向（垂直）切割架处于最高位置，纵向（垂直）切割车位于纵向（垂直）切割支撑一端。

① 用吊车将蒸压养护底板吊放于切割机底座上。

② 将横向（垂直）切割架落至最低位置，半圆轮复位横向（垂直）切割钢丝铺于蒸压养护底板上。

③ 纵向（垂直）切割机返回起始位置，钢丝卷筒反转，钢丝呈一斜直线位于养护底板上方。

④ 符合切割需求的坯体，用负压吸罩将模框一起运至切割机内，随模框下降，压住斜状钢丝，见图 6-225。当模框触底时，纵向（垂直）切割钢丝完成预铺工作。

图 6-225 吸吊坯体至切割机

⑤ 将风机管道阀门换向，吸罩内鼓风，吊起模框。

（2）切割

① 纵向（垂直）切割（图 6-226）

a. 开动纵向（垂直）切割钢丝出口支撑，顶住坯体。

b. 开动纵向（垂直）切割车及车上螺旋铰刀，铣削"面包头"，切割车行驶到终端。开动钢丝卷筒，将坯体内余留钢丝卷出，完成纵向（垂直）切割。

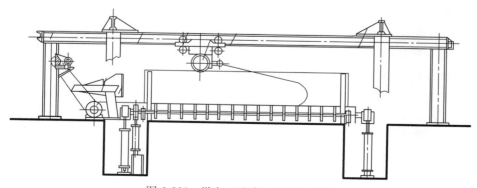

图 6-226 纵向（垂直）切割示意图

② 横向（垂直）切割

a. 开动横向（垂直）切割进出口支撑，使其顶住坯体。

b. 开动横向（垂直）切割架，框架大梁上的自动收卷轮带动钢丝进行横向（垂直）切割，切割架上翻 111°至顶点。开动半圆轮回转 180°，使坯体内余留钢丝卷出，完成转向（垂直）切割。

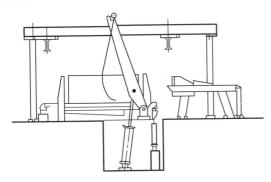

图 6-227　钢丝卷绕式Ⅰ型切割机
的横向切割示意图

c. 两侧进出口支撑退出，用吊具将蒸压养护底板连同坯体一同吊出编组。

钢丝卷绕式Ⅰ型切割机虽然结构构造简单，制造维护容易，但由于切割钢丝很长，又呈抛物线运动，其轨迹在坯体内不易控制，故制品切割尺寸偏差较大，虽有少数客户使用，但没有普遍推广，见图 6-227。

2. 钢丝卷绕式Ⅱ型切割机

（1）钢丝卷绕式Ⅱ型切割工艺系统与Ⅰ型相同。

（2）钢丝卷绕式Ⅱ型切割机见图 6-228。

（3）钢丝卷绕式Ⅱ型切割机的钢丝卷绕装置全部安装在机架上。

（4）钢丝卷绕式Ⅱ型切割过程与Ⅰ型相同。

图 6-228　钢丝卷绕式Ⅱ型切割机

3. 钢丝卷绕式Ⅰ型和Ⅱ型切割机特点

坯体平置切割，先横向（垂直）切割，后纵向（垂直）切割，切缝不承受坯体重力。

6.3.11　3.9m 预铺钢丝提切切割机及切割技术

3.9m 预铺钢丝提切切割机是由北京市建材设计所设计、常州建材设备制造厂制造的一种切割机。

3.9m 预铺钢丝提切切割系统由模具、负压吸罩吊车、切割机、养护底板组成。

1. 3.9m 预铺钢丝提切切割机构造

3.9m 预铺钢丝提切切割机构造见图 6-229、图 6-230。

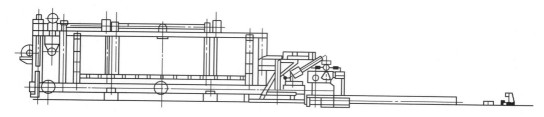

图 6-229　3.9m 预铺钢丝提切切割机构造正视示意图

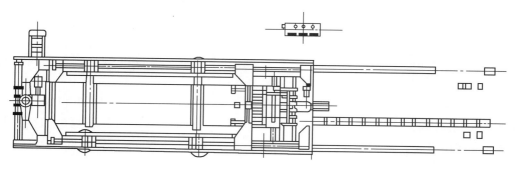

图 6-230　3.9m 预铺钢丝提切切割机构造俯视示意图

3.9m 预铺钢丝提切切割机由切割车、切割台两部分组成，全部由机械传动。

（1）切割车

切割车由车架、预铺纵向（垂直）切割钢丝可升降横梁、纵向（垂直）切割螺旋铣刀、纵向（垂直）切割出口支撑、横向（垂直）切割钢丝框架及其升降螺母丝杆、模具导向机构等组成。

纵向（垂直）切割钢丝一端安装在车架的下横梁上，并有弹簧座；另一端安装在车架可升降的横梁上。

（2）切割台

切割台是一个可调整的平台，承接坯体，供切割。

2. 3.9m 预铺钢丝提切切割机切割过程

（1）将蒸养底板吊放在切割台上并调整位置。

（2）将切割车开到切割台上方，同时降下横梁，使纵向（垂直）切割钢丝预铺在底板上。

（3）落下横向（垂直）切割框，使横向（垂直）切割钢丝预铺在蒸养底板上，横向（垂直）切割钢丝铺在纵向（垂直）切割钢丝上面。

（4）用负压吸罩将模框连同坯体一道吸起吊放在切割台的蒸养底板上，并脱掉模框。

（5）开动横向（垂直）切割装置，升起横向（垂直）切割框，由下向上进行横向切割。

（6）开动纵向（垂直）切割出口支撑，顶住坯体，见图 6-231。

（7）提升纵向（垂直）切割横梁，开动纵向切割车，同时开动螺旋铣刀，进行纵向切割

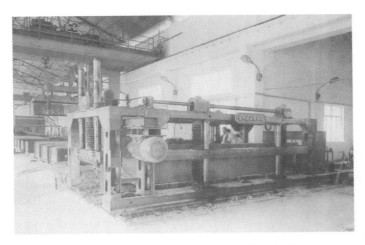

图 6-231　切割机对坯体进行纵、横向切割

和铣削"面包头"。

（8）吊起切好的坯体到釜前编组。

3.9m 预铺钢丝提切切割机制造了一批，用于多条生产线，取得一定使用效果，但纵向（垂直）切割钢丝较长，钢丝在坯体中容易跑偏，对切割精度有一定影响。

6.3.12　4m 凸台长杆式切割机及切割技术

4m 凸台长杆式切割机由齐齐哈尔铁路工程段加气混凝土厂研制，全部为机械转动。

1. 4m 凸台长杆式切割机构造

4m 凸台长杆式切割系统由固定切割台（床），升降架，模框支撑，纵向（垂直）、横向（垂直）切割车，废料处理装置等组成。

（1）切割台（床）

切割台（床）由多条凸台组成，每个凸台上钻有上、中、下三排导向圆孔供纵向（垂直）切割顶杆返回。孔径 30mm，圆孔上方有 5mm 宽的缝，以使纵切钢丝通过。上排孔的间距为 175mm，中排为 50mm 和 100mm，下排为 240mm，三排孔可组合成 100mm、150mm、175mm、200mm、240mm 的规格，见图 6-232。

（2）升降架

升降架由 4 个螺母丝杆、钢框架组成，用于承运坯体和箅式格栅底板。

（3）纵向（垂直）、横向（垂直）切割车

纵向（垂直）切割车由车架、固定在车架下的顶杆（顶杆直径 27mm）、纵向（垂直）切割钢丝、螺旋铣刀、横向（垂直）切割装置组成。

（4）纵向（垂直）切割钢丝出口支撑

（5）横向（垂直）切割装置

横向（垂直）切割装置安装在纵向（垂直）切割框架上，由 4 根丝杆螺母和切割钢丝框及钢丝摆动装置所组成。

（6）废料处理系统

废料处理系统由输送槽、废料浆搅拌池、废料浆泵组成。

图 6-232　切割顶杆和切割台（床）

2. 4m 凸台长杆式切割机切割过程

（1）纵向（垂直）切割车退至原位，模框支撑对准切割台（床）。

（2）升起升降架，用吊车将坯体连同算式格栅底板、模框一起运至切割台（床）上方，升降架托住算式格栅底板和模框，见图 6-233。

图 6-233　升降架托住算式格栅底板和模框

（3）支撑托住模框，升降架下降，坯体脱模，算式格栅底板（运坯体）带着坯体下落，坯体落在切割台（床）上，算式格栅底板落在切割台（床）凸台间的凹槽中，将模框吊走，重新组合模具，见图 6-234。

图 6-234　算式格栅底板下落至切割台（床）

（4）纵向（垂直）切割

① 将纵向（垂直）切割出口支撑推向坯体，开动螺旋铣刀。

② 开动纵向（垂直）切割出车，车上顶杆带着钢丝穿过切割台（床）凸台，对坯体进行纵向（垂直）切割。

（5）横向（垂直）切割

开动横向切割装置，螺母丝杆带动横向（垂直）切割钢丝框由上向下切割，切割后再返回，见图 6-235。

图 6-235　切割车退回原位

（6）纵向（垂直）切割车退出，升降架升起，箅式格栅底板托起坯体运至釜前编组。

6.3.13 3.9m凸台长杆式切割机及切割技术

3.9m凸台长杆式切割机是中国建筑东北设计院（原辽宁工业建筑设计院）在总结国内已经使用的凸台长杆式切割机，消化从罗马尼亚引进的 Hebel 工艺、凸台长杆切割技术及切割机基础上，结合我国当时的国情，经过改进设计，由陕西玻璃纤维机械厂制造的一种切割机。该机制造了一批，用于国内加气混凝土的生产线建设。

1. 3.9m凸台长杆切割工艺系统

3.9m凸台长杆切割工艺系统由模具、负压吸罩吊具、切割机、箅式格栅养护托板等组成，见图 6-236。

图 6-236 3.9m凸台长杆切割工艺系统

2. 3.9m凸台长杆切割机构造

3.9m凸台长杆切割机与 Hebel 工艺切割机构造相似或者基本相同，由切割台（床）、切割车、长杆、长杆支撑车、纵向（垂直）切割出口支撑、横向（垂直）切割装置、剪刀撑、废料输送装置、液压及传动动力系统等组成，见图 6-237。

（1）切割台（床）

切割台（床）与 Hebel 工艺切割机类似，切割台（床）由 24 条凸台所组成，每个凸台有间距为 25mm 的圆孔，孔的上方开有缝隙，每条凸台之间有凹槽。

（2）切割车

切割车由车架、车架下部的长杆、纵向（垂直）切割机架及其切割钢丝、螺旋铣刀、水平切割装置及横向（垂直）切割立柱、横梁、驱动装置等组成，见图 6-238。

（3）纵向（垂直）切割出口支撑

纵向（垂直）切割出口支撑由车架、支撑体、螺旋铣刀、月牙形挡泥板组成。

支撑体上有纵、横垂直交叉的缝，供纵向（垂直）及纵向（水平）切割钢丝进入。

（4）支承车

图 6-237　3.9m凸台长杆切割机构造

图 6-238　切割台（床）及切割车

支承车在切割台与切割车横梁之间，用于托住长杆，防止又细又长的长杆变形影响切割工作正常进行。支承车用链条连接，沿自己的轨道行走。

（5）剪刀撑

剪刀撑设置在切割台下部，由油缸和剪刀架组成。用于承接并起降算式格栅养护托板于凸台间的凹槽之中和托起坯体。

（6）废料输送装置

废料输送装置由设在切割台两侧的两条螺旋输送机、废浆槽、废浆泵组成。

3. 3.9m凸台长杆式切割机切割过程

（1）用吊具将箅式格栅养护托板吊放在剪刀撑上。

（2）下降剪刀撑，使箅式格栅养护托板落入切割台（床）凸台间的凹槽中。

（3）开动切割车，长杆带着钢丝穿越切割台（床），预置纵向（垂直）切割钢丝。

（4）开动横向（垂直）切割装置，落下横向（垂直）切割架，横向（垂直）切割钢丝落在切割台上。

（5）开动脱模导向柱，用负压吸罩将模框带着坯体吸运吊放在切割台（床）上，使模框准确定位。

（6）关闭负压吸罩上风机，用吊具吊起模框脱模。

（7）开动横向（垂直）切割装置，摆动横向（垂直）钢丝，由下向上横向（垂直）切割坯体。

（8）开动纵向（垂直）切割出口支撑，顶住坯体。

（9）开动切割车及其上的螺旋铣刀，进行"面包头"铣削和纵向（垂直）及纵向（水平）切割，同时铣削榫槽，退出纵向（垂直）切割出口支承。

（10）升起剪刀撑，箅式格栅养护托板贴紧坯体并抬起。

（11）用吊车将箅式格栅养护托板带着坯体编组。

6.3.14　3.3m凸台梭式切割机及切割技术

3.3m凸台梭式切割机是辽宁工业建筑设计院于1972年开始设计，在哈尔滨硅酸盐制品厂配合下于1976年试制成功的一种切割机，见图6-239。

图 6-239　3.3m凸台梭式切割机

1. 3.3m凸台梭式切割机构造

3.3m凸台梭式切割机由固定切割台（床）、箅式格栅养护托板、升降架、升降架导向杆及脱模油缸、纵向（垂直）切割车、横向（垂直）切割装置、废料输送装置等组成，见图6-240、图6-241。

（1）固定切割台（床）由多个凸台组成，每个凸台中有若干个导向孔，其上每隔

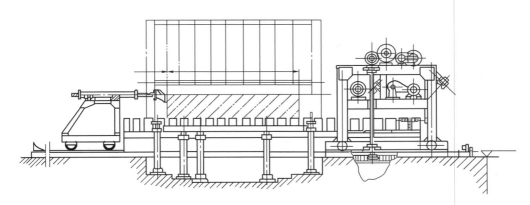

图 6-240　3.3m 凸台梭式切割机构造正视示意图

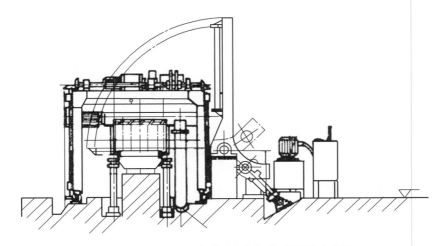

图 6-241　3.3m 凸台梭式切割机构造侧视示意图

250mm 和 100mm 开有缝隙，每两个凸台间有 111mm 的凹槽。

（2）纵向（垂直）切割车

纵向（垂直）切割车由车架、行走机构、切割钢丝、四轮滑车、螺旋铣刀、榫槽铣削机构组成。两根斜拉钢丝拉着四轮滑车在切割台（床）凸台导向孔中穿行，见图 6-242。

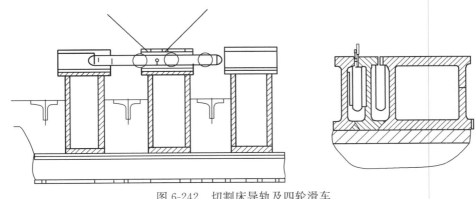

图 6-242　切割床导轨及四轮滑车

（3）纵向（垂直）切割钢丝出口支撑体

纵向（垂直）切割钢丝出口支撑体由许多格栅条组成，在每个格栅条之间有纵向和少量水平缝，支撑体上有螺旋铣刀挡板。

（4）横向（垂直）切割装置

横向（垂直）切割装置是由铡刀式切割框架、切割钢丝、支座油缸组成。

2. 3.3m 切割机切割过程

（1）升起升降架，用吊车将算式格栅养护托板和模框连同坯体一起吊到升降架上。

（2）开动脱模油缸，顶升并支撑住模框，见图 6-243。再用吊车将模框吊走，重新组模，脱模油缸下降回复原位。

图 6-243　坯体脱模并放置到切割床上

（3）升降架平稳下降，坯体脱模并放在切割台（床）上，升降架继续下降，算式格栅养护托板落入凸台间的凹槽中。

（4）纵向（垂直）切割

图 6-244　坯体纵向切割

开动纵向（垂直）切割出口支撑，顶住坯体一端面。开动纵向（垂直）切割车及其上的螺丝铣刀，斜钢丝拖着四轮滑车，在凸台导向孔中移动，见图 6-244。钢丝通过凸台上缝隙对坯体进行纵向（垂直）切割，同时可进行坯体上部榫槽铣削。当螺旋铣刀快出坯体时，纵向（垂直）切割钢丝出口支撑上的螺旋铣刀挡板伸出将其封上，一并开出坯体。

（5）横向（垂直）切割

开动横向（垂直）切割框架及其上的钢丝摆动机构，使其下压切割坯体，切至切割台面返回，完成横向（垂直）切割。

（6）升起升降架，使算式格栅养护托板升至坯体底面。用吊车吊起算式格栅养护托板连同坯体编组。

3.3m 凸台梭式切割机的切割台构造、纵向（垂直）切割过程的构思、原理来源于 Hebel 工艺或 Unipol 工艺，只是实现方式有所不同。而横向（垂直）切割方式原理构造又与 Ytong 工艺一样，其切割程序是先纵向（垂直）切割，后横向（垂直）切割，见图6-245。

图 6-245　坯体横向切割

本切割工艺的配套模具由三部分组成：①两长边有斜度的固定模框；②算式格栅养护托板用作运坯板；③有与多条凸台组成的浇注台。

算式格栅养护托板放于浇注台上，使格栅算条平面与浇注台凸台构成模具底板，平台上用海绵橡胶条密封。

图 6-246　梳齿式切割机

　　除了上述切割机外，还试验试制了3m梳齿式切割机（原上海硅酸盐制品厂试制），见图6-246，以及在原北京加气混凝土厂中试验车间研制的3m切割机，坯体不带模框、模底，用负压吸运至预应力钢条切割床进行纵向（垂直）切割、铡刀式横向（垂直）切割。切完仍用负压吸罩吸运至养护底板上去养护，见图6-247、图6-248。此外，还进行了气垫浮起坯体进行切割的试验等。

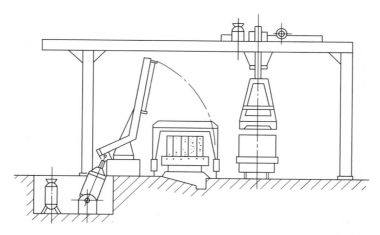

图 6-247　原北京加气混凝土厂试验车间试验机横刨面示意图

图 6-248　原北京加气混凝土厂试验车间试验机

6.3.15　分组行走切割机及切割技术

1. 分组行走切割工艺系统

分组行走切割工艺系统是由原国家建筑材料工业局常州加气混凝土技术开发中心设计的由模具、翻转吊具、切割机组等组成的一种切割机系统。

2. 分组行走切割机的构造

分组行走切割机由在地面轨道行走的纵向（水平）切割车、横向（垂直）切割车、固定切坯台、轨道、废料制浆系统等组成，见图 6-249。

图 6-249　分组行走切割机的构造

（1）地面轨道行走的纵向（水平）切割车

地面轨道行走的纵向（水平）切割车由车架、行走机构、纵向（水平）切割钢丝挂柱、"面包头"切割钢丝和刮刀等组成，见图 6-250。

（2）地面轨道行走的横向（垂直）切割车

地面轨道行走的横向（垂直）切割车由车架、行走机构、横向（垂直）切割钢丝框、升降装置及钢丝摆动机构等组成，见图 6-251。

（3）固定切坯台

固定切坯台是立于废料制浆沟中的长台，模具侧板带着坯体立于此长台上，用于承载待切坯体。

3. 分组行走切割机的切割过程

（1）用翻转吊具将完成静停硬化的坯体及模具吊至固定切坯台上方，打开模框将坯体和底板落在固定切坯台上。

（2）开动纵向（水平）切割车进行水平切割，切割完成后向前移动离开坯体。

（3）开动地面轨道行走横向（垂直）切割车定位于坯体位置进行横向（垂直）切割，切割完成退回原位。

（4）用编组吊具将切好的坯体运至蒸压釜前编组。

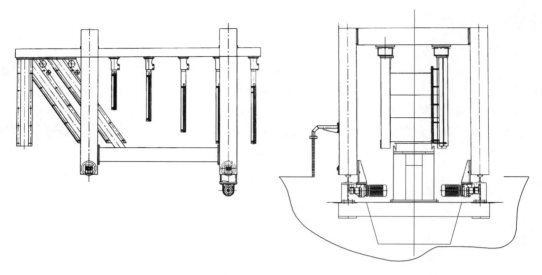

图 6-250　地面轨道行走的纵向（水平）切割车示意图

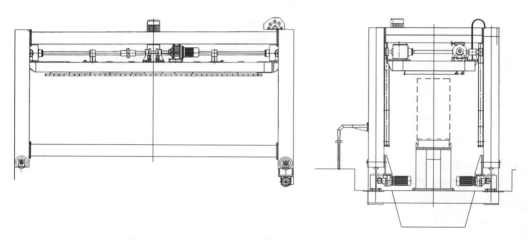

图 6-251　地面轨道行走的横向（垂直）切割车示意图

（5）纵向（水平）切割车返回至原位，进行下一轮切割。

4. 分组行走切割机的特点

（1）坯体不动，纵横切割装置行走进行切割。

（2）坯体侧立进釜养护，制品出釜，水平切缝有粘连。

（3）该切割系统是由 Ytong 工艺简化而来，结构简单，操作简便，适用性强。

该机型在 20 世纪 90 年代以来的中国加气混凝土发展中发挥过重要作用。

第7章 蒸压加气混凝土坯体蒸压养护及制品出釜加工

7.1 蒸压养护的作用

蒸压养护是将由水泥、石灰、砂或粉煤灰等原材料所组成的加气混凝土坯体，在180～200℃的饱和水蒸气环境中进行水热合成，生成一系列硅酸盐水化物，使其在较短时间内获得必要的物理力学性能和长期安定性的重要工序，是蒸压加气混凝土生产过程中极其重要且必不可少的工艺过程，也是与一般轻质混凝土(包括各种泡沫水泥、泡沫混凝土)最根本的不同之处。

蒸压加气混凝土制品各项性能形成机理与普通混凝土的不同。普通混凝土是由水泥、砂、石子和水组成。由于水泥是在高温下烧结而成，在常温下可与水反应生成 $Ca(OH)_2$、C-S-H 凝胶、C_4AH_{12}、CFH_n 等产物。由于水泥中还加有一定量的石膏，因此，在水泥水化产物中还有 $C_5AS_3H_n$。这些水化产物形成水泥石，将砂子、石子粘结成一个整体，使其硬化后具有一定的强度。

蒸压加气混凝土由水泥、石灰、砂或粉煤灰、石膏等原材料组合而成，可形成石灰-砂、水泥-砂、水泥-石灰-砂、水泥-粉煤灰、石灰-粉煤灰、水泥-石灰-粉煤灰等组合的蒸压加气混凝土。这些组合在常温下一般不能通过水化反应使其产生所需要的抗压强度和相关性能。例如：

（1）石灰在常温下不能和砂子发生水化反应。

（2）水泥和砂子在常温下也不能发生水化反应，只有水泥遇水自身发生水化反应，才能使水泥-砂混合物产生一定强度。

（3）在常温下或100℃蒸汽中，石灰或水泥可以与具有活性的硅、铝等玻璃体（如粉煤灰）在有水的条件下发生水化反应，生成水化硅酸钙、水化硫铝酸钙、水化石榴石，形成强度。在这些水化硅酸钙中，主要是 C-S-H（I），基本上没有托勃莫来石。

在常温或100℃蒸汽中，粉煤灰虽能与石灰或水泥反应产生一定的强度，但因其中没有托勃莫来石晶体，其收缩值很大，以致使其制品不能用于建筑墙体。自然养护与蒸压养护的粉煤灰加气混凝土制品的干燥收缩曲线见图7-1。

从图7-1看出，自然养护的粉煤灰加气混

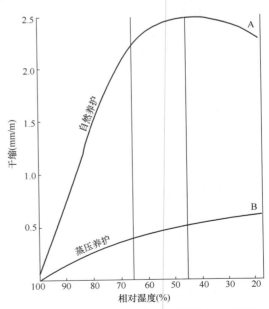

图 7-1　自然养护和蒸压养护的粉煤灰加气混凝土的干燥收缩曲线

凝土的收缩值比蒸压养护的要高 4～6 倍。因此，为使蒸压加气混凝土获得所需要的物理力学性能，必须对加气混凝土坯体进行高压饱和水蒸气养护。

7.2　硅酸盐水化矿物

硅酸盐水化矿物在自然界有近百种，在人工条件下合成的水化硅酸钙产物也有多种，在高压饱和水蒸气环境中合成的有近 20 种。由石灰、水泥及含硅材料在蒸压养护中水化合成，大体可按四大体系进行，即：$CaO-SiO_2-H_2O$ 系统、$CaO-Al_2O_3-H_2O$ 系统、$CaO-Al_2O_3-SiO_2-H_2O$ 系统、$CaO-Al_2O_3-CaSO_4-H_2O$ 系统。

在不同蒸压养护条件下，每个系统所产生的水化硅酸盐产物种类及性能都不同。

7.2.1　$CaO-SiO_2-H_2O$ 系统

$CaO-SiO_2-H_2O$ 在蒸压养护条件下可产生七大系列硅酸盐水化矿物。

1. C-S-H（Ⅰ）

C-S-H（Ⅰ）是结晶度较低的单碱水化硅酸钙，晶体细小，呈纤维状，有较高强度，其结构呈层状，层间有水，干燥脱水产生很大收缩，碳化系数较低。

C-S-H（Ⅰ）一般在 125～175℃ 温度下由石灰和石英砂在较短时间内合成。

C-S-H（Ⅰ）的 C/S 不是一个常数，有四个单项，即 $C_4S_5H_n$、CSH_n、C_4S_3、$C_5S_4H_n$。

2. 托勃莫来石

托勃莫来石是结晶良好的单碱水化硅酸钙，化学组成为 $C_4S_5H_5$ 或写成 $C_5S_6H_6$。其晶体呈薄片板状，尺寸在 $2\mu m$ 之内。由于结晶良好，晶体较粗大，晶体间接触相对较少。在 X 射线衍射谱上有 11.3Å、3.08Å 和 2.97Å 等特征线条。其抗压强度比 C-S-H（Ⅰ）略低。干燥收缩值比 C-S-H（Ⅰ）要小得多。在二氧化碳作用下与 C-S-H（Ⅰ）一样会被分解，生成方解石。但其碳化系数比同碱度的 C-S-H（Ⅰ）要高。

托勃莫来石可由氧化钙与石英在 130～200℃ 温度下合成，但它的合成时间比 C-S-H（Ⅰ）长一倍。在继续蒸压养护条件下，C-S-H（Ⅰ）可转化为结晶良好的托勃莫来石。

托勃莫来石结晶体层间存在相当数量的水分。随着其含水量的变化，托勃莫来石有多个不同名称，如：14Å 托勃莫来石（$C_5S_6H_9$）、11.3Å 托勃莫来石（$C_5S_6H_5$）、9Å 托勃莫来石（$C_5S_6H_{0～2}$）。

$C_5S_6H_9$ 在 100℃ 左右脱水转变为 $C_5S_6H_5$，在 300℃ 时转变为 $C_5S_6H_{0～2}$。铝离子、氯离子以及硫酸根离子会进入托勃莫来石当中，铝离子进入将形成铝代托勃莫来石，其收缩值比一般托勃莫来石低得多。

3. C-S-H（Ⅱ）

C-S-H（Ⅱ）是碱度较高的水化硅酸钙，其化学组成为 $C_9S_4H_x$、C_2SH_2，在蒸压养护开始阶段可能生成 C-S-H（Ⅱ），以后就分解为 C-S-H（Ⅰ）和 $Ca(OH)_2$。

4. 硬硅钙石

硬硅钙石是一种含水量低的单碱水化硅酸钙，其化学组成为 C_5S_5H，其强度低于 C-S-H（Ⅰ）及托勃莫来石，收缩很小。

硬硅铝石由石灰和二氧化硅在 150～400℃ 温度下合成。随着温度提高，速度加快，当含有铝杂质时，形成铝代托勃莫来石，阻碍硬硅钙石生成。

5. 白钙沸石

白钙沸石晶体呈鳞片状，化学组成为 $C_2S_3H_2$。在配合料中石灰含量少，进行长时间蒸压养护可能生成白钙沸石。

6. 双碱水化硅酸钙

双碱水化硅酸钙强度低于单碱水化物，但结晶较好，收缩小，碳化系数高。在蒸压养护开始阶段，往往先生成双碱水化硅酸钙 $C_2SH(A)$、$C_2SH(B)$、$C_2SH(C)$，延长养护时间会逐渐转变为低碱水化物。

$C_2SH(A)$ 晶体呈棱柱薄片状，尺寸较大，可达 $30\sim50\mu m$。在石灰 ：石英＝$1.8\sim2.4$ 时，在 $150\sim200℃$ 温度下，蒸压处理 $2\sim5$ 昼夜可生成。

$C_2SH(B)$ 晶体呈纤维状，在石灰：石英＝$1.8\sim2.4$ 时，在 $160\sim250℃$ 温度下可合成，但所需时间是 $C_2SH(A)$ 的 $2\sim4$ 倍，自然界中存在 $C_2SH(B)$ 天然矿物，叫水硅钙石。

$C_2SH(C)$ 晶体呈细粒状，在石灰：石英＝$1.8\sim2.0$ 时，在 $225\sim285℃$ 温度下，蒸压处理 $5\sim10$ 昼夜方可获得。

7. 硅酸钙石

硅酸钙石晶体呈棱柱状，化学组成为 $C_3S_2H_3$，在石灰：石英＝2 或 $3/2$ 时，在 $100\sim160℃$ 温度下，长时间水热合成而得。

综合上述，$CaO\text{-}SiO_2\text{-}H_2O$ 系统在水热条件下，合成什么样的水化物要取决于原始组分的钙硅比、处理温度和持续时间。

8. $CaO\text{-}SiO_2\text{-}H_2O$ 系统的各种水化物水热合成条件及所需要时间

$CaO\text{-}SiO_2\text{-}H_2O$ 系统的各种水化物水热合成条件及所需要时间见图 7-2、图 7-3。

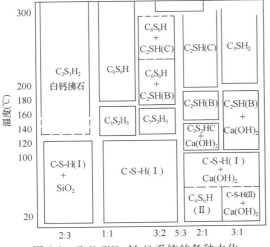

图 7-2　$CaO\text{-}SiO_2\text{-}H_2O$ 系统的各种水化
硅酸钙生成条件

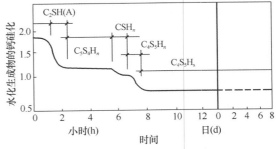

图 7-3　$CaO/SiO_2＝0.8$，$175℃$时，形成各种
生成物所需要的时间

9. 石灰和石英合成的水化硅酸钙单体的性能

石灰和石英合成的水化硅酸钙单体的性能见表 7-1。

表 7-1　石灰和石英合成的水化硅酸钙单体的性能

水化硅酸盐名称	合成条件 温度(℃)	合成条件 时间(昼夜)	碳化前的试件 立方体试件 密度(g/cm³)	孔隙率(%)	抗压强度(kg/cm²)	抗冻性(循环次数)	棱柱体试件 密度(g/cm³)	孔隙率(%)	抗折强度(kg/cm²)	碱化程度(%)	经45昼夜碳化后的试件 立方体试件 密度(g/cm³)	孔隙率(%)	抗压强度(kg/cm²)	抗冻性(循环次数)	棱柱体试件 密度(g/cm³)	孔隙率(%)	抗折强度(kg/cm²)
C-S-H(B)	175	1	1.32	48.4	325	10	1.19	50.6	32	98	1.58	40.1	245	15	1.39	40.1	8.5
托勃莫来石	200	5	1.33	47.4	165	13	1.06	57	39	94	1.71	33.2	230	6	1.31	42	20
硬硅钙石	250	7	1.15	56.9	125	15	1.04	54.5	75	85	1.5	40.4	165	11	1.27	44	60
C₂SH(A)	200	4	1.13	57	19	75	0.87	58.6	1.5	50	1.36	49.3	70	100	0.97	52	15
C₂SH(C)	250	10	1.01	64	18	15	0.98	55.2	25	76	1.38	46.7	155	93	1.33	41.5	40

10. 水热合成水化硅酸钙单体的矿物晶体尺寸及比表面积

水热合成水化硅酸钙单体的矿物晶体尺寸及比表面积见表 7-2。

表 7-2　水热合成水化硅酸钙单体的矿物晶体尺寸及比表面积

水化硅酸钙名称	晶体形状	尺寸（μm）		比表面积（m²/g）
		长（×宽）	厚	
C-S-H（I）	纤维	1 以内	0.0084～0.011	80～100
托勃莫来石	薄片	2 以内	0.013	60
硬硅钙石	纤维	5～10	0.1	18
C-S-H（A）	棱柱薄片	100×40	0.27	2.6
C-S-H（B）	纤维针状	30 以内	0.25	6.8
C-S-H（C）	粒状	—	—	2.6

11. 各类水化硅酸钙的差热、失重及 X 射线衍射特征曲线

各类水化硅酸钙的差热、失重及 X 射线衍射特征曲线见图 7-4、图 7-5。

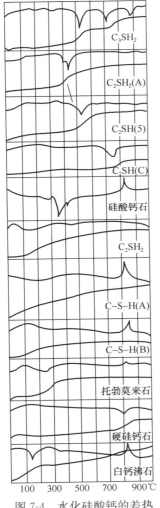

图 7-4　水化硅酸钙的差热
曲线及热失重曲线

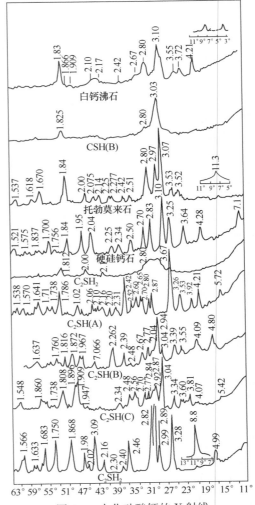

图 7-5　水化硅酸钙的 X 射线
衍射线

7.2.2　CaO-Al$_2$O$_3$-H$_2$O 系统

常温下 CaO-Al$_2$O$_3$-H$_2$O 系统的水化物种类很多，但在 25～250℃水热处理条件下，这些矿物都转化为 C$_3$AH$_6$。C$_3$AH$_6$ 为立方晶体，强度低，抗碳化性能好，碳化后强度不降低反而增加。

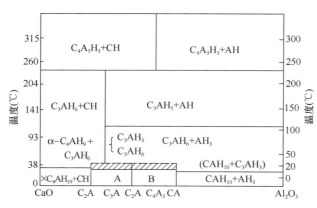

图 7-6　CaO-Al$_2$O$_3$-H$_2$O 系统的水化物

A—αC$_4$AH$_{10}$+αC$_2$AH$_8$；B—αC$_2$AH$_8$+CAH$_{10}$

CaO-Al$_2$O$_3$-H$_2$O 系统各种水化物生成条件见图 7-6。

7.2.3　CaO-Al$_2$O$_3$-SiO$_2$-H$_2$O 系统

在蒸压养护条件下，CaO-Al$_2$O$_3$-SiO$_2$-H$_2$O 系统可生成铝代托勃莫来石和水石榴石。当液相中 Al$_2$O$_3$ 浓度低时，容易生成铝代托勃莫来石；当 Al$_2$O$_3$ 浓度较高时，则生成水石榴石。

水石榴石的组成可变，但都在 C$_3$ASH$_6$-C$_3$ASH$_3$ 范围内变动。水热处理温度越高，组成中 SiO$_2$ 也越高。按形成温度不同，水石榴石可分为低温型与高温型两种。在工业生产条件下生成的都是低温型。

水石榴石结晶能力强，是蒸压过程中首先形成的结晶相之一。水石榴石的强度不高，不及单碱水化物，但高于双碱水化物相，碳化及干湿循环后的强度高。

7.2.4　CaO-Al$_2$O$_3$-CaSO$_4$-H$_2$O 系统

在有 CaSO$_4$ 的系统中，有两种水化生成物：

（1）三硫型水化硫铝酸钙 C$_6$A$\overline{S}_3$H$_{32}$ 晶体呈六角柱形和针状。在其形成时，固相体积增加 1.27 倍。

（2）单硫型硫铝酸钙 C$_4$ASH$_{12}$ 晶体呈六角片状。在形成时固相体积不增大，在 50～200℃范围内性能稳定。

7.3　蒸压加气混凝土制品水化

蒸压加气混凝土坯体是由石灰、水泥、砂、粉煤灰及少量石膏组成。它们在蒸压釜内 150～200℃饱和水蒸气中反应形成各种硅酸盐水化物，赋予蒸压加气混凝土所有性能。这一反应本质上是石灰遇水形成的氢氧化钙，水泥熟料中硅酸三钙、硅酸二钙遇水水化析出的氢氧化钙、水化硅酸钙凝胶与二氧化硅、三氧化二铝及硫酸钙之间的反应。这些反应在蒸压釜的坯体内，或先后或同时，交叉重叠进行，使得整个过程变得十分复杂。也可以说这些反应是多个系统反应过程的叠合。

石灰（CaO）或已水化了的氢氧化钙与硅质材料中 SiO$_2$ 的反应需要在溶液中溶解下才能进行，而反应速度及能力与该物质的溶解度及溶解速度有关。

石英（SiO_2）和石灰（CaO）的溶解度见图 7-7。

从图 7-7 看出，石英和石灰的溶解度与温度有密切关系。随温度的提高，石英溶解度增加，氢氧化钙溶解度急速下降。

石英在常温下溶解度极小，几乎不溶解。在这种情况下，石英与石灰几乎不能进行任何反应。随着温度提高，石英溶解度增加，石灰与石英反应才有可能。当温度高于 150℃以后石英溶解度快速增加，两者溶解速度接近，石英与石灰开始发生激烈反应，使加气混凝土坯体获得强度。

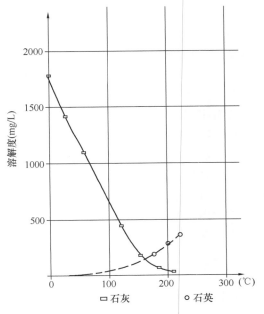

图 7-7　石英和石灰的溶解度

7.3.1　蒸压水化反应过程

1. 石灰和硅质混合料反应

蒸压养护的水化反应过程发生在加气混凝土发泡坯体的气泡壁中。由水泥、石灰、砂、粉煤灰等原材料组成的气泡壁中的 CaO 成分与 SiO_2 成分在水溶液中进行反应。

气泡壁中的石灰和砂的水热反应经历原材料溶解、过饱和析晶、晶体长大、形成结晶结构等过程。

（1）原材料溶解

石灰遇水形成 $Ca(OH)_2$，与溶解于溶液中的 SiO_2 反应，形成各种组成的水化硅酸钙。

（2）过饱和析晶

由于水化产物都是溶解度低的物质，容易达到饱和。在一定的过饱和度下，析出胶体粒子大小的水化硅酸钙晶粒。

石灰和石英砂的溶解度及在溶液中的迁移速度不同，水化硅酸钙首先在砂粒表面生成，然后逐渐扩展到砂粒之间的空间中。

（3）凝聚

最早析出的微小晶粒尺寸极小（100～300Å），比表面积很大，容易吸附一层水分子，并以微弱的分子力通过水膜彼此连接起来，形成凝聚结构。随着晶体的生长，在各晶粒之间的凝聚接触点被结晶体接触点所代替，形成结晶体的连生体。形成的结晶结构使气泡壁具有较高强度。气泡壁的强度成为蒸压加气混凝土强度和相关性能的基础。

2. 石灰和石英砂反应

在蒸压养护初期，釜内温度较低，石英砂在溶液中溶解度很低，而 CaO 的溶解度相对较高，处于饱和状态的 $Ca(OH)_2$ 浓度总是高于 SiO_2 的浓度。随着养护温度（压力）的升高，SiO_2 溶解度增加，开始生成 C/S>1 的高碱水化硅酸钙，如 C_2SH（A）或 C_2SH_2。随着养护温度（压力）进一步提高，SiO_2 的溶解速度加快，溶解度进一步增加。石灰在溶液中的溶解度下降及养护时间延长，在砂粒表面生成的高碱水化硅酸钙逐渐转变为新条件下 C/S≤1 的低碱水化硅酸钙 C-S-H（Ⅰ）凝胶。当溶液变得过饱和时，水化硅酸钙在砂面析晶，将未反应完的砂及其他固体粒子包裹连接起来，形成整体，产生强度。随着蒸压养护继续进行，低碱的 C-S-H（I）转化为托勃莫来石结晶 $C_4S_5H_5$，并与 C-S-H（I）共存于气泡壁中。从托勃莫来石整个结晶过程来看，其结晶速度主要受 SiO_2 的溶解速度或扩散速度控制。如继续提高蒸压养护温度、延长养护时间，将生成硬硅酸钙。

3. 水泥与石英砂反应

掺有水泥的加气混凝土在蒸压过程中，石英砂不仅与水化的 C_2S、C_3S 反应生成 C-S-H 类水化产物，还与水化的 C_3A、C_4AF 发生反应生成水石榴石，同时析出 $Ca(OH)_2$，而生成的 C-S-H（B）又和 $Ca(OH)_2$ 及 SiO_2 反应生成托勃莫来石。

不管是生石灰，还是水泥或者两者合用，最终都要生成托勃莫来石。随着低钙水化物和托勃莫来石的不断析出，新晶体不断增加，原来的晶体不断增长，最后形成具有空间结构的结晶连生体，使加气混凝土具有足够强度。

在加气混凝土生产中，硅质材料用量总是比钙质材料多。尽管在蒸压养护初期，石灰和石英砂的溶解度和溶解速度不同，但都首先生成 C_2SH（A）。当石灰逐渐消耗完，蒸压过程仍在进行，溶液中 SiO_2 浓度不断增加，C_2SH（A）不能继续存在，已有的结晶物及其连生体开始分解，形成稳定的 C-S-H（I）相，直至所有 C_2SH（A）全部转化为 C-S-H（I）为止。继续养护 C-S-H（I）凝胶，进一步转化为结晶度更高的水化产物。

上述反应过程顺序如下：

$$CaO + SiO_2 + H_2O \longrightarrow 7C + 4S + H \longrightarrow C_7S_4H_n$$
$$5C_7S_4H_n + 8S \longrightarrow 7C_5S_4H_n$$
$$C_5S_4H_n + S \longrightarrow C_4S_5H_n$$
$$C_4S_5H_n \longrightarrow C_4S_5H_5$$

在一定的原始钙硅比（C/S）条件下，其生成的水化产物碱度随着蒸压养护温度和时间的增加而降低。

在蒸压加气混凝土的固体部分中，水化产物占到 $65\% \sim 70\%$。由于混合料中含硅材料并不是全是 SiO_2，而且不是所有 SiO_2 都能参加反应。因此，在固体部分中未反应的原料还有 $25\% \sim 30\%$。在这种情况下，未反应的颗粒虽然坚硬，但都被水化产物包裹，彼此互不搭接，起不到骨架作用。蒸压加气混凝土的固体部分全部是由水化产物胶接起来，所以蒸压加气混凝土的强度及相关性能全部由水化产物的种类、性能所决定。

蒸压加气混凝土气泡壁固体部分中的水化产物不可能只有一种，而总是由多种水化产物的混合体组合而成的连续相。从晶体的微观结构看，单纯的一种水化产物并不能获得最高强度和最佳性能。由一种或更多种水化矿物组成多矿物凝胶材料互补，结晶好的托勃莫来石穿插在结晶度低的凝胶中，即结晶度低的物质与结晶好的物质适当配合，形成微观结构更致密、强度更高、性能更好的结构体。

杨波尔研究了数种水化产物以不同比例组成的胶凝物质胶结的试体，其强度见图 7-8。

其中以托勃莫来石 + C-S-H（I）组合强度最高，设定为 100%；

C-S-H（I）或 C-S-H（I）+ C-S-H（II）组合的强度则为 $56\% \sim 62\%$；

水化钙铝黄长石（$70\% \sim 80\%$）+ C-S-H（I）组合，强度为 $20\% \sim 30\%$；

水石榴石（$70\% \sim 80\%$）+ C-S-H（I）（$20\% \sim 30\%$）组合，强度为 $13\% \sim 20\%$；

C_3AH_6 + 水石榴石组合，强度最低，为 $3\% \sim 4\%$。

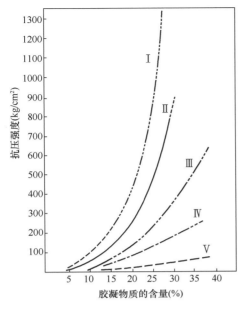

注：Ⅰ—托勃莫来石+C-S-H（Ⅰ）
　　Ⅱ—C-S-H（Ⅰ）或C-S-H（Ⅰ）+C-S-H（Ⅱ）
　　Ⅲ—水化钙铝黄长石+C-S-H（Ⅰ）
　　Ⅳ—水石榴石+C-S-H（Ⅰ）
　　Ⅴ—C_3AH_6+水石榴石

图 7-8　胶凝物质的含量与抗压强度的关系

7.3.2　蒸压加气混凝土的水化产物

1. 蒸压加气混凝土水化产物的种类、性质

由 X 射线衍射和扫描电子显微镜结果分析得知，蒸压加气混凝土制品气泡壁中的水化产物为不同结晶度的托勃莫来石、C-S-H（Ⅰ）凝胶和水石榴石，其水化硅酸钙部分是托勃莫来石族和 C-S-H 类凝胶的机械混合物。

（1）托勃莫来石

托勃莫来石是一种结晶度良好的单碱水化硅酸钙，分子式为 $C_4S_5H_5$，C/S≈0.8，呈片状或板状结晶，结晶结构为层状。托勃莫来石的 X 射线衍射特征峰为 11.6Å、3.08 Å、2.90 Å 等，是一种比较稳定的水化产物，具有较高强度，不易碳化，收缩值小，有较强的粘结能力，在水化硅酸钙中粘结力是最强的，在加气混凝土中起主要胶凝作用。

（2）C-S-H（Ⅰ）凝胶

C-S-H（Ⅰ）没有固定的形貌，在 X 射线衍射谱上仅有很弱的、很宽的弥散峰，无法明确鉴定。差热分析也没有明确的热效应，失重曲线的失水是连续的，没有明显拐点。在鉴定中若发现无定形水化硅酸钙，便是 C-S-H（Ⅰ）凝胶。C-S-H（Ⅰ）凝胶强度高，但收缩值大，对加气混凝土的强度贡献最大。

（3）水石榴石

水石榴石胶凝能力很差，在加气混凝土中含量很低（平均 5%），对加气混凝土强度几乎没有贡献，但性能稳定，不收缩、不易碳化，在含铝多的组成中有生成，在水泥-石灰-粉煤灰加气混凝土中存在较多。

2. 蒸压加气混凝土性质与水化硅酸钙的关系

研究表明，托勃莫来石、C-S-H（Ⅰ）凝胶、水石榴石各自含量与蒸压加气混凝土制品的强度和收缩值均有较好的相关性。

托勃莫来石与 C-S-H（Ⅰ）含量越高，则强度越高。托勃莫来石含量增加，收缩减小，但强度有下降趋势，结晶好的托勃莫来石比结晶差的 C-S-H（Ⅰ）或其他类型结晶差的水化硅酸钙强度要低。

C-S-H（Ⅰ）对强度贡献最大，增加 C-S-H（Ⅰ）含量对强度有利。收缩值与 C-S-H（Ⅰ）含量有直接关系，C-S-H（Ⅰ）含量越高，收缩越大。

水化产物中结晶相与水化石榴石含量增加，收缩小。

一般来说，托勃莫来石含量高，C-S-H（Ⅰ）凝胶含量低时，强度相对较低，收缩小；托勃莫来石含量低，C-S-H（Ⅰ）凝胶含量高时，强度相对较高，收缩大。

在混合料配比基本相同时，加气混凝土制品中水化产物数量相差不大，在这种情况下，收缩值与托勃莫来石、水石榴石含量有良好相关性。

为了兼顾强度和收缩，蒸压加气混凝土中各种水化产物如托勃莫来石、C-S-H（Ⅰ）、水石榴石等都应保持适当比例。

对蒸压水泥-石灰-砂加气混凝土，托勃莫来石含量在 30%～40%，C-S-H（Ⅰ）凝胶在 20%～40%之间较为合适。

对蒸压水泥-石灰-粉煤灰加气混凝土，托勃莫来石含量在 20%～30%，C-S-H（Ⅰ）凝胶在 35%～40%之间较为合适。

由此看出，加气混凝土中必须有足够数量的托勃莫来石才能得到性能良好的产品。水化产物的种类和数量决定蒸压加气混凝土制品（强度和收缩）的性能，具有非常重要的意义。因此，改善和控制加气混凝土中水化产物的种类、数量及其比例是进一步改善和提高制品性能的重要途径。

3. 影响托勃莫来石数量、结晶尺寸和形状的因素

正确选择和加工原材料，合理确定混合料配比，确当选择蒸压养护制度可有效地提高托勃莫来石含量。

1）原材料细度对托勃莫来石含量的影响

从托勃莫来石的整个结晶过程来看，其结晶速度主要受 SiO_2 溶解速度或扩散速度控制。提高原材料细度，特别是硅质材料，尤其是石英砂的细度，不仅增加反应面积，而且可以暴露新表面，进而提高其溶解度和溶解速度，加快与 $Ca(OH)_2$ 水热合成进程，增加托勃莫来石含量。但也不能无限制增加原材料细度，如果太细可能导致强度和其他性能下降。

（1）石英砂细度对托勃莫来石含量的影响

a. 石英砂颗粒尺寸在不同养护温度（压力）下对托勃莫来石含量的影响

石英砂颗粒尺寸在不同养护温度（压力）下对托勃莫来石含量的影响见表 7-3 和图 7-9。

表 7-3　石英砂颗粒尺寸对托勃莫来石含量的影响

编号	石英砂颗粒尺寸（μm）	养护压力（kg/cm²）	托勃莫来石（%）	C-S-H（%）	水石榴石（%）	水化产物总量（%）
A	<40	8	少量	—	少量	—
	40~60		31.83	18.09	少量	49.92
	60~80		少量	—	6.48	—
	80~100		少量	—	6.80	—
	100~300		少量	—	7.37	—
B	<40	10	3.87	—	少量	—
	40~60		33.99	27.83	少量	61.82
	60~80		少量	—	3.62	—
	80~100		少量	—	5.53	—
	100~300		少量	—	7.48	—
C	<40	12	4.80	64.65	少量	69.45
	40~60		37.79	23.06	少量	60.85
	60~80		5.21	47.28	2.87	55.36
	80~100		4.36	41.80	3.03	49.19
	100~300		4.87	33.13	少量	—
D	<40	15	5.76	—	少量	62.48
	40~60		31.87	30.61	少量	—
	60~80		4.54	—	4.32	—
	80~100		少量	—	5.12	—
	100~300		10.72	—	3.72	—

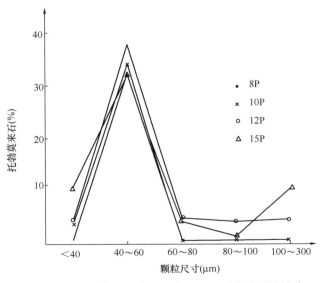

图 7-9　在不同养护温度（压力）下，石英砂颗粒尺寸
对托勃莫来石含量的影响

从图 7-9 可以看出：

（a）石英砂颗粒尺寸在 $40\sim60\mu m$ 的范围内对托勃莫来石生成最为有利。在相同工艺条件下，当蒸压养护压力在 $8\sim15kg/cm^2$，托勃莫来石含量可达 $30\%\sim40\%$，其他粒径的石英砂托勃莫来石含量均低于 10%。

（b）不同养护温度（压力）对以不同颗粒石英砂为原料的加气混凝土托勃莫来石含量变化的影响不显著。

b. 不同比表面积石英砂在不同温度（压力）养护下对托勃莫来石含量的影响（表 7-4 和图 7-10）

表 7-4　不同比表面积石英砂在不同温度（压力）养护下对托勃莫来石含量的影响

编号	比表面积 (cm^2/g)	养护压力 (kg/cm^2)	托勃莫来石 $(\%)$	C-S-H $(\%)$	水石榴石 $(\%)$	水化产物总量 $(\%)$
S1	10600	8	2.4	—	少量	—
S2		10	少量	—	少量	—
S3		12	少量	66.37	少量	66.37
S4		15	少量	—	少量	—
S5	7200	8	5.9	—	少量	—
S6		10	1.17	—	少量	—
S7		12	少量	60.32	少量	60.32
S8		15	少量	—	少量	—
S9	5600	8	8.90	—	少量	—
S10		10	15.16	—	少量	—
S11		12	7.37	59.69	少量	67.06
S12		15	9.53	—	少量	—
S13	4300	8	19.61	30.44	少量	50.05
S14		10	21.25	40.44	少量	61.69
S15		12	23.56	56.01	少量	79.57
S16		15	22.64	46.03	少量	68.67
S17	2000	8	14.15	—	少量	—
S18		10	27.70	—	少量	—
S19		12	24.75	39.85	少量	64.60
S20		15	24.59	—	少量	—

从表 7-4、图 7-10 看出，在 $2000\sim10000cm^2/g$ 比表面积范围内，石英砂越粗，托勃莫来石含量越高，C-S-H 含量越低，而水化产物总量变化不大，在不同养护温度（压力）下稍有不同。

（2）在不同养护温度（压力）下，粉煤灰细度对托勃莫来石含量的影响

在不同温度（压力）养护下，粉煤灰细度对托勃莫来石含量的影响见表 7-5 和图 7-11。

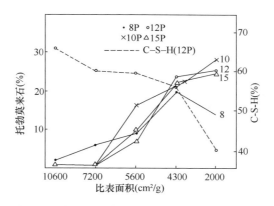

图 7-10　在不同温度（压力）养护下，石英砂比
表面积对托勃莫来石含量的影响

表 7-5　粉煤灰细度在不同温度（压力）养护下对托勃莫来石含量的影响

编号	粉煤灰细度（4900）（%）	养护压力（kg/cm²）	托勃莫来石（%）	C-S-H（%）	水石榴石（%）	水化产物总量（%）
F1		8	—	—	7.53	
F2	0.6	10	18.87	—	8.99	
F3		12	12.65	29.93	7.6	50.18
F4		15	23.18		8.82	
F5		8	15.62		10.70	
F6	11.3	10	21.51		11.23	
F7		12	30.83	13.32	7.9	52.05
F8		15	36.33		11.29	
F9		8	18.93	19.49	12.01	50.43
F10	22.2	10	21.70	19.11	10.53	51.34
F11		12	30.53	12.15	8.5	51.18
F12		15	33.57	11.36	10.21	55.14
F13		8	11.11	—	9.69	
F14	30.8	10	28.18	—	10.53	
F15		12	30.04	10.56	10.14	50.74
F16		15	33.16		10.36	
F17		8	少量	—	10.08	
F18	56	10	2.66	—	11.54	
F19		12	9.11	24.07	12.31	45.49
F20		15	20.76	—	11.74	

从图 7-11 看出：

① 粉煤灰细度在 10%～30% 之间托勃莫来石含量较高，过细或过粗都不利于托勃莫来石生成（对更多不同的粉煤灰情况可能所变化，特别是在使用超临界、超超临界发电机组以

427

后）。

② 不同细度粉煤灰加气混凝土的托勃莫来石含量都随着养护温度（压力）的升高明显增加，见图 7-12。

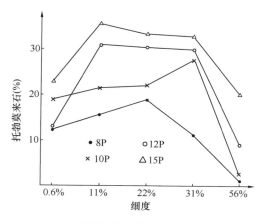

图 7-11　在不同温度（压力）养护下，粉煤灰
细度对托勃莫来石含量的影响

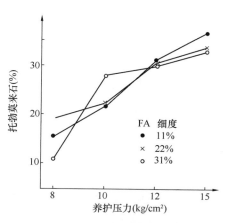

图 7-12　不同细度粉煤灰加气混凝土的
托勃莫来石含量与蒸压养护压力的关系

通过对石英砂与粉煤灰研究对比看出，SiO_2 的形态及活性对托勃莫来石形成及含量有一定影响。

2) 钙硅比对托勃莫来石含量的影响

蒸压加气混凝土配料中的钙硅比对托勃莫来石含量的影响见表 7-6、图 7-13。

表 7-6　钙硅比对托勃莫来石含量的影响

编号	水泥（％）	石灰（％）	砂（％）	粉煤灰（％）	C/S	托勃莫来石（％）	C-S-H（％）	水石榴石（％）	水化产物总量（％）
1	15	10	75	—	0.26	少量	42.93	少量	42.93
2	15	15	70	—	0.35	8.26	41.50	少量	49.70
3	15	20	65	—	0.46	23.69	35.31	少量	59.00
4	15	25	60	—	0.58	40.70	35.07	少量	75.77
5	15	30	55	—	0.72	38.30	46.50	少量	84.80
6	15	5	—	77	0.40	少量	26.55	3.56	30.11
7	15	10	—	72	0.57	5.84	31.94	4.41	42.19
8	15	15	—	67	0.76	26.71	19.17	4.91	50.79
9	15	20	—	62	0.99	36.67	13.39	8.21	58.27
10	15	25	—	57	1.26	28.45	15.51	19.8	63.76

从表 7-6、图 7-13 看出：

① 无论是水泥-石灰-砂加气混凝土，还是水泥-石灰-粉煤灰加气混凝土，托勃莫来石含量均随着 C/S 比的增加而增加，水化产物的总量也随着 C/S 比的增加而增加。

② 当 C/S 比达到一定值后（水泥-石灰-砂加气混凝土为 0.58，水泥-石灰-粉煤灰加气混

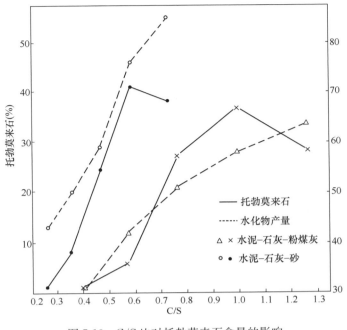

图 7-13　C/S 比对托勃莫来石含量的影响

凝土为 0.99）托勃莫来石含量不再增加，反而有下降趋势。由于在 C/S 过高时 SiO_2 的浓度相对较低，不利于托勃莫来石生成。

3）含 Al_2O_3、KOH 等物质的掺量对托勃莫来石含量的影响

含 Al_2O_3、KOH 等物质的掺量对托勃莫来石含量的影响见表 7-7、图 7-14。

表 7-7　Al_2O_3、KOH 等物质的掺量对托勃莫来石含量的影响

编号	Al_2O_3 （%）	高岭土 （%）	KOH （%）	钾长石 （%）	托勃莫来石 （%）	C-S-H （%）	水石榴石 （%）	水化产物总量 （%）
1	0	—	—	—	22.31	39.54	1.04	62.89
2	3	—	—	—	35.73	15.13	6.32	57.18
3	5	—	—	—	32.32	22.46	4.00	58.78
4	8	—	—	—	34.98	7.92	12.17	55.07
5	10	—	—	—	30.28	—	14.67	44.95
6	—	0	—	—	12.33	51.30	1.11	64.74
7	—	6	—	—	34.53	21.27	3.47	59.27
8	—	10	—	—	37.82	16.67	4.52	59.01
9	—	16	—	—	41.97	13.75	—	55.72
10	3	—	0	—	40.63	19.12	1.71	61.46
11	3	—	1	—	33.38	27.95	2.50	63.83
12	3	—	2	—	29.70	27.27	3.64	60.61
13	—	—	—	0	12.33	51.30	1.11	64.74
14	—	—	—	5	12.78	45.72	2.21	60.71
15	—	—	—	10	5.84	48.86	5.21	59.91

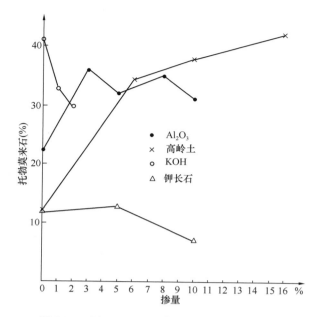

图 7-14 Al_2O_3、KOH 等物质的掺量对托勃莫来石含量的影响

从表 7-7、图 7-14 看出：

① 含 Al_2O_3 物质的掺量对托勃莫来石生成起促进作用，加入 6％高岭土比不加的托勃莫来石含量提高 3 倍。随着高岭土掺量提高，托勃莫来石含量继续提高。加入 3％的 Al_2O_3，托勃莫来石含量增加明显，大于此值，托勃莫来石含量不再增长。

② KOH、钾长石类碱性物质作用相反，对托勃来石结晶起阻碍作用。随掺量增加托勃莫来石数量减少。

另外，CaO 的性能、水料比等也对托勃莫来石的含量也有一定影响。

4）砂与粉煤灰复合硅质材料对托勃莫来石含量的影响

砂与粉煤灰复合硅质材料对托勃莫来石含量的影响见表 7-8、图 7-15。

表 7-8　砂与粉煤灰复合硅质材料对托勃莫来石含量的影响

编号	粉煤灰/砂	托勃莫来石（％）	C-S-H（％）	水石榴石（％）	水化产物总量（％）
1	1：0	5.17	36.74	6.92	48.83
2	1：0.63	17.58	28.49	6.22	52.29
3	1：1	31.64	16.98	5.61	54.23
4	0.46：1	38.05	9.92	5.04	53.01
5	0.13：1	31.64	22.23	2.05	55.92
6	0：1	1.89	50.44	1.72	54.05

从表 7-8 和图 7-15 看出，无论在水泥-石灰-粉煤灰加气混凝土配料中加入砂子，还是在水泥-石灰-砂加气混凝土配料中加入粉煤灰，水化产物总量均有所提高。其中托勃莫来石数量大幅提高，在水化产物中的比重明显增加，C-S-H 含量下降。在制品强度不降低的情况下，大大降低制品的收缩值，并使其他一系列性能均得到改善，见图 7-16。

从图 7-16 看出：

① 在水泥-石灰-粉煤灰配料中加入 27％～77％（占粉煤灰与砂子总量）的石英砂代替粉煤灰，强度并未下降，而收缩降低很多。

② 在水泥-石灰-砂配料中用 77％～27％（占粉煤灰与砂子总量）的粉煤灰代替石英砂，也能起到同样效果。

由此可见，制品强度和收缩变化与水化产物的变化是一致的。水化产物的种类和数量是引起制品强度和收缩变化的主要原因。

综合上述，影响蒸压加气混凝土中托勃莫来石含量的因素是多方面的，不仅与蒸压养护温度（压力）、养护时间、原材料组合配比有关，而且与原料的细度、矿物组成、杂质含量有密切关系。合理控制上述因素可以显著地提高制品中托勃莫来石含量，使托勃莫来石与

C-S-H 凝胶比例更恰当,这对提高和改善蒸压加气混凝土品质具有较大意义。

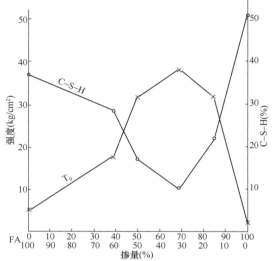

图 7-15　砂与粉煤灰复合硅质材料对托勃莫来石
含量的影响

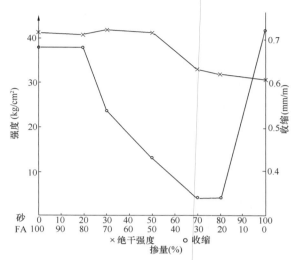

图 7-16　粉煤灰与砂复合硅质原料对强度和
收缩的影响

7.4　蒸压养护工艺

　　蒸压养护是将切割后的加气混凝土坯体放在密封的蒸压釜中,用高温饱和水蒸气加热,进行水热合成的过程。此过程可使加气混凝土产生强度,形成相关性能而成为制品。蒸压养护工艺的好坏不仅关系到制品性能、质量、成品率,还关系到工厂生产效率、能源消耗和经济效益,是加气混凝土生产的关键工序。

　　蒸压加气混凝土的蒸压养护过程一般分为抽真空、升温(升压)、恒温(恒压)、降温(降压)四个阶段。

　　蒸压加气混凝土坯体在切割前有 70～90℃ 的温度,在切割后,釜前编组期间它的温度将随着停放时间、环境的变化有不同程度的下降,特别是坯体表面和边角。这种变化从严格意义上讲,会给蒸压养护制度安排和养护效果带来一定影响,应该引起一定程度的重视。

　　根据蒸压养护的内在需要在釜前增设保温隧道,见图 7-17。送一定蒸汽加热,对切割后的编组坯体进行保温或者切割后立即送进制品刚拉出的蒸压釜内进行静停保温,使其成为整个蒸压养护的有机组成部分。或者说,成为蒸压养护不可分割的第一阶段——蒸压养护预

图 7-17　釜前保温隧道

备期，以改善坯体的性能，提高蒸汽利用率，节省能源。坯体送汽养护前温度越高、越均匀，就越不会引起坯体在升温阶段的滞后现象。

7.4.1　蒸压养护过程的传热

高温饱和蒸汽对加气混凝土坯体加热，必须通过热传导进行。因此蒸压釜内的热传导性能是非常重要的。

1. 蒸压养护热传递方式

蒸压养护热传递有两种方式：

（1）高温饱和蒸汽接触低温坯体冷凝成水，释放出汽化潜热，使坯体加热升温。随着蒸汽直接深入到坯体内部，不仅对坯体表面加热，而且对内部也直接加热。

（2）热传导，即温度从高的部位向低的部位传导，即温度从被蒸汽加热的表面传到坯体中心，使坯体中心温度上升直至内外温度达到平衡进入恒温为止。

2. 加气混凝土的水化合成热

在蒸压养护过程中，除外来的高温饱和蒸汽提供反应热以外，加气混凝土自身在高温下合成反应时，也产生一定的热量，可进一步改善加气混凝土的水热反应效果。

加气混凝土坯体在高温下水化，反应如下：

$$5CaO + 6SiO_2 + 5H_2O \longrightarrow 5CaO \cdot 6SiO_2 \cdot 5H_2O + 125kcal/mol$$

按此计算，1m³ 加气混凝土在蒸压水化合成中会产生 32400kcal 的热量。如按每釜装入 100m³ 加气混凝土坯体计，则产生 3240×10³kcal 热量。这份热量可使反应坯体温度上升 5%，在升温结束停止供汽情况下，釜内压力会因此上升 0.5 个大气压。

根据此现象可以判断出坯体养护质量及蒸压釜密封保温效果的好坏。

7.4.2　抽真空

1. 抽真空的作用

对加气混凝土坯体的加热、升温，最理想的状态是让高温饱和蒸汽能尽快地进入到坯体内部，对中心部位进行直接加热。但是加气混凝土是由大量气泡组成的（一种）绝热体，其导热性能差。在坯体的气泡中又存留着非凝缩性气体（最初是氢气，在养护前更多可能是空气）。这些气体的存在，阻碍了蒸汽直接进入坯体内部，降低了以单纯的水蒸气直接热传导形式进行传热的效果。

在蒸压釜中除了待养护的加气混凝土坯体以及底板、釜车填充釜内一部分空间外，还有很大空间为空气所占有。这些空气的存在，不仅会占据饱和水蒸气所需的空间，影响饱和水蒸气更多更快地进入蒸压釜，而且空气越多，蒸汽分压就越小，饱和温度下降越多，见表 7-9。空气与水蒸气混合体的热熔比饱和蒸汽低，加上空气阻碍水蒸气与坯体热交换，在一定程度上影响了传热效果。干空气和饱和水蒸气的性能见表 7-10。

表 7-9　混合不同数量空气的饱和蒸汽混合体温度

压力 （kg/cm²）	饱和蒸汽温度 （℃）	混入空气的饱和温度（℃）			
		1%	5%	10%	20%
10	183.4	182.8	180.9	178.6	173.6
15	200.4	200.0	198.0	195.5	190.0

表 7-10　空气、饱和水蒸气的热焓和传热效率

性　能	饱和水蒸气 180℃	干空气
含热量（kcal/kg）	2765	100
放热系数［W/(m²·K)］	6928~20934	3.5~7.3

为了改善釜内坯体的换热、传递环境，采取在升温（升压）前对蒸压釜抽真空。将釜内所留空气抽出，降低空气在空气-饱和水蒸气混合体中的分压，形成负压，最大限度地减少空气对传热的影响。同时，也将气泡内的非凝缩性气体被置换出来形成负压，可以直接吸入饱和水蒸气。蒸汽在气泡内凝结放出汽化潜热，直接加热气泡壁。改善坯体自身的传热性能，使整个坯体温度均匀快速上升，可缩短升温时间。

2. 抽真空的真空度

真空度越高，抽出的空气就越多，存在于气泡内的非凝缩性气体就越少，其内负压就越高，这样就越有利于饱和水蒸气快速进入。加快升温速度，坯体在升温过程中的温度差就越小，坯体的养护质量越好。

据有关资料介绍，真空度高于 380mmHg 时（相应表压为 -0.5kg/cm²），在升压过程中，坯体内温度上升速度将大大滞后于空气水蒸气混合体，见图 7-18。

图 7-18 表明：

（1）在恒压养护时间不变的情况下，由于升温时间延长，坯体内部在最高温度下的养护时间相对缩短，制品养护不充分，抗压强度降低。

（2）当真空度低于 152mmHg（相应表压为 -0.8kg/cm²）时，将会造成坯体内水分在抽真空过程中大量蒸发，引起制品粘连在一起。

图 7-18　真空度高于 380mmHg 时的升温曲线

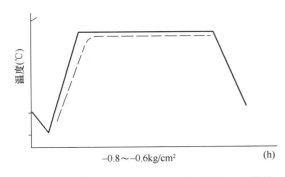

图 7-19　真空度在 152~304mmHg 时的升温曲线

（3）当真空度抽至 152~304mmHg（相应表压 -0.8~-0.6kg/cm²）时，在升压过程中，坯体内部温度上升速度与釜内介质趋于一致。此时坯体温度分布均匀，养护充分完全，制品强度高，见图 7-19。

经生产试验得知，釜内所能达到的真空度还受到坯体内水分温度的影响，即坯体温度决定着抽真空的真空度。若坯体入釜时的最高温度高于 90℃ 时，就不宜使用抽真空排除釜内空气，此时可采用蒸汽顶气法。

3. 抽真空速度

抽真空速度取决于加气混凝土坯体的透气性、硬化程度。坯体透气性取决于它的结构。不同的原材料组合、不同水料比、不同密度产品及不同工艺操作水平所制造出的不同气泡结

构和孔壁结构的坯体，其透气能力也不同。透气性不同直接影响养护过程中蒸汽对坯体的给热效率，亦将影响养护制度的安排。例如：

（1）采用掺有生石灰的配方，由于生石灰的原因使气泡壁中的裂隙较多、较大，使坯体的透气性提高，可以较快地抽真空，尽可能快地使坯体内部温度提高，减少与表面部分的温度差、硬度差。

（2）干密度均为 $500kg/m^3$ 的水泥-矿渣-砂加气混凝土坯体，气泡结构优于水泥-石灰-砂加气混凝土坯体，其透气性也胜于水泥-石灰-砂加气混凝土坯体。因而，受其影响在升温阶段坯体内部传热情况有很大差别，两者升温速度亦不一样，见图7-20、图7-21。

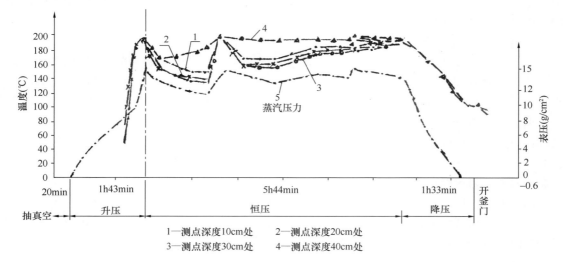

1—测点深度10cm处　　2—测点深度20cm处
3—测点深度30cm处　　4—测点深度40cm处

图7-20　水泥-矿渣-砂加气混凝土蒸压养护曲线

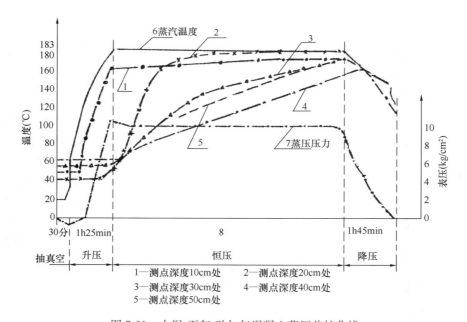

1—测点深度10cm处　　2—测点深度20cm处
3—测点深度30cm处　　4—测点深度40cm处
5—测点深度50cm处

图7-21　水泥-石灰-砂加气混凝土蒸压养护曲线

从图 7-20、图 7-21 看出，水泥-矿渣-砂加气混凝土坯体经 1h40min，蒸压釜表压就从 1kg/cm² 上升到 15kg/cm²，坯体内各测点都达到最高温度。而水泥-石灰-砂加气混凝土以同样的速度升温。升温结束后，坯体中心温度才 60℃ 左右，甚至经 8h 的恒温结束后，坯体 400mm 深度处才 155℃。从水泥-石灰-砂加气混凝土坯体在蒸压养护过程中的温度差也说明了这一点，见图 7-22、表 7-11，甚至会在制品横断面中发生未蒸透的阴影。

表 7-11　在蒸压养护升温阶段，水泥-石灰-砂加气混凝土坯体内部温度分布

温度（℃）　时间　测点位置	开始	升温		恒温		
		1h	结束	2h	4h	结束
气体	20	159	180	180	179	179
下模深度 100mm 温度	50	128	160	164	168	171
下模深度 200mm 温度	42	42	53	166	179	179
下模深度 300mm 温度	57	57	58	110	143	171
下模深度 400mm 温度	63	63	63	92	130	155
下模深度 500mm 温度	57	57	58	104	111	171

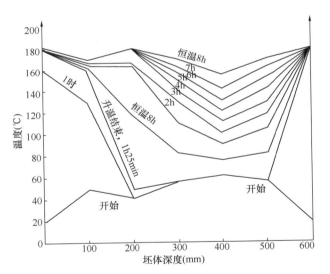

图 7-22　在蒸压养护升温阶段，水泥-石灰-砂加气混凝土坯体
内部温度分布

抽真空的速度一般不宜过快，太快会使坯体内部与釜内介质之间的瞬间压差增加，容易使坯体产生爆炸裂缝等缺陷，太慢影响蒸压养护周期。

抽真空的真空度和速度除与上述因素有关外还受设备能力制约。

在工业生产中通常用 20～50min，将真空抽到 152～304mmHg（相应表压 −0.8～ −0.6kg/cm²），一般以 30min 为宜。不同产品、不同工厂可以不同，根据具体实践而定。

7.4.3 升温（升压）

1. 升温的作用

升温是将坯体从室温升到最高温度的过程。在升温过程中，坯体内发生剧烈的传热和传质。

刚进釜的加气混凝土坯体是一个几乎没有强度、导热性能又低的塑性体。随着蒸汽的进入，温度升高，坯体被不均匀地加热。首先是表面部分被加热发生反应，产生强度，而内部仍是一个塑性体，内外形成了一定的温度差、压力差。这种差别随着养护的进行而不断变化着。温度差、压力差形成一个梯度，因而产生相应的应力差。如这种应力差过大，超过坯体正在形成的强度或已经形成的强度，就会对硬化中的坯体造成破坏。另外，随着内部温度上升，加上坯体自身反应产生反应热，这些热量不仅使坯体内部温度进一步上升，还使釜内及气泡内的压力比送进的饱和蒸汽压力高出 10%。这时内部气泡的压力比表面部分要高，膨胀力从内部产生。这一膨胀力正好发生在已经硬化、变形能力逐渐变小的表面部位。当性能变化着的坯体在养护过程中适应不了升温过程中温度、压力、湿度等的变化，就会产生不同程度的破坏，如块体爆裂、表面龟裂、崩裂或水平裂缝等。

2. 升温速度

在蒸压养护时，要将釜内温度传导至坯体中心并达到恒温温度需要相应时间，见表 7-12、图 7-23。

表 7-12 升温过程中坯体内部不同深度的温度变化

测点位置 \ 时间温度(℃)	开始	升温				恒温	
		60min	120min	150min	300min	100min	240min
气体温度	27	111	128	139	190	190	190
中模深度 100mm 温度	46	62	105	124	182	190	190
中模深度 200mm 温度	47	47	49	73	177	190	190
中模深度 300mm 温度	60	60	60	60	181	190	190
中模深度 400mm 温度	62	62	62	115	178	183	190
中模深度 500mm 温度	62	62	85	139	190	190	190

注：1. 本项测定是在工厂生产中用釜进行。

2. 被测定坯体尺寸为 6000mm×1500mm×600mm，平置养护。

3. 测点安装在上述坯体中部的高度方向上。

4. 升温前抽真空。

从表 7-12 图 7-23 看出：

（1）在升温阶段，坯体温度由外向内依次升高，中心部分温度相对于表面明显滞后。在升温开始之后 2.5h，中心部分刚刚开始升温。

（2）随着深度的增加，开始升温的滞后时间也随之增加，深度 300mm 处滞后最晚，其滞后时间达 2.5h。单位时间的最大升温速度可达每小时 75℃。切割厚度大的块体比薄的块体需要更长的升温时间。

（3）码放于釜车中部的模具，其坯体深 100mm 与 500mm 处，离上下表面距离相等，

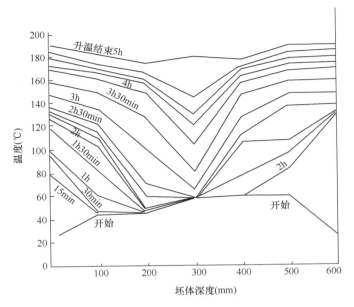

图 7-23　在蒸压釜养护升温过程中，加气混凝土坯体内部温度分布

但在升温初期 500mm 处升温比上部慢。在升温后期影响不大，有大致相同的升温速度，坯体的升温速度可以与蒸汽介质的升温速度相近，每小时 20℃。

（4）水泥-矿渣-砂加气混凝土在升温时可以承受较大的温度梯度，在一定条件下可采用较快速度升温，但水泥-石灰-砂加气混凝土有较大的温度滞后，见图 7-23。由于滞后会造成恒温反应时间不足，严重时甚至会在坯体中、下部产生没有强度的"生芯"。

3. 不抽真空对升温的影响（釜内存留空气对升温的影响）

不抽真空对升温的影响见表 7-13、表 7-14 及图 7-24、图 7-25。

表 7-13　抽真空时坯体中心温度随时间的变化

时间 温度 （℃） 测点位置	开始	升温			恒温 3.5h
		1h	2h	结束	
气体温度	—	114	140	185	185
上模坯体中心温度	72	74	74	90	185
中模坯体中心温度	72	72	72	77	185
下模坯体中心温度	69	66	66	70	185

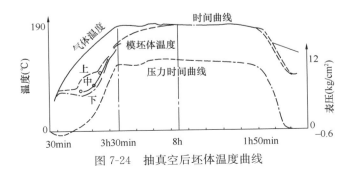

图 7-24　抽真空后坯体温度曲线

表7-14 不抽真空时坯体中心温度随时间的变化

时间 温度（℃） 测点位置	升温开始	中温		恒温	
		2h	结束	5h	6.5h
气体温度	88	153	184	180	180
上模坯体中心温度	81	84	115	180	183
中模坯体中心温度	79	80	128	172	180
下模坯体中心温度	76	80	170	180	180

注：表中上模、中模、下模为坯体在蒸养车上码放的位置。

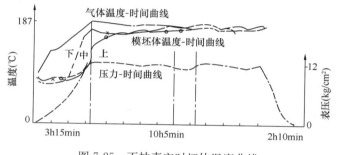

图7-25 不抽真空时坯体温度曲线

从表7-13、表7-14和图7-24、图7-25看出：

（1）经抽真空的坯体在3h30min升温结束时温度为150℃，再经3.5h达到恒温。

（2）未抽真空的坯体升温3h15min结束时温度仅达120℃，再经6.5h才全部达到恒温。

上述结果说明，不抽真空坯体内部温度达到恒温温度比抽真空晚许多。另据资料介绍，蒸汽中掺杂有空气后，其传热系数从2000～4000kcal/(m² · h · ℃)降为40～600kcal/(m² · h · ℃)，影响蒸汽对坯体的传热。

4. 冷凝水对升温的影响

在蒸压养护的升温过程中，高温饱和蒸汽遇坯体、釜体、蒸养小车、模具等低温物体会不断凝结成水，并聚集于釜底部。升温初期冷凝水温度较低，在继续升温过程中将被连续进入的饱和蒸汽加热，温度上升。如不能及时排除，冷凝水吸热，会消耗釜内大量热量。另外，空气的密度（1.293）比饱和蒸汽（0.804）大，釜内空气也沉积于釜底下部，将形成釜内上下两部分坯体的温度差，所以在蒸压养护过程中要通过疏水器随时将釜内的冷凝水排除。另外，在确实不能抽真空时，采取送气升温10min后，打开排水阀门排除冷凝水和空气（蒸汽混合体）30～50min也可达到改善升温的效果。

5. 升温速度

抽真空结束后，应立即送气升温（升压）不要停顿，升温速度取决于坯体的性能和锅炉的供气能力。对于干密度为500kg/m³的加气混凝土可采用快速直接升温（升压），即从−0.6～0.8kg/cm²用1.5h上升到11～15kg/cm²。

7.4.4　恒温（恒压）

恒温（恒压）是加气混凝土水化产物反应合成、形成制品强度和相关物理性能的关键阶段。

加气混凝土的强度主要取决于加气混凝土坯体在蒸压养护过程中生成的水化硅酸盐种类、数量及其结晶度，而水化硅酸盐的种类、数量和结晶度又取决于原材料种类、质量、细度、组合、配合比以及蒸压养护的最高温度及在此温度下的持续时间。

1. 在原材料配方相同的前提下，蒸压养护温度（压力）和在该温度下的持续养护时间对加气混凝土强度的影响

养护温度和养护时间与加气混凝土产品强度的关系见图 7-26～图 7-28。

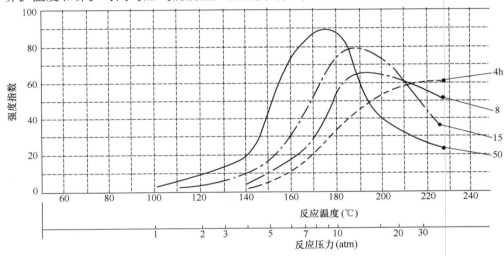

图 7-26　不同养护温度（压力）及不同养护时间与强度的关系

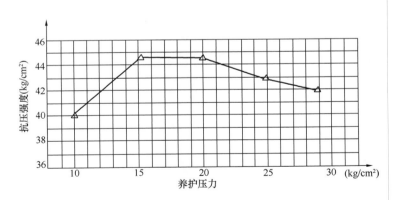

图 7-27　恒压时间相同（10h）时制品抗压强度与最高养护温度（压力）的关系

从图 7-26～图 7-28 看出：

（1）在养护温度低于 150℃时（相应饱和蒸汽压力为＜5kg/cm²），制品几乎没有强度或强度很低。

（2）恒温养护时间不同，达到最高强度的养护温度不同。随着恒温养护时间的缩短，达

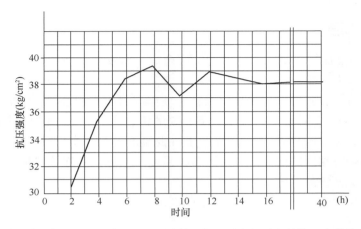

图7-28　养护时间相同（100h）时制品抗压强度与最高养护温度的关系

到最高强度的养护温度必须提高，而且所能达到的最高强度相应下降。

（3）当养护时间不变（10h），养护温度低于200℃时（相应饱和蒸汽压力为15kg/cm²），制品抗压强度随着养护温度提高而提高。当养护温度由200℃提高到213.85℃时（相应饱和蒸汽压力为20kg/cm²），制品抗压强度不再增加。如果养护温度超过213.85℃时，制品抗压强度反而下降。

（4）当养护温度（压力）不变，加气混凝土制品抗压强度随恒温养护时间增加而提高，但两者不呈直线关系，有一个最佳值。如时间太长，强度反而下降，无限制地加长养护时间来提高制品抗压强度是无益的，是不可取的。有研究指出，在水泥-石灰-砂料浆中 C-S-H（Ⅰ）转化为托勃莫来石需8h。也有研究提出，石灰与石英砂需6h才能生成 CSH_n，即水化产物的生成和结晶是需要时间的。

当原材料、配方不同时，每一种原材料组合、每一种配方都有其最佳的（最合适的）最高养护温度和在这一温度下的最佳恒温时间。在此温度下和时间内进行蒸压养护，制品可以获得高强度。

决定蒸压加气混凝土性能的指标不只是抗压强度。一件合格的、性能优良的蒸压加气混凝土制品不仅要有适当的抗压强度，而且要有很低的干燥收缩值和优良的抗冻性等性能。

2. 不同养护温度（压力）和时间对水泥-石灰-粉煤灰加气混凝土制品抗压强度和收缩的影响

1）不同养护温度（压力）和时间对水泥-石灰-粉煤灰加气混凝土制品抗压强度的影响见表 7-15 和图 7-29～图 7-32。

表 7-15　不同养护制度的绝干抗压强度

编号	蒸压（养）制度		绝干抗压强度		
	压力 （kg/cm²）	恒压时间 （h）	绝对值 （kg/cm²）	相对值（%）	
				以 8kg/cm² 为 100	以 8h 为 100
A1	1	8	50	106	100
A2	8	8	47	100	100
A3	10	8	52	110	100

续表

编号	蒸压（养）制度		绝干抗压强度		
	压力 （kg/cm²）	恒压时间 （h）	绝对值 （kg/cm²）	相对值（%）	
				以 8kg/cm² 为 100	以 8h 为 100
A4	12	8	52	110	100
A5	15	8	54	115	100
A6	20	8	44	93	100
B1	1	10	50	104	100
B2	8	10	48	100	102
B3	10	10	51	106	98
B4	12	10	54	113	104
B5	15	10	51	106	94
B6	20	1	51	106	116

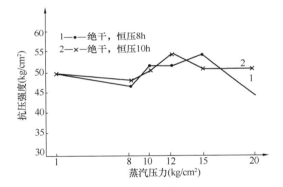

图 7-29　水泥-石灰-粉煤灰加气混凝土制品抗压
强度与养护温度（压力）、时间的关系

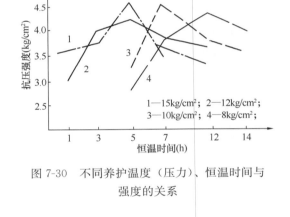

图 7-30　不同养护温度（压力）、恒温时间与
强度的关系

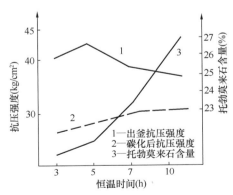

图 7-31　在 12kg/cm² 恒压下恒温时间
对制品的影响

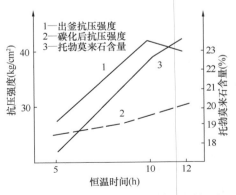

图 7-32　在 8kg/cm² 恒压下恒温时间对
制品的影响

从表 7-15、图 7-29 看出：

（1）养护压力在 8kg/cm² 以上时，水泥-石灰-粉煤灰加气混凝土制品抗压强度随着养护压力升高而提高。养护压力为 12～15kg/cm² 的抗压强度可比 8kg/cm² 提高 15％以上。但养护压力在 20kg/cm² 以上时，抗压强度开始下降。

（2）在相同养护压力，下 8h 与 10h 养护的抗压强度变化不大。

（3）在 1kg/cm² 压力下养护（即 100℃饱和蒸汽的养护，又称普通蒸汽养护）与 8kg/cm² 下养护 8h 或 10h 的抗压强度相近。

从图 7-30～图 7-32 看出：

（1）养护温度（压力）不同、养护时间不同，制品最高强度不同。

（2）每一个养护温度（压力）下均有一个最佳养护时间，在这一时间下制品具有最高强度。

（3）在一般情况下，随着养护温度（压力）提高，达到最高强度的最佳恒温时间相应缩短。养护温度（压力）越高，最佳养护时间越短。

（4）随着养护温度（压力）和恒温时间的增减，制品中水化产物含量也随之增减。随着养护温度（压力）提高和恒温时间延长，托勃莫来石数量增多，并由最初的针状转向板状（图 7-31、图 7-32）。

（5）在同一养护温度（压力）下，随着恒温时间延长，制品干燥收缩值下降，碳化后强度随恒温时间延长而提高。制品强度越高，冻融后强度损失越少，质量损失差别不大。

2）不同养护温度（压力）和时间对水泥-石灰-粉煤灰加气混凝土制品干燥收缩值的影响

不同养护温度（压力）和时间对水泥-石灰-粉煤灰加气混凝土制品干燥收缩值的影响见表 7-16、图 7-33。

表 7-16 不同养护制度（蒸养及蒸压）下制品的干缩值

蒸汽压力 (kg/cm²)	恒压 8h		恒压 10h	
	干缩值 (mm/m)	含水率 (％)	干缩值 (mm/m)	含水率 (％)
1	3.75	8.7	3.57	8.7
8	0.41	4.3	0.50	4.3
10	0.53	4.1	0.47	4.1
12	0.53	4.4	0.57	4.5
15	0.45	4.2	0.30	4.1
20	0.46	3.7	0.38	3.7

注：试件收缩测定环境 20℃、RH43％。

从表 7-16、图 7-33 看出：

（1）在 100℃的饱和蒸汽下进行常压（又称普通蒸汽养护）养护 8～10h 的水泥-石灰-粉煤灰加气混凝土制品的干燥收缩值很大，达到 3.75mm/m，是蒸压养护的 6 倍。

（2）在 8～15kg/cm² 压力下，蒸压养护的水泥-石灰-粉煤灰加气混凝土制品的干燥收缩值相差不大。但 15kg/cm² 压力后有所减小，特别是 15kg/cm² 压力下养护 10h 干燥收缩值明显减小至 0.2mm/m。

（3）不同养护温度（压力）下养护 8～10h，水泥-石灰-粉煤灰加气混凝土制品的干燥收缩值基本相同。

3. 水泥-石灰-砂加气混凝土坯体恒温（恒压）养护

1）恒温温度（压力）与抗压强度关系

恒温温度（压力）与抗压强度关系见表 7-17。

表 7-17 恒温温度（压力）与抗压强度关系

最高蒸汽压力 (kg/cm²)	制品出釜性能		
	密度 r (kg/m³)	抗压强度 R (kg/cm²)	比强度 R/r
10	676	32.1	47.5
11	730	33.4	45.7
12	682	33.9	49.7

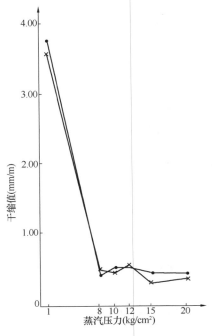

图 7-33 水泥-石灰-粉煤灰加气混凝土制品的干燥收缩值

从表 7-17 看出，在其他工艺大致相近的条件下，在最高养护压力为 10、11、12kg/cm² 时，压力的变化对制品强度影响不大。经过对制品 X 射线衍射分析和差热分析表明，它们具有相同的水化产物种类和数量。它们的托勃莫来石、C-S-H（Ⅰ）特征峰强度和差热曲线形状极为接近。可以认为在 10～12kg/cm² 压力范围内，只要恒温养护时间足够都可以获得良好的蒸压养护效果。

2）恒温养护时间的确定

（1）在水泥-石灰-砂加气混凝土生产中，坯体恒温养护初期，由于存在着不同的温度梯度滞后，一般需要 2～2.5h 后才能使其逐步达到恒温温度，因此恒温养护时间必须考虑这一滞后时间的影响。

（2）不同恒温时间对制品性能的影响

不同恒温时间对制品性能的影响见表 7-18。

表 7-18 不同恒温时间的制品性能

养护压力 (kg/cm²)	坯体恒温时间 (h)	出釜性能			半定量分析		抗冻性		收缩 (mm/m)
		密度 r (kg/m³)	强度 R (kg/cm²)	比强度 R/r	To（托勃莫来石）(%)	C-S-H(Ⅰ) (%)	ΔR (%)	ΔG (%)	
11	4.5	730(500)	33.4	45.7	41.24	25.28	0.5	0	0.433
11	5.5	718(500)	37.7	54	50.5	21.65	0	0	0.438
11	6.5	728(500)	36.6	50.2	48.5	20.79			0.315

注：括弧（ ）中为干密度 500kg/m³。

从表 7-18 看出：

① 坯体在恒温温度下养护超过 4.5h，其出釜后的产品性能符合标准要求。

② X 射线衍射表明，三个不同时间养护的制品都有较强的 11.3Å 和 3.07Å 托勃莫来石和 C-S-H（Ⅰ）特征峰，表明它们有足够的结晶度。

③ 随着恒温温度下养护时间增加，托勃莫来石数量有所增加。

综合上述：

① 对水泥-石灰-砂加气混凝土来说，恒温（恒压）时间至少要 4.5h。

② 工业生产试验测定也表明，在上述恒温养护温度（压力）下，养护时间不能少于 4.5h，如少于 4h 就可能出现"蒸不熟"现象。对少于 4h 蒸养的制品分析，其托勃莫来石和 C-S-H（Ⅰ）特征峰都较弱，在差热曲线上也只有弥散的脱水谷，这足以证明该制品未水化反应完全，其强度也很低。

③ 作为恒温养护时间的确定，不能不考虑坯体内部温度滞后所造成的影响，即需在恒温养护时间是 4.5h 基础上再加上 2.5h，即 7h。即使这一时间滞后缩短到 1.5h，也需要 6h。

3）不同养护温度（压力）和养护时间的水泥-石灰-砂加气混凝土制品的性能和组成

不同养护温度（压力）和养护时间的水泥-石灰-砂加气混凝土制品的性能和组成见表 7-19。

表 7-19　不同养护温度（压力）和养护时间的水泥-石灰-砂加气混凝土制品的性能和组成

| 压力 (kg/cm²) | 恒温时间 (h) | 出釜性能 | | 收缩 (mm/m) | 抗冻性 | | 化学分析 | | | | | C/S | 水化产物 | |
		密度 (kg/m³)	强度 (kg/cm²)		ΔG (%)	ΔR (%)	可溶硅	可溶铝	可溶钙	游离 CaO	CO₂		To	C-S-H(I)
10	<4	651	13.7	—			23.80	4.08	26.32	0.08	3.70	0.89	—	—
10	4.5	717	35.5	0.372	0	0	27.45	4.48	27.71	0.07	2.65	0.86	—	—
10	5.5	699	29.5	—			25.39	4.08	20.43	0.07	3.45	0.59	—	—
10	6.5	721	34.5	—	0	0	24.62	4.22	23.37	0.10	3.30	0.74	—	—
11	4.5	730	33.4	0.433	0.5	0	24.66	3.97	24.66	—	3.13	0.82	41.24	25.28
11	5.5	718	37.7	0.438	0	0	27.02	4.36	26.94	0.07	3.28	0.82	50.5	21.65
11	6.5	728	36.6	0.315	—	—	28.61	4.73	22.14	—	3.30	0.56	48.5	20.79
12	5.5	681	31.1	0.343	—	—	26.59	4.22	25.39	—	3.38	0.78	41.0	28.9
12	6	682	33.9	0396	—	—	26.03	4.22	25.39	0.03	2.95	0.80	40.5	27.16

如前所说，在工业生产上恒温时间的确定还要考虑坯体内温度滞后程度的影响，滞后时间越长要求恒温时间也就越长。在 12～13 个大气压下养护可以满足反应对温度要求的情况下，如果反应所需要的最少时间 4h，那么恒温时间一定要大于 4h。滞后时间越长，要求恒温时间也越长，否则坯体"蒸不透"。

4. 恒温（恒压）养护温度、养护时间的建议

鉴于上述研究和分析，建议在下述范围内选择蒸压养护温度和这一温度下的恒温时间。

养护温度：183.20～213.85℃；

相应养护压力（表压）：10～20kg/cm²；

恒温时间：8～13h。

在保证强度及相关性能符合要求的前提下，工业生产中应尽可能地降低养护压力和缩短在这一温度下的恒温时间，以提高生产效率、节约能源和提高经济效益。

7.4.5　降温（降压）

经过恒温（恒压）养护的加气混凝土制品已具有所需要的抗压强度，不像升温（升压）养护阶段那样脆弱、敏感，但制品内部的温度（压力）高于表面和釜内空间，仍然存在与急速升温阶段一样的危险可能。因此仍要认真、谨慎调整制品内部温度（压力）的下降速度，使其梯度与制品的厚度、透气性、传热性能相适应。不管采取怎样的降温（降压）速度，都应比升温（升压）快。

从多年生产实践看，采用 2h 甚至 1.5h 将养护压力从 $11\sim15kg/cm^2$ 降至 1 个大气压最合适。

7.4.6　蒸压养护制度

综合研究结果和多年实践经验，建议蒸压养护制度如下：

抽真空：用 $20\sim50min$ 将真空度从 760mmHg 抽到 $152\sim304mmHg$（相应表压$-0.8\sim$ $-0.6kg/cm^2$）。

升压：用 $1.5\sim2h$ 将压力从$-0.8\sim-0.6kg/cm^2$ 升至 $10\sim13kg/cm^2$。

恒温时间：$6\sim8h$。

降压：用 $1.5\sim2h$ 将釜内压力从 $10\sim13kg/cm^2$ 降至 1 个大气压。

7.4.7　影响蒸压养护效果的几个因素

（1）切割钢丝切缝的影响

切割钢丝在坯体中产生微小的切缝，有利于蒸汽进入促进反应，但切缝在养护中有两种状态：

① 垂直状态，存在于平置养护坯体中。

② 水平状态，存在于侧立养护（如空翻工艺）的坯体中。由于侧立坯体处在一定自身质量压力下，其养护要难于前者。

（2）在生产配筋板材时，组装钢筋网片用的钢钎拔除后留下的孔洞能使纯蒸汽直接进入，并向周边部位大约 20cm 的范围直接传热，升高温度可加快及改善其水化合成反应。

（3）当在配料中掺入（或者利用）过多的废制品时，使坯体内水化反应量减少，反应热相应减少，使养护坯体温度要比正常情况低。

（4）加气混凝土坯体在釜中装填量（或称填充系数）

① 装填量异常多的时候，坯体反应热增多，坯体温度会发生异常上升的危险。

② 当装填量过少与过多，掺加废品配料的结果相同。

7.4.8　降压蒸汽的利用

在我国蒸压加气混凝土发展初期，每釜蒸压用过的饱和蒸汽在降压过程中被全部排入大气，蒸汽热量没有得到充分利用，造成极大浪费。为了节省能源，降低成本，必须千方百计加以利用。

（1）调汽升压。将蒸压釜降压时排放的蒸汽及时送入正需升压的蒸压釜，直至两釜压力平衡。

（2）当两釜间倒汽压力达到平衡后不能继续调蒸汽时，降压排汽釜中所剩余的蒸汽以及在蒸压养护过程中所形成的冷凝水通过余汽冷凝器（图7-34）或盘管式冷凝器进行热交换（图7-35）加热热水，用于锅炉给水生产蒸汽进行蒸压养护，经过换热后剩下的余热再送去用于坯体静停室、搅拌料浆的加热以及生活用热水等。

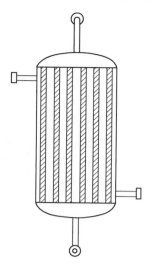

图 7-34　余汽冷凝器结构示意图

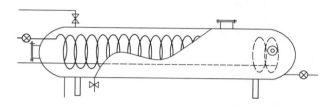

图 7-35　盘管式冷凝水回收器结构示意图

7.4.9　蒸压加气混凝土砌块在蒸压养护过程中的损坏和缺陷

蒸压加气混凝土砌块在蒸压养护过程中，由于自身透气性不佳或升、降温制度不当以及升、降温操作不当，会产生一定程度损坏及缺陷，见图7-36。

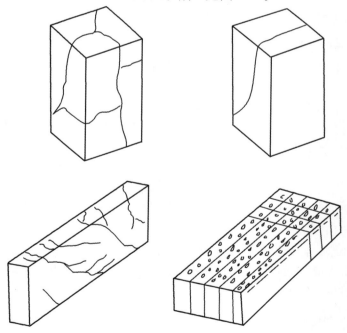

图 7-36　蒸压养护过程中制品的损坏情况

7.4.10　蒸压养护方式

经切割的加气混凝土坯体在蒸压釜中养护有如下几种方式。

1. 坯体平置养护

坯体平置养护，即浇注体以静停硬化时的状态进行养护。坯体平置养护分带模养护和底托板或底托架养护两类。

（1）带模养护

这种方式蒸汽要加热模具钢材，浪费能源，不宜推广，见图7-37。

图 7-37　Siporex工艺Ⅰ带模养护

（2）底托板或底托架养护

此种方式的底托有整体钢板、梁式、活动条板式、箅式格栅托架、薄钢条托架等，见图7-38。

(a)　　　　　　　　　　　　　　　　　　　(b)

图 7-38　底托板或底托架养护1

（a）Durox工艺薄钢条托架养护；（b）Wehrhahn工艺箅式格栅托架养护；

(c)　　　　　　　　　　　　　　　　　(d)

(e)　　　　　　　　　　　　　　　　　(f)

(g)

图 7-38　底托板或底托架养护 2

（c）Wehrhahn 工艺箅式格栅托架养护；（d）整底板养护；（e）Hebel 工艺箅式格栅托架养护 1；
（f）Hebel 工艺箅式格栅托架养护 2；（g）带支撑腿整底板养护

（h）　　　　　　　　　　　　　　（i）

（j）　　　　　　　　　　　　　　（k）

图 7-38　底托板或底托架养护 3

（h）简化 Durox 工艺梁式养护；（i）Wehrhahn 工艺整底板养护；（j）Unipol 工艺算式格栅模底板养护；
（k）Siporex 工艺 II 活动条板台架养护

2. 侧立养护

侧立养护是将原来平置的坯体翻转 90°侧立后进行养护，见图 7-39。

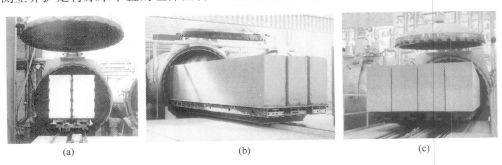

（a）　　　　　　　　　　（b）　　　　　　　　　　（c）

图 7-39　侧立养护

（a）Ytong 工艺模侧板养护 1；（b）Ytong 工艺模侧板养护 2；（c）Wehrhahn 工艺专用底板养护

7.4.11　蒸压养护 1m³ 加气混凝土的能耗

1. 加气混凝土坯体在蒸压养护过程中的热量消耗组成

坯体加热能耗、釜体加热能耗、模具加热能耗、蒸养车加热能耗、釜内残留空气加热能
耗、釜内冷凝水加热能耗、釜体向空间损失的热量、釜内自由空间蒸汽的热量

2. 加气混凝土坯体在蒸压养护过程中各部分热量消耗计算

设蒸压过程热量消耗量为 Q，加热坯体干物料的热量为 Q_1，加热坯体中水分的热量为 Q_2，加热蒸压釜的热量为 Q_3，加热模具或养护托板（架）的热量为 Q_4，加热蒸养车的热量为 Q_5，加热釜内空气的热量为 Q_6，釜体向空间散失的热量为 Q_7，釜内自由空间的蒸汽热量为 Q_8，加热冷凝水的热量为 Q_9，则

（1）加热坯体干物料的热量

$$Q_1 = c_{料} \cdot G_{料} \ (t_2 - t_1) \tag{7-1}$$

式中　$c_{料}$——干物料的平均比热；

　　　$G_{料}$——干物料总质量；

　　　t_1——升温开始时各种物料和材料的起始温度；

　　　t_2——升温结束时的最高温度。

（2）加热坯体中水分的热量

$$Q_2 = c_{水} \cdot G_{水} \ (t_2 - t_1) \tag{7-2}$$

式中　$c_{水}$——水的比热；

　　　$G_{水}$——水的总质量。

（3）加热蒸压釜的热量

$$Q_3 = c_{钢} \cdot G_{釜} \ (t_2 - t_1) \tag{7-3}$$

式中　$c_{钢}$——钢的比热；

　　　$G_{釜}$——釜体质量。

（4）加热模具的热量

$$Q_4 = c_{钢} \cdot G_{模} \ (t_2 - t_1) \tag{7-4}$$

式中　$c_{钢}$——钢的比热；

　　　$G_{模}$——釜中模具或养护托板（架）的总质量。

（5）加热蒸养车的热量

$$Q_5 = c_{钢} \cdot G_{车} \ (t_2 - t_1) \tag{7-5}$$

式中　$G_{车}$——釜内蒸养底车的总质量。

（6）加热釜内空气的热量

$$Q_6 = c_{气} \cdot G_{气} \ (t_2 - t_1) \tag{7-6}$$

式中　$c_{气}$——空气的比热；

　　　$G_{气}$——釜内的空气质量。

釜内残留空气可按前面计算方法概算，也可按式（7-7）计算：

$$G_{气} = V_{自} \cdot \rho \times 40\% \tag{7-7}$$

式中　$V_{自}$——釜内自由空间体积（包括气孔）；

　　　ρ——空气密度；

　　　40%——抽真空至 $0.06MPa$ 时釜内所剩空气量为原来的 40%。

（7）釜体向空间散失的热量

$$Q_7 = A \cdot K \frac{(t_2 - t_1)}{2} \cdot \tau_{升} \tag{7-8}$$

式中　A——釜体外表面积；

　　　K——各种材料在散热过程中的热传导系数，其中

$$K = \frac{1}{\dfrac{1}{a_1} + \Sigma \dfrac{\delta}{\lambda} + \dfrac{1}{a_2}} \tag{7-8-1}$$

式中　a_1——蒸汽向釜内壁的放热系数，此数与混有的空气量有关，一般可取 $1046W/(m^2 \cdot K)$；

a_2——釜外壁向空气的传热系数：

$$a_2 = 8 + 0.05t_B \tag{7-8-2}$$

t_B——保温层表面温度；

λ、δ——釜壁和保温层的导热系数和相应的厚度；

釜体的导热系数为 $\lambda = 0.45W/(m \cdot K)$；

保温矿棉的导热系数为 $\lambda = 0.047W/(m \cdot K)$；

$\tau_{升}$——升温时间。

（8）釜内自由空间的蒸汽热量

$$Q_8 = V_{汽} \cdot \rho_{汽} \cdot i''_2 \tag{7-9}$$

式中　$V_{汽}$——在升至最高压力时蒸汽所占有的空间体积；

$\rho_{汽}$——在最高压力下水蒸气的密度；

i''_2——在最高压力下水蒸气的含热量。

（9）加热冷凝水的热量

$$Q_9 = G_{冷} \times i'_2 \tag{7-10}$$

$$G_{冷} = \frac{Q_1 + Q_2 + \cdots + Q_7}{i''_2 - i'_1} \tag{7-11}$$

式中　$G_{冷}$——冷凝水的质量；

i'_2——温度为 t_2 时水的含热量（当 $t_2 = 200℃$时，$i''_2 = 855kJ/kg$）。

在釜内保温良好的情况下，进入恒温阶段后就不再向釜内送气。由于坯体水化反应放出的热量补偿釜体散热损失，大多数釜内温度不会因停气而下降，反而有所上升，即恒温期间，釜内热耗可视同为零。

3. 蒸压养护一釜制品蒸汽消耗计算

蒸压釜每一个蒸养周期的蒸汽消耗量为：

$$P = \frac{Q_1 + Q_2 + \cdots + Q_7}{i''_2 - i'_2} + \frac{Q_8}{i''_2} \tag{7-12}$$

4. 蒸压养护 $1m^3$ 加气混凝土制品消耗热量计算

蒸压养护 $1m^3$ 加气混凝土需要消耗的蒸汽量为：

$$P' = \frac{P}{V_{坯}} \tag{7-13}$$

式中　$V_{坯}$——蒸压釜中坯体的总量；

P'——$1m^3$ 加气混凝土蒸汽养护能耗（蒸汽消耗）。

以上计算未考虑釜体、管道、阀门可能发生的少量泄漏，因釜体保温不好以及是否有效排放冷凝水等所造成的热损失。因此以上计算结果会与生产实际有出入，根据规范生产的生产线实践可能会存在 5% 的误差。

7.4.12　蒸压釜

1. 蒸压釜类型

中国加气混凝土工业所使用的蒸压釜有两种类型。

1）贯通釜

在釜体两端设置两个可开合的釜门，切割编组的坯体从釜的一端进，蒸制好的制品从釜的另一端出，见图7-40、图7-41。每台釜的两端各有一条轨道。另外在釜前釜后均设有一台摆渡车、过渡桥车或轨道桥架，进釜的列车和刚出釜的列车各用一条轨道停放。

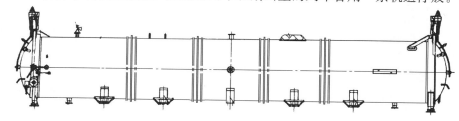

图 7-40　贯通式蒸压釜正视示意图

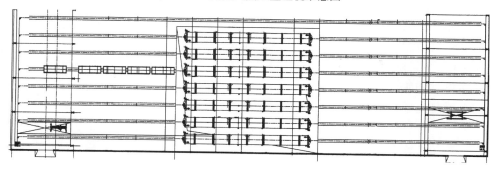

图 7-41　贯通釜工艺平面布置图

（1）特点

工艺安排相对流畅，整列编组坯体一端进一端出，时间短，效率相对较高。

（2）不足

① 工艺上釜前、釜后模具编组需两个同釜一样长的场地，占地较大。

② 每台釜需两个釜门，造价较高。

③ 两个釜门同时打开，气流串通使釜体很快降温，增加升温时的热耗。

2）单端釜

釜的一端安装有釜门，另一端为一封头封闭。待蒸养坯体和养护完成的制品从同一端进入和取出。每台只设有一条轨道，见图7-42、图7-43。

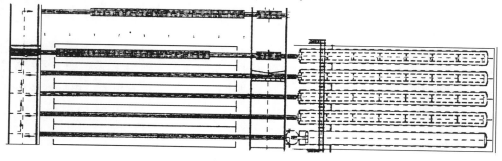

图 7-42　单端釜工艺平面布置图

（1）特点

① 釜的造价相对较低。

图 7-43　单端釜现场

② 坯体进釜时釜体温度较贯通式高，相对节能。

③ 工艺布置上减少釜后的建筑面积，占地较小。

（2）不足

坯体进釜及制品出釜一进一出（先出后进）占时较多。为保证产能，在工艺设备数量上需增加一台釜，釜前需设一台自动化程度高的摆渡车。

2. 加气混凝土坯体及成品进出釜的方式

加气混凝土坯体及成品进出釜的方式有两种。

（1）整列坯体编组用钢丝卷扬设备通过釜前摆渡小车或用钢轨桥推进和推出蒸压釜。

（2）用釜前摆渡车上的推拉机构将坯体一车一车拉上摆渡车，再推进蒸压釜，将釜中成品一车一车拉上摆渡车送到卸车工位；或用摆渡车上的钢丝卷扬小车及齿轮齿条推拉钩将坯体拉到摆渡车上，再推进蒸压釜，将成品从釜内拉至摆渡车上再送到卸车工位。

3. 釜门开合方式

（1）釜门开合方式有三种。

① 齿轮啮合式开合。该开合方式在我国应用广泛，需人工操作。

② 外卡箍式开合。适合大直径蒸压釜，也需人工开合。

③ 半环连接式。可实现开合自动控制，操作更安全、更灵活，使用寿命更长，适合于更大直径的蒸压釜开合。

（2）釜门机构及开合方式见图 7-44～图 7-49。

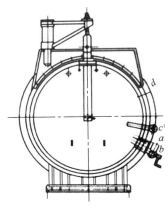

图 7-44　悬吊侧开式釜门机构示意图

图 7-45　悬吊侧开式釜门

453

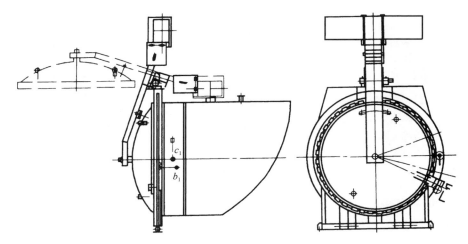

图 7-46　平衡重上开式釜门机构示意图

图 7-47　上提式开合釜门

图 7-48　吊挂式开合釜门

图 7-49　汽缸（油缸）上开式釜门

4. 蒸压釜体、釜门保温

为节约能源，减少釜体、釜门在蒸压养护过程中的散热，应对釜体及釜门做好保温。一般采用矿棉制品或玻璃棉制品，最好使用厚度超过 10cm 的玻璃棉原棉毡，保温层外要用镀锌钢板包覆，防止雨水浸入。

5. 蒸压釜冷凝水排放装置

蒸压釜冷凝水排放装置见图 7-50。

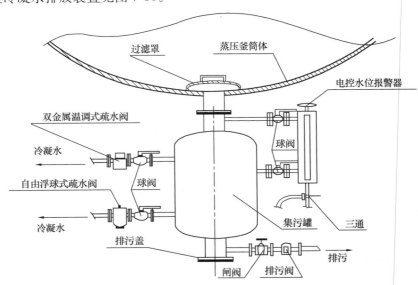

图 7-50　蒸压釜排冷凝水装置示意图

6. 蒸压加气混凝土用蒸压釜规格尺寸

蒸压加气混凝土用蒸压釜规格尺寸见表 7-20。

表 7-20　蒸压加气混凝土用蒸压釜规格尺寸

蒸压釜内径（m）	蒸压釜长度（m）	设计压力（MPa）	工作压力（MPa）
2	21、22.5、26.5（27）、31.5	1.4	1.3
2.5	26.5、31（32）	1.6	1.5
2.68	26.32	1.6	1.5
2.75	26.32	1.6	1.5
2.85	26.32	1.6	1.5
2.9	49.7	1.6	1.4
3.2	30.7	1.5	1.3

7. 蒸压养护操作

蒸压养护操作有三种方式。

（1）用人工开合蒸压釜釜门和通过分气缸实行抽真空、升温、恒温、降温操作。

（2）人工开合蒸压釜釜门，并按预先设置的蒸压养护曲线进行全自动控制蒸压釜抽真空、升温、恒温、降温。

（3）自动开合釜门，并按预先设置的蒸压养护曲线全自动控制蒸压釜抽真空、升温、恒温、降温。

7.5 制品出釜及加工

7.5.1 制品出釜及卸车

制品出釜后需经卸车送去加工、包装和堆存。随着制品在釜中养护时的姿态不同，卸车的工具及方式也不太一样。

1. 侧立养护制品的卸车

侧立养护制品高度达 1.2m，需用长臂夹具夹运卸车，见图 7-51～图 7-54。

图 7-51 侧立养护制品的卸车 1

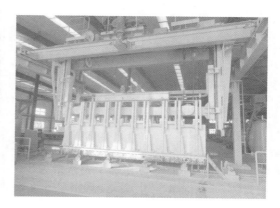

图 7-52 侧立养护制品的卸车 2

图 7-53 侧立养护制品的卸车 3

图 7-54 侧立养护制品的卸车 4

2. 平置养护制品的卸车

平置养护制品高度仅 60cm，有两种夹运方式卸车。

（1）夹具长 1.5m、2m 或 3m，将 6m 长坯体分 2 次、3 次或 4 次夹运，见图 7-55。

（2）夹具长度与制品长度一样，一次夹运一模制品，见图 7-55～图 7-58。

图 7-55　平置养护制品的卸车 1

图 7-56　平置养护制品的卸车 2

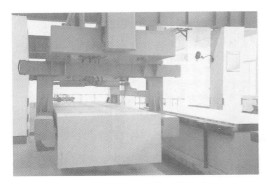

图 7-57　平置养护制品的卸车 3

图 7-58　平置养护制品的卸车：一次夹吊一模制品，
夹起后可以分垛

7.5.2　出釜制品的掰分

如前所述，侧立坯体后相邻两块坯体之间呈水平的切缝在坯体自重压力下，因蒸压养护过程中发生化学反应，导致制品出釜后产生不同程度的粘连。该粘连程度随坯体高度、坯体切割时硬化程度以及原材料组合不同而不同。坯体越高，坯体切割时越软，粘连程度就越严重，下部粘连比上部严重。因此，在成品车间必须专设掰分工序，增设掰分机对出釜粘连制品进行掰分。

1. 掰分机分类

蒸压加气混凝土制品用的掰分机分为移动式和固定式两种。按掰具构造可以分为长臂式（仿 Ytong 型）和双框式（仿 Wehrhahn 型）两种。

1）移动式掰分机

移动式掰分机由吊车、掰具、液压泵站等组成，掰具安装在吊车上。移动式掰分机的掰具有两种。

（1）长臂式掰具

长臂式掰具有两种：原创型和简化型。

457

① 原创型长臂式掰具由瑞典 Ytong 公司研发，国内已仿制，见图 7-59。

图 7-59　原创型移动式长臂掰分机

② 简化型长臂式掰具是对瑞典 Ytong 长臂式掰具进行了简化，已用于企业生产，但能掰分的产品规格较少，见图 7-60。

图 7-60　简化型移动式长臂掰分机

（2）双框式掰具

双框式掰具是将 Wehrhahn 工艺研发的安装于地面机架上的双框掰具改为安装在吊车上的掰分装置，见图 7-61～图 7-63。

移动式掰机不仅可以掰分粘连制品，还可以吊运制品，一机两用。

2）固定式掰分机

固定式掰分机由固定机架、双框式掰具、液压泵站、升降机构所组成。固定双框式掰分机是德国 Wehrhahn 公司研发的，有两种形式。

图 7-61　移动双框掰分机 1

图 7-62　移动双框掰分机 2

图 7-63　移动双框掰分机 3

（1）掰具不动，坯体升降进行掰分，见图 7-64～图 7-65。

图 7-64　掰具不动，坯体升降进行掰分 1

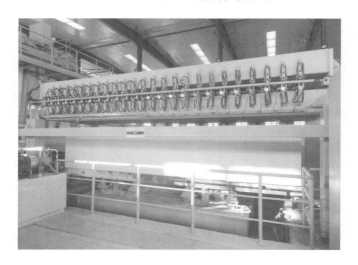

图 7-65　掰具不动，坯体升降进行掰分 2

（2）坯体不动，掰具升降进行掰分，见图 7-66～图 7-68。

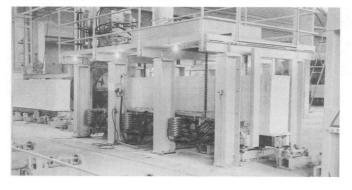

图 7-66　坯体不动，掰具升降进行掰分 1

图 7-67　坯体不动，掰具升降进行掰分 2

图 7-68　坯体不动，掰具升降进行掰分 3

2. 掰分原理及过程

（1）长臂式掰具掰分过程

用两对长臂夹头分别夹紧切缝两边相邻的两块砌块或板材。其中一对夹头（下夹头）夹住下部砌块（或板材）不动，另一对夹头（上夹头）夹住上部砌块（或板材）。在液压油缸作用下，使两块粘连的砌块（或板材）分开，见图 7-69、图 7-70。

对于 6m 长的制品被切成 20cm 宽的砌块时，掰具需要由 30 组（60 对或 120 个）长臂夹头组成；而切成 25cm 宽的砌块时，掰具由 24 组（48 对或 96 个）长臂夹头组成。以一组对应一个宽度的砌块为宜。

鉴于此，长臂式掰具有 120 个（或 96 个）长臂、120 个（或 96 个）液压油缸和高压力的液压泵站。掰分制品的厚度可以从 5cm 开始，在带有底部垫层的情况下夹头的厚度必须小于 5cm，否则侧立制品最下一层砌块就无法掰分。如果被切除的下部垫层不足 5cm，夹头无法对垫层施夹，也就无法进行掰分。对于那些在蒸压养护前已经去掉底部垫层的制品不存在这一问题。

图 7-69　长臂式掰具掰分 1

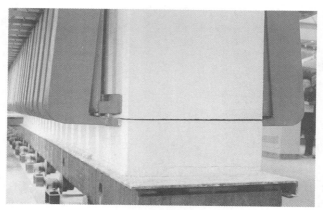

图 7-70　长臂式掰具掰分 2

（2）双框式掰具掰分过程

双框式掰具套入坯体（或板材），由上至下进行掰分。双框夹头同时夹住上、下两块坯体（或板材），液压油缸将上框提升实现掰分，见图 7-71～图 7-73。

图 7-71　双框式掰具掰分 1

图 7-72　双框式掰具掰分 2

图 7-73　双框式掰具掰分 3

7.5.3　制品包装及堆放

1. 制品包装

（1）将制品分装在木质或钢质托板上，用塑料编织带或铁皮带通过包装机进行纵向和横向包装。包装后用塑料套套在经包装的制品上，见图 7-74、图 7-75。

（2）用塑料薄膜对制品进行缠绕包裹包装，见图 7-76。

（3）将制品分装在木质托板上，用塑料袋进行热收缩包装，见图 7-77。

2. 制品堆放

（1）将包装的制品用叉车运至堆场进行堆放。该种方式比较灵活，但一般只能堆到 3～4 层，堆存密度不高，叉车耗油，见图 7-78。

图 7-74　坯垛夹运

图 7-75　带托板包装

图 7-76　带塑料套包装

图 7-77　热收缩包装

(a)

(b)

图 7-78　用叉车运至堆场进行堆放

（2）将制品用龙门吊在堆场堆放。该种方式堆放高度较高，装车方便，堆放量大，比较经济，见图7-79、图7-80。

图 7-79　用龙门吊在堆场堆放 1

图 7-80　用龙门吊在堆场堆放 2

3. 装车运输（图 7-81～图 7-84）

图 7-81　叉车装车

图 7-82　带卸垛吊具汽车的叉车装车

图 7-83　带卸垛叉车的汽车运输

图 7-84　汽车运输

第8章 不同品种蒸压加气混凝土

8.1 蒸压水泥-石灰-粉煤灰加气混凝土

蒸压水泥-石灰-粉煤灰加气混凝土是蒸压加气混凝土制品中一个极其重要的品种。它不仅可以生产蒸压加气混凝土砌块和板材，也可以生产更多品种的制品。

粉煤灰是生产蒸压加气混凝土很好的硅质材料。生产蒸压加气混凝土是有效利用燃煤电厂粉煤灰的重要途径，蒸压加气混凝土在中国的发展很大程度上得益于粉煤灰的充分供应。中国蒸压粉煤灰加气混凝土的发展对粉煤灰资源化利用和环境保护做了出色的贡献。

8.1.1 粉煤灰加气混凝土在中国的研究与发展

中国早在 20 世纪 50 年代就开始了燃煤电厂粉煤灰综合利用工作和蒸压粉煤灰加气混凝土的研究和试验。

1958 年，建筑工程部建筑科学研究院建材研究室开始研究普通蒸汽养护粉煤灰加气混凝土，并试生产了屋面板。

1960 年，辽宁省建筑科学研究院利用粉煤灰试制了加气硅酸盐混凝土，在沈阳第四建筑公司试制了屋面板。

1960 年，天津建筑工程局建筑科学研究所、天津第三建筑公司等试验了粉煤灰加气硅酸盐混凝土。

1964 年，上海建筑科学研究所和上海硅酸盐制品厂等进行了蒸汽养护粉煤灰硅酸盐砌块的试验，建设了一条小型试生产线，所生产的加气混凝土砌块建设了 $4000m^2$ 的四层住宅建筑。

1964 年，湖南建筑工程局研究所和湘潭混凝土制品厂等试制了普通蒸汽养护粉煤灰加气混凝土砌块、墙板和屋面板，建成一栋 $214m^2$ 的外墙与屋面全部采用粉煤灰加气混凝土的二层试验建筑。

1965 年，贵州省建筑科学研究所和建筑材料工业部地方材料研究室在贵阳兴关硅酸盐砖厂试验了粉煤灰加气混凝土。

1966 年，沈阳市建筑设计研究院、建筑材料工业部地方材料研究室、辽宁工业建筑设计院等共同试制了普通蒸汽养护粉煤灰加气混凝土砌块，建成一栋 $400m^2$ 的二层承重外墙建筑。

1968 年，湖南省建筑工程局研究所在株洲粉煤灰砖厂试制了石灰-矿渣-粉煤灰加气混凝土。

1971 年，哈尔滨硅酸盐制品厂等试制了蒸压粉煤灰加气混凝土。

1972 年，武汉第五砖厂、湖北建筑工程学院等试制了蒸压粉煤灰加气混凝土砌块和板材。

1973 年，北京东郊烟灰制品厂、北京市建筑材料研究所利用 1.2m 高的成组立模进行了蒸压粉煤灰加气混凝土浇注试验。

1974 年，北京加气混凝土厂、北京西郊烟灰制品厂、北京市建筑材料科研所三家合作在北京加气混凝土厂进行了蒸压粉煤灰加气混凝土的试验研究。

除此之外，还有诸如建筑工程部第五工程局、呼和浩特铁路局工程总队第二工程队、下花园烟灰砖厂、济南建筑公司等多个单位开展了普通蒸汽养护粉煤灰加气混凝土的研究试验。

从以上事实看出，多年来中国各地进行了大量普通蒸汽养护粉煤灰加气混凝土的研究。在一系列研究基础上，于 1980 年前后陆续建成一批以粉煤灰为原料生产蒸压加气混凝土制品的工厂，如哈尔滨硅酸盐制品厂、长春加气混凝土厂、沈阳加气混凝土厂、鞍山加气混凝土厂、天津硅酸盐制品厂、郑州加气混凝土厂、西安硅酸盐制品厂、甘肃建筑工程局构建厂、新疆乌鲁木齐红雁池加气混凝土厂、武汉硅酸盐制品厂、合肥加气混凝土厂、上海硅酸盐制品厂、上海杨浦煤渣砖厂（华东新型建材厂）等。而且又从波兰、罗马尼亚及德国引进技术、装备建设了北京现代建材有限公司、杭州加气混凝土厂、齐齐哈尔加气混凝土厂、上海硅酸盐制品厂、天津军粮城加气混凝土厂、南通硅酸盐制品厂、南京建通加气混凝土厂、山东东营营海新型建材厂等，这些工厂都以粉煤灰为原材料生产加气混凝土制品。在 20 世纪 90 年代直至 2015 年的加气混凝土大发展中，绝大多数新建生产线都以粉煤灰为原材料生产蒸压加气混凝土制品。蒸压粉煤灰加气混凝土制品成为中国蒸压加气混凝土的主流。

8.1.2　普通蒸汽养护粉煤灰加气混凝土

从上述介绍可以看出，中国对利用粉煤灰制造加气混凝土进行了长期坚持不懈的大量研究、探索和生产实践。早期的研究因国内不能制造蒸压釜，多侧重于普通蒸汽养护生产粉煤灰加气混凝土。通过多年研究和生产实践发现，普通蒸汽养护加气混凝土制品性能不能满足建筑物要求，主要是由于干燥收缩值太大，引起墙体开裂。为解决这一问题，粉煤灰加气混凝土的发展转向蒸压养护。对相同配方和工艺制作的粉煤灰加气混凝土坯体分别经普通蒸汽养护（95℃ 以上，14h）和蒸压养护所得的制品干燥收缩值进行测定的结果见图 8-1。

从图 8-1 看出，普通蒸汽养护粉煤灰加气混凝土制品的干燥收缩值是蒸压养护粉煤灰加气混凝土制品的 4 倍以上。分析其原因是两者所形成的水化产物不同，见图 8-2。

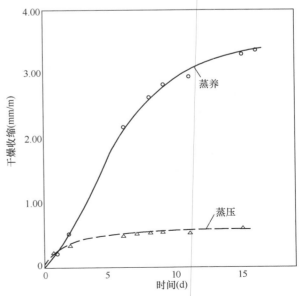

图 8-1　普通蒸汽养护和蒸压养护所得的制品干燥收缩值的测定结果

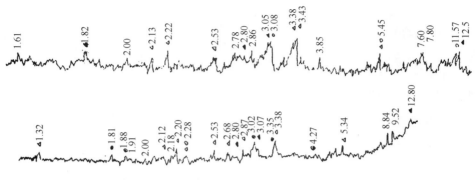

图 8-2　粉煤灰加气混凝土制品的 X 射线衍射图

从图 8-2 看出，普通蒸汽养护粉煤灰加气混凝土制品的水化产物只有皱箔状水化硅酸钙 C-S-H（B）和 11Å 托勃莫来石结晶体，而且 C-S-H（B）的数量比蒸压养护的少。蒸压养护粉煤灰加气混凝土制品的水化产物主要是低碱性水化硅酸钙 C-S-H（B）和 11Å 托勃莫来石结晶。

上述研究分析结果证明，养护方法是影响粉煤灰加气混凝土制品干燥收缩值的最重要因素。

8.1.3　蒸压石灰-粉煤灰加气混凝土

在蒸压粉煤灰加气混凝土发展的历程中，曾一度研究发展过以单一的石灰作为钙质材料生产蒸压石灰-粉煤灰加气混凝土，并曾有一部分企业用石灰-粉煤灰生产加气混凝土制品。

1. 石灰的作用和影响

只用石灰做胶结料生产粉煤灰加气混凝土制品的困难在于保证生石灰的性能与质量的稳定，特别是因为石灰用量高、需水量大、消解化快、放热高、发气料浆温升快、温度高、稠化快，难以正常发气膨胀，坯体成型困难，常常发不满模具或者"面包头"竖起。即使将石灰使用量减少到 20％并加入 4％的石膏抑制石灰消解的情况下仍然如此。只有采用 1100～1200℃煅烧的中速消解生石灰的条件下，浇注成型才能比较正常地进行。几种不同煅烧的石灰对浇注成型及制品强度的影响见表 8-1 和表 8-2。

表 8-1　不同煅烧的石灰性能

序号	消解温度（℃）	消解时间（min）	有效 CaO（％）	化学组成（％）						备　注
				CaO	MgO	Al_2O_3	Fe_2O_3	酸不溶物	烧失量	
1	95	3	69.05	80.63	5.30	0.03	0.26	微	10.86	950℃电炉
2	88	5	75.36	83.81	3.62	0.03	0.25	微	7.16	立窑
3	87	7	78.77	86.68	3.89	0.09	0.21	微	4.96	立窑
4	83.5	14	77.87	82.58	4.33	0.11	0.55	微	4.03	立窑

表 8-2　不同煅烧石灰对浇注成型及制品强度的影响

序号	消解时间 （min）	浇注温度 （℃）	T	t （分）	d （mm）	出釜密度 （kg/m³）	出釜强度 （kg/cm²）	备　注
1	3	54	76.5/8	4	32.5	729	28.3	"面包头"竖起，个别未发满
2	5	46	74/14	3	27.5	695	29.7	面包头竖起
3	7	41.5	67/18	8	26.5	716	33.7	面包头竖起
4	9	40	60/29	17	21.5	681	37.8	较正常

注：1. 所用配方：石灰∶粉煤灰∶石膏＝20∶76∶4。

　　2. T_{max}：膨胀坯体所达到的最高温度（℃）。

　　3. t：坯体自浇注后达到最高温度的时间（min）。

　　4. d：坯体自浇注后的硬度（锥落度）（mm）。

2. 石膏的作用与影响

在蒸压石灰-粉煤灰加气混凝土料浆浇注成型中发现，如不加入石膏，料浆搅拌时因石灰迅速消解料浆温度骤然升高，以致料浆还没有从搅拌机中流完就骤然凝结成团无法浇注。在加入一定量石膏后，浇注情况大大改善，制品抗压强度明显提高。可见石膏对石灰-粉煤灰加气混凝土制品浇注成型和抗压强度改善的重要。但是石膏虽能通过抑制石灰的消解来改善料浆膨胀，但尚不能很好地解决石灰-粉煤灰加气稠化快和坯体硬化的问题，而且石膏太多还会影响铝粉在料浆中的发气动力特性。不仅如此，生产实践还发现石灰-粉煤灰加气混凝土坯体的黏塑性不好，比较松散，俗称"比较糟"，坯体在搬运过程中容易损坏。

3. 蒸压石灰-粉煤灰加气混凝土的水化产物

蒸压石灰-粉煤灰加气混凝土制品的抗压强度相对较低，常常只有蒸压水泥-石灰-粉煤灰加气混凝土制品的一半或三分之二。经 X 射线衍射分析证实，像普通蒸汽养护水泥-石灰-粉煤灰加气混凝土制品一样，在制品的 X 射线衍射图上只有低碱水化硅酸钙 C-S-H（B）的特征峰，没有出现 11Å 托勃莫来石特征峰，即没有生成托勃莫来石晶体。

为了解决蒸压石灰-粉煤灰加气混凝土浇注料浆稠化快、坯体硬化慢的问题，许多研究者还在蒸压石灰-粉煤灰加气混凝土坯体成型过程中，分别尝试添加硅酸钠溶液、三乙醇胺、硼砂、蔗糖、酚醛初缩物等外加材料进行调节，效果均不理想。

在蒸压粉煤灰加气混凝土研发过程中，除了研究生产蒸压石灰-粉煤灰加气混凝土制品外，还有些研究者对蒸压石灰-矿渣-粉煤灰加气混凝土制品、蒸压水泥-矿渣-粉煤灰加气混凝土制品、蒸压水泥-粉煤灰加气混凝土制品进行过试验研究。虽然都可以生产出相应的加气混凝土制品，其中除水泥-粉煤灰情况较好外，其他均因浇注成型方面的问题和困难而未投入生产使用。就水泥-粉煤灰加气混凝土而言，也因水泥用量高，坯体硬化慢而未投入生产。

鉴于以上不足，随着中国水泥供应条件的改善，生石灰价格上涨供应困难，到目前为止，几乎所有蒸压粉煤灰加气混凝土生产都采用水泥-石灰-粉煤灰配方。

8.1.4　蒸压水泥-石灰-粉煤灰加气混凝土

1. 蒸压水泥-石灰-粉煤灰加气混凝土的配方研究

1）钙质材料用量及其组成的研究与确定

（1）不同钙质材料用量及其组成对制品抗压强度的影响

不同比例石灰对坯体成型性能及制品性能的影响见表 8-3～表 8-6。

表 8-3　钙质材料用量为 25%时石灰量的影响

序号	胶结料		出釜密度 (kg/m³)	出釜强度 (kg/cm²)	计算强度 (kg/cm²)	备　注
	水泥	生石灰（活性钙）				
1	25	0 (0)	619	21.9	26.2	绝干密度 479
2	20	5 (3.62)	610	26.0	31.6	—
3	15	10 (7.24)	610	24.4	30.0	—
4	10	15 (10.86)	614	31.1	36.1	—
5	5	20 (14.48)	580	31.1	40.8	—
6	0	25 (18.10)	601	29.5	36.4	绝干密度 455

表 8-4　钙质材料用量为 30%时石灰量的影响

序号	胶结料		出釜密度 (kg/m³)	出釜强度 (kg/cm²)	计算强度 (kg/cm²)	备注
	水泥	生石灰（活性钙）				
1	30	0 (0)	638	21.0	22.6	—
2	25	5 (3.62)	639	30.4	31.9	—
3	20	10 (7.24)	626	34.9	38.2	—
4	15	15 (10.86)	625	37.2	40.7	—
5	10	20 (14.48)	606	37.0	43.2	—
6	5	25 (18.10)	605	31.1	37.4	稠化较快
7	0	30 (21.72)	633	25.7	28.1	稠化快、硬化慢"面包头"竖起

表 8-5　钙质材料用量为 35%时石灰量的影响

序号	胶结料		出釜密度 (kg/m³)	出釜强度 (kg/cm²)	计算强度 (kg/cm²)	备注
	水泥	生石灰（活性钙）				
1	35	0 (0)	652	34.0	33.7	—
2	30	5 (3.62)	642	35.7	35.8	—
3	25	10 (7.24)	638	42.9	45.6	—
4	20	15 (10.86)	630	44.2	47.0	—
5	15	20 (14.48)	622	34.8	38.7	—
6	10	25 (18.10)	620	30.7	34.9	稠化较快
7	5	30 (21.72)	630	24.6	27.4	稠化快、硬化慢"面包头"竖起
8	0	35 (25.34)	638	21.2	22.9	稠化快、硬化慢"面包头"竖起

表 8-6　钙质材料用量为 40% 时石灰量的影响

序号	胶结料		出釜密度（kg/m³）	出釜强度（kg/cm²）	计算强度（kg/cm²）	备注
	水泥	生石灰（活性钙）				
1	40	0（0）	666	40.2	38.0	—
2	35	5（3.62）	657	43.1	42.1	—
3	30	10（7.24）	648	44.3	44.6	—
4	25	15（10.86）	637	39.0	40.8	—
5	20	20（14.48）	605	31.8	38.1	表层炸裂
6	15	25（18.10）	603	24.1	30.7	表层炸裂
7	10	30（21.72）	585	22.9	32.0	稠化较快
8	0	40（29.00）	658	13.7	12.6	稠化快、硬化慢"面包头"竖起

注：1. 上述试验以北京石景山高井电站粉煤灰、昌平生石灰、琉璃河水泥为原料。

　　2. 试验制品干密度为 500kg/m³，出釜密度在 550～750kg/m³ 之间，统一换算为 650kg/m³ 时的抗压强度。

表 8-3～表 8-6 的试验结果表明：

① 以单一的水泥为钙质材料时，随着水泥用量增加，蒸压水泥-粉煤灰加气混凝土制品抗压强度提高；

② 以单一的石灰为钙质材料时，随着石灰用量增加，蒸压石灰-粉煤灰加气混凝土制品抗压强度降低；

③ 采用水泥-石灰混合钙质材料生产蒸压粉煤灰加气混凝土时，制品抗压强度普遍提高并促进了坯体硬化；

④ 在每一种钙质材料用量下，都有最适宜的石灰用量，在这一用量下制品的抗压强度最高；

⑤ 在钙质材料用量不同时，各自获得最高强度的石灰用量也不同。钙质材料用量越大，粉煤灰用量越少，制品获得最高抗压强度的钙质材料中石灰用量百分比越小（由每立方米 100g 到 75kg，再到 50kg 时），水泥用量百分比越大。水泥与石灰之比分别为 0.25、0.5、1.33、3 时制品的最高抗压强度见表 8-7。

表 8-7　不同钙质材料用量下制品的最高抗压强度

胶料量（%）	粉煤灰量（%）	粉煤灰/胶结材料	水泥/石灰	抗压强度（kg/cm²）
25	75	3.00	5/20=0.25	40.8
30	70	2.33	10/20=0.5	43.2
35	65	1.85	20/15=1.33	47.0
40	60	1.50	30/10=3	44.6

⑥ 随着钙质材料用量的增加，粉煤灰用量的减少，制品所能获得的最高抗压强度也随之提高。当钙质材料用量达到 35%，抗压强度反而降低。欲获得最高抗压强度，最适宜的钙质材料用量为 35%，粉煤灰与胶结材料比为 1.85，见图 8-3。相应的最适宜钙质材料组成为水泥：生石灰＝20：15，25：10，10：20，15：15，30：10，25：15。

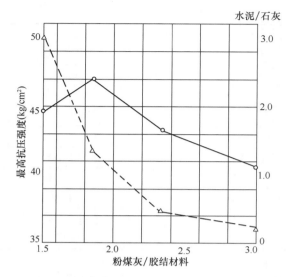

图 8-3　最高抗压强度与钙质材料用量及钙质
材料中石灰用量的关系

⑦ 随着钙质材料用量的增加，料浆中石灰的百分含量对制品抗压强度影响的效果不一样。

a. 在钙质材料用量低时（如 25％），随钙质材料中石灰用量的不断提高，制品抗压强度相应提高；

b. 随钙质材料中石灰用量提高（如从 30％～40％），钙质材料中的石灰用量对抗压强度的影响由低到高，再降低；由低到高的次序，随钙质材料用量提高而提高。

（2）钙质材料用量及组成对蒸压水泥-石灰-粉煤灰加气混凝土收缩和碳化稳定性的影响

① 石灰的影响

钙质材料中石灰用量不仅关系到蒸压水泥-石灰-粉煤灰加气混凝土抗压强度，对制品的收缩和碳化稳定性也有很大的影响，见表 8-8、图 8-4。

表 8-8　不同石灰用量时制品的收缩与碳化的影响

序号	胶结料组成		绝干密度（kg/m³）	干湿收缩（mm/m）	碳化收缩（mm/m）	碳化系数
	水泥	石灰（活性钙）				
1	30	0（0）	491	0.768	1.503	0.557
2	20	10（7.24）	478	0.541	1.375	0.804
3	15	15（10.86）	461	0.590	1.209	0.760
4	10	20（14.48）	458	0.461	1.311	1.108
5	5	25（18.10）	455	0.387	0.940	0.795
备注	试件尺寸均为 4cm×4cm×16cm					

注：本试验的钙质材料用量为 30％。

从表 8-8 可见，钙质材料中添加了石灰，并随石灰用量增加制品的干燥收缩值显著降低，碳化收缩也有所减小。石灰用量为 20％时，干燥收缩值可降至 0.461mm/m，见图 8-4。

② 钙质材料用量对制品收缩值的影响

钙质材料用量对制品收缩值的影响见表 8-9。

表 8-9　基本组成材料组分比的影响

序号	配比			绝干密度（kg/m³）	绝干强度（kg/cm²）	干湿收缩（mm/m）
	粉煤灰	水泥	石灰			
1	60	27	13	487	40.0	0.513
2	70	15	15	475	38.6	0.585
3	80	3	17	453	34.4	0.611

从表 8-9 看出，随着钙质材料用量减少，制品收缩值稍有增加。

从提高蒸压水泥-石灰-粉煤灰加气混凝土制品抗压强度和碳化稳定性、降低制品收缩性综合考虑，钙质材料用量为 30%，钙质材料中以水泥：石灰＝10%、20% 或 15%，以 15% 为宜。

经过对钙质材料用量为 30% 时钙质材料中不同石灰用量的蒸压水泥-石灰-粉煤灰加气混凝土制品的 X 射线衍射分析，列于图 8-5。

X 射线衍射分析表明，没有加入石灰的制品中仅仅生成少量水化硅酸钙 C-S-H（B），没有明显的 11Å 托勃莫来石特征峰。在加入 10% 的石灰后，生成 C-S-H（B）的同时形成了结晶比较好的 11Å 托勃莫来石。随着石灰用量的增加，水化硅酸钙数量增多，结晶程度也较好。

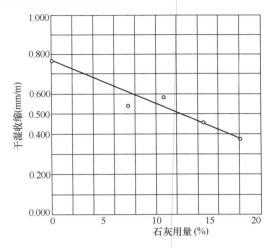

图 8-4　石灰加入量与制品干湿收缩的关系

2）粉煤灰品种对蒸压水泥-石灰-粉煤灰加气混凝土制品收缩的影响（表 8-10）

表 8-10　粉煤灰品种对制品收缩值的影响

序号	粉煤灰	松散密度（kg/m³）	表面比	干湿收缩（mm/m）	碳化收缩（mm/m）
1	高井（07）	780	2910	0.731	1.577
2	高井（09）	770	3007	0.612	1.173
3	云岗	670	3155	0.842	2.964
4	北京东郊（干）	560	3543	0.605	2.849
5	北京东郊（湿）	780	3680	0.798	2.433
6	鞍山干灰	870	2135	0.699	1.051
7	鞍山湿灰	1030	1521	0.471	0.610
8	沈阳	1020	1935	0.568	0.505
9	株洲	690	3450	0.699	1.167
10	南京	610	3535	0.608	2.035
11	武汉	690	4090	0.751	2.849

从表 8-10 看出，粉煤灰品种对蒸压水泥-石灰-粉煤灰加气混凝土制品收缩值影响较大。不像蒸压水泥-石灰-砂、水泥-矿渣-砂加气混凝土制品那样，砂品种的变化对制品收缩值影响很小，相对稳定。因此在利用粉煤灰制造蒸压水泥-石灰-粉煤灰加气混凝土制品时应引起重视，并通过配方的选择、蒸压养护制度的调整加以调节。

3）石膏的作用与影响

（1）石膏对蒸压水泥-石灰-粉煤灰加气混凝土制品抗压强度的影响

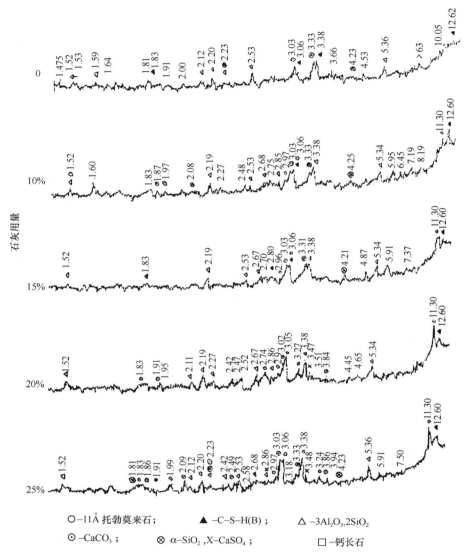

图 8-5 钙质材料用量为 30％时钙质材料中不同石灰用量的蒸压水泥-石灰-粉煤灰
加气混凝土制品的 X 射线衍射分析图

石膏对蒸压水泥-石灰-粉煤灰加气混凝土制品抗压强度的影响见表 8-11。

表 8-11 石膏对制品抗压强度的影响

序号	石膏量（％）	出釜密度（kg/m³）	出釜强度（kg/cm²）
1	0	638	24.8
2	5	635	41.2
3	10	630	44.8
4	15	635	44.3

序号	石膏量（％）	出釜密度（kg/m³）	出釜强度（kg/cm²）
5	20	642	42.5
6	25	637	37.3
备注	① 石膏量按占钙质材料量％计外加； ② 采用配方为水泥：石灰：粉煤灰＝15：15：70		

从表 8-11 看出，在蒸压水泥-石灰-粉煤灰加气混凝土制品生产中，加入一定量的石膏可以显著地提高制品抗压强度，降低制品的收缩。在加入占钙质材料量 5％的石膏时，可使制品抗压强度提高 60％以上。但石膏加入量超过 10％时，增强效果没有明显提高。过多加入石膏甚至会使制品抗压强度下降。所以在使用石膏时，掺加量不宜太高。

（2）石膏用量对蒸压水泥-石灰-粉煤灰加气混凝土制品收缩和碳化的影响

石膏用量对蒸压水泥-石灰-粉煤灰加气混凝土制品收缩和碳化的影响见表 8-12。

表 8-12　石膏用量对蒸压水泥-石灰-粉煤灰加气混凝土制品的收缩和碳化的影响

序号	石膏量（％）	绝干密度（kg/m³）	干湿收缩（mm/m）	碳化收缩（mm/m）	碳化系数
1	0	460	0.659	1.606	0.896
2	5	466	0.637	1.553	0.932
3	10	481	0.617	1.076	0.898
4	15	481	0.587	1.089	0.988
5	20	476	0.564	0.742	1.052
备注	① 石膏量按占胶结料量％计外加； ② 采用配方为水泥：石灰：粉煤灰＝15：15：70				

从表 8-12 看出，随着石膏的加入及用量增加，蒸压水泥-石灰-粉煤灰加气混凝土的干燥收缩和碳化收缩都有所降低，碳化系数有所提高；但石膏对收缩和碳化的影响没有对制品强度的影响显著。

从提高蒸压水泥-石灰-粉煤灰加气混凝土制品的抗压强度、碳化稳定性及降低制品干燥收缩值全面综合考虑，石膏加入量（占钙化材料）为 5％～10％为宜。

2. 蒸压水泥-石灰-粉煤灰加气混凝土制品生产的工艺问题

1）蒸压水泥-石灰-粉煤灰加气混凝土的料浆发气膨胀性能

铝粉在蒸压水泥-石灰-粉煤灰加气混凝土料浆中发气的特点：

① 料浆中石灰水化所产生的碱度足够铝粉发气需要。

② 铝粉在水泥-石灰-粉煤灰-石膏料浆中发气结束时间比较长，总的发气时间在 30～45min 之间，是水泥-矿渣-砂料浆发气时间的 3～4 倍；特别是发气后期很慢，最后 4％的发气率所用的时间超过前 96％发气率所用时间。由于后期发气结束时间长，有时料浆已经稠化而发气仍未结束，结果造成"面包头"竖起，严重时在坯体内部产生圆饼形断层。

经研究分析，导致发气减慢的原因是石膏的使用，见图 8-6。

③ 由于粉煤灰的密度较小，蒸压水泥-石灰-粉煤灰加气混凝土制品所用铝粉比生产相同

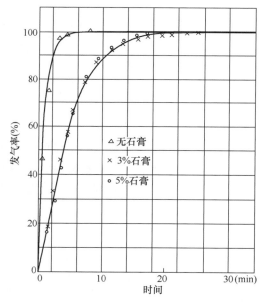

图 8-6　石膏对蒸压水泥-石灰-粉煤灰加气混凝土
料浆发气膨胀过程的影响

密度的水泥-石灰-砂、水泥-矿渣-砂加气混凝土用得少，即料浆在模具中浇注的初始高度要比后两者高。

2）膨胀料浆的稠化与硬化

（1）膨胀料浆稠化

蒸压水泥-石灰-粉煤灰加气混凝土膨胀料浆的稠化与硬化有别于蒸压水泥-矿渣-砂加气混凝土膨胀料浆，而与蒸压水泥-石灰-砂加气混凝土膨胀料浆近似，有它自己的规律、特点和相关问题，需要认真控制和精心调节。

蒸压水泥-石灰-粉煤灰加气混凝土料浆在标准温度下，即（40±1）℃的发气膨胀总体较慢、时间较长，比蒸压水泥-石灰-砂加气混凝土料浆长，比蒸压水泥-矿渣-砂加气混凝土料浆更慢、更长，后期特别突出。

石灰的水化使料浆需水量增大，粉煤灰的颗粒结构也使需水量增加，而且比较黏稠，石膏使铝粉在料浆中发气变慢，结果料浆稠化往往早于铝粉发气结束时间，造成坯体"面包头"竖起、冒泡、收缩、下沉等缺陷。

（2）不同性能石灰对料浆稠化、坯体硬化的影响

不同性能石灰对料浆稠化、坯体硬化的影响见表 8-13。

表 8-13　不同性能石灰对料浆稠化、坯体硬化的影响

序号	浇注温度（℃）	坯体最高温度（℃）/达到最高温度的时间（min）	稠化时间（min）	锥落硬度（mm）	绝干密度（kg/m³）	绝干强度（kg/cm²）	备注
1	45	64.5/13	10	21.5	537	35.6	坯体收缩沉陷"面包头"竖起
2	45	62/9	13	20.0	532	38.0	"面包头"竖起
3	43	58/25	15	19.5	551	51.0	稍好
4	43	51/28	22	17.5	544	60.2	良好
备注	① 试验配比：水泥：石灰：粉煤灰＝15：15：70，外加 10%（占胶结料量）的石膏；② 所用石灰性能见表 8-1						

从试验情况看到：

① 快速石灰消解速度快，料浆温度上升快，搅拌时控制温度困难。

② 石灰消解快，料浆稠化快，膨胀料浆产生冒泡，坯体收缩下沉，"面包头"竖起，坯体硬化慢。

③ 制品抗压强度低。

④ 使用中速石灰稠化减慢，硬化加快，制品抗压强度高。

（3）石灰用量对发气料浆稠化、坯体硬化的影响

石灰用量对发气料浆稠化、坯体硬化的影响见表 8-14。

表 8-14　石灰用量对发气料浆稠化、坯体硬化的影响

序号	石灰量（%）	水泥量（%）	石膏量（%）	坯体最高温度（℃）/达到最高温度的时间（min）	料浆稠化时间（min）	锥落硬度（mm）
1	30	0	10	83/13	5	20
2	20	10	10	63/33	17	14
3	15	15	10	54/36	20	16
4	10	20	10	50/40	22	15

从表 8-14 看出：

① 在一定的钙质材料用量下，提高石灰用量，料浆稠化加快。全部用石灰作钙质材料时，仅 5min 发气料浆就稠化了，坯体硬化也很慢。

② 在钙质材料用量为 30%，水泥：石灰为 1：2 时，料浆稠化时间达 15～20min。

（4）水料比对发气料浆稠化、坯体硬化的影响

提高水料比可以延缓料浆稠化，但粉煤灰加气混凝土料浆对水料比的变化比较敏感，水料比调节作用的范围比较小。

水料比偏大，发气料浆较稀，气孔常常大而不均匀，容易出现坯体四角和中间冒泡、泛沫，甚至沸腾、塌陷。

水料比偏小，发气料浆较稠，稠化也快，容易造成模边冒泡，坯体收缩下沉，甚至膨胀不到要求的高度。

3）料浆浇注温度

鉴于水泥-石灰-粉煤灰加气混凝土因掺加石膏使浇注料浆发气膨胀速度减慢，发气膨胀时间拖长，而又因石灰的消解使膨胀料浆变稠，稠化加快，导致料浆稠化早于料浆发气膨胀结束，产生冒泡、坯体下沉。为解决由此产生的问题，需适度提高料浆浇注温度以加快铝粉发气，提早铝粉发气结束时间，调节膨胀料浆的稠化和硬化。

4）粉煤灰磨细的影响

（1）粉煤灰磨细度对蒸压水泥-石灰-粉煤灰加气混凝土制品抗压强度的影响

粉煤灰磨细度对蒸压水泥-石灰-粉煤灰加气混凝土制品抗压强度的影响见表 8-15。

表 8-15　粉煤灰磨细度对蒸压水泥-石灰-粉煤灰加气混凝土制品抗压强度的影响

序号	粉煤灰细度（cm²/g）	出釜密度（kg/m³）	绝干密度（kg/m³）	绝干强度（kg/cm²）	出釜情况
1	3120	626	504	58.5	良好
2	3700	639	514	73.5	良好
3	3770	660	514	60.2	良好
4	4000	663	520	65.1	良好
5	4480	667	511	69.5	良好
6	5930	670	520	57.5	炸裂
7	8350	656	513	51.0	炸裂
备注	配方：粉煤灰：水泥：石灰＝65：20：15，外加石膏 8.6%（占胶结料量）				

从表8-15看出，对粉煤灰进行适度磨细，会使浇注料浆水料比有所降低，蒸压水泥-石灰-粉煤灰加气混凝土制品的抗压强度可提高10%～20%。但是过度磨细或者磨细度过高，制品抗压强度没有明显提高，反而会使浇注需水量增大，增加坯体在蒸压过程中出现爆裂的概率，导致抗压强度降低。

（2）原材料混合磨细

水泥、石灰、粉煤灰、石膏混合磨细对蒸压水泥-石灰-粉煤灰加气混凝土坯体成型和制品性能的影响见表8-16。

表8-16　混合磨细对蒸压水泥-石灰-粉煤灰加气混凝土坯体成型和制品性能的影响

序号	混磨时间（min）	出釜密度（kg/m³）	出釜强度（kg/cm²）
1	0	641	47.6
2	3	645	55.6
3	5	657	56.8
4	10	669	52.8
5	15	655	55.9
备注	混磨配比：粉煤灰65%，水泥25%，石灰10%，石膏8.6%（占胶结料）		

从表8-16看出，混合磨细对蒸压水泥-石灰-粉煤灰加气混凝土生产有重要作用。

① 通过混合磨细，不但增加了物料的细度，还使粉状干物料混合均化，有利于搅拌更均匀。

② 改善了膨胀料浆性能，提高了料浆浇注稳定性，加快了坯体硬化。

③ 混合磨细5min，可以提高制品抗压强度20%左右。但是，仅对石灰＋石膏或石灰＋水泥＋石膏进行混合磨细没有出现上述效果，只有与粉煤灰一道混合磨细才能体现其价值。

5）蒸压养护

对水泥-石灰-粉煤灰加气混凝土蒸压养护的压力可以在8～15kg/cm²之间变化。蒸汽压力不同，欲获得相近性能制品，其蒸汽养护的恒压（恒温）时间不同。以15kg/cm²蒸汽压力、恒温养护6h和8kg/cm²蒸汽压力、恒温养护12h为例，见表8-17。

表8-17　15kg/cm²或8kg/cm²蒸汽压力相应恒温养护6h、12h制品的性能

干密度（kg/m³）	500		600	
养护压力（kg/cm²）	15	8	15	8
出釜密度（kg/m³）	601	619	763	733
出釜抗压强度（kg/cm²）	35.5	37.1	65.6	63.6
绝干密度（kg/m³）	493	498	610	590
绝干强度（kg/cm²）	53.8	53.4	76.0	77.3
干燥收缩（mm/m）	0.643	0.629	—	—
备注	配比：水泥∶石灰∶粉煤灰＝15∶15∶70，外加石膏10%（占钙质材料）			

从表8-17结果看出，水泥-石灰-粉煤灰加气混凝土坯体在8kg/cm²蒸汽压力下养护12h

与 15kg/cm² 蒸汽压力下养护 6h 的抗压强度和干燥收缩值相近或基本相同，但在实际生产中蒸压养护制度还需要根据制品的密度、原材料情况进行适当的调整。

3. 蒸压水泥-石灰-粉煤灰加气混凝土制品性能

（1）强度

① 抗压强度

出釜密度 680kg/m³、气干密度 524kg/m³、绝干密度 493kg/m³；

出釜抗压强度 42.8kg/cm²、气干抗压强度 44.4kg/cm²、绝干抗压强度 52.8kg/cm²；

出釜含水率 38%、气干含水率 7.2%。

② 抗折强度

干密度　493kg/m³；

抗折强度 15.8kg/cm²。

③ 抗拉强度

干密度　493kg/m³；

抗拉强度　4.03kg/cm²。

④ 抗剪强度

干密度　493kg/m³；

抗剪强度　12.7kg/cm²。

（2）弹性模量

干密度　507kg/m³；

弹性模量　1.470×10^4。

（3）干燥收缩

在 20℃，相对湿度 50%～55% 的环境中，干燥收缩值为 0.633mm/m（干密度为 493kg/m³）。

8.2　蒸压水泥-矿渣-砂加气混凝土

瑞典 Siporex 公司早在 1955～1956 年首先在瑞典北部城市 Skellftehamn 蒸压加气混凝土厂试验并正式使用水泥-矿渣-砂配方进行工业化生产蒸压加气混凝土。1956 年后，Siporex 公司在瑞典的另外四个工厂也相继使用水泥、矿渣、砂生产蒸压加气混凝土。在中国北京的加气混凝土厂，日本大阪、芬兰等国的加气混凝土厂也先后使用过水泥、矿渣、砂生产蒸压加气混凝土配方进行生产。

1. 使用水淬粒状炼铁高炉矿渣生产蒸压加气混凝土的优缺点

（1）优点

① 可代替 50% 水泥生产蒸压加气混凝土。

② 可利用 SiO_2 含量偏低，Na_2O、K_2O 含量偏高的砂子生产出性能合格的蒸压加气混凝土，解决缺少好砂资源的地方生产蒸压加气混凝土的原料问题。

③ 可帮助消纳水淬粒状炼铁高炉渣过剩地区的利用问题。

④ 可大大提高蒸压加气混凝土强度和质量。

⑤ 可减少蒸压加气混凝土的盐析。

（2）缺点

① 水淬粒状炼铁高炉矿渣是钢铁厂炼铁的副产品。从某种程度上说炼铁就是炼渣，全部杂质都进入了渣中。因此，水淬粒状炼铁高炉矿渣的化学成分波动较大，给水泥-矿渣-砂蒸压加气混凝土生产带来不稳定。

② 所配制的加气混凝土料浆浇注稳定性比水泥-砂、水泥-石灰-砂配方料浆差，控制技术要求高。

③ 水泥-矿渣-砂配方中水泥用量少，矿渣多，所生产的加气混凝土透气性略差，膨胀值偏小，导致在蒸压养护过程中容易产生爆裂和垂直断裂。

④ 坯体静停硬化时间长，并难以掌握。

⑤ 需加入价格较高的化工产品（如纯碱、硼砂等），以提高料浆碱度，促进铝粉发气和加速坯体硬化。

⑥ 水淬粒状炼铁高炉矿渣中含有硫化物，在蒸压养护过程中产生硫化氢气体，污染环境和腐蚀设备（如模具、蒸压釜）。

2. 对生产蒸压水泥-矿渣-砂加气混凝土所用矿渣的要求

必须是水淬矿渣，$\dfrac{CaO}{SiO_2}=1.15\sim1.4$，一般要求在 $1.15\sim1.20$ 之间。

$Al_2O_3=10\%\sim15\%$，氧化物 $<0.02\%$，$S=0.8\%\sim1.6\%$。在一般情况下，$\dfrac{CaO}{SiO_2}\geqslant1.0$ 的矿渣可代替部分砂子。对 $\dfrac{CaO}{SiO_2}$ 的要求主要是适宜的硬化时间，当比值在 $1.15\sim1.20$ 时能给出一个好的硬化时间。比值低，硬化时间长。Al_2O_3 一般不希望太高，否则会影响抗压强度，通常不希望超过 10%，当达到 $18\%\sim19\%$ 时，抗压强度就降低。

3. 高炉炼铁水淬矿渣在生产蒸压水泥-矿渣-砂加气混凝土生产中使用方法比较

水淬粒状炼铁高炉矿渣颗粒较大，不能直接用于蒸压加气混凝土生产配料，必须经磨细加工至一定细度才能使用。通常有三种方式磨细：干法磨细、湿法磨细、与水泥熟料一道磨细成矿渣水泥。无论哪一种方式，在其他条件相同时，制品都能获得同样的抗压强度、相同的浇注不稳定性，只是不稳定程度有所区别而已。

1）干法磨细矿渣

在钢铁厂或水泥厂烘干磨细后运到加气混凝土厂使用。

（1）优点

① 可像水泥一样进行运输、贮存、计量；

② 所配制料浆浇注比湿磨矿砂浆稳定；

③ 可避免在磨细、贮存中水化，克服了贮存困难；

④ 可避免因水化程度不同而引起的较大配方变化；

⑤ 可避免在贮存期间失去对坯体硬化起很大作用的水化活性，这一点对高活性矿渣尤为突出。

（2）缺点

① 需要烘干，消耗大量能源；

② 干矿渣易磨性差，磨细困难，效率低；达到 $2700\sim2800cm^2/g$ 的相同磨细度时，$\phi=1.8m\times6m$ 球磨机湿法磨细每小时产量为 $37\sim38m^3$，而干磨产量要降低 25%；

③ 研磨体消耗大，电耗高，成本高；

④ 要有一套复杂的设备；

⑤ 有粉尘污染，需做除尘处理。

2）矿渣水泥

将水淬粒状炼铁高炉矿渣从钢铁厂运到水泥厂，经烘干后和水泥熟料一起粉磨成含15％～70％矿渣的普通硅酸盐水泥或矿渣水泥，再从水泥厂运到加气混凝土厂使用。

（1）优点

① 配料计量像水泥一样简单；

② 如水泥中矿渣掺量比较稳定，所配加气混凝土料浆浇注性能比湿磨矿渣稳定。

（2）缺点

① 水泥厂用粒状炼铁高炉矿渣作掺合料（混合材）时，并不严格控制矿渣掺入量，故容易造成加气混凝土料浆浇注膨胀性能不稳定；

② 矿渣从钢铁厂运到水泥厂，再从水泥厂运到加气混凝土生产厂，二次运输增加运输能耗和运输压力；

③ 磨水泥时矿渣必须烘干，增加能耗；

④ 矿渣掺到水泥中卖出水泥钱，比矿渣价格高出许多，增加加气混凝土生产成本，一般不宜采用。

瑞典技术人员认为，用矿渣水泥按水泥-矿渣-砂配方生产加气混凝土与用矿渣水泥按水泥-砂配方生产加气混凝土是两回事。主要区别在于所用配方的配合比不同，而且调节剂和调节方式不同，前者用纯碱和硼砂调节，并能提高强度，后者用石膏和糖调节，抗压强度极低。

3）湿法磨细矿渣

水淬粒状炼铁高炉矿渣从钢铁厂水淬池堆场直接运到加气混凝土生产厂，加水湿磨。

（1）优点

① 磨细效率高，加工成本低，经济效益好；

② 运送、计量方便；

③ 没有粉尘。

（2）缺点

在磨细和贮存过程中不断水化，贮存时间不同，水化程度不一样。随贮存时间越长，水化程度加深，因而配料料浆碱度不一样，使发气膨胀过程不稳定。

经过优缺点对比，在生产水泥-矿渣-砂加气混凝土时一般还都采用湿法磨细矿渣。

4. 瑞典 Siporex 公司用高炉炼铁水淬矿渣生产蒸压加气混凝土的研究

1）抗压强度

采用相同的砂、水泥和不同矿渣分别按水泥用量从 10％～90％，砂用量从 10％～90％，矿渣用量从 10％～90％进行配料；铝粉用量 400～500g/m³；水固比 0.5～0.6。

蒸压养护：升温 1.5h，恒温 8h，降温 2h，养护压力 12kg/cm²，进行组合配料试验；试件干密度 500kg/m³。试验结果见图 8-7、图 8-8 和表 8-18。

抗压强度最高的配合比例不是工厂生产能用的配方。抗压强度虽高，但坯体硬化时间长，满足不了 8～9h 切割的要求。在工厂生产中要同时兼顾平衡产品抗压强度和坯体硬化切割效率要求。

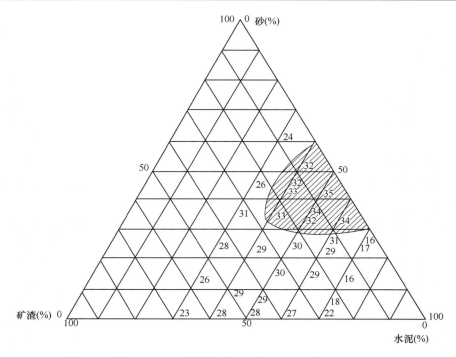

图 8-7　采用石膏和硼酸钠作调节剂时，不同配合比的抗压强度

注：1. Vika 水泥；2. 多木那尔乌特矿渣；3. 专利砂；4. 制品干密度 500kg/m³，试件抗压强度为含水率 10％时的强度。

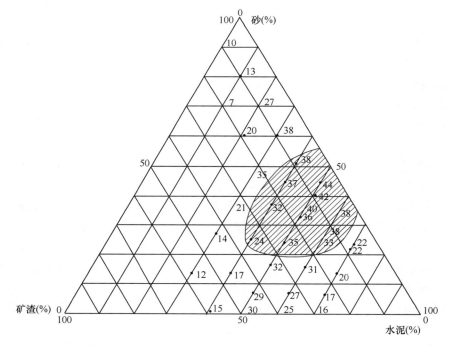

图 8-8　采用碳酸钠、硼酸钠、碱式碳酸镁作调节剂时，不同配合比的抗压强度

注：1. Vika 水泥；2. Domnarret 矿渣，比表面积 2800cm²/g；3. Selsforsen 砂，比表面积 3000cm²/g；4. 制品干密度 500kg/m³，试件抗压强度是含水率 10％时的强度

表 8-18　试验结果

配合比	瑞典矿渣	北京首都钢铁厂矿渣
水泥用量（％）	5	10
矿渣用量（％）	45	50
砂用量（％）	50	40
抗压强度（kg/cm²）	44	41.6

所以在工厂生产中，生产干密度为 $500kg/m^3$ 的蒸压加气混凝土时，水泥用量不得少于 18％～20％；生产干密度为 $650kg/m^3$ 的产品时，水泥用量不得少于 15％～16％。

2）制品盐析

蒸压水泥-矿渣-砂加气混凝土制品的盐析一般比水泥-砂加气混凝土制品要轻。

在蒸压水泥-矿渣-砂加气混凝土中，随着矿渣用量增加，砂子、水泥用量减少，盐析现象减轻。

原因分析：

蒸压水泥-矿渣-砂加气混凝土配料中硫酸盐数量比水泥-砂配方要少，使用矿渣后改变了蒸压加气混凝土孔结构状况，特别是大大降低了毛细管吸附速度。

从抗压强度来看，矿渣湿磨和干磨影响不大。

3）干燥收缩

干燥收缩随矿渣用量增加、砂子用量的减少而增加。

4）坯体性能

坯体在成型过程中水平层裂口基本清除，蒸压养护过程中爆炸裂缝比水泥-砂配料少。

5）蒸压水泥-矿渣-砂加气混凝土膨胀料浆特性调节

在加气混凝土生产过程中，由于原材料品种、质量变化及组合不同，导致料浆稠化、坯体硬化，制品抗压强度产生很大变化，有时使生产不能正常进行和实现。为此在生产过程中常常要采取各种手段，选用各种材料对生产过程的料浆发气膨胀、稠化、坯体硬化及制品抗压强度等进行一定程度的调节和控制。

（1）调节材料的试验选择

① 石膏

在含有矿渣和不含矿渣的加气混凝土料浆中，石膏具有相同的调节作用，但对于在混合料浆中用量占一半或一大半的水化活性低的矿渣，石膏对促进坯体硬化的效果是有限的。

浇注料浆及坯体温度对石膏促进坯体硬化的作用有一定影响。坯体温度低，表面比较凉，石膏对硬化促进作用小。在温度高的坯体内部，特别是中心区域硬化加快，甚至形成一个硬核。

采用石膏调节会使制品盐析增加，当混合料浆中水泥用量小于 20％时，如石膏用量适当，产品盐析很少，没有损坏。用石膏作调节剂时对砂子中的钾、钠要求较严，Na_2O 应＜1.5％，K_2O＜3.5％，否则制品要产生盐析，主要是石膏中的 SO_4^{2-} 与 Na^+ 反应生成 $Na_2SO_4 \cdot 10H_2O$。

② 糖

糖不能用作水泥-矿渣-砂加气混凝土料浆的调节剂。

③ 生石灰

生石灰会干扰浇注，延续硬化，不能采用。

④ 组合调节剂

瑞典 Siporex 公司通过对大量化合物的组合试验，获得水泥-矿渣-砂加气混凝土料浆最好的调节剂组合为碳酸钠＋碱式碳酸镁＋硼酸钠。

a. 碳酸钠

分子式 Na_2CO_3，要求无水，带结晶水亦可，但使用时要扣除结晶水数量。

碳酸钠作用：

（a）替 NaOH 给混合料浆提供足够碱度，以满足铝粉正常发气；

（b）延缓水泥水化凝结，稍微延缓料浆稠化速度；

（c）促进坯体硬化；

（d）提高制品抗压强度。

在蒸压水泥-砂加气混凝土料浆中，碳酸钠没有任何促进坯体硬化和提高抗压强度的作用。

碳酸钠调节作用原理比较复杂，初步研究认为 Na_2CO_3 中 CO_3^{2-} 能增加 SiO_2 溶解度，促进 SiO_2 与 CaO 反应进行，故能促进坯体硬化和提高制品抗压强度。碳酸氢钠的作用比碳酸钠稍差。

碳酸钠作用的充分发挥与碱式碳酸镁一样受到浇注料浆中钙离子（可溶解的钙化合物）浓度的影响，要充分发挥它的作用，则需要在料浆混合过程中不让它与石灰有接触反应的机会。但是加气混凝土料浆中或多或少总含有可溶性的石灰和石膏，完全避免是不可能的。然而，在蒸压水泥-矿渣-砂加气混凝土料浆中石灰和石膏的含量相对较低，对碳酸钠作用的影响很小，可不予考虑。

b. 碱式碳酸镁

分子式 $3MgCO_3 \cdot Mg(OH)_2 \cdot 3\frac{1}{2}H_2O$，碱式碳酸镁是含有一定杂质的菱镁矿在一定温度下燃烧后与水反应生成的一种产品。

碱式碳酸镁作用：加快水泥-矿渣-砂加气混凝土坯体硬化。

以 $4MgCO_3 \cdot Mg(OH) \cdot 5H_2O$ 结晶体细粉效果最好。

$$3MgCO_3 \cdot Mg(OH)_2 \cdot 3\frac{1}{2}H_2O + 3Ca(OH)_2 \longrightarrow 3CaCO_3 + 4Mg(OH)_2$$

$3MgCO_3 \cdot Mg(OH)_2 \cdot 3\frac{1}{2}H_2O$ 在 100mL 的 20℃水中溶解 0.04g；

$Ca(OH)_2$ 在 100mL 的 0℃水中溶解 0.185g；

$Mg(OH)_2$ 在 100mL 的 18℃水中溶解 0.0009g；

$CaCO_3$ 在 100mL 的 25℃水中溶解 0.0014g。

在混合料浆中单纯加入碱式碳酸镁（占原料用量的 0.2%～0.4%），使料浆产生强烈的几乎是瞬间的凝固，随后反应在 4～6h 内停止，这种现象发生主要是由于这一过程中钙离子浓度较低。

为了克服加入碱式碳酸镁造成的瞬凝现象，可用硼酸钠进行缓凝，使料浆水化凝结、坯体硬化趋于正常。

c. 硼酸钠

分子式　$Na_2B_4O_7 \cdot 5H_2O$ 或 $Na_2B_4O_7 \cdot 10H_2O$

硼酸钠作用：减慢水泥水化凝结速度，延长水泥水化凝结时间，即延缓料浆变硬。

（2）组合调节剂对蒸压混合料浆浇注稳定的影响

① 组合调节剂对混合料浆发气的影响

用碳酸盐作调节剂，铝粉发气比用石膏调节开始早，从碱式碳酸镁加入开始计算到浇注完毕如超过 3min，则铝粉在料浆浇注过程中就会开始发气。

② 组合调节剂对发气料浆稠化的影响

混合料浆的黏度和稠化在很大程度上取决于水泥用量。水泥越多，矿渣越少，稠化越快，稠化会早于发气膨胀结束。

在使用碳酸盐作调节剂时会使料浆产生对浇注稳定不利的黏度，特别是在碳酸盐用量较高时，浇注很不稳定。碳酸盐用量太多，料浆变稀，稠化时间延长，膨胀料浆容易发生翻花。如配料失误或模具漏浆很容易产生气体溢出，导致沸腾塌缩。

（3）组合调节剂对蒸压水泥-矿渣-砂加气混凝土坯体硬化的影响

蒸压水泥-矿渣-砂加气混凝土坯体硬化时间在很大程度上取决于矿渣的水化活性，用水化活性低的矿渣生产蒸压水泥-矿渣-砂加气混凝土，硬化是个难题，因为现有调节剂的调节效果都是有一定限度的。

组合调节剂对蒸压水泥-矿渣-砂加气混凝土坯体硬化的影响见图 8-9～图 8-12。

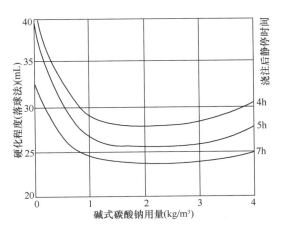

图 8-9　碳酸钠用量为 $3kg/m^3$ 时，碱式碳酸钠用量
对浇注料浆的影响

注：1. 本结果系实验室试验结果；2. 蒸压加气混凝土密度
为 $500kg/m^3$；3. 浇注环境温度为 $40 \sim 45℃$。

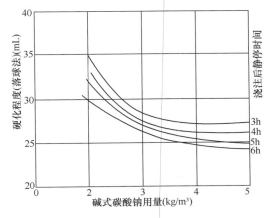

图 8-10　碱式碳酸镁用量为 $1.4kg/m^3$ 时，碱式碳
酸钠用量对浇注料浆的影响

注：1. 本结果系实验室试验结果；2. 蒸压加气混凝土密
度为 $500kg/m^3$；3. 浇注环境温度为 $40 \sim 45℃$

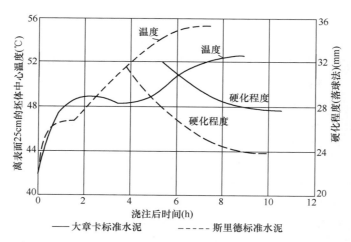

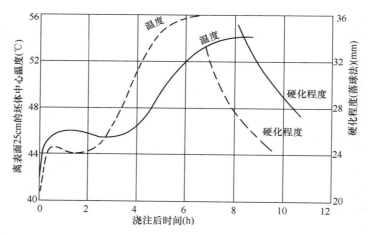

图 8-11　用碱式碳酸镁和碳酸钠作调节剂时坯体硬化的情况
（碱式碳酸镁用量为 14kg/m³，碳酸钠用量为 2.2kg/m³）

图 8-12　用石膏与硼砂做调节剂硬化情况
（石膏用量为 5kg/m³，硼砂用量为 0.4kg/m³）

注：1. 本实验在实验室进行，室内温度 29℃；2. 实验所用配方：水泥 18%，
矿渣 32%，砂 50%

（4）碳酸钠对水泥-矿渣-砂蒸压加气混凝土抗压强度的影响

碳酸钠对水泥-矿渣-砂蒸压加气混凝土抗压强度的影响见图 8-13。

（5）不同组合调节剂对不同水泥、矿渣组合的水泥-矿渣-砂加气混凝土制品盐析的影响

不同组合调节剂对不同水泥、矿渣组合的水泥-矿渣–砂加气混凝土制品盐析的影响见表
8-19。

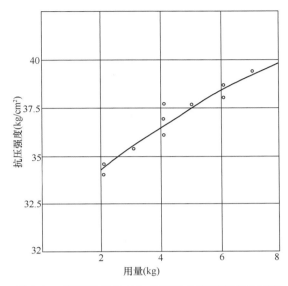

图 8-13　碳酸钠用量对加气混凝土抗压强度的影响

注：1. 本图为实验室试验结果；

　　2. 图中强度是密度为 500kg/m³、含水率 10％时的抗压强度；

　　3. 配方：水泥 18％，砂子细度 2900cm²/g，矿渣 32％，砂 50％。

表 8-19　不同组合调节剂对不同水泥、矿渣组合的水泥-矿渣-砂

加气混凝土制品盐析的影响

水泥（％）	矿渣（％）	硬化调节剂		盐析	收缩（mm/m）	每100g 加气混凝土溶于水的盐量（g）			
						Na²⁺	K²⁺	Ca²⁺	SO₄²⁻
40	0	5kg	石膏	3～0	0.26	0.248	0.025	0.164	0.600
32	8	5kg	石膏	(3)～0	0.24	0.257	0.026	0.083	0.465
24	16	5kg	石膏	2～0	0.24	0.257	0.025	0.061	0.485
16	24	5kg	石膏	2～0	0.22	0.218	0.025	0.037	0.270
12	28	5kg	石膏	(2)～0	0.22	0.239	0.024	0.033	0.270
40	0	2kg	MgCO₃＋2.4kg K₂CO₃	(3)～0	0.55	0.289	0.048	0.014	0.270
32	8	2kg	MgCO₃＋2.4kg K₂CO₃	1～0	0.42	0.239	0.032	0.024	0.270
24	16	2kg	MgCO₃＋2.4kg K₂CO₃	2～0	0.35	0.209	0.039	0.033	0.165
26	24	2kg	MgCO₃＋2.4kg K₂CO₃	2～0	0.28	0.183	0.030	0.029	0.120
12	28	2kg	MgCO₃＋2.4kg K₂CO₃	(1)～0	0.34	0.176	0.035	0.035	0.045
8	32	2kg	MgCO₃＋2.4kg K₂CO₃	0～0	0.30	0.176	0.032	0.016	0.075
50	0	5kg	MgCO₃＋2.4kg K₂CO₃	(2)～0	0.53	0.328	0.071	0.114	0.315
42	8	5kg	MgCO₃＋2.4kg K₂CO₃	3～0	0.40	0.339	0.071	0.173	0.270
34	16	6kg	MgCO₃＋2.4kg K₂CO₃	3～0	0.36	0.302	0.071	0.169	0.450
26	24	6kg	MgCO₃＋2.4kg K₂CO₃	(3)～0	0.35	0.322	0.048	0.030	0.465
19	32	7kg	MgCO₃＋2.4kg K₂CO₃	(1)～0	0.30	0.322	0.080	0.074	0.435
14	36	7kg	MgCO₃＋2.4kg K₂CO₃	1～0	0.30	0.339	0.089	0.075	0.375
42	08	2kg	MgCO₃＋2.4kg K₂CO₃	3～0	0.57	0.322	0.097	0.027	0.375
34	16	2kg	MgCO₃＋2.4kg K₂CO₃	2～0	0.49	0.311	0.097	0.027	0.270
26	24	2kg	MgCO₃＋2.4kg K₂CO₃	1～0	0.43	0.242	0.112	0.024	0.175
18	32	2kg	MgCO₃＋2.4kg K₂CO₃		0.37	0.242	0.106	0.027	0.120
14	36	2kg	MgCO₃＋2.4kg K₂CO₃	0～0	0.34	0.233	0.097	0.024	0.120
0	40	2kg	MgCO₃＋2.4kg K₂CO₃	0～0	0.32	0.133	0.093	0.024	0.070
18	32	2kg	MgCO₃＋2.4kg K₂CO₃	(1)～0	0.33	0.261	0.131	0.068	0.210
18	32	2kg	MgCO₃＋1.8kg Na₂CO₃	(1)～0	0.38	0.281	0.121	0.055	0.210
18	32	2kg	MgCO₃＋3kg K₂CO₃	(1)～0	0.35	0.333	0.078	0.052	0.180
18	32	2kg	MgCO₃＋4kg K₂CO₃	(2)～0	0.42	0.389	0.084	0.041	0.270

从盐析角度出发加碳酸钙比碳酸钠盐析少。

6）浇注料浆的稠化、硬化调节

在水泥为 18%～20%，矿渣为 30%～34% 的情况下：

（1）每立方米加气混凝土掺加石膏 5kg、硼砂 0.4kg。

浇注稳定性：很好

硬化时间：干密度为 400～500kg/m³ 的制品约 10h。

抗压强度：干密度 400kg/m³　　17kg/cm²

干密度 500kg/m³　　32kg/cm²

干密度 650kg/m³　　53kg/cm²

盐析：少量盐霜，没有脱落。

干燥收缩：砂中石英不超过 40% 时，每米干燥收缩 0.32mm。

（2）每立方米制品掺加碱式碳酸钠 14kg、碳酸钠 3kg、硼砂 0.4kg。

浇注稳定性：不太稳定

硬化时间：干密度 400kg/m³，硬化时间 8～9h

干密度 500kg/m³　硬化时间 7～8h

干密度 650kg/m³　硬化时间 7～8h

抗压强度：干密度 400kg/m³　　23kg/cm²

干密度 500kg/m³　　37kg/cm²

干密度 650kg/m³　　64kg/cm²

盐析：有盐霜痕迹，没有脱落。

当水泥用量低于 15%，养护时间较长时，会产生较多盐霜。

干燥收缩：每米干燥收缩 0.37mm。

（3）在实际生产中不使用 $3MgCO_3 \cdot Mg(OH)_2 \cdot 3\frac{1}{2}H_2O$，仅在实验室试配和扩大试配中用一些，因为：

① 价格贵，密度很轻，体积大，占用储存仓库大。

② 很难溶解，而且极易结晶析出，容易堵塞管道。

7）瑞典蒸压加气混凝土厂生产用配方

瑞典蒸压加气混凝土工厂生产用配方见表 8-20。

表 8-20　瑞典蒸压加气混凝土工厂生产用配方

	瑞典 stokmon 工厂					瑞典 skelleftehamn 工厂							
干密度（kg/m³）	400	500	500	650	650	400	400	400	500	500	500	500	650
水泥（kg）	310	290	340	375	375	250	250	380	290	290	310	310	400
矿渣浆（L）	500	670	730	875	875	450	450	670	710	710	620	620	760
砂浆（L）	400	800	660	1170	1250	560	650	840	770	920	850	930	900
废浆（L）	275	200	300	100	—	120	—	180	160	—	100	—	200
外加水（L）	160	25	30	25	40	210	200	340	60	—	70	100	240
铝粉（g）	1950	1850	1800	1400	1450	1900	1900	2900	1700	1700	1660	1670	1400
碳酸钠-硼酸钠溶液（L）	55	55	55	55	55	35	35	55	45	45	45	45	50

续表

	瑞典 stokmon 工厂					瑞典 skelleftehamn 工厂							
苛性钠溶液（L）	—	—	0~4	—	—	—	—	—	—	—	—	—	—
可溶油（L）	0.1~0.4	0.2	0.1~0.4	0.2~0.4	0.2~0.5	0.2	0.2	0.4	0.2	0.2	0.2	0.2	0.2
水玻璃（L）	—	—	—	—	—	—	—	0.2	—	—	—	—	—
煅烧菱苦土（kg）	—	—	—	—	—	—	—	—	—	—	5	5	12

瑞典不同矿渣、不同调节剂、不同干密度蒸压水泥-矿渣-砂加气混凝土的抗压强度见表8-21。

表 8-21　瑞典不同矿渣、不同调节剂、不同干密度蒸压水泥-矿渣-砂加气混凝土的抗压强度

制品干密度（kg/m³）		400	500	400	500	650	300	400	500	640
基本配方	水泥	22	18	24	22	18	22	22	20	20
	矿渣	39	32	38	37	37	32	34	33	33
	砂	39	50	29	32	38	39	37	35	39
	废浆	—	—	9	9	7	7	7	12	8
抗压强度（kg/cm²）	石膏	16.1	31.5							
	硼酸钠	—								
	碱式碳酸钠	—								
	碳酸钠	23.2	37.2	21	37.5	64.8	20	29	32	62
	硼酸钠									

*表中抗压强度为含水率10%时的抗压强度	水泥：Vika		
	矿渣：Domnarret		Norrbottem
	砂：Rorberg		
	磨细度（cm²/g）		
	矿渣 2700~3000 砂 2700~3000	2800 3200	2700~2800 2900

5. 蒸压水泥-矿渣-砂加气混凝土生产

1）配方选择

原则：

① 保证料浆浇注膨胀稳定；

② 必须同时考虑兼顾产品抗压强度、收缩值、盐析三项指标都合格；

③ 经济。

2）水淬粒状炼铁高炉矿渣化学组成对蒸压水泥-矿渣-砂加气混凝土制品抗压强度的影响

水淬粒状炼铁高炉矿渣化学组成对蒸压水泥-矿渣-砂加气混凝土制品抗压强度的影响见表8-22。

表 8-22　水淬粒状炼铁高炉矿渣化学组成对蒸压水泥-矿渣-砂加气混凝土制品抗压强度的影响

序号	水淬粒状炼铁高炉矿渣产地	主要化学成分				Ca/SiO_2	Mo	Ma	制品出釜抗压强度 (kg/cm^2)	硬化坯体 8h 落球坑径 (mm)
		CaO	Al_2O_3	SiO_2	MgO					
1	河北宣化钢铁厂	45.85	9.08	39.54	2.85	1.16	1.00	0.237	37	—
2	四川重庆钢铁厂	46.37	8.14	38.29	6.04	1.21	1.13	0.213	36.9	24
3	湖南萍乡钢铁厂	44.0	16.0	31.0	4	1.42	1.02	0.515	33.9	—
4	宁夏石嘴山钢铁厂	44.68	12.9	34.99	5.05	1.28	1.04	0.38	32.8	24
5	广西柳州钢铁厂	35.24	20.85	31.51	4.40	1.12	0.76	0.67	30.4	—
6	湖北武汉钢铁厂	40.10	11.24	37.09	8.00	1.08	1.00	0.34	30.0	23
7	河北沙河钢铁厂	42.47	10.37	39.17	4.98	1.08	0.98	0.27	30.0	26
8	山东济南钢铁厂	39.23	14.0	36.20	8.46	1.09	0.95	0.39	26.6	—
9	广东韶关钢铁厂	44.50	8	30.10	13.40	1.48	1.48	0.27	24.2	26
10	山西临汾钢铁厂	40.14	17.05	33.26	9.03	1.21	0.98	0.52	24.0	—
11	阿尔巴尼亚钢铁厂	36.95	17.86	33.26	5.13	1.11	0.83	0.54	21.20	25
12	浙江杭州钢铁厂	46.0	5.5	41.17	2.5	1.11	1.04	0.14	25.50	28

注：1. 试验用配比为：水泥∶矿渣∶砂=18∶32∶50。

　　2. 试件出釜密度为 $600\sim650kg/m^3$。

　　3. 本批试验矿渣为我国 20 世纪 70 年代部分钢铁厂的矿渣。

　　4. 阿尔巴尼亚矿渣水淬质量差。

从表 8-22 试验结果看出：

① 矿渣中 CaO 含量高，Al_2O_3 含量较高，试件抗压强度也高。

② 矿渣中 Al_2O_3 含量一定（或相同），CaO 含量越高，试件抗压强度越高。

③ 随着 Al_2O_3 含量增加，CaO 含量增加，坯体硬化加快。

④ 矿渣中 CaO 含量一定（或相近），Al_2O_3 含量增加，SiO_2 含量下降，坯体硬化加快，但试件抗压强度相近。

⑤ 矿渣中 CaO 含量低、Al_2O_3 含量高或 CaO 含量高、Al_2O_3 含量低，坯体硬化加快，但试件抗压强度相近。

⑥ 矿渣中 CaO 含量高，Al_2O_3 含量低，SiO_2 含量高，坯体硬化慢，试件抗压强度也低。

⑦ 矿渣化学成分相近，坯体硬化速度、试件抗压强度也相近。

结论：用于生产蒸压加气混凝土的矿渣，要求 CaO 含量在 40％以上，最好在 42％～50％之间，Al_2O_3 含量在 8％～20％之间，最好在 10％～15％。

3）北京加气混凝土厂蒸压水泥-矿渣-砂加气混凝土配方选择

（1）从制品抗压强度进行选择

分别用河北省宣化钢厂和阿尔巴尼亚钢厂高炉炼铁水淬矿渣按不同水泥、矿渣、砂组合配置蒸压加气混凝土的抗压强度。

分别用 10％、20％、30％及 40％的水泥与不同比例的矿渣和砂配制的蒸压加气混凝土的抗压强度绘于图 8-14～图 8-17。

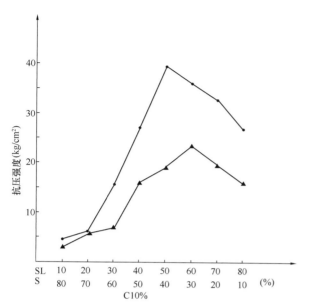

图 8-14　10％的水泥与不同比例的矿渣和砂配制的
蒸压加气混凝土的抗压强度

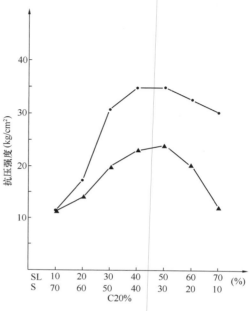

图 8-15　20％的水泥与不同比例的矿渣和
砂配制的蒸压加气混凝土的抗压强度

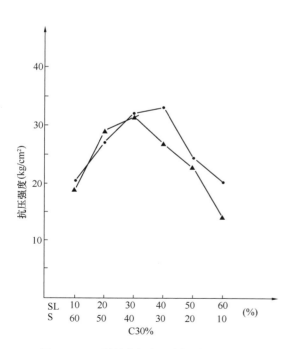

图 8-16　30％的水泥与不同比例的矿渣和
砂配制的蒸压加气混凝土的抗压强度

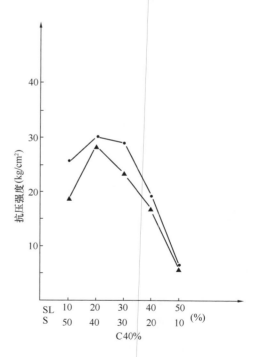

图 8-17　40％的水泥与不同比例的矿渣和
砂配制的蒸压加气混凝土的抗压强度

图 8-14～图 8-17 的结果归纳整理绘制成图 8-18。

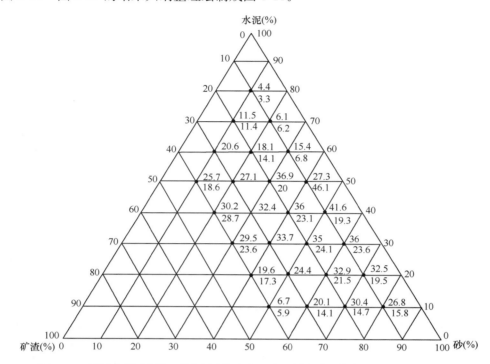

图 8-18　不同水泥比例与不同比例的矿渣和砂配制的蒸压加气混凝土的抗压强度

将图 8-18 中出釜抗压强度达到 25kg/cm² 的河北省宣化钢厂和阿尔巴尼亚钢厂高炉炼铁水淬矿渣配方分别列于表 8-23、表 8-24。

表 8-23　出釜抗压强度达到 25kg/cm² 的组合-宣化矿渣

水泥(%)	10					20					30			40		
矿渣(%)	40	50	60	70	80	30	40	50	60	70	20	30	40	10	20	30
砂(%)	50	40	30	20	10	50	40	30	20	10	50	40	30	50	40	30

表 8-24　出釜抗压强度达到 25kg/cm² 的组合-阿尔巴尼亚矿渣

水泥（%）	30			40
矿渣（%）	20	30	40	20
砂（%）	50	40	30	40

从表 8-23 中看出：

① 水泥用量为 10% 和 20% 时，有 5 个组合的出釜抗压强度可在 25kg/cm² 以上；

② 水泥用量为 30% 和 40% 时，仅有 3 个组合的出釜抗压强度可在 25kg/cm² 以上；

③ 出釜抗压强度最高的组合为：水泥 10%、矿渣 50%、砂 40%，可达到最高出釜抗压强度；水泥 10%、矿渣 60%、砂 30% 或水泥 20%、矿渣 50%、砂 20% 次之。

从表 8-24 中看出：

用阿尔巴尼亚钢厂高炉炼铁水淬矿渣配制的蒸压水泥-矿渣-砂加气混凝土抗压强度普遍

偏低。在水泥用量为 30％时，仅有 3 个组合达到 $25kg/cm^2$；在水泥用量为 40％时，仅有一组达到 $25kg/cm^2$。而最高出釜抗压强度也只有 $31.7kg/cm^2$。

分析其原因是：阿尔巴尼亚钢厂高炉炼铁水淬矿渣中 CaO 含量太低，仅 36％，水淬质量亦差，不能用于蒸压加气混凝土生产，对用于生产蒸压水泥-矿渣-砂加气混凝土的矿渣，其中 CaO 含量应该较高，越高越好。

（2）水泥用量对坯体成型性能的影响

① 水泥用量为 10％时，搅拌料浆较稀；随着矿渣用量增加，搅拌料浆更稀；在发气过程中，料浆稠化较慢，料浆膨胀至模上口，外溢流淌严重；坯体硬化慢，静停 9h 以上方能切割。

② 水泥用量为 20％时，搅拌料浆稀稠度、膨胀速度、稠化及坯体硬化正常，7h 左右即可切割。随着矿渣用量增加，搅拌料浆变稀，稠化及坯体硬化速度减慢。

③ 水泥用量为 30％时，搅拌料浆变稠，膨胀料浆稠化加快，膨胀后期坯体表面中部隆起，表面不平，模具四角膨胀不满，坯体硬化加快，5～6h 左右即可切割。随着矿渣用量增加，搅拌料浆稍有变稀，发气膨胀状况差别不大。

④ 水泥用量为 40％时，搅拌料浆更稠，膨胀料浆稠化加快，坯体硬化时间进一步缩短，为使坯体成型能正常进行，需要适当增加用水量。随着矿渣用量增加，搅拌料浆略为变稀，接近正常，膨胀料浆稠化有所减缓，但仍显偏快，"面包头"全直立竖起，硬化坯体会产生不同程度的收缩下沉。

⑤ 阿尔巴尼亚钢厂的高炉炼铁水淬矿渣尽管 CaO 含量较低但其 Al_2O_3 含量较高，在基本组成材料的组合相同时，膨胀料浆的稠化速度要快于河北省宣化钢厂的高炉炼铁水淬矿渣。

综合上述，从抗压强度考虑可选择的基本组成材料配方列于表 8-25。

表 8-25　基本组成材料配方　　　　　　　　　　　　　　　　（％）

水泥	矿渣	砂
10	40	50
	50	40
	60	30
	70	20
	80	10
20	30	50
	40	40
	50	30
	60	20
	70	10
30	20	50
	30	40
	40	30
40	10	50
	20	40
	30	30

从坯体成型性能和经济性考虑，以水泥用量为 20％、矿渣 30％、砂 50％为最佳。

（3）纯碱用量的确定

① 纯碱用量对水泥-矿渣-砂蒸压加气混凝土抗压强度的影响

纯碱用量对水泥-矿渣-砂蒸压加气混凝土抗压强度的影响见表 8-26。

表 8-26　纯碱用量对水泥-矿渣-砂蒸压加气混凝土抗压强度的影响

纯碱用量 （kg/m³）		2		4		6		8		10	
		出釜密度 （kg/m³）	出釜抗压强度 （kg/cm²）	出釜密度 （kg/m³）	出釜抗压强度 （kg/cm²）	出釜密度 （kg/m³）	出釜抗压强度 （kg/cm²）	出釜密度 （kg/m³）	出釜抗压强度 （kg/cm²）	出釜密度 （kg/m³）	出釜抗压强度 （kg/cm²）
矿渣品种	宣化矿渣	626	29.7	628	30.2	621	32.4	608	33.2	636	27.6
	阿尔巴尼亚矿渣	615	17.1	625	24	623	19.5	616	17.2	619	10.5

注：1. 水泥：矿渣：砂＝（18～20）：（30～32）：50；硼砂用量为 0.4kg/m³。

2. 干密度为 450kg/cm²。

表 8-26 表明：

a. 对河北省宣化钢厂矿渣而言，随着纯碱用量增加，蒸压加气混凝土的抗压强度随之提高，用量在 6～7kg/m³ 时具有最高出釜强度。

b. 对阿尔巴尼亚钢厂矿渣而言，最高出釜强度的纯碱用量在 4kg/m³ 左右。

② 纯碱用量对坯体成型性能的影响

a. 在水泥-矿渣-砂搅拌料浆中不掺加纯碱，料浆发气开始晚，浇注至模具后 5～6min 才开始发气膨胀，料浆膨胀很慢，1h 才结束。膨胀过程中，膨胀料浆表面泌水，膨胀料浆未能充满整个模具，有的差 14～15cm，坯体硬化慢，坯体很软，有轻微收缩下沉，10h 还不能切割。

b. 每立方米加气混凝土纯碱用量为 1kg 时，料浆发气依然较慢，料浆浇注完 4～5min 才开始发气，30min 才膨胀结束，料浆未能胀满模具，坯体静停 10h 仍不能切割。

c. 每立方米加气混凝土纯碱用量为 2kg 时，浇注料浆发气开始结束时间趋于正常。膨胀料浆稠化加快，膨胀结束后，模具四角没有充满，坯体表面中部鼓起，坯体硬化仍然较快，静停 8h 仍不能切割。

d. 每立方米加气混凝土纯碱用量为 4kg 时，搅拌料浆稀稠适度，浇注完毕便发气膨胀，发气开始。膨胀结束时间及膨胀料浆的稠化速度均正常，坯体硬化加快，7～8h 即可切割。

e. 每立方米加气混凝土纯碱用量为 6kg 时，搅拌料浆显稀，膨胀料浆稠化减慢，坯体气孔孔径变大，料浆膨胀满模后，外溢流淌。料浆膨胀结束后开始收缩下沉，呈现不稳定状，坯体"面包头"高度因流淌而降低并变平。随着纯碱用量进一步增加，上述现象更为严重。不过，随着纯碱用量增加，坯体硬化加快，静停切割时间缩短。在每立方米加气混凝土纯碱用量为 6kg 时，6～7h 即可切割；当用量在 7～10kg 时，静停 5～6h 便可切割。

从上述结果看，从坯体成型性能和经济性考虑，每立方米加气混凝土纯碱用量为 4kg 时为宜。

综合所述，在选择和确定配方时，仅仅考虑制品抗压强度及相应物理力学性能远远不够，还必须考虑其坯体成型性能是否满足生产制造要求。

（4）工厂生产适用配方

工厂生产适用配方见表 8-27。

表 8-27　工厂生产适用配方

	干密度（kg/m³）		
	400	500	650
水泥（kg）	75	90	135
矿渣浆 $d=1.66$（L）	125	160	220
矿浆　$d=1.62$（L）	170	210	255
废浆　$d=1.50$（L）	30	40	53
三乙醇胺（mL）	40	40	40
油酸（mL）	13	13	13
碱式碳酸钠（kg）	1.4	1.4	1.4
碳酸钠（kg）	3	3	3
硼砂（kg）	0.4～0.5	0.4～0.5	0.4～0.5
浇注温度（℃）	40	10	40

（5）北京加气混凝土厂生产用配方

北京加气混凝土厂生产用配方见表 8-28。

表 8-28　北京加气混凝土厂生产用配方

	砌块	砌块 / 板材	砌块 / 板材
干密度（kg/m³）	400	500	600
水泥（kg）	100	90 / 100	105
矿渣（kg）	110	160	220
矿 （kg）	165	220 / 225	225
废浆 $d=1.2$（L）	40～70		
总用水量（L）	260～280		
铝粉（g）	470～490	400～420	360 / 380
碳酸钠（kg）	3.9	3.6	3.9
碳酸钠（kg）	0.49	0.45	0.49
可溶油 1：10（L）	0.6		
料浆温度（℃）	40～43		
水泥搅拌时间（min）	3～5		
溶液搅拌时间（s）	15～20		
铝粉搅拌时间（s）	15～20		

4）高炉炼铁水淬矿渣进厂贮存及磨细

（1）贮存

所有水淬粒状炼铁高炉矿渣的质量波动都比较大，矿渣质量的变化致使其水化活性也相应变化，因此在加气混凝土厂中必须要大量堆贮备用。

堆贮必须分两堆：一堆使用，另一堆上料堆存。对于每昼夜矿渣用量达到 60t 的工厂，至少要堆存 4000m³ 矿渣备用。每堆堆放方式最好是上料至顶端堆成金字塔形并使其混料均匀，垂直切取，以使其均匀一致。

矿渣在磨细前对其贮存时间没有限制，天气变化对其特性没有任何影响。

（2）矿渣湿法磨细

将含水的水淬粒状炼铁高炉矿渣与一定量的水同时加入球磨机中，磨细至一定细度，配成一定浓度的矿渣浆，由泵送至矿渣浆贮存罐中搅拌贮存，供配料使用。

① 矿渣的易磨性

矿渣的易磨性比砂子差，比较难磨。同样规格的球磨机，磨成相同细度（细度 2200～2300cm²/g）的砂，台时产量 9m³，而磨矿渣仅 5m³，砂的研磨体消耗为每班 50kg，矿渣为 150kg。

② 矿渣磨细度的确定

矿渣配方中不要求矿渣磨得太细，一般在 2200～2600cm²/g 即可，这样的细度完全能满足制品强度和其他性能需要。

每种矿渣性能不同，生产蒸压水泥-矿渣-砂加气混凝土对其最佳磨细度要求不同。当砂子磨细度为 4000cm²/g 时，使用瑞典矿渣，磨细度达到 3500cm²/g 时，可获得最高抗压强度，但矿渣磨细度从 2800cm²/g 提高到 3500cm²/g 时，抗压强度增长有限。因此，一般情况下磨细度宜控制在不超过 2800cm²/g。磨得太细，水化加快，不利于贮存。另一方面磨细效率降低，能耗增加。如要磨到砂的细度为 3200cm²/g，其产量更低。

③ 矿渣磨细度对水泥-矿渣-砂蒸压加气混凝土抗压强度的影响

矿渣磨细度对蒸压水泥-矿渣-砂加气混凝土抗压强度的影响见图 8-19。

从图 8-19 看出，随着磨细度的提高，蒸压水泥-矿渣-砂加气混凝土的抗压强度随之提高。当磨细度达到 3500～4000cm²/g 时，抗压强度最高，进一步增加则抗压强度下降。

矿渣细度和制品抗压强度及透气性的关系见图 8-20。

④ 磨细矿渣浆密度（浓度）确定

考虑到磨细效率和管道输送效

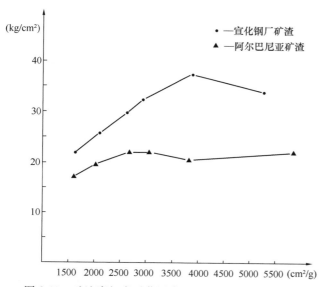

图 8-19　矿渣磨细度对蒸压水泥-矿渣-砂加气混凝土
抗压强度的影响

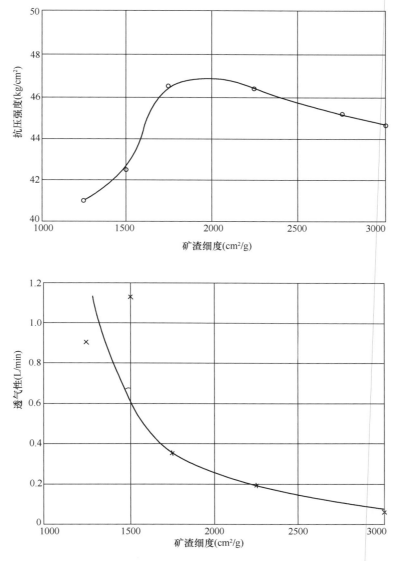

图 8-20　矿渣细度和制品抗压强度及透气性的关系

率，矿渣浆磨机出口密度应控制在 1.70～1.72kg/L 左右。

⑤ 磨细矿渣浆温度控制

考虑到矿渣浆的贮存，矿渣浆在球磨机出口处的温度必须控制在 35～40℃ 之间，最高不能超过 45℃，并要定期检查，如温度超过此限须尽快用掉。

矿渣浆出磨温度太高，磨细矿渣水化加快，带来以下不利后果：

a. 引起活性变化，影响浇注稳定和坯体硬化速度和时间。

b. 矿渣水化变质后，矿渣浆变稠。

c. 在贮存罐中很快自硬结成矿渣混凝土，不能再使用而报废，造成不少经济损失，而且很难清理。变硬一旦发生，就进行极快，无法阻止。即使及时大量加水，也不能减慢或缓解。

磨细矿渣浆温度与矿渣易磨性、物料温度、水温等因素有关。

夏季水温高，物料温度也高，在相同研磨时间、相同磨细度时矿渣浆出磨温度随之增高。

当水温为 10℃，矿渣温度为 25～30℃时，矿渣浆出磨温度为 45℃。

当水温在 18～19℃，矿渣温度为 30～35℃时，矿渣浆出磨温度为 55～60℃，在这种情况下极易硬结。为解决这一困惑，最好对出磨矿渣浆进行冷却，使其温度保持在 45℃以下。日本是在矿渣浆贮罐外加冷却水夹套，使矿渣浆降到 45℃以下。季节气温变化对水泥-矿渣-砂配方生产影响比较大，应尽一切可能使矿渣浆降温冷却，保持正常生产。

⑥ 磨细矿渣浆贮存时间

磨细矿渣浆在贮存过程中必须不停搅拌和立即配料浇注，以防止其在贮存过程中沉降，保持浓度相同，否则就不能采用湿磨。

磨细矿渣浆在矿渣浆罐中贮存时间有一定限制。贮存时间不同，水化程度不同，浆体碱度不一样，使发气、硬化都不一样。

磨细矿渣浆在罐中最长贮存时间与矿渣本身水硬活性有关。有的只能贮存 3～4h，有的则可贮存 23～24h。

⑦ 克服上述诸因素给生产造成的不利，并使料浆碱度基本稳定的措施

a. 用一点，磨一点，即磨即用，一次不要磨得太多。

b. 磨好的矿渣浆尽量贮放在一个矿渣浆罐中，边进入边使用。

⑧ 磨机粉磨管理

矿渣磨细水化，时间一长便在球磨机衬板上硬结一层水化矿渣层，影响磨机粉磨，需经常进行清理。在管理上常常将磨砂和磨矿渣交替进行，在磨矿渣一定时间以后改磨砂浆，在磨砂过程中，完成对磨机壁上硬化矿渣层的清理，即用砂浆对磨机和管道进行冲洗。

交替周期视矿渣水化活性而定，水化活性高，交替周期短，一般为 3～7d。

要特别注意的是矿渣和砂不能混合湿磨，其料浆浇注稳定性极差。

⑨ 矿渣浆密度控制及调整

考虑到输送效率和磨细效率，矿渣浆在磨机出料口处密度应控制在 1.70～1.72kg/L。

5）砂子的磨细

砂子磨细度最适宜为 4000cm²/g，一般砂子磨细度为 2800～3100cm²/g。进一步提高砂子磨细度虽能大幅度提高制品抗压强度，但配制料浆需水量大大增加，随之坯体硬化时间拖长。

6）Na_2CO_3、$Na_2B_2O_7 \cdot (5～10) H_2O$ 溶液配制与储存

（1）Na_2CO_3、$Na_2B_2O_7 \cdot (5～10) H_2O$ 溶液配方见表 8-29。

表 8-29 　Na_2CO_3、$Na_2B_2O_7 \cdot (5～10) H_2O$ 溶液配方

	单位	用量
Na_2CO_3	kg	350
$Na_2B_2O_7$	kg	50
H_2O	L	1030

（2）配制程序

① 在搅拌机中加入 600L 50～55℃ 的热水；

② 倒入 50kg 硼酸钠搅拌 10min；

③ 加入 350kg 碳酸钠搅拌 10min；

④ 再加入 430kg 50～55℃ 的热水，搅拌 10～30min。

溶液配制好后，立即用泵送至贮液罐，不停搅拌，并进行保温，防止结晶析出。搅拌机及泵用完要用水冲洗，防止碱液在搅拌机和泵中结晶。

7）Na_2CO_3、$Na_2B_2O_7 \cdot (5\sim10) H_2O$ 用量确定

（1）Na_2CO_3 用量

Na_2CO_3 最大用量与矿渣水硬性、水泥水化硬化速度及制品密度有关。对于一般矿渣而言，其用量见表 8-30。

表 8-30　碳酸钠用量

干密度（kg/m^3）	每立方米制品最大用量（kg/m^3）
400	5.5～6
500	7

超过此值料浆浇注不稳定，通常建议用量为 3.5～4kg/m^3。Na_2CO_3 用量之所以受到一定限制，常常不能满足缩短硬化试件的需要，是因为料浆中加入 Na_2CO_3 以后 Ca^{2+} 浓度很快下降，随后才逐渐恢复。

用量少时，Ca^{2+} 浓度恢复快，不影响发气、膨胀，不发生沉淀。

用量多时，一方面铝粉反应发气加快，而 Ca^{2+} 浓度小，料浆水化凝结变硬速度跟不上，料浆不均匀膨胀，有快有慢，容易引起气泡上逸，产生像一朵朵花一样的突起，料浆或坯体下沉，所以不能多用 Na_2CO_3。

（2）$Na_2B_2O_7 \cdot (5\sim10) H_2O$ 用量

$Na_2B_2O_7 \cdot (5\sim10) H_2O$ 用量以 0.4～0.6kg/m^3 为宜。

8）组合调节剂加入料浆的时间

（1）组合调节剂加入料浆的时间极为重要，最合适的时间是在铝粉加入前的短时间内或与铝粉液同时加入。如调节剂加入太早，浇注料浆会过早变稠。

（2）组合调节剂加入料浆的搅拌时间对料浆发气、稠化的影响

组合调节剂加入料浆的搅拌时间对料浆发气、稠化的影响见表 8-31。

表 8-31　组合调节剂加入料浆搅拌时间对料浆发气、稠化的影响

水泥搅拌时间（min）	调节剂搅拌时间（min）	铝粉发气时间（min）	料浆变稠时间（min）	备　注
5	6	27	≈25	料浆变稠稠化，沉淀
5	5	20	≈20	料浆变稠稠化，沉淀
5	4	12	20	料浆变稠稠化，沉淀
5	3	11	20	轻微沉淀
5	2	8	15	料浆稠度正常，未沉淀
5	1.5	8	17	料浆稠度正常，未沉淀
5	1	6	12	料浆较稀，未下沉
5	0.5	6	12	料浆较稀，未下沉

9）配料

（1）配料程序

① 称量铝粉，倒入铝粉-水悬浮液搅拌机中，不停搅拌备用。

② 在砂浆计量罐中称量砂浆。

③ 在废料浆计量罐中称量废料浆。

④ 在矿渣浆计量罐中称量矿渣浆（如只有一个浆体计量罐，则先计量砂浆，加入搅拌机后再计量矿渣浆）。

⑤ 用流量计或容器计量稳泡剂加入砂浆中。

⑥ 用水泥秤称量水泥。

⑦ 在碱液计量器中称量碱液。

（2）加料搅拌程序

① 加入砂浆、废料浆，紧跟着加入矿渣浆。

② 水经流量计加入砂浆计量罐对罐进行清洗后，再进入搅拌机，水温根据混合料浆温度而定。

③ 碱液及铝粉水悬浮液分别加入移动搅拌机上的容器中。如为固定式浇注，直接加入搅拌机中。

④ 加入水泥开始计时。

⑤ 料浆搅拌机开至浇注模具前，在水泥搅拌 3min 后加入碱液和铝粉并计时。如为固定式浇注，模具移至搅拌机下。

⑥ 当铝粉搅拌 30～45s 后，打开阀门开始向模具中浇注料浆。

（3）配料、搅拌过程中应注意的问题

① 矿渣浆与砂浆混合时间

在料浆浇注前矿渣浆不能和砂浆过早、过长时间混合。从混合开始到开始浇注时间应固定。因为矿渣浆和砂浆混合后，就开始反应生成硅酸盐产物，在铝粉表面形成薄膜，影响铝粉发气速度（该薄膜在铝粉反应过程中自行消除）。如时间不统一，薄膜厚度及消除时间不一，将影响铝粉反应速度。

② Na_2CO_3 与铝粉加入混合料浆时间

Na_2CO_3 不能与铝粉同时加入混合料浆，必须早于铝粉，两者相隔时间尽可能短，并严格控制。这一时间与料浆中 Ca^{2+} 浓度、制品密度及其他工艺因素有关。对一般矿渣而言，当 Na_2CO_3 用量为 $4kg/m^3$ 时，间隔时间 30s 为宜，Na_2CO_3 用量多时，时间要适当延长。

③ 铝粉搅拌时间

在水泥-矿渣-砂加气混凝土生产中，铝粉搅拌时间随原材料、铝粉性能有较大变动，各工厂不一样。需通过试验确定，有的 38s，也有的 40s、52s。北京加气混凝土厂只能 15s，超过这一时间会导致废品。

④ 搅拌温度确定

当加入 Na_2CO_3 溶液后，料浆碱度很高，因此料浆温度不能太高，否则发气太快，料浆膨胀没法控制，所以不宜超过 40℃，一般控制在 38～40℃之间。

10）膨胀料浆变硬和硬化

水泥-矿渣-砂混合料浆的特点：

（1）料浆中铝粉发气快，结束也快。3～4min 就发至模上边，5～6min 膨胀完全停止。原因是加入 Na_2CO_3 使料浆碱度很高，加上水泥-矿渣-砂中水泥用量少，CrO_3 含量也少。

（2）稠化硬化速度快

混合料浆稠化速度快，亦要求混合料浆中铝粉有很快的发气速度与之相适应。特别是在成型膨胀高度大的制品时（例如 1.6m 高的模具），需要在 3～4min 内膨胀 80cm 高度才能获得高品质产品。为此需要通过提高温度，加入 Na_2CO_3、$Na_2B_2O_7 \cdot (5\sim10) H_2O$、$NaOH$ 等手段来加快发气，否则因为发气慢而产生坯体沉陷、裂口。

（3）膨胀料浆稠化、硬化过程中的废品

由于水淬粒状炼铁高炉矿渣是工业附产品，一炉和一炉的化学成分、矿物成分都不可能一样，致使炉渣品质并不稳定。

加上矿渣湿磨后，随储存时间不同、温度不同，其碱度不一样，尽管每模配方不变，但矿渣性质变了，所以每模膨胀特性不一样。

鉴于此，水泥-矿渣-砂混合料浆稠化、硬化过程不稳定，容易沸腾、沉陷或膨胀不满模具，其废品率要高于水泥-砂和水泥-石灰-砂混合料浆。

（4）配料加料搅拌、浇注、膨胀、稠化、硬化过程时间表见图 8-21。

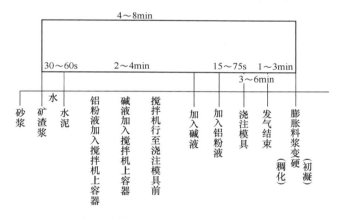

图 8-21　配料加料搅拌、浇注、膨胀、稠化、硬化过程时间表

8.3　蒸压水泥-石灰-砂加气混凝土（略）

蒸压水泥-石灰-砂加气混凝土与蒸压水泥-石灰-粉煤灰加气混凝土无论是对原材料的性能要求、原料加工制备及储存、生产配方，还是生产工艺过程和参数、所用设备及其最终产品的性能、应用领域都基本相同或相近，只是少数参数略有差别，为了避免重复故在此省略。

参 考 文 献

［1］ 崔越昭. 中国非金属矿业［M］. 北京：地质出版社，2008.
［2］ 朱训，尹惠宇，项仁杰. 中国矿情（第三卷）：非金属矿产［M］. 北京：科学出版社，1999.
［3］ E 席勒，LW 贝伦丝. 陆华等［译］. 石灰［M］. 北京：中国建筑工业出版社，1981.
［4］ 华南化工学院，浙江大学，北京建筑工学院. 结晶学矿物岩石学基础［M］. 北京：中国工业出版社，1961.
［5］ 鲍格 RH. 德骧，朱祖培，黄大能［译］. 特兰水泥化学［M］. 北京：中国工业出版社，1963.
［6］ 李 FM. 唐明述［译］. 水泥和混凝土化学［M］. 北京：中国建筑工业出版社，1982.
［7］ 布特，拉什科维奇. 重庆建筑工程学院［译］. 高温下胶凝物质的硬化［M］. 北京：中国工业出版社，1965.
［8］ 傅献彩，等. 物理化学［M］. 北京：人民教育出版社，2011.
［9］ 王培义，徐宝财，王军. 表面活性剂——合成·性能·应用［M］. 北京：轻工业出版社，2009.
［10］ 龚光明. 浮游选矿［M］. 北京：冶金工业出版社，1981.
［11］ 王福元，吴正严. 粉煤灰利用手册(第二版)［M］. 北京：中国电力出版社，2004.
［12］ 浙江大学，武汉建筑材料工业学院，上海化工学院. 硅酸盐物理化学［M］. 中国建筑工业出版社，1980.